“十三五”国家重点出版物出版规划项目
面向可持续发展的土建类工程教育丛书

SUSTAINABLE
DEVELOPMENT

BIM技术理论与实践

◎ 徐照　李启明　编著

现代科学技术在各行各业的应用不断深入，建筑信息模型（Building Information Modeling，BIM）作为促进建筑行业发展与革新的全新理念与技术逐渐受到国内外学者和业界的普遍关注。本书针对BIM技术的发展和研究，全面、系统地介绍了建筑信息化、建设项目全生命周期等的基本理论，及BIM技术的相关标准和软件，探讨了BIM技术在工程项目的建筑设计、结构设计、构件生产、施工阶段、运维阶段以及市政工程中的应用，讲述了工程项目各阶段BIM应用的关键技术和流程，以指导BIM建模、相关软件的使用，以及BIM与GIS、新兴技术的综合应用等。

本书旨在对BIM技术进行理论与实践上的指导，主要作为高等院校土建类相关专业本科教材，并可供相关领域研究人员和工程项目各阶段的管理人员与技术人员学习参考。

东南大学的“BIM技术创新与实践”课程已在“爱课程”网站的“大学MOOC”模块（www.icourses.cn）发布全课程授课视频，读者可观看学习。

图书在版编目（CIP）数据

BIM技术理论与实践/徐照，李启明编著. —北京：机械工业出版社，2020.1（2024.8重印）
（面向可持续发展的土建类工程教育丛书）
“十三五”国家重点出版物出版规划项目
ISBN 978-7-111-64554-2

Ⅰ.①B… Ⅱ.①徐…②李… Ⅲ.①建筑设计-计算机辅助设计-应用软件-高等学校-教材 Ⅳ.①TU201.4

中国版本图书馆CIP数据核字（2020）第011169号

机械工业出版社（北京市百万庄大街22号 邮政编码100037）
策划编辑：冷 彬　　责任编辑：冷 彬 臧程程
责任校对：宋道兰 李 婷　封面设计：张 静
责任印制：张 博
北京建宏印刷有限公司印刷
2024年8月第1版第2次印刷
184mm×260mm · 17.75印张 · 435千字
标准书号：ISBN 978-7-111-64554-2
定价：55.00元

电话服务
客服电话：010-88361066
010-88379833
010-68326294

网络服务
机 工 官 网：www.cmpbook.com
机 工 官 博：weibo.com/cmp1952
金 书 网：www.golden-book.com
机工教育服务网：www.cmpedu.com

前　言

近年来，我国经济快速发展，信息化水平不断提高，各行各业都面临着巨大的变革。物联网和智慧城市的兴起，数字化城市建设步伐的加快，使得传统的建筑行业迫切需要尽快实现信息化和数字化。建筑信息模型（Building Information Modeling，BIM）概念的提出为传统的建筑业和工程项目管理信息化指明了方向。

现阶段国内工程项目对 BIM 的运用还主要集中在设计阶段，没有真正实现建设项目全生命周期的使用。同时，BIM 的发展环境和相关法律规范的缺失，传统 CAD 技术方法的壁垒和固有思想形成的阻力以及 BIM 的理论知识和实践操作难度，使得项目相关参与方积极性不高，BIM 技术难以推广和普及。虽然 BIM 技术在国内还处于个别阶段的局部运用，但已经在工程项目管理领域展现了巨大的价值优势和独特的作用。BIM 技术的应用是今后建筑业和相关工程领域发展的必然方向和趋势，对我国建筑信息化水平的发展、工程项目管理效率的提高和资源的节约都会产生深远的影响。

通过查阅大量中外文献资料，采取对比分析、案例分析等研究方法，从 BIM 的标准体系和现有软件入手，结合建筑信息化和建设项目全生命周期管理理论，本书详细论述了 BIM 技术在工程项目的建筑设计、结构设计、构件生产、现场施工、后期运维以及市政工程中的应用和必要性，介绍了建模原理，结合案例演示了 BIM 相关软件的详细操作，并阐述了 BIM 技术在 GIS 的集成应用的理论及关键技术，包括其数据交互标准和应用难点，以及 BIM 技术与新兴信息化技术的综合应用。

通过对以上问题的深入分析和研究，本书可以给相关领域研究人员和工程项目各阶段的管理人员、技术人员提供参考，不论在理论基础还是实践操作上都能够使读者对 BIM 技术理论及其应用实践有更加深入的了解。

本书反映了作者多年从事工程项目管理和 BIM 技术研究、教学及实践的经验和成果。全书理论与实践紧密结合，具有较强的可读性。在编写过程中，作者查阅了大量建筑信息化和建设项目全生命周期管理方面的文章、资料和有关专家的著述，并得到东南大学等单位和学者的支持与帮助，在此表示由衷的感谢。

由于现阶段关于 BIM 的理论、方法和应用还有待在工程实践中不断丰富、完善和发展，加之作者水平有限，本书难免存在不当之处，敬请读者、同行批评指正，以便再版时修改完善。

作者

目　录

前　言

第 1 章　建筑信息化的基本理论 / 1

1.1　数字建筑技术 / 1
1.2　建筑信息化技术的应用分析及现存的问题 / 4
1.3　数字技术在建筑设计中的应用及对建筑设计的影响 / 7
思考题 / 8
本章参考文献 / 9

第 2 章　BIM 技术及建筑全生命周期 / 10

2.1　BIM 技术理论与应用概述 / 10
2.2　BIM 技术相关标准体系 / 16
2.3　MVD（Model View Definitions） / 33
思考题 / 34
本章参考文献 / 35

第 3 章　BIM 技术与工程管理 / 37

3.1　建设项目全生命周期管理 / 37
3.2　BIM 技术在进度管理中的应用 / 40
3.3　BIM 技术在质量管理中的应用 / 44
3.4　BIM 技术在成本管理中的应用 / 46
3.5　工程项目信息交付模式 / 49
3.6　BIM 技术在合同管理中的应用 / 52
3.7　BLM 信息管理 / 54
思考题 / 57
本章参考文献 / 58

第 4 章　BIM 技术在项目建筑设计中的应用 / 59

4.1 BIM 技术在项目建筑设计应用中的必要性 / 59
4.2 BIM 建筑设计工具 / 60
4.3 基于 BIM 的建筑设计关键技术 / 60
4.4 建筑相关族的构建及应用 / 62
思考题 / 66
本章参考文献 / 66

第 5 章 BIM 技术在项目结构设计中的应用 / 67
5.1 BIM 技术在项目结构设计应用中的必要性 / 67
5.2 BIM 结构设计工具 / 67
5.3 基于 BIM 的结构设计关键技术 / 68
5.4 预制构件库的构建及应用 / 73
思考题 / 82
本章参考文献 / 82

第 6 章 BIM 技术在装配式构件生产中的应用 / 83
6.1 预制构件生产流程 / 83
6.2 BIM 技术在生产各阶段的应用 / 86
6.3 基于 BIM 技术的构件生产关键技术 / 92
思考题 / 95
本章参考文献 / 95

第 7 章 BIM 技术在项目施工阶段中的应用 / 97
7.1 BIM 技术对项目施工阶段应用的必要性 / 97
7.2 施工阶段的 BIM 工具 / 97
7.3 项目施工阶段的构件管理 / 100
7.4 基于 BIM 的施工阶段的施工项目管理 / 103
思考题 / 110
本章参考文献 / 110

第 8 章 BIM 技术在项目运维阶段中的应用 / 112
8.1 BIM 技术在项目运维阶段中的应用价值 / 112
8.2 基于 BIM 的项目运维管理系统构建 / 113
8.3 基于 BIM 的项目运维管理系统功能分析 / 118
思考题 / 122
本章参考文献 / 123

第 9 章 BIM 技术在市政工程中的应用 / 124
9.1 市政工程简介 / 124
9.2 给水排水工程中 BIM 技术及其软件的应用 / 127
9.3 道路工程中 BIM 技术及其软件的应用 / 132
9.4 桥梁工程中 BIM 技术及其软件的应用 / 139
思考题 / 142
本章参考文献 / 143

第 10 章 BIM 与建筑可持续性 / 145
10.1 建筑的可持续性 / 145
10.2 BIM 技术在建设项目全生命周期可持续性中的应用 / 151
10.3 BIM 技术在建筑节能方面的应用 / 154
10.4 BIM 技术与建筑物碳排放 / 158
思考题 / 160
本章参考文献 / 160

第 11 章 几何建模原理 / 162
11.1 计算机图形学简述 / 162
11.2 BIM 背景下的几何建模 / 167
11.3 实体建模 / 168
11.4 参数化建模 / 171
11.5 自由曲线和曲面 / 173
思考题 / 175
本章参考文献 / 175

第 12 章 BIM 相关软件使用实例 / 176
12.1 Revit 软件基本介绍 / 176
12.2 标高与轴网 / 176
12.3 绘制墙体 / 182
12.4 绘制楼板 / 185
12.5 绘制柱 / 187
12.6 绘制屋顶 / 188
12.7 别墅门窗设计 / 191
12.8 别墅楼道设计 / 193
12.9 场地及场地构件 / 196

12.10 渲染和漫游 / 197
12.11 吊顶灯的参数化建模 / 199
12.12 Navisworks 软件应用 / 210
思考题 / 223
本章参考文献 / 223

第 13 章 BIM 与 GIS 的集成应用 / 224
13.1 概述 / 224
13.2 GIS 领域的通用数据交互标准——CityGML / 226
13.3 BIM 和 GIS 集成应用的难点 / 229
13.4 BIM 和 GIS 集成应用的关键技术 / 230
13.5 IFC 到 CityGML 的转换工具 / 231
13.6 IFC 到 CityGML 的转化思路 / 234
13.7 BIM 与 GIS 在 Web 端的集成应用 / 235
13.8 Web 端的三维地球框架 Cesium / 236
思考题 / 238
本章参考文献 / 239

第 14 章 BIM 与新兴信息化技术 / 240
14.1 云计算的概念及背景 / 240
14.2 BIM 技术与 VR/AR / 245
14.3 BIM 技术与 3D 打印 / 251
14.4 BIM 技术与点云 / 254
思考题 / 273
本章参考文献 / 273

第1章 建筑信息化的基本理论

1.1 数字建筑技术

数字建筑技术是指应用于建筑全生命周期的一系列信息化数字技术，如CAD技术、BIM技术、虚拟现实技术、数控加工技术等。随着时代的进步与社会需求的发展，数字建筑技术也在不断推陈出新，更好地服务于建筑行业。

1.1.1 图形技术与建筑设计

1962年，美国麻省理工学院的Ivan E. Sutherland在他的博士论文中首次使用了“计算机图形学”这个术语，并提出了一个名为“Sketchpad”的人·机交互式图形系统，该系统被公认为对交互图形生成技术的发展奠定了基础。而所谓的计算机图形技术，就是指用计算机生成、显示、绘制图形的技术，用计算机将数据转换为图形。后来，由于计算机图形系统的硬件、软件性能日益提高，而价格却逐步降低，计算机图形技术的应用日益广泛。

计算机辅助设计（CAD）和计算机辅助制造（CAM）是计算机图形技术最广泛、最活跃的应用领域，国际上已利用计算机图形技术的基本原理和方法开发出CAD/CAM集成的商品化软件系统，广泛地应用于建筑设计。在建筑工程的整体设计过程中，图样设计是一项比较繁冗的工作流程，工作过程中需要多种工作手段进行比较、修改以及跟进，之后选择效益比较高的建筑方案。建筑工程绘图量较大，因而对计算精度有较高的要求，手工绘图不是合理的设计方式，选择CAD软件能快速和便捷地完成整个建筑工程的任务。首先，使用计算机图形软件可以更快速进行图样设计，使设计效率得到较大的提升，其主要表现在这类图形软件内镶嵌有多种绘图工具，增强了设计绘图过程中的可选性。同时，绘制过程中多种线型的选择让绘图更具有完整性和系统性。其次，设计人员的绘图在计算机上能够进行随意的更改，有效节约各种资源。比如在开展设计的时候，如果有类似的设计图，设计人员就不需要对设计图进行重新设计，只需对原有的设计图进行简单的改动就能实现其想要的效果。建筑图改动后可以变为水暖图和电气设备图，这样和传统的手工绘图相比较，减少建筑设计人员的精力耗费，能够最大限度地节约人力、物力和财力。

计算机图形软件也有一定的缺陷。在进行建筑设计过程中，设计师需要将自己的设计理念与想法通过软件直观地展现出来，在不断地立意、表达、修改的环节中，尽可能地使抽象思维更加明确、具体。但是，人大脑中所构思的具体对象通常具有相对性，而大部分通过计算机图形软件所呈现出的图形是由平面图一点点制作成三维模型，这种方式具有随机性和不明确性，设计出的模型并不一定完全符合设计师的要求和设计原则，并且在实际应用中难以展现出设计师的创意和设计意图。

但是，随着建筑业与计算机技术更加密切的联系，计算机图形技术越来越显露出其优越性，它使建筑设计更加具有表现力和创造力，为建筑师提供了更加广泛、更加充分、更加自如的表现，日益成为建筑师的构思和完善建筑设计的助手。同时，这两者相结合得到的建筑产物不但设计质量得到有效的提升，设计周期也逐渐缩短，从而使得社会经济效益得到提升。

1.1.2 产品制造与工程建造

谈到产品制造，人们总会想到工厂车间内各种机械设备及工人作用下不停歇的流水线生产。改革开放以来，随着国家对制造业的高度重视及部分技术和人才的引进，我国在产品制造方面有了飞速的发展，已成为世界制造大国。但是，在产品制造过程中也存在一些问题，如自主创新能力不强，核心技术对外依存度较高，产品质量问题突出，资源利用效率低等，所以，我国还不是一个制造强国。

针对我国产品制造业“大而不强”的现状，国务院发布了《中国制造 2025》这一实施制造强国的战略文件，其目的在于抓住新一轮科技革命引发产业变革的重大历史机遇，依托较强的信息产业实力，通过工业化与信息化的深度融合，让产品制造由大变强。在这一历史的跨越过程中，要加快推动新一代信息技术与制造技术融合发展，把智能制造作为主攻方向，着力发展智能产品和智能装备，推进生产过程数字化、网络化、智能化，培育新型生产方式和产业模式，全面提升企业研发、生产、管理和服务的智能化水平。同时，要加大对先进节能环保技术、工艺和装备进行研发和推广的力度，加快制造业绿色改造升级，积极推行低碳化、循环化和集约化，提高制造业资源利用效率，强化产品全生命周期绿色管理，努力构建高效、清洁、低碳、循环的绿色制造体系，最终实现由资源消耗大、污染物排放多的粗放制造向资源节约型、环境友好型的绿色制造的转变。

建筑行业作为一种特殊的制造业，在“德国工业 4.0”与“中国制造 2025”新一轮科技革命和产业变革背景下，也正在发生着新的变革，各种新概念和新模式不断涌现，诸如产业链有机集成、并行装配工程、低能耗预制、绿色化装配、机器人敏捷建造、网络化建造和虚拟选购装配等。在建造方式上，由于装配式建筑相比传统的现浇建筑具有提升建筑质量，提高施工效率，节约材料，节能减排环保，节省劳动力并改善劳动条件，缩短建造工期，方便冬期施工等优点，所以装配式建筑正得到大力发展。而且，今后世界装配建筑业界必将实现全产业链信息化的管理与应用，通过 LAE、CAE、BIM 等信息化技术搭建装配式建筑工业化的咨询、规划、设计、建造和管理各个环节中的信息交换平台，实现全产业链信息平台的支持。此外，当前发达国家正在重视发展以复合轻钢结构、钢/塑结构、生物质/木结构等为主的新型绿色化装配构件体系，其目标是使装配式住宅与建筑从设计、预制、运输、装配到报废处理的整个住宅生命周期中，对环境的影响最小，资源效率最高，使得住宅与建筑的构件体系朝着安全、环保、节能和可持续发展方向发展。同时，日本、德国和美国的建筑界正在致力发展智能化装配模式，以大量减少施工现场的劳动力资源配置，其出路是不断发明推广机器人、自动装置和智能装配线等，同时创新采用附加值高的装配式构件与部品，使施工现场不再需要更多大量笨重的体力劳动，这种智能化装配模式比以往建造模式大大节约了人力资源，同时可以缩短工期，提高施工效率。总之，未来建筑业必将迈上绿色化、工业化、信息化的发展道路。

1.1.3　数字制造与数控建造

随着数字化时代的到来，数字建筑也逐渐开始发展起来，而数字建筑需要数字建构。数字建构具有明确的两层含义：使用数字技术在计算机中设计出建筑形体，以及借助于数控设备进行建筑构件的生产及建筑的建造。也就是说，数字建筑的形成需要数字设计与数控建造。

建筑设计是一个复杂的过程，包含的内容众多，将数字化技术应用到建筑设计领域，能够推动建筑设计理念和方法的转变，提升建筑设计的有效性。首先，概念设计是建筑设计的核心环节，对于建筑设计效果的影响不容忽视。数字化技术的应用，可以为设计人员开展概念设计提供一个智能化辅助设计工具，例如，设计人员可以运用 SketchUp 建模技术，构筑建筑三维空间模型，完成造型、质感和色彩等的构思，并将其与现实建筑环境结合起来，开展综合研究。其次，在方案设计环节内，设计人员可以先对设计方案进行初步确定，然后运用计算机数据处理和分析能力，配合专业软件，针对方案设计中可以采集和量化的指标、属性、功能等进行分析预测，做好设计方案的修改工作。此外，运用 CAD 与 BIM 技术，设计人员还能够完成建筑环境、建筑功能等设计技术指标的定性与定量分析，提升建筑设计的合理性。在制图方面，伴随着计算机绘图技术的飞速发展，设计人员在进行建筑设计时，既能够运用专业软件提供的建筑标准库、建筑配件库和建筑构造图库实现建筑构造设计，也能够运用各类图形生成和图形编辑功能开展制图设计，对细部大样中的图形进行移动、旋转、缩放和拼接等操作，更可以根据不同工种与建筑设计内容，在不同的图层存储制图设计信息，结合按需分配的原则，对制图设计进行改进优化。数字化技术设计系统具备统一的制图设计数据管理功能，可以对不同建筑设计工种和设计内容进行协调，为统一管理和纠错提供便利。

数字设计属于数字技术的非物质性使用，而数控建造则是数字技术的物质性使用，是把虚拟的设计转化为实物。相比于传统的机械制造，数控建造提升了建筑建造的精度，具体表现在机械运动数据的数字化。一般建筑建造的误差控制在 10mm 左右，虽然这在大部分场合是可以接受的，但依然存在建造效率低下和小误差积累成为更大误差的情况，这在现代社会对生产效率和产品质量日益提高的要求下已不再适用。数字化控制的机械可以按照预先设定的要求进行工作，其精度可以根据不同的场合采用不同等级的加工工具进行控制，甚至近年来数字加工工具本身可以在实时监测自身运动的同时进行微调，避免了实际操作过程中多种误差因素的影响，实现了合理的精度控制。此外，数控建造特别擅长传统工艺难以胜任的非标准加工。随着生活水平的提高，人们对建筑的要求已不仅仅局限于高质量与舒适度等方面，对建筑的审美也有了一定的需求，这就需要对建筑进行参数化设计。参数化设计追求动态性、可适应性、复杂关联及非线性关系等，往往呈现出复杂的曲面形态，或者难以标准化的大量单元的聚集。越来越发达的数控建造技术成功解决了参数化设计在建造上的难题。总之，数字设计与数控建造将一起推动数字建筑的发展。

1.1.4 数字建筑技术的软硬件支持工具

数字建筑的发展离不开诸多软硬件工具的支持。其中，在设计、加工与建造方面的技术支持尤为重要。在设计方面，主要是诸如 CAD 一类的设计软件为建筑设计提供极大的方便；在加工与建造方面，数控技术与数控装备发挥了很大的作用。

CAD 一类的软件利用计算机及其图形设备帮助设计人员进行设计工作，提高了设计效率。其中，计算机辅助建筑设计（Computer- Aided Architectural Design，CAAD）是 CAD 的重要分支，它是将计算机技术应用于城市、景观、建筑和室内等设计过程的方法，也是一门涉及计算机科学、建筑科学、人工智能、图形学等多个学科综合应用的新技术。它是随着计算机技术的不断发展而发展的，同时也推动着信息技术各个分支在建筑设计中的应用。CAAD 目前的应用可以概括为：绘制二维平、立、剖面图，三维模型的建立、渲染、影像处理，动画、多媒体设计演示虚拟现实技术等。而在图形设计方面涉及的软件包括 AutoCAD、3d StudioMax、Photoshop 及 Light Scape 等。

数控技术，又称计算机数控技术（Computerized Numerical Control，CNC），是采用计算机程序控制机器的方法，按工作人员事先编好的程序对机械零件进行加工的过程。它是解决零件品种多变、批量小、形状复杂、精度高等问题和实现高效化和自动化加工的有效途径。当前，激光切割机、计算机数控机床、三维快速成型机等已经成为建筑模型制作和探索数控建造途径的重要工具。

激光切割机是将从激光器发射出的激光，经光路系统，聚焦成高功率密度的激光束，激光束照射到工件表面，使工件达到熔点或沸点，同时与光束同轴的高压气体将熔化或气化金属吹走。激光切割机采用数控编程，切割速度快、精度高，可根据任意平面图进行加工，可以切割幅面很大的整板，无需开模具，经济省时。计算机数控机床以计算机程序集合指令，并以指令的方式规定加工过程的各种操作和运动参数，可以对金属、木材、工程塑料等天然或人工合成材料进行切割、打磨、铣削等加工，并最终完成各种形体的建筑构件；数控机床是一种去除成型的加工设备，即从毛坯中除掉多余的部分，留下需要的造型。与此相反，另一种数控加工技术“快速原型技术”以添加成型的方式工作，即通过逐步连接原材料颗粒或层板等，或通过流体在指定位置凝固定型，逐层生成造型的断面切片，叠合而成所需要的形体，如熔融沉积制模法、立体印刷成型法、选域激光烧结法、三维打印法等。这些数控技术由于通过计算机软件操控加工设备，可将同样通过软件进行的设计与加工连成一体，在不同的条件下可处理不同的问题，满足不同的需要，从而可以生产非标准的个性产品，使得复杂不规则建筑形体的制造成为可能。

1.2 建筑信息化技术的应用分析及现存的问题

1.2.1 建筑信息化技术的应用分析

1. 建筑设计阶段

在建筑设计阶段，信息化技术发挥了很大的作用。它的主要优势包括协同设计、信息关联、参数化调整，很好地解决了传统设计手段无法适应的新型建造模式的方法难题。

1）信息化技术可以进行选址的规划和场地分析。传统的方法没有足够的定量分析，也不能对大量的数据进行科学处理等，但是在信息化技术的帮助下，通过与地理信息系统相结合，根据拟建建筑物的空间信息、大气环境和场地条件，对其进行数据分析，更科学合理地进行场地分析和规划选址，为决策提供依据。

2）可以利用信息化技术建立模型和绘图。与传统的二维图相比，以信息化技术手段绘图的最大特点就是图中的每一个信息都具备工程属性，例如构件的外观尺寸、材料的属性、进度属性、资源特征等，并且形成模型参数的关联性和共享性，任何一个参数信息发生变化，实体构件也会发生相应变化，做到一处修改，处处同步修改，极大地提高了协同设计的工作效率。

3）信息化技术可以解决设计的冲突问题。传统的方法都是根据二维图通过想象来对建筑物的立体图进行还原，这样的方法不够直观，往往与设计者的经验、能力有很大关系，极易造成设计错误。利用信息化技术可自动识别冲突问题并进行三维调整，能够提高设计效率，保证设计质量。

2. 建筑构件生产制作阶段

在建筑的构件生产制作阶段，把信息化技术和 RFID（无线射频识别）技术相结合，工厂化生产时将含有构件的材料种类、几何尺寸、安装位置等信息的 RFID 芯片预埋到各类预制构件中，根据 RFID 标签编码唯一性原则，提供构件的生产、存储、运输、吊装等过程中信息传输的解决方案，也保证信息的准确性。另外，还可以把预制构件的存储、质量监测、生产等信息反馈中央数据库，进行统一的信息分析和处理，为将来工艺改进、生产提效、品质监控提供原始数据支撑。

3. 建筑施工阶段

在建筑施工阶段，信息化技术的主要应用有以下方面：

1）能够针对预制构件的库存和现场管理进行改善。在实际的施工现场找不到构件或者找错构件等情况时有发生，所以通过信息化技术的管理可以规避此类事件的再次发生，利用信息化技术和 RFID 技术的有效结合，就可以对这些构件进行实时追踪控制，获取信息准确且传递速度快，能够减少人工引起的误差。

2）利用 5D 施工模拟对施工、成本计划进行优化，对工程质量的进度进行控制。基于 3D 信息化模型，又引入了时间和资源维度形成 5D 信息化模型，以此来对建筑的各种资源投入情况和整个施工过程进行模拟，形成一个动态的施工规划。另外在模拟的过程中，对原有的施工规划存在的问题进行优化，避免工期延长和成本增加。

4. 建筑运营维护阶段

在建筑的运营维护阶段，信息化技术的主要作用就是提供建筑物的使用情况、各构件运行情况以及财务等方面的数据和信息。

1）在物业管理方面信息化技术发挥了很大的作用，通过和相关设备进行连接，信息化软件可以提供建筑物的各项参数来判断其运行情况，这样，物业管理人员可以及时做出科学的管理决策。另外信息化技术和 RFID 技术结合在设施管理和门禁系统方面还有很多的应用，各个构件安装上电子标签后，工作人员在进行维修的时候就可以通过阅读器很快找到相关设备的位置，在维修过后把相应的数据再次记录到电子标签内，把这些信息数据再存储到信息化的物业管理系统中，使得工作人员可以更加直观地了解建筑物设备的运营情况。

2）建设项目在进行扩建或拆除的时候，运用信息化技术针对建筑结构的各项指标进行分析检测，可以避免结构的损伤。

信息化技术的融入弥补了建设项目中信息难以收集、处理、协同等缺点，把信息化技术应用在建设项目的全生命周期管理中将使建筑业有更好的发展前景。

1.2.2 建筑信息化技术应用中存在的问题

由于信息化技术在工程项目中的应用时间较短，所以在现阶段的应用发展中难免存在一些问题，主要表现在以下几个方面：

（1）模型应用面窄

应用信息化技术建成的模型仅在前期方案阶段运行，进行效果展示、方案调整，但在后期基本闲置未充分应用，或局限于由施工单位进行管线碰撞检查。模型应用面窄，造成资金、人力上的浪费。

（2）模型衔接不畅

大部分应用信息技术的项目会采用设计阶段由设计单位建模，进入施工阶段由总包及分包进行后续模型深化的模式。如果前期未制定模型验收标准，有可能会产生建模各方模型不兼容，导致设计、施工之间模型移交困难，双方重复建模，影响现场使用等情况。

（3）技术应用滞后

在施工阶段，施工单位实施的模型深化、施工方案模拟、进度模拟等工作缓慢，模型搭建进度控制不力，分阶段交付时间提前量不够，或只能勉强跟着现场进度，甚至滞后于施工进度，无法起到指导施工的作用。

（4）协同平台不力

对协同平台缺乏认识，对模型共享、数据同步重视不够，导致平台比选工作迟迟不能启动，各参建方在施工过程中无法共享模型，数据维护、修改不能在各参建方之间同步共享，协同办公。

（5）应用与施工脱节

各参建方的组织机构不合理，信息技术管理人员与现场管理人员分离（不协同），施工单位的相关信息技术实施方案与专项施工方案分开编制，实施过程中的技术运用专题会议与工地例会分别召开，模型搭建与现场施工脱节。

（6）五维应用受限

模型结合进度控制、工程量统计的五维应用，因为建筑造型的特殊性、模型深度不够、配套软件局限性等，基本还停留在部分主要材料的工程量统计上，以施工单位内部成本控制应用为主，未从项目整体角度，在质量、进度、投资、安全管理上创造合理的应用价值。

除了以上几个方面之外，专业技术人才尤其是一线工程技术人员缺乏，与信息化技术应用模式相对应的政策管理规则和流程较少等问题也在制约着建筑信息化技术的应用，这些都需要建筑业各方主体给予足够的重视。

1.3 数字技术在建筑设计中的应用及对建筑设计的影响

1.3.1　数字技术在建筑设计中的应用

从计算机出现至今的几十年的时间里，数字技术已经逐渐渗透到人类社会生活的几乎每一个方面，带领整个人类进入一个崭新的数字文明时代。就建筑行业而言，在设计单位里，传统的绘图桌、晒图机已被计算机与绘图仪所取代；资料档案已实现数字化存储。数字建筑技术不但大大提高了建筑师的作业效益，还缓慢地但稳定地改变着建筑师的思维方式和工作方式。

如今，数字建筑技术的发展也是很显著的。一方面，发展方向从发展绘图质量与效率转变成为提高工程总效益和创新形象；另一方面，其发挥的作用也从原始的辅助制图变为如今的设计多方位全过程的辅助。数字建筑技术在建筑师不断思考和表达并逐渐生成建筑设计方案的过程中起着十分关键的作用。

在进行重大工程项目的研究和可行性分析的过程中使用数字技术，能够利用计算机拥有的超强的数据处理能力使过程决策的科学性和效率得到提高。对于规划设计，在进行历史遗产的保护、旧城改造及控制规划等方面，可以利用 GIS 技术；在建筑单位和群体的概念设计中进行体量的研究和分析，可以利用 Max、3ds、SketchUp 等软件。当前的计算机辅助工程制图与方案设计，主要是通过 3ds Max、AutoCAD 等软件以及一些二次开发等软件进行体量设计、造型审视、专项分析，并进行施工制图、文档编制、经济概算。此外，现在建筑设计行业也使用数字建筑技术来表现作为最后结果的建筑结构与外观，以展示尚未真正最终定稿的方案设计。这些技术包括静态建模渲染（如 AutoCAD + 3ds Max + Photoshop）、动画影像剪辑（如 3ds Max + Premiere 等）、实时漫游观察（如 AutoCAD + Multigen Creator/Vega、VRML）等。

1.3.2　数字技术对建筑设计的影响

从唯物主义哲学观的角度来说，建筑设计模式的物质基础决定了建筑设计的思维模式。建筑设计的物质基础发生了变化，建筑设计的思维模式也随之产生变化。依照这个理论，决定和影响设计思维的因素是用以承载各种专业图示信息的手段与工具。不同的技术发展水平，带来了不同的设计工具，最终导致了不同的设计思维模式。在此之外，不同设计媒介所运用的具体技术手段，同样影响和制约着建筑设计的思维模式。因此，从纸笔为主要工具的二维图示向数字技术辅助下的设计媒介发生的转变，将会同样影响着建筑设计的思维模式进行着相应的转变。

在传统的建筑设计方式中，人们借助于图示方法（包括草图勾画、设计图的生成与修改、模型制作搭建等）来表达和设计信息建筑空间。图示方法不仅对建筑方案的专业表达产生了重要的影响，而且对其构思分析和形成过程也起到了不可替代的作用。而另一方面，建筑设计过程中计算机辅助数字技术的应用和推广，不可避免地对空间图示的方式与方法产生影响，促进设计的思维方式，从图示思维转变到更专业的“数字化思维”。这里数字化思维是指利用以计算机辅助技术为主的数字专业技术，将建筑设计转化成虚拟的三维数字化世界的构建。而传统的图示思维模式则是通过手绘草图的方式将思维活动表达出来，然后通过对设计图进行反复的基于二维视觉思维的验证，从而达到刺激方案的发展和生产的效果。

在数字技术发展的初级阶段，数字技术主要是用来对一些发展完备的定义进行明确的归档、提炼及描绘。现在，数字技术不仅给我们提供了一个反馈迅速的回路，而且在实时连接的信息模型和更加直观、灵活的交互界面两方面取得了实质性的进步。此外，数字媒介具有很多深受建筑设计师欢迎的优点，比如智能化、集成化、高效性及精确性等。传统的空间图示方法在引入数字技术以后，不仅能以更为接近现实和直观的方式表现建筑师的抽象思维，而且可以打破因为局限的表现方法带来的习惯性设计戒律。这是数字技术介入的重要潜质，为建筑师寻找诗意的造型追求提供了可能，使得建筑空间拥有雕塑般的随意和自由的构思。

其次，在网络协作、通用集成的模型与数字建模等技术的帮助下，数字技术给建筑师提供了新的信息媒介，并极大地改进了建筑设计模式。众所周知，纸张是一种重要的信息媒介，它的主要地位还会经历一段很长的时间。然而只有数字技术才能使设计上升到整体性的信息模型和三维空间中。同样的，当数字技术达到了这种程度，它才能真正地摆脱辅助表现而成为一种辅助设计。在建筑设计中数字技术的发展经历了时间虽短但剧烈的变化过程，它的这种变化就如同计算机技术迅速而大量地改变着人们的生活和工作。

在建筑设计中数字技术的应用有一个发展的过程，比如早期的施工图的绘制及方案设计，接着是影像处理和三维建模，然后是虚拟现实和动画，最后是建立了建筑信息模型。数字技术的目的在于让建筑师从大量烦琐的重复性工作中突围，集中精力于真正具有创新性的创造活动。

以网络通信系统为基础的数字技术，不仅给我们提供了信息资源的极大共享，而且在排除空间距离困难的同时增进了建筑师之间的交流。因为建立了网络这样的巨大的共享资源库，建筑设计师在创作过程中还可以得到大量的与专业相关的信息。此外，网络通信技术和多媒体技术还可能使建筑的使用者、建筑业主参与到设计过程中，还可以实现异地的建筑师协同工作。

最后，数字技术影响了建筑的设计与建造。长期以来，建筑施工和建筑设计的关系在建筑设计过程中并未得到应有的重视，因而很长一段时间里，建筑设计的生产质量和效率都难以得到提高，主要是因为专业信息交流的混乱、施工单位和设计单位的割裂、各自为政的行业板块等。造成以上原因的一个关键因素是，设计信息的交流和生成，这主要是传统设计媒介的局限性产生的后果。然而，现在要使建造和设计之间存在的问题得到改观，可以通过和依托数字技术，特别是计算机辅助下的信息集成系统来完成。

思 考 题

1. （多选）数字建筑技术包括________。

（参考答案：ABCD）

A. CAD 技术

B. BIM 技术

C. 虚拟现实技术

D. 数控加工技术

2. （单选）在图形设计方面涉及的软件不包括________。

（参考答案：B）

A. AutoCAD

B. CNC

C. 3d StudioMax

D. Photoshop

3. （简答）简述建筑信息化应用中存在的问题。

（参考答案：模型应用面窄；模型衔接不畅；技术应用滞后；协同平台不力；应用与施工脱节；五维应用受限）

本章参考文献

[1] 龚声蓉，许承东，沈翠华，等. 计算机图形技术［M］. 北京：中国林业出版社，2006.

[2] 金晓倩. 计算机图形技术在建筑设计行业内的应用及标准［J］. 现代商贸工业，2015，36（27）：261-262.

[3] 广天. 关于建筑设计中计算机绘图的应用探讨［J］. 中国科技投资，2016（27）：47.

[4] 周济. 智能制造——“中国制造 2025”的主攻方向［J］. 中国机械工程，2015，26（17）：2273-2284.

[5] 王庄林，杰姆斯. 世界未来装配式建筑发展趋势［J］. 住宅与房地产，2017（11）：44-45.

[6] 郭学明. 装配式混凝土结构建筑的设计、制作与施工［M］. 北京：机械工业出版社，2017.

[7] 徐卫国. 数字建构［J］. 建筑学报，2009（1）：61-68.

[8] 沈咏谦. 浅谈建筑设计中数字技术的应用［J］. 建筑建材装饰，2018（10）：177-178.

[9] 梅玥. 基于数字技术的装配式建筑建造研究［D］. 北京：清华大学，2015.

[10] 黄蔚欣. 参数化时代的数控加工与建造［J］. 城市建筑，2011（9）：25-27.

[11] 孙晓峰，魏力恺，季宏. 从 CAAD 沿革看 BIM 与参数化设计［J］. 建筑学报，2014（8）：41-45.

[12] 周勇. 信息化技术在装配式建筑中的应用［J］. 建筑工程技术与设计，2017（25）：2680.

[13] 吴慧群. 浅谈目前我国 BIM 技术应用中存在的问题及改进措施［J］. 建设监理，2016（8）：5-7.

[14] 彭书凝. BIM＋装配式建筑的发展与应用［J］. 施工技术，2018（10）：20-23.

[15] 郭定国. 基于 BIM 的计算机辅助建筑设计与施工管理研究［D］. 厦门：厦门大学，2014.

第2章 BIM技术及建筑全生命周期

2.1 BIM 技术理论与应用概述

在建筑行业内一直存在着产业结构分散，信息交流手段落后，建设项目管理缺乏综合性的控制等问题，解决这些问题的一个思路就是研究新的信息模型理论和建模方法，基于3D几何模型建立面向建设项目生命周期的工程信息模型。2002年国外提出BIM的概念，它是继CAD技术之后行业信息化最重要的新技术。美国斯坦福大学CIFE中心的调查结论显示，与传统的项目管理模式相比，应用BIM技术可以使投资预算外变更降低40%，造价耗费时间缩短80%，造价误差控制在3%以内，工程成本降低10%，项目工期缩短7%，这些都极大地推动了建筑业的发展。

2.1.1 BIM 技术基本理论

建筑信息模型（Building Information Modeling，BIM）是伴随着计算机技术蓬勃发展应运而生的建筑业产物。BIM技术可以通过三个方面理解：①计算机三维建筑信息模型，即将二维的CAD图转化为三维的建筑信息模型，使建筑、结构、水电等不同专业图的信息集中到一个三维的建筑信息模型中，便于建筑信息的整体查看；②建筑信息模型的应用，即实现参数化的模型应用，利用三维建筑信息模型实现设计优化、管线综合、虚拟建造、工程量计算等应用，不断挖掘模型的价值，解决实际工程新的技术难题；③建筑信息模型平台管理，即以三维信息模型为基础，搭建数字化项目管理平台，将设计管理、成本管理、质量和安全管理等方面，协同到项目管理平台上，实现以模型为基础的平台化、无纸化办公、精细化管理，从而提高工程管理效率。BIM技术主要有8个特点，分别介绍如下：

（1）BIM 技术具有可视化的特点

在BIM中，整个过程都是可视化的，不仅可以用来进行效果图的展示及报表的生成，更重要的是，项目设计、建造、运营过程中的沟通、讨论、决策都在可视化的状态下进行。

（2）BIM 技术具有模拟性的特点

BIM可以模拟不能够在真实世界中进行操作的事物。在设计阶段，BIM可以对设计上需要进行模拟的一些东西进行模拟试验；在招投标和施工阶段，BIM 可以进行 4D 模拟，从而确定合理的施工方案来指导施工，同时还可以进行 5D 模拟，从而实现成本控制；在后期运营阶段，BIM 可以对日常紧急情况的处理方式进行模拟，例如地震时人员逃生模拟及消防人员疏散模拟等。

（3）BIM 技术具有协调性的特点

BIM 可在建筑物建造前期对各专业的碰撞问题进行协调，生成协调数据，如电梯井布置与其他设计布置及净空要求的协调、防火分区与其他设计布置的协调、地下排水布置与其他设计布置的协调等。

（4）BIM 技术具有优化性的特点

现代建筑物的复杂程度大多超过参与人员本身的能力极限，BIM 提供了建筑物的实际存在的信息，包括几何信息、物理信息、规则信息，还提供了建筑物变化以后实际存在的信息。与其配套的各种优化工具提供了对复杂项目进行优化的可能。

（5）BIM 技术具有可出图性的特点

BIM 通过对建筑物进行可视化展示、协调、模拟、优化，可以帮助业主绘出综合管线图（经过碰撞检查和设计修改，消除了相应错误以后）、综合结构留洞图（预埋套管图）、碰撞检查侦错报告和建议改进方案等。

（6）BIM 技术具有一体化性的特点

基于 BIM 技术可进行从设计到施工再到运营贯穿了工程项目的全生命周期的一体化管理。BIM 的技术核心是一个由计算机三维模型所形成的数据库，不仅包含了建筑的设计信息，而且可以容纳从设计到建成使用，甚至是使用周期终结的全过程信息。

（7）BIM 技术具有参数化性的特点

参数化建模指的是通过参数而不是数字建立和分析模型，简单地改变模型中的参数值就能建立和分析新的模型；BIM 中图元以构件的形式出现，这些构件之间的不同，是通过参数的调整反映出来的，参数保存了图元作为数字化建筑构件的所有信息。

（8）BIM 技术具有信息完备性的特点

信息完备性体现在 BIM 技术可对工程对象进行 3D 几何信息和拓扑关系的描述以及完整的工程信息描述。

BIM 是在项目生命周期内生产和管理建筑数据的过程。BIM 的宗旨是用数字信息为项目各个参与者提供各环节的“模拟和分析”。BIM 的目标是实现进度、成本和质量的效率最大化，是为业主提供设计、施工、销售、运营等的专业化服务。BIM 不是狭义的模型或建模技术，而是一种新的理念及相关的方法、技术、平台、软件等。

2.1.2 BIM 技术的软件工具与应用

随着 BIM 技术在国内如火如荼的发展，各种 BIM 软件也不断推陈出新。从 BIM 理念角度来看，由过去 CAD/CAC/CAM 软件改造而成的，具有一定 BIM 能力且符合 BIM 项目全寿命周期及信息共享的理念的软件均为 BIM 软件，如天正 CAD 软件，PKPM 的结构 CAD 软件，赢建科结构 CAD 软件，鸿业的水电暖一体化软件，广联达造价软件和鲁班造价软件，清华大学开发的 4D 项目管理系统。从建模角度来看，创建 BIM 的软件，包括 BIM 核心建模软件（如 Revit Architecture/Structure/MEP，Bentley Architecture/Strautural/Mechanical，Archi-

CAD，Digital Project）、BIM 方案设计软件（Onuma，Affinity）和 BIM 接口的几何造型软件（Rhino，SketchUp，FormZ）。从项目生命周期角度来看，从方案设计、初步设计、施工图设计、施工及运营维护各不同阶段，根据在不同阶段的应用来区分不同的 BIM 软件，如设计 BIM 软件、施工 BIM 软件、运维 BIM 软件。本书主要从设计、施工、运维三个阶段所涉及的 BIM 软件进行分析，提出各阶段所对应软件的特点以及优势，对比部分同类型软件的差异性，供 BIM 应用者在使用 BIM 软件开展工作时对 BIM 软件有个清晰而又系统的了解，同时可作为 BIM 软件比选的依据。

项目设计阶段需要进行参数化设计、日照能耗分析、交通线规划、管线优化、结构分析、风向分析、环境分析等，所涉及的软件主要包括基于 CAD 平台的天正系列、中国建筑科学研究院出品的 PKPM、Autodesk 公司的核心建模软件 Revit 等（表 2-1）。

表 2-1　设计阶段的 BIM 软件

软件名称	特性描述
AutoCAD	二维平面图样绘制常用工具
天正、TH-Arch、理正建筑	基于 AutoCAD 平台，完全遵循中国标准规范和设计师习惯，几乎成为施工图设计的标准，同时具备三维自定义实体功能，也可应用在比较规则建筑的三维建模方面
PKPM	中国建筑科学研究院出品，主要是结构设计，目前占据结构设计市场的 95% 以上
广厦结构、探索者结构（AutoCAD 平台）	完全遵循中国标准规范和设计师习惯，用于结构分析的后处理，出结构施工图
Sketchup	面向方案和创作阶段的，在建筑、园林景观等行业很多人用它来完成初步的设计，然后交由专业人员进行表现等其余方面的工作
Allplan	通过所有项目的阶段，一边制作建筑、结构的模型，可同时计算关于量和成本的信息
Revit	是优秀的三维建筑设计软件，集 3D 建模展示、方案和施工图于一体，使用简单，但复杂建模能力有限，且由于对我国标准规范的支持问题，结构、专业计算和施工图方面还难以深入应用起来
Midas	是针对土木结构，特别是分析预应力箱形桥梁、悬索桥、斜拉桥等特殊的桥梁结构形式，同时可以做非线性边界分析、水化热分析、材料非线性分析、静力弹塑性分析、动力弹塑性分析
STAAD	具有强大的三维建模系统及丰富的结构模板，用户可方便快捷地直接建立各种复杂三维模型。用户亦可通过导入其他软件（例如 AutoCAD）生成的标准 DXF 文件在 STAAD 中生成模型。对各种异形空间曲线、二次曲面，用户可借助 Excel 电子表格生成模型数据后直接导入 STAAD 中建模
Ansys	主要用于结构有限元分析、应力分析、热分析、流体分析等的有限元分析软件
SAP2000	适合多模型计算，拓展性和开放性更强，设置更灵活，趋向于“通用”的有限元分析，但需要熟悉规范

（续）

软件名称	特性描述
Xsteel	可使用 BIM 核心建模软件提交的数据，对钢结构进行面向加工、安装的详细设计，即生成钢结构施工图
ETABS	结构受力分析软件，适用于超高层建筑结构的抗震、抗风等数值分析
Caitia	起源于飞机设计，最强大的三维 CAD 软件，独一无二的曲面建模能力，应用于最复杂、最异形的三维建筑设计
FormZ	是一个备受赞赏、具有很多广泛而独特的 2D/3D 形状处理和雕塑功能的多用途实体和平面建模软件
犀牛 Rhino	广泛应用于工业造型设计，简单快速，不受约束地自由造型 3D 和高阶曲面建模工具，在建筑曲面建模方面可大展身手
ArchiCAD	欧洲应用较广的三维建筑设计软件，集 3D 建模展示、方案和施工图于一体，但鉴于对我国标准规范的支持问题，结构、专业计算和施工图方面还难以应用起来
Architecture 系列三维建筑设计软件	功能强大，集 3D 建模展示、方案和施工图于一体，但使用复杂，且鉴于对我国标准规范的支持问题，结构、专业计算和施工图方面还难以深入应用起来
Naviswork	Revit 中的各专业三维建模工作完成以后，利用全工程总装模型或部分专业总装模型进行漫游、动画模拟、碰撞检查等分析
3DMax	效果图和动画软件，功能强大，集 3D 建模、效果图和动画展示于一体，但非真正的设计软件，只用于方案展示
理正给排水、天正给排水、浩辰给排水、鸿业暖通、天正暖通、浩辰暖通、博超电气、天正电气、浩辰电气	基于 AutoCAD 平台，完全遵循我国标准规范和设计师习惯，集施工图设计和自动生成计算书为一体，广泛应用
PKPM 节能、斯维尔节能、天正节能、天正日照、众智日照、斯维尔日照	均按照各地气象数据和标准规范分别验证，可直接生成符合审查要求的分析报告书及审查表，属规范验算类软件
IES < Virtual Environment >	用于对建筑中的热环境、光环境、设备、日照、流体、造价，以及人员疏散等方面的因素进行精确的模拟和分析，功能强大

施工建设阶段主要包含施工模拟、方案优化、施工安全、进度控制、实时反馈、工程自动化、供应链管理、场地布局规划、建筑垃圾处理等工序。所涉及的 BIM 软件主要包括用于碰撞检查、制作漫游、施工模拟的 Navisworks，微软开发的用于协助项目经理发展计划、为任务分配资源、跟踪进度、管理预算和分析工作量的项目管理软件程序 Microsoft Project，广联达自主研发的算量、计价、协同管理系列软件等（表 2-2）。

表 2-2　施工阶段的 BIM 软件

软件名称	特性描述
鲁班软件	预算软件有鲁班土建、鲁班钢筋、鲁班安装（水电通风）、鲁班钢构和鲁班总体；计价软件有鲁班造价；企业级 BIM 软件有 Luban MC 和 Luban BIM Explorer

（续）

软件名称	特性描述
Navisworks	碰撞检查，漫游制作，施工模拟
Microsoft Project	由微软开发销售的项目管理软件程序，软件设计目的在于协助项目经理发展计划、为任务分配资源、跟踪进度、管理预算和分析工作量
筑业软件	省市的建筑软件、工程量清单计价软件、标书制作软件、建筑工程资料管理系统、市政工程资料管理系统、施工技术交底软件、施工平面图制作及施工图库二合一软件、装修报价软件、施工网络计划软件、施工资料及安全评分系统、施工日志软件、建材进出库管理软件、施工现场设施安全及常用计算系列软件等工程类软件，广泛应用于公用建筑、民用住宅、维修改造、装饰装修行业
广联达	BIM 算量软件：广联达钢筋算量软件、广联达土建算量软件、广联达安装算量软件、广联达精装算量软件、广联达市政算量软件、广联达钢结构算量软件等；BIM 计价软件：广联达计价软件；施工软件：广联达钢筋翻样软件、施工场地布置软件；BIM 管控软件：BIM5D、BIM 审图、BIM 浏览器；BIM 运维软件：广联达运维软件
品茗	计价产品：品茗胜算造价计控软件、神机妙算软件；算量产品：品茗 D + 工程量和钢筋计算软件、品茗手算 + 工程量计算软件；招投标平台：品茗计算机辅助评标系统；施工质量：品茗施工资料制作与管理软件、品茗施工软件；施工安全：品茗施工安全设施计算软件、品茗施工安全计算百宝箱、品茗施工临时用电设计软件；工程投标系列：品茗标书快速制作与管理软件、品茗智能网络计划编制与管理软件、品茗施工现场平面图绘制软件
TH-3DA2014	实现土建预算与钢筋抽样同步出量的主流算量软件，在同一软件内实现了基础土方算量、结构算量、建筑算量、装饰算量、钢筋算量、审核对量、进度管理及正版 CAD 平台八大功能，避免重复翻图、重复定义构件、设计变更时漏改，达到一图多算、一图多用、一图多对，全面提高算量效率
TSCC 算量软件	自动从结构平法施工图中读取数据，计算构件混凝土和钢筋用量，统计各构件、各结构层和全楼钢筋、混凝土工程量，并可根据需要生成各种统计表
神机妙算四维算量软件	图形参数工程量钢筋自动计算新概念，少画图，甚至不需要画图，就可以自动计算工程量钢筋，不但可以自动计算基础、结构、装饰、房修工程量，还可以自动计算安装、市政、钢结构工程量，跟预算有关的所有工程量钢筋都可以自动计算
海迈爽算土建钢筋算量软件	爽算土建钢筋算量软件是一款应用于建设工程招标投标阶段、施工过程提量和结算阶段的土建和钢筋（二合一）工程量计算软件，主要面向工程领域中各单位的工程造价人员
金格建筑及钢筋算量软件	金格建筑及钢筋算量软件 2013 是金格软件的换代产品，它集成了原有的建筑表格及钢筋算量软件，并融入 CAD 图识别提量，使其成为“图表合一，量筋合一”的综合集成算量软件，是基于自主平台的算量软件
比目云	基于 Revit 平台的二次开发插件，直接把各地清单定额加入 Revit 软件，扣减规则通过各地清单定额规则来内置，不再通过插件导出到传统算量软件里，直接在 Revit 中套用清单，查看报表，而且自带明细表，与 Revit 相比更加清晰明了，也能输出计算式

在运维阶段，可以利用 BIM 工具实现智能建筑设施、大数据分析、物流管理、智慧城市、云平台存储等，大大提高了管理效率（表 2-3）。

表 2-3 运维阶段的 BIM 软件

软件名称	特性描述
Ecodomus	欧洲占有率最高的设施管理信息沟通的图形化整合性工具，举凡各项资产（土地、建筑物、楼层、房间、机电设备、家具、装潢、保全监视设备、IT 设备、电信网络设备），优势是 BIM 模型直接可以轻量化在该平台展示出来
ArchiBUS	用于企业各项不动产与设施管理信息沟通的图形化整合性工具，举凡各项资产（土地、建筑物、楼层、房间、机电设备、家具、装潢、保全监视设备、IT 设备、电信网络设备）、空间使用、大楼营运维护等皆为其主要管理项目
WINSTONE 空间设施管理系统	可直接读取 Navisworks 文件，并集成数据库，用起来方便实用

2.1.3 基于 BIM 技术的建设项目信息集成管理模式与选择

由于采用不同的项目采购模式，利益相关方信息需求不同，对项目产生的影响不同，BIM 技术在其中的应用也不同，所需的信息交付需求随之改变。因此项目信息集成管理模式与选择的第一步就是确定理想的 BIM 工程项目中的最佳工程采购模式，然后对该模式下的利益相关者信息交付需求进行分析。

现如今基于 BIM 技术的建设项目的采购模式有 4 种：设计-招标-建造（Design-Bid-Build）、设计-建造（Design-Build）、风险型施工管理（Construction Management at Risk，即 CM@R）以及集成项目交付（Integrated Project Delivery）。

1. 设计-招标-建造（DBB）

设计-招标-建造（DBB）模式，是一种在国际上比较通用的模式。DBB 模式是专业化分工的产物。业主分别与设计和施工承包商签订合同，在设计全部完成后，进行招标投标，然后进入施工。这种方式，把对方视为对手，大量时间都用在研究合同条款上，出现问题主要通过合同、风险转移和法律诉讼加以解决，缺少预测问题和解决争论的机制和方法。

DBB 模式的优点是，参与工程项目的三方即业主、设计机构、承包商在各自合同的约定下，各自行使自己的权利和履行义务。缺点是设计的可施工性差，监理工程师控制项目目标能力不强、工期长，不利于工程事故的责任划分，可能会因为施工图的问题产生争端等。

2. 设计-建造（DB）

设计-建造（DB）模式是逐渐被广泛应用的项目管理模式，也是我国逐渐新兴的项目管理模式。业主仅与一方即设计-建造方签订合同，设计-建造方负责项目的设计与施工，业主也可以雇佣顾问以更多地介入项目的管理与控制。

DB 模式的优点是，设计阶段与施工阶段具有重叠部分，缩短了整体项目周期，实现设计与施工的信息交流、协作，责任明确，减小项目延期的可能，降低造价。缺点是工程成本不明晰，业主对于项目的决策权与参与权都甚微，可能出现设计屈服于施工成本的压力，从而降低工程的整体质量和性能。

3. 风险型施工管理（CM@R）

在风险型施工管理（CM@R）模式中，业主首先选择设计单位与之签订设计合同，委托其对拟建项目进行可行性研究与技术设计；当设计工作完成大约三分之一时，业主招标选择风险型施工管理师（CM/Contractor），要求其在设计阶段给出施工建议并完成施工任务，与之签订 CM 合同，其形式常为成本加酬金合同（Cost Plus Fee），业主往往将限定最高价偿付合同（Guaranteed Maximum Price，GMP）列入 CM 合同中，如果实际造价超过 GMP，风险型施工管理师承担超出的部分，如果少于 GMP 则节余部分归业主所有或由业主与风险型施工管理师分享（由合同规定）；当设计完成时，一般情况下风险型施工管理师作为总承包商会将部分甚至全部施工任务分包给各专业分包商。其“风险”在于风险型施工管理师同时承担总承包商的任务，且为超出 GMP 的部分赔偿。

CM@ R 模式的优点是，便于实现快速跟进，可施工性信息可以早期植入设计阶段，工程造价早期即可确定，如 CM 合同中常见的限定最高价偿付合同（GMP），缩短项目周期的可能性提高。缺点是风险型施工管理师与设计方共同承担设计责任，可能出现推卸责任的情况；而且，由于业主选择风险型施工管理师的方式往往是基于资质而不是通过招标选择最低价的投标者，所以工程造价可能偏高。

4. 集成项目交付（IPD）

美国建筑师协会（AIA）在发布的《综合项目交付指南》中对 IPD 做出定义：IPD 是一种利用团队成员早期的贡献知识和专业技能，通过新技术的应用，让所有的团队成员能够更好地实现他们的最大潜力，以实现团队成员在建设项目全生命周期的价值最大化的交付方式。也就是说，IPD 模式是在一套完整的专属标准合同的约束下，通过组建一支由主要参与方组成的利益共享、风险共担的项目团队，使所有参与方的利益与项目整体目标一致，保证跨专业、跨职能的合作。在 IPD 模式中，项目各主要参与方在项目早期就参与到项目中来，并充分发挥各个参与方不同的知识、经验和社会关系等重要资源，提高了工作效率，保障了项目的顺利开展。此外，项目各参与方的早期介入使他们能够在早期就确定项目的目标和计划，同时 IPD 模式通过 Revit 等 BIM 软件的应用，能够使业主提前知道项目的成果，更大程度地满足业主的愿望。

说到 BIM 的应用，普遍的问题围绕在根据专案团队在单一或数个数位模型上协作过程的好坏及协作阶段而决定了这项技术为正向变革带来的提升或减损作用。由于 DBB 模式下各个阶段的参与方之间缺乏沟通与交流，每开始一个新的阶段的任务时大量信息需要重新生成或复制，故这种高度分离的工作模式给 BIM 的应用带来了重重阻碍，通常 BIM 的应用往往只能局限在项目的某一个阶段。与 DBB 模式相比，DB 模式由一方完成设计与建造任务，加强了信息的交流与共享，为 BIM 的应用提供了便利。CM@ R 模式允许建造者在设计过程的初期参与，增加了使用 BIM 和其他协作工具的好处。IPD 模式下的项目管理需要基于 BIM 来完成，因为各参与方之间的协同工作需要进行频繁的信息交流，而 BIM 这种集成化的信息库将大大提高信息交流的效率。因此，BIM 技术是 IPD 模式的主要技术支撑。利用 BIM 技术，可协同完成 IPD 设计施工任务，进行 IPD 项目的成本和进度控制，对 IPD 项目进行运营和维护。综合以上分析，理想情况下，基于 BIM 技术的工程项目最佳采购模式是 IPD。

2.2 BIM 技术相关标准体系

BIM 技术的出现，使得建筑项目的信息能够在全寿命各阶段无损传递，大大提高信息的传递效率，进而实现各工种、各参与方的协同作业。但科学的东西必须有标准，需要制定相应的 BIM 标准，建立起共同的信息集成、共享和协作标准体系，从而推动 BIM 在深度与广度方向的发展。

2.2.1 BIM 标准概述

BIM 标准，即建筑信息模型标准，但它指的不单纯是一个数据模型传递的数据格式标准以及对模型中各构件的命名，还应该包括对不同参与方之间交付传递数据的细度、深度、内容与格式等的规定，整个标准的制定能对整个信息的录入和传递形成一个统一的规则。对于发布的 BIM 标准，目前在国际上主要分为两类：一类是由 ISO 等认证的相关行业数据标准，另一类是各个国家针对本国建筑业发展情况制定的 BIM 标准。行业性标准主要分为 IFC（Industry Foundation Class，工业基础类）、IDM（Information Delivery Manual，信息交付手册）、IFD（International Framework For Dictionaries，国际字典）三类，它们是实现 BIM 价值的三大支撑技术，分别介绍如下：

IFC 标准是由国际协同产业联盟 IAI（Industry Alliance for Interoperability，现更名为 Building SMART International）发布的面向建筑工程数据处理、收集与交换的标准。IFC 标准的制订旨在解决各项目参与方、各阶段之间的信息传递和交换问题，从二维角度出发解决数据交换与管理问题。为不同软件之间提供连接通道、解决数据之间互不相容的问题是 IFC 标准的一大突破。当建设工程项目中同时运用多个软件时，可能存在软件之间的数据不能够相互兼容的问题，导致数据无法交换，信息无法共享，而 IFC 标准作为连接软件的桥梁通道，最大限度地解决了数据交换和信息共享问题，从而节约了劳动力和设计成本。

随着 BIM 技术的应用推广，用户对于信息共享与传递过程中数据的完整性和协调性的要求越来越高，IFC 标准已无法解决此类问题。因而需构建一套能够将项目指定阶段信息需求进行明确定义以及将工作流程标准化的标准，这就是——IDM 标准。IDM 标准可解决 IFC 标准在部署时遇到的瓶颈——对于 IFC 兼容的软件，如何确保那些不熟悉 BIM 平台使用以及 IFC 的用户收到的信息是完整正确的，并且能够用于工程应用的特定阶段。IDM 标准制定旨在将收集到的信息进行标准化，然后提供给软件商，最终实现与 IFC 标准的映射，而且 IDM 标准能够降低工程项目过程中信息传递的失真性以及提高信息传递与共享的质量，使得 IDM 标准在 BIM 技术运用过程中创造巨大价值。

仅拥有 IFC 和 IDM 标准，不足以支撑 BIM 在工程全生命周期标准化的要求，还需一个能够在信息交换过程中提供无偏差信息的字典——IFD 标准。换言之，IFD 标准是与语言无关的编码库，储存着 BIM 标准中相关概念对应的唯一编码，为每一位用户提供所需要的无偏差信息，包含了信息分类系统与各种模型之间相关联的机制。IFD 标准解决了由于全球语言文化差异给 BIM 标准带来的难以统一定义信息的困难。在这本字典里，每一个概念都由唯一标识码来定义，若由于文化背景不同难以识别，则可以通过 GUID 与其对应找到所需的信息。这一标准为所有用户提供了便捷通道，并且能够确保每一位用户得到信息的有用性与一致性。

在国内，清华大学软件学院 BIM 课题组参考美国 NBIMS 提出了中国建筑信息模型标准框架（China Building Information Model Standards，CBIMS），框架中包含了 CBIMS 的技术标准——数据存储标准 IFC、信息语义标准 IFD 与信息传递标准 IMD，以及 CBIMS 实施标准框架，从技术标准上升到实施标准，从数据标准 IFC、数据字典 IFD 和流程规则 IDM 三方面规范建筑设计、施工、运营三个阶段的信息传递，其结构体系如图 2-1 所示。

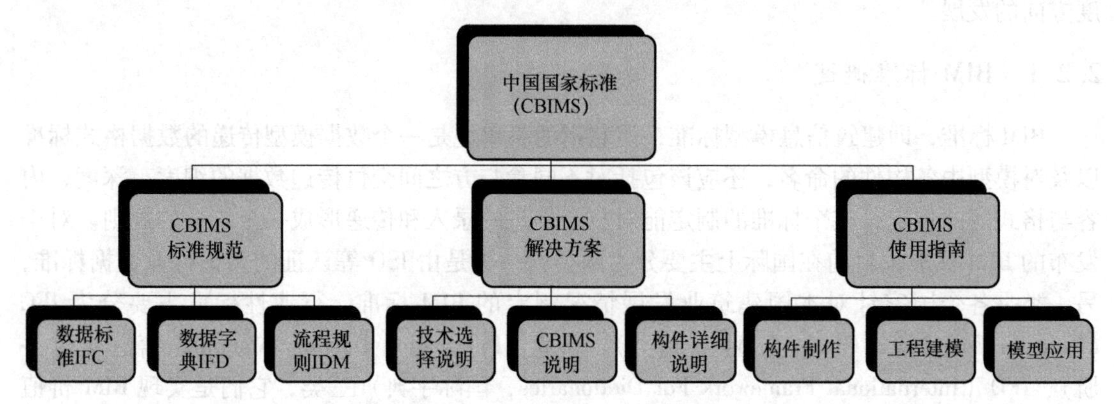

图 2-1　中国国家标准 CBIMS 体系结构

此外，国家也正在加快标准化进程以及信息化标准的编制。《建筑信息模型应用统一标准》《建筑信息模型分类和编码标准》《建筑工程信息模型存储标准》《建筑信息模型交付标准》《制造工业工程设计信息模型应用标准》《建筑信息模型施工应用标准》等相关标准已被纳入国家 BIM 标准体系计划中，其中，《建筑信息模型应用统一标准》《建筑信息模型施工应用标准》和《建筑信息模型分类和编码标准》已分别于 2017 年 7 月 1 日、2018 年 1 月 1 日、2018 年 5 月 1 日起开始实施。随着 BIM 标准体系的不断完善，BIM 技术将能更好地发挥其在建筑业的效用。

2.2.2　IFC 标准体系

BIM 技术的正常应用依赖于各专业创立的信息数据可以便捷无损地传递，然而在早期的 BIM 应用环境中，建筑领域的数据交换一直存在各种问题。大多数时候建筑数据信息作为一座信息孤岛独立存在，在数据交换的过程中常常出现标准不一，不能无损传递等问题。产生这种情况的原因主要有以下两种：一是各 BIM 软件厂商在开发自己的 BIM 软件时，往往会产生属于自己的信息格式，基于自家软件的特性仅能在特定环境下使用，难以与外界进行数据交换，但是在技术相对不那么完善的情况下，导致应用的过程中出现合作困难，数据不流通等问题。另一方面是建筑领域各专业间的合作非常重要，建筑设计、结构、暖通等专业需要进行分工协作。但是在 IFC 出现之前，各个数据信息只能是一个个信息孤岛，对同一个建筑进行不同专业分析的时候往往还需要大量重复性工作，造成了很多不便，而 IFC 的出现为各专业之间的数据互通搭建了桥梁。

在这样的背景下，1997 年“Industry Foundation Classes-IFC”第一版即 1.0 版发布，随后 1.5.1 版第一次在专业结构软件中进行使用。自此，又进行了大量的修订和扩展，并逐渐应用于更多的 BIM 厂商。这些标准独立于 ISO 发布，而使用 IFC 模型没有许可费用。由于该标准的免费特性，许多软件产品选择应用 IFC 模型进行数据交换。目前在单个软件产品中有超过 160 种标准的实施，目前被使用和支持最广泛的版本是 IFC 2×3，不过新发布的 IFC 4 正逐渐被接受和使用。IFC 标准纳入 ISO 标准 16739（2013）也推动了其在公共机构中的采用，并且在许多国家，现已成为建筑招标和批准程序的强制性数据交换格式。由于丹麦政府专注于软件平台之间的互操作性，因此丹麦政府已将 IFC 格式强制用于公共辅助建筑项目。挪威的政府、卫生和国防组织也要求在所有项目中使用 IFC BIM，以及许多市政当局，私人客户，承包商和设计师在其业务中整合了 IFC BIM。

1. EXPRESS 语言

尽管 IFC 的开发独立于 ISO 标准化主体和 STEP 程序，但它共享许多相同的基础技术，最值得注意的是 STEP 标准（ISO 10303-11 2004）第 11 部分中定义的数据建模语言 EXPRESS。EXPRESS 是一种表达产品数据的标准化数据建模语言，EXPRESS-G 是 EXPRESS 语言的图形表达形式。EXPRESS 和 EXPRESS-G 是 IFC Schema 使用的数据建模语言。只有能看懂 EXPRESS 和 EXPRESS-G，才能看懂 IFC Schema。

EXPRESS 提供一系列数据类型，具有 EXPRESS-G 表示法的特定数据类型符号，如图 2-2 所示。

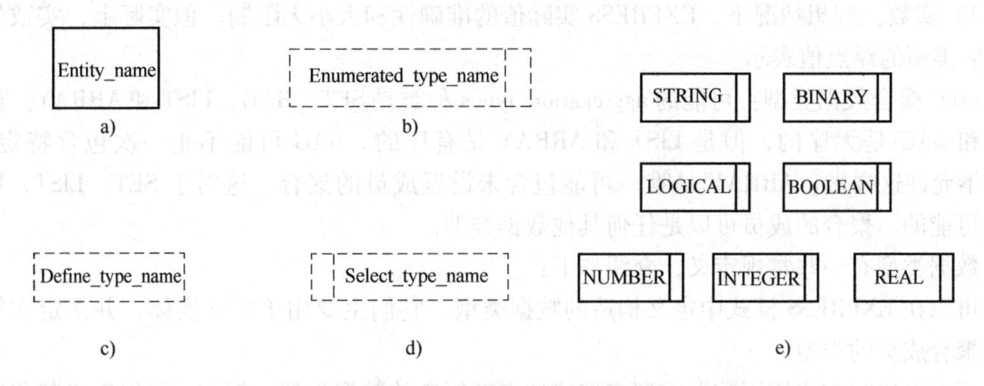

图 2-2 EXPRESS-G 常用符号

a）实体数据类型符号 b）枚举数据类型符号 c）定义数据类型符号
d）选择数据类型符号 e）简单数据类型符号

（1）实体数据类型

实体数据是 EXPRESS 中最重要的数据类型。在子超类型树和/或属性中，实体数据类型可以通过两种方式相关联。

（2）枚举数据类型

枚举值是 rgb 枚举的简单字符串，如红色、绿色和蓝色。如果枚举类型声明为可扩展，则可以在其他模式中进行扩展。

（3）定义数据类型

定义数据是进一步特化了其他数据类型。例如，定义一个类型为 integer 的数据类型为正，值大于 0。

（4）选择数据类型

在选项中选择不同的数据类型定义。最常用的是在不同的 entity-types 之间进行选择。更罕见的是包含已定义类型的选择。如果枚举类型声明为可扩展，则可以在其他模式中进行扩展。

（5）简单数据类型

简单数据类型包括：

1）字符串：这是最常用的简单类型。EXPRESS 字符串可以是任意长度，可以包含任何字符（ISO 10646/Unicode）。

2）二进制：这种数据类型很少使用。它涵盖了许多位（而不是字节）。对于某些实现，大小限制为 32 位。

3）逻辑：类似于布尔数据类型，逻辑的可能值为 TRUE 和 FALSE，另外还有 UNKNOWN。

4）Boolean：布尔值为 TRUE 和 FALSE。

5）Number：数字数据类型是整数和实数的超类型。大多数实现都使用 double 类型来表示 real_type，即使实际值是整数。

6）整数：EXPRESS 整数原则上可以具有任何长度，但大多数实现将它们限制为带符号的 32 位值。

7）实数：理想情况下，EXPRESS 实际值的准确性和大小无限制。但实际上，实数值由 double 类型的浮点值表示。

（6）聚合数据类型：可能的 aggregation_types 种类是 SET，BAG，LIST 和 ARRAY。虽然 SET 和 BAG 是无序的，但是 LIST 和 ARRAY 是有序的。BAG 可能不止一次包含特定值，SET 不允许这样做。ARRAY 是唯一可能包含未设置成员的聚合。这对于 SET，LIST，BAG 是不可能的。聚合的成员可以是任何其他数据类型。

数据类型有一些常规定义，介绍如下：

可以在 EXPRESS 模式中定义构造的数据类型。它们主要用于定义实体，并指定实体属性和聚合成员的类型。

可以以递归方式使用数据类型来构建越来越复杂的数据类型。例如，可以定义某些实体或其他数据类型的 SELECT 的 ARRAY 的 LIST。如何定义这样的数据类型是一个有意义问题。

EXPRESS 定义了一些如何进一步专门化数据类型的规则。这对于重新声明的实体属性很重要。

GENERIC 数据类型可用于过程、函数和抽象实体。

利用 EXPRESS 语言表达常规家庭关系如图 2-3 所示。

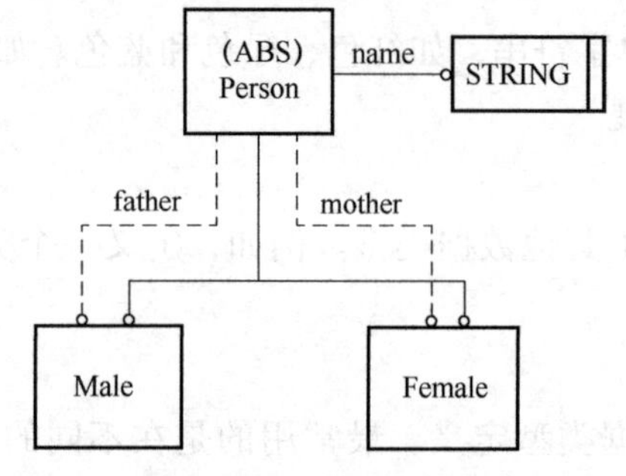

图 2-3　EXPRESS 语言表达常规家庭关系

```
SCHEMA Family;
ENTITY Person
  ABSTRACT SUPERTYPE OF (ONEOF (Male, Female));
```

```
        name: STRING;
        mother: OPTIONAL Female;
        father: OPTIONAL Male;
    END_ENTITY;

    ENTITY Female
      SUBTYPE OF (Person);
    END_ENTITY;

    ENTITY Male

      SUBTYPE OF (Person);
    END_ENTITY;

    END_SCHEMA;
```

2. 数据模式结构

IFC 作为建筑领域的数据交换标准，不仅包含的信息量巨大，涵盖建筑业的从建筑材质、质量到几何属性等方方面面，而且作为交换数据有读写和可视化的功能需求，因此不能与数据库类似，仅仅包含大量信息，还要做到结构良好，以便处理复杂的逻辑和位置关系。在这种需求上，IFC 将自己的数据模式分为 4 个结构层，分别为资源层（Resource Layer）、核心层（Core Layer）、交互层（Interop Layer）和领域层（Domain Layer）。每层中都包含一系列的信息描述模块，并且遵守一个规则：每个层次只能引用同层次和下层的信息资源，而不能引用上层的资源，当上层资源发生变动时，下层不会受到影响，如图 2-4 所示。

（1）资源层

资源层是 IFC 体系架构中的最低层，能为其他层所引用。主要是描述标准中用到的基本信息，不针对具体的行业本身，是无整体结构的分散信息，作为描述基础应用于整个信息模型。此层中的类不是从 IfcRoot 派生的，因此没有自己的标识。与其他层中的实体不同，它们不能作为 IFC 模型中的独立对象存在，但必须由实例化 IfcRoot 的子类的对象引用。

其中，最重要的资源计划包括：

1）几何资源：包含基本几何元素，如点、矢量、参数曲线、扫描曲面。

2）拓扑资源：包含用于表示实体拓扑的所有类。

3）几何模型资源：包含用于描述几何模型的所有类，例如 IfcCsgSolid，IfcFacetBrep，IfcSweptAreaSolid。

4）材料资源：包含用于描述材料的元素。

5）实用程序资源：提供用于描述 IFC 对象的所有权和版本历史（history）的元素。

除此之外，资源层还包括一系列其他信息，例如成本、度量、日期时间、表示等。

（2）核心层

核心层是 IFC 体系架构中的第二层，能为交互层与领域层所引用。它包含数据类型最基本的类，主要是提供基础的 IFC 对象模型结构，描述建筑工程信息的整体框架，将资源层信

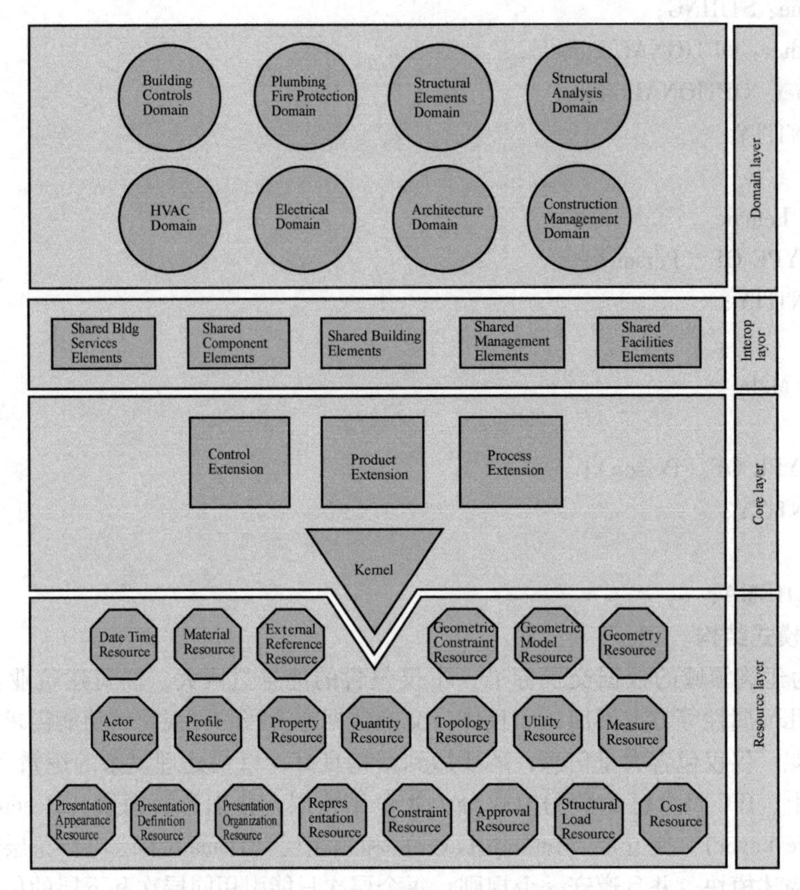

图 2-4　IFC 数据模型层次结构

息组织起来，成为一个整体，来反映现实世界的结构。包括核心（The Kernel）和核心扩展（Core Extensions）两个层次的泛化。核心类代表了 IFC 数据模式的核心，包括基本抽象类，如 IfcRoot、IfcObject、IfcActor、IfcProcess、IfcProduct、IfcProject、IfcRelationship。产品扩展（Product Extension）、过程扩展（Process Extension）和控制扩展（Control Extension）是基于核心类的扩展，它们也是核心层的一部分。

Product Extension 架构描述了建筑物的物理和空间对象及其各自的关系。它包含 IfcProduct 的子类，如 IfcBuilding、IfcBuildingStorey、IfcSpace、IfcElement、IfcBuildingElement、IfcOpeningElement以及关系类，如 IfcRelAssociatesMaterial，IfcRelFillsElement 和 IfcRelVoidsElement。Process Extension 模式包括用于描述过程和操作的类。它还提供了一种基本方法，用于定义流程元素之间的依赖关系以将它们与资源相链接。Control Extension 定义控件对象的基本类，例如 IfcControl 和 IfcPerformanceHistory，以及将这些对象分配给物理和空间对象的可能性。

（3）交互层

交互层是 IFC 体系架构中的第三层，主要是为领域层服务。领域层中的模型可以通过该层来达到信息交互的目的。该层主要解决了领域信息交互的问题，并且在这个层次各个系统的组成元素更加细化，包括共享空间元素（Shared Spatial Elements）、共享建筑元素（Shared

Building Elements)、共享管理元素（Shared Management Elements)、共享设备元素（Shared Facilities Elements）和共享建筑服务元素（Shared Bldg Services Elements）五大类。

（4）领域层

领域层是 IFC 体系架构中的最高层。包含的类信息只能用于高度专业化的特定领域。每一个使用或是引用定义在核心和独立资源层上的类信息模型都是独立的。其主要作用是深入各个应用领域的内部，形成专题信息，比如暖通领域（HVAC Domain)、工程管理领域(Construction Management Domain）等，而且还可以根据实际需要不断进行扩展。

3. 继承结构

与任何面向对象的数据模型一样，继承结构在 IFC 中起着至关重要的作用，如图 2-5 所示。它定义了特化和泛化关系以及可以由其他类继承哪些类的哪些属性。

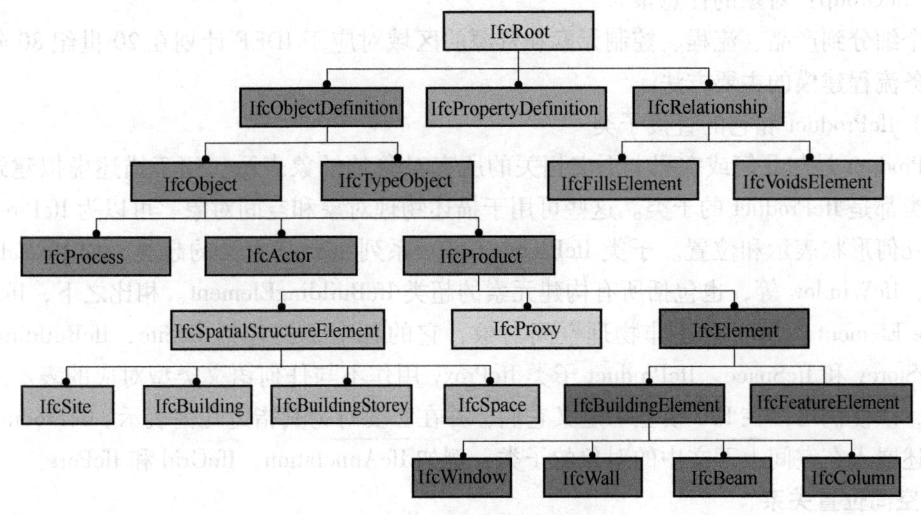

图 2-5 IFC 继承结构

（1）IfcRoot 和它的直接子类

继承树的起点和根是 IfcRoot 类。除资源层中的实体外，所有实体必须直接或间接地从 IfcRoot 派生。此类提供使用全局唯一标识符（GUID）唯一标识对象的基本功能，用于描述对象的所有权和来源，并映射对其所做更改的历史记录（发起者和其他参与者的身份，其版本历史记录）等。此外，每个对象都定义名称和描述。

直接从 IfcRoot 派生的是 IfcObjectDefinition、IfcPropertyDefinition 和 IfcRelationship，它们代表继承层次结构中的下一个级别。

IfcObjectDefinition 类是表示物理对象（例如建筑元素)、空间对象（例如开口和空间）或概念元素（例如过程、成本等）的所有类的抽象超类。它还包括建设项目中涉及的那些定义。

IfcObjectDefinition 的三个子类是 IfcObject（构建项目中的单个对象)、IfcTypeObject（对象类型）和 IfcContext（一般项目信息)。

IfcRelationship 类及其子类描述了客观化的关系。这将关系的语义与对象属性分离，以便特定于关系的属性可以直接与相关对象一起保存。类 IfcPropertyDefinition 定义对象的属性，这些属性不是 IFC 数据模型的一部分。

（2）IfcObject 和它的直接子类

IfcObject 表示作为建筑项目一部分的单个对象（事物）。它是 IFC 数据模型的六个重要类的抽象超类：

1）IfcProduct：物理（有形）对象或空间对象。可以为 ifcProduct 对象分配几何形状表示，并将其定位在项目坐标系内。

2）IfcProcess：在建筑项目中发生的过程（规划，建设，运营）。流程具有时间维度。

3）IfcControl：控制或限制另一个对象的对象。控制可以是法律、指南、规范、边界条件或对象必须满足的其他要求。

4）IfcResource：描述将对象用作进程的一部分。

5）IfcActor：参与建筑项目的相关人员。

6）IfcGroup：对象的任意聚合。

这个细分到产品、流程、控制元素和资源的区域对应于 IDEF 计划在 20 世纪 80 年代开发的业务流程建模的主要方法。

（3）IfcProduct 和它的直接子类

IfcProduct 是与几何或空间上下文相关的所有对象的抽象表示。用于描述虚拟建筑模型的所有类都是 IfcProduct 的子类。这些可用于描述物理对象和空间对象。可以为 IfcProduct 对象分配几何形状表示和位置。子类 IfcElement 是一系列重要基本类的超类，如 IfcWall，IfcColumn，IfcWindow 等，也包括所有构建元素的超类 IfcBuildingElement。相比之下，IfcSpatial Structure Element 类用于描述非物理空间对象，它的各个子类包括 IfcSite，IfcBuilding，IfcBuildingStorey 和 IfcSpace。IfcProduct 子类 IfcProxy 用作不与任何语义类型对应的表示对象的占位符，以便仍可以在 IFC 模型中定义它们，并在必要时为其指定几何表示。IfcProduct 还有用于描述嵌入在空间上下文中的对象的子类，例如 IfcAnnotation，IfcGrid 和 IfcPort。

4. 空间位置关系

使用 IFC 描述建筑物的一个重要基本概念是表示不同层级上的空间对象之间的聚合关系。所有具有空间语义的类都从类 IfcSpatialStructureElement 继承属性和属性，描述建筑工地的 IfcSite，代表建筑物的 IfcBuilding，用于表示特定层的 IfcBuildingStorey 和用于个别房间和走廊的 IfcSpace。IfcSpatialZone 引入了另一种方法，用于表示与考虑功能和因素的默认建筑结构不对应的一般空间区域。这些类的实例通过 IfcRelAggregates 类型的关系对象相互关联。图 2-6 所示为如何在 IFC 模型中表示空间层次结构的示例。在层次结构的顶部是 IfcProject 对象，该对象描述了表示整个项目信息的上下文。在此上下文中重要的是在聚合的 IfcSpatialStructureElement 上使用属性 CompositionType，该属性用于定义元素是整体（PARTIAL）还是简单嵌入元素（ELEMENT）的一部分。例如，建筑物的各个部分通常建模为 IfcBuilding，其 CompositionType 属性设置为 PARTIAL。数据模型本身没有定义哪些层次结构级别可以通过聚合关系链接到哪些其他层次结构级别。但是，一些非正式规则确实适用，例如，结果图必须是非循环的，而较低级别的元素不能包含更高级别的对象。存储的信息的正确性和一致性是相应软件程序的责任。为了模拟哪些建筑元素位于哪些空间对象中，使用了关系类 IfcRelContainedInSpatialStructure 的实例。在大多数情况下，建筑元素与层相关联。但是，必须注意观察一个建筑元素在任何时候都只能按照每个 IfcRelContainedInSpatialStructure 分配给一个空间对象。如果构建元素链接到多个层（例如多层 Facade 元素），它应该通过关系类

IfcReferencedInSpatialStructure链接到所有其他实例。

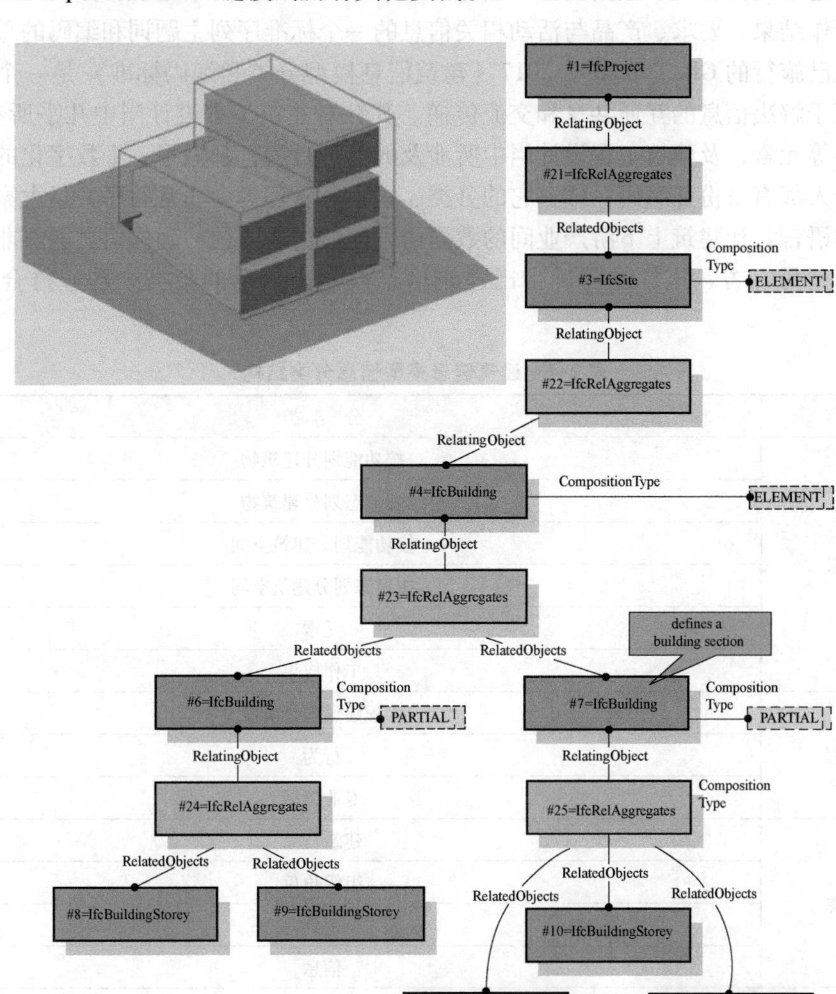

图 2-6 IFC 空间位置关系

2.2.3 信息分类编码标准

信息分类是指将具有某种共同属性或特征的信息归并在一起。信息编码是指将表示信息的某种符号体系转换成便于计算机或人能够识别和处理的另一种符号体系的过程。信息分类编码标准化是指将信息按照科学的原则进行分类并加以编码，经有关方面协商一致，由标准化主管机关批准发布，作为各单位共同遵守的准则，并作为有关的信息系统进行信息交换的共同语言使用。将信息进行分类编码，使表示事物或概念的名称术语以代码的形式标准化，有利于计算机或人识别、查找，方便信息的收集、处理、存储和快速传递。

对于建筑业来说，建筑工程现代信息系统无论在本地还是网络都需要交换大量的数据，如技术性能数据、经济数据、维护数据等。这些信息的交互除了数据交换格式外，更重要的是需要一个与建筑工程相关的分类与编码系统，对建筑工程中的大量数据进行索引与数据的有序储存，这是文档管理、数据交互、储存的一个必要条件。简单地说，分类和编码就是组织建设的工作结果、要求、产品与活动相关信息的一个标准序列主题词和编码的总列表。

我国现已施行的 GB/T 51269—2017《建筑信息模型分类和编码标准》是一个基础的标准，主要用于解决信息的互通共享和交流传递。其针对建筑工程设计当中几乎所有的构件、产品、材料等元素，及建筑工程设计当中所涉及的各种行为，都做了一个数字化的编码。这就好像每个人都有身份证编码一样，它的分类、检索、管理等会非常有序，且大家都能形成一个统一的语言，让建筑上下游产业间的数据语言能够沟通明白，确保信息能够非常准确地从一方传递到另一方。该标准明确指出建筑信息模型中信息的分类结构应符合表 2-4 的规定。

表 2-4　建筑信息模型信息分类结构

内　　容	分　　类
建设成果	按功能划分建筑物
	按形态划分建筑物
	按功能划分建筑空间
	按形态划分建筑空间
	元素
	工作成果
建设进程	工程建设项目阶段
	行为
	专业领域
建设资源	建筑产品
	组织角色
	工具
	信息
建设属性	材质
	属性

该标准对工程建设各参与方都将发挥出巨大的价值。比如对于施工单位来讲，BIM 分类和编码标准更加重要，因为它需要与工程造价、采购、清单等多方面挂钩，如果没有相应的标准，工程量则需要按照目前的规则进行统计。此外，造价算量单位采用的方法大多是将模型转换再重新计算，随着《建筑信息模型分类和编码标准》的出台，造价算量单位就不再需要如此烦琐的工作，在设计阶段就可以轻松、准确地将工程量统计出来。

我国 BIM 的发展虽起步较晚但发展迅速，标准的编制正值快速发展期。随着技术的不断进步，BIM 标准将不断地更新调整，逐步完善。而 BIM 标准的普及和应用也将引导 BIM 技术朝着更加规范化的方向发展。总之，BIM 技术与相关标准相互促进，将更好地推动建筑业的发展。

2.2.4　IDM 标准

多年来，国际互操作性联盟（IAI）已经在建筑施工项目的利益相关者之间提供可靠的建筑信息模型（BIM）数据交换方面进行了大量投入。工业基础类（IFC）用于建筑行业的综合信息模型的架构，已经成为行业开放式交流的标准。IFC模型庞大而复杂并且具有非常强的可拓展性，因为它包括建筑行业项目中使用的所有常见概念，从可行性分析，到设计、施工和建筑设施的运营，除此之外还包括了数据模型本身的逻辑关系和拓展属性等，在各个软件中捕获的信息往往超出了实际工程需要的信息，使信息过于冗杂，降低了使用的效率。为了避免这种状况，有必要就统一和标准化的方法达成一致，以进一步指定建筑模型实例的预期内容。这些规范规定了由谁、何时以及向哪个接收者传递哪些信息。为解决这个问题，buildingSMART组织开发了IDM/MVD框架。这有助于减少解释空间，并使实现特定用例和应用程序领域变得更加容易。该框架以模型视图定义（MVD）的形式区分信息传递手册（IDM）中捕获的内容相关要求和技术实现以及这些要求的映射。信息传递手册以统一、标准化的方式获取质量保证协议。

图2-7形象地反映了IDM与IFC之间的联系和区别。可以看到IFC涵盖了工程项目的方方面面，包含的信息量非常大，但是很多都是非必要的信息，不利于信息传递处理。而IDM的出现将原有的复杂信息按照需求进行了分类、分块，能够有针对性地满足信息交换需求。

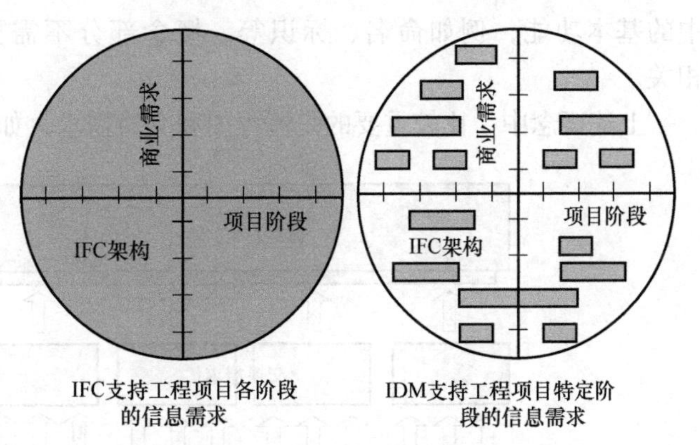

图2-7 IFC与IDM对比

信息传递手册（IDM）旨在通过确定建筑施工中采取的离散过程，执行所需的信息以及该活动的结果，为BIM所需的过程和数据提供综合参考。它将指定：

1）流程适合的位置及其相关的原因。

2）创建、使用和从中获益的参与者。

3）创建和使用的信息。

4）软件应如何支持信息。

IDM的使用将会使BIM使用者和模型软件提供者共同获益：

对于BIM使用者而言，IDM提供了更易懂、浅显的语言来描述建筑结构过程，明确的信息要求可以使执行过程更成功，达到预期的结果。

对于BIM软件开发商而言，IDM使用户的需求更加具体化、更明确，并且根据功能进行了系统分解，使它们能够更好地响应用户需求，提供更好的服务。

2.2.5 IDM的组成及重要内容

（1）流程图（Process Maps）

流程图描述特定主题边界内的活动流。流程图的目的是了解整个项目过程的活动的配置，涉及的参与者，所需的信息以及使用和生产的信息。

（2）交换需求（Exchange Requirements）

交换需求是一组需要交换的信息，以支持项目特定阶段的特定业务需求。通常，对于目前建立的IDM，应该在IFC模型中定义信息集。但是，IDM方法也适用于其他行业标准模型中定义的信息集，例如开放地理空间联盟（OGC）定义的地理标记语言（GML）。交换需求旨在以非技术术语提供信息的描述，它的主要受众是数据信息的使用者（架构师、工程师等）。与此同时，交换需求提供了技术细节的关键，能够让软件提供者更方便地提供解决方案。

（3）功能部件（Functional Parts）

功能部件是方案提供者用于支持交换需求的信息单元或单个信息构思。功能构件根据其所基于的行业标准信息模型的所需功能来描述信息。功能部件本身完全被描述为信息模型，并且是其所基于的信息模型的子集。

（4）概念部分（Concepts）

概念部分是可以在功能构件部分或交换需求中使用的信息片段。它可以用于捕获模型中的基本功能，例如命名、标识等。概念部分不需要简单地与单个实体甚至整个实体相关。

上述概念中，比较重要的是流程图和交换需求，如图2-8所示，以下详细描述。

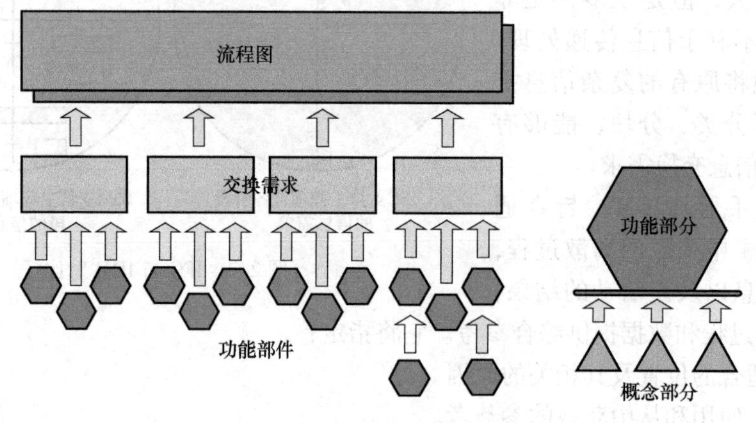

图2-8　IDM组成

1. 流程图（Process Maps）

（1）流程图特征

流程图是IDM用例中描述的活动和信息交换的逻辑和顺序流的直观表示。流程图的目的是深入了解实现结果的活动（流程），所涉及的参与者以及所需、使用和生成的信息之间的关系。流程图的目的是帮助理解如何在实现明确目标方面开展工作。流程图的几个特征如下：

1）具有目标。

2）具有特定输入（通常来自其他交换需求和来自其他数据源）。

3）具有特定输出（通常为其他交换需求）。

4）使用资源。

5）许多活动以某种顺序执行。

6）可能影响多个组织单位。

7）为客户创造某种价值。

（2）BPMN（Business Process Modelling Notation）

IDM 的流程图使用 Business Process Modelling Notation（BPMN）绘制。BPMN，即业务流程建模与标记（手法），是用于构建业务流程图的一种建模语言标准，最初是由业务流程管理倡议组织（The Business Process Management Initiative，BPMI）开发制定的一套业务流程建模符号，2004 年 5 月发布了 BPMN 1.0 规范。而后因为 BPMI 并入 OMG（对象管理组织），BPMN 也就随之由 OMG 进行维护管理。2011 年，OMG 推出了 BPMN 2.0 标准，沿用至今。BPMN 包括以下四种基本的类型：

1）流对象（Flow）。一个业务流程图有三个流对象的核心元素。这三种流对象如下：

事件：一个事件用圆圈来描述，表示一个业务流程期间发生的东西。事件影响流程的流动，一般有一个原因（触发器）或一个影响（结果）。基于它们对流程的影响，有三种事件：开始、中间以及终止事件。

活动：一个活动用圆角矩形表示，是要处理工作的一般术语。一个活动可以是原子性的也可以是非原子性的（可以是由多个活动组合而成的更大粒度的活动）。活动的类型包括任务和子流程。子流程在图形的下方中间外加一个小加号（+）来区分。

条件：条件用熟悉的菱形表示，用于控制序列流的分支与合并。另外，它还可以作为传统的选择，还包括路径的分支与合并。其内部的标记会给出控制流的类型。

2）连接对象（Connection）。连接对象将流对象连接起来形成一个业务流程的基本结构。提供此功能的三个连接对象是：

顺序流：顺序流用带实心箭头的实线表示，用于指定活动执行的顺序。注意，“控制流”这个术语一般不用于 BPMN。

消息流：消息流用带有开箭头的虚线表示，用于描述两个独立的业务参与者（业务实体或业务角色）之间发送和接收的消息流动。在 BPMN 中，用两个独立的池代表两个参与者。

关联：用带有线箭头的点线表示关联，用于将相关的数据、文本和其他人工信息与流对象联系起来。关联用于展示活动的输入和输出。

3）泳道（Swimlane）。许多建模技术利用泳道这个概念将活动划分到不同的可视化类别中来描述不同的参与者的责任与职责。BPMN 支持 2 种主要的泳道构件。

池：池描述流程中的一个参与者。可以看作将一系列活动区别于其他池的一个图形容器，一般用于 B2B 的上下文中。

道：道就是在池里面再细分，可以是垂直的也可以是水平的。道也是用于组织和分类活动。

4）人工信息（Artifact）。人工信息添加到建模的业务流程上下文中作为信息备注，便于人员理解，当前 BPMN 规范的版本预定义了 3 种人工信息：

数据对象：数据对象用来显示活动是如何需要或产生数据的。它们通过关联与活动连接起来。

组：组用虚线的圆角矩形表示，用于记录或分析，但不影响顺序流。

注释：注释是建模者为 BPMN 图的读者提供附加文本信息的一个机制。

如图 2-9 所示为一个完整的建筑专业信息交付流程图。

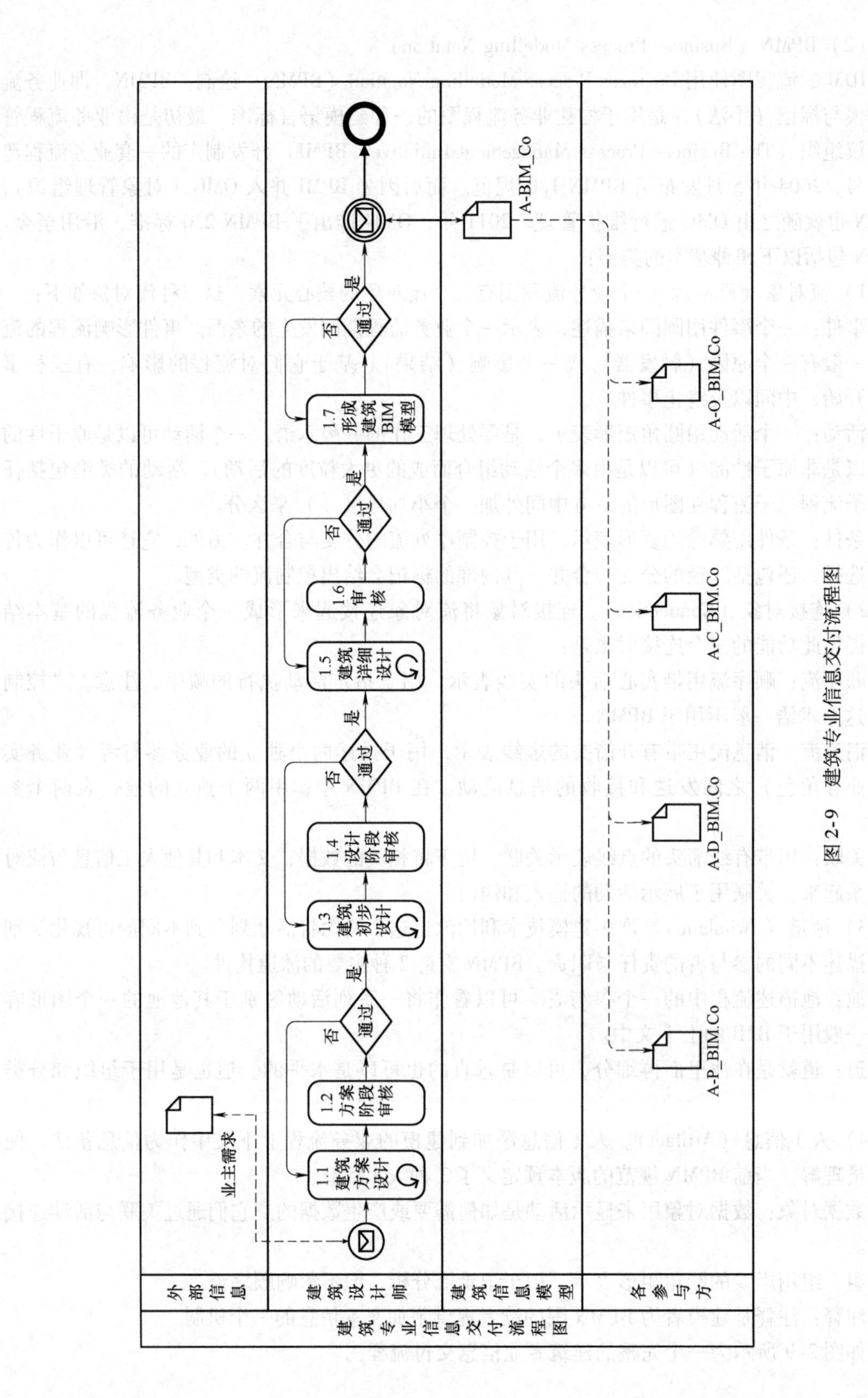

图 2-9　建筑专业信息交付流程图

2. 交换需求（Exchange Requirements）

交换需求表示流程和数据之间的连接。它应用信息模型中定义的相关信息，以满足项目特定阶段两个业务流程之间信息交换的要求，如图 2-10 所示。交换需求可以很简单，例如要求供应商供货的订单，能够使供应商提供正确的组件即可；但交换需求也可能很复杂，例如建筑师向 HVAC 顾问提供基本建筑模型以实现热分析计算，这往往就需要很多参数要求。

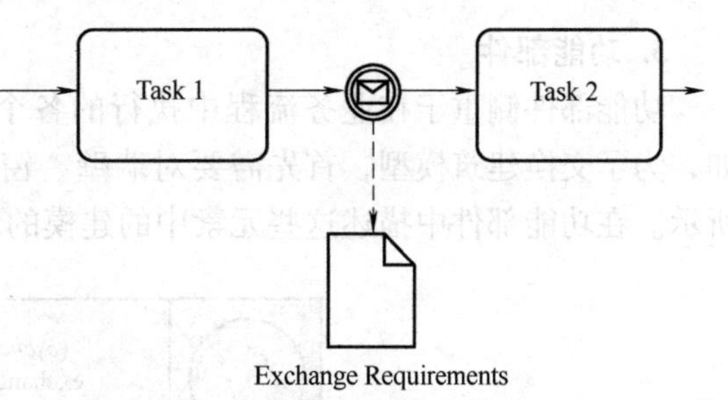

图 2-10 交换需求的 BPMN 表示方法

交换需求以半正式表格形式列出了数据模型信息交流中所需的信息。这些项目由构建元素构成，并确定必要的属性，例如可选/必需的条目，数据类型，单位，值范围，与其他元素的关系等。这些交换需求文档有助于利益相关者之间的讨论，并为 MVD 的实现做准备。表 2-5 是以 HVAC 专业为例的信息交换需求表。

表 2-5 HVAC 专业交换需求表

对象/信息组	属性信息	描述	备注	模型创建方 暖通专业		模型接收方 建筑、电气		
				M_ER. 1	M_ER. 2	M_ER. 1-A. ER. 2	M_ER. 1-E. ER. 2	M-BIM. Co
				需要/可选 （R/O）	需要/可选 （R/O）	需要/可选 （R/O）	需要/可选 （R/O）	需要/可选 （R/O）
前提需求				A_ER. 1- M_ER. 1	A_ER. 1- M_ER. 2			
项目/系统信息								
项目				R	R			
	人员信息	设计人员基本信息、联系方式		R	R			
	专业代码	每个参与涉及的专业具有唯一的编号，例如暖通专业代码可定义为 M	方便后续在建模或模型审查中找到某个原件的创建者	R	R			
暖通系统								
	系统种类	例如风系统、水系统		R	R			
	系统类别	每个系统具有自己的编码代号，例如排烟系统为 FEF		R	R			
管道				R	R			R
基本信息								
	ID	构件唯一标识符		R	R			R
	元数据	提交者、版本、日期		R	R			R
几何信息								

3. 功能部件

功能部件侧重于在业务流程中执行的各个操作，涉及交换需求中的特定信息单元。例如，为了交换建筑模型，首先需要对墙壁、窗户、门、楼板、屋顶等进行建模，如图 2-11 所示。在功能部件中描述这些元素中的建模的动作。

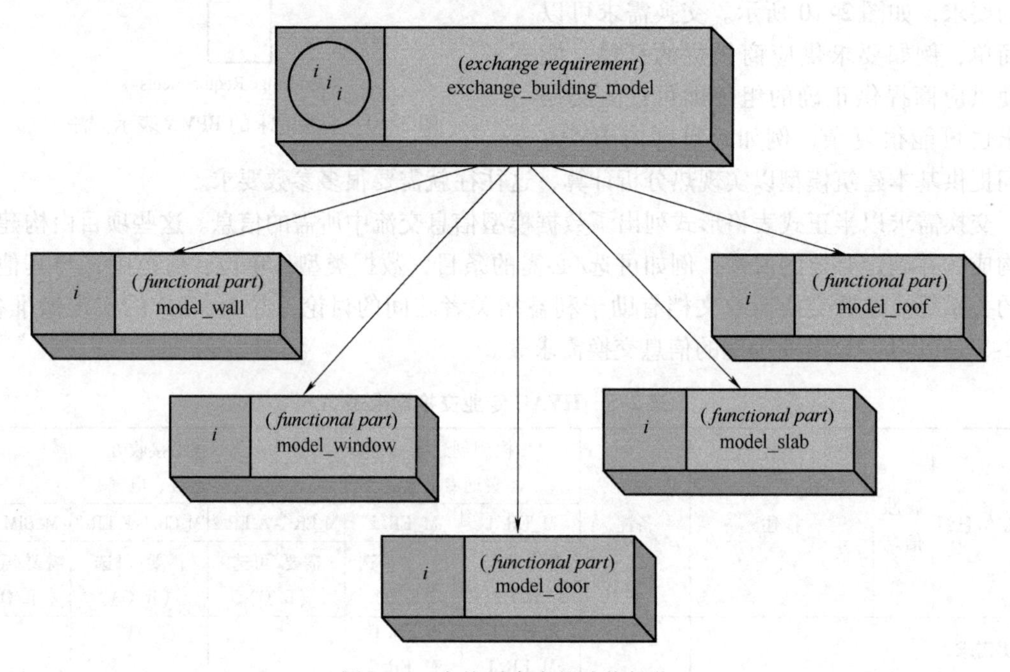

图 2-11　交换需求中的功能部分

每个功能部件提供了由于操作而应交换的信息的详细技术规范。由于该行为可能在许多交换需求中重复发生，因此功能部件也可能涉及许多交换需求。

因此，功能部件专门设计为可在许多交换需求中重复使用。其中，某些功能部分涉及的概念更广泛、更基础，那么它的重复可能性就更高。示例如图 2-12 所示包括处理关系的功能部分（例如对元素应用分类）或处理几何形状表示的部分。

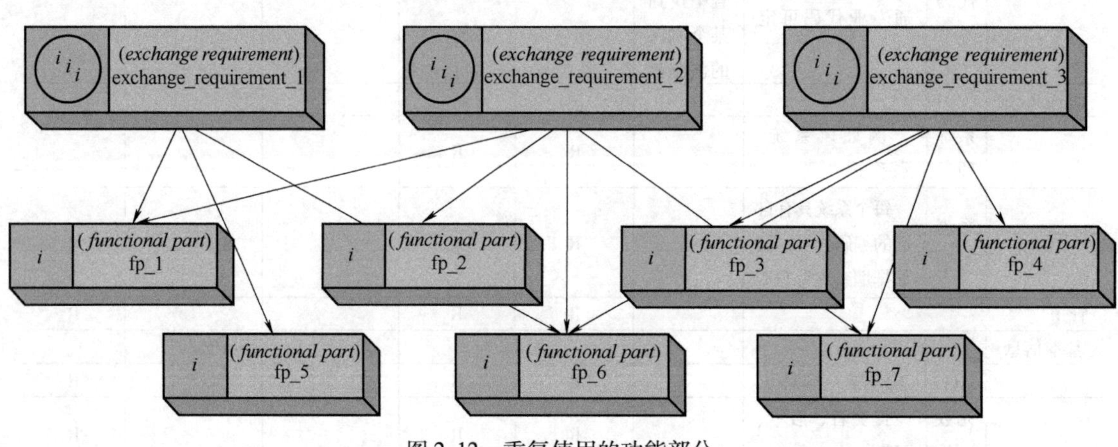

图 2-12　重复使用的功能部分

功能部分存在的一个很重要的作用就是将 IFC 交换需求的部分分割成可以重复使用，便于处理的小块，通过这样模块式的划分，可以极大地提高效率。而与此同时，功能部分中也包含了很多技术细节，并且可以相互调用。

2.3 MVD（Model View Definitions）

2.3.1 MVD 概述

流程图和交换需求描述了在不同场景中进行数据交换所需的内容。如果交换的信息基于 IFC 模型，则可以将相应的部分模型形式化为模型视图定义（MVD）。借助附加规则，可以确定哪些信息是必要的，哪些信息是可选的。结果可以适用于具体用例中的各个实例模型。MVD 是检查特定交换场景中实例模型的有效性的技术手段。模型视图中检查有效性的规范范围从所需属性集的定义到允许的几何表示形式的限制。后者在具体的数据交换场景中尤为重要，因为 IFC 模型可以容纳各种不同的几何表示，而现实世界场景只需要一个或两个。限制几何表示的可用性，例如对于多面网格而不是参数化 NURBS 曲面，也可以降低下游软件工具的功能要求，减轻计算机负担。此外，此类 MVD 为软件工具中 IFC 实施的认证奠定了良好的基础。

MVD 包括三个主要可交付成果，每个可交付成果都使用标准化的格式。分别为：

1）MVD 概述/描述，描述 MVD 的范围。

2）MVD 图，定义将在交换中使用的 MVD 概念，以及这些概念之间的结构和关系。

3）概念实施指南规范，定义用于交换每个概念的 IFC 实体和实施者协议，这些协议通常会减少 IFC 模式所需的实施范围。

模型视图的定义通常分为两个步骤：首先，创建专用的 MVD 图，其中来自模型的所需数据项被特殊标注。这里使用 IDM 中“概念”（Concepts）部分，它集合了属性的使用和多个实例之间的关系。概念的定义方式使它们可以在不同的 MVD 之间重复使用。将几个简单概念组合，可以形成更复杂的概念，这是创建模型视图的另一个原则。概念的引入有助于避免在属性级别上生成视图时划分过细，并支持在软件工具中使部分视图可以重复使用。

在第二步中，将 MVD 图转换为机器可读格式 mvdXML，其使用 XML Schema 描述模型视图。除了前面提到的图形描述之外，诸如链接，if-then-else 关系和条件以及算术计算之类的其他概念也可以被捕获为正式规则。用于创建 mvdXML 定义的软件工具目前相对较少，但将来会更广泛。业内越来越多地意识到这种形式化的必要性，规范的增加和支持技术的标准化也会增加使用质量保证工具来构建信息数据集的应用。创建特定于项目的特定交换需求将为现有半正式协议和手动模型检查的半自动化信息交换检查铺平道路。其中比较重要的一个概念是创建和维护可重复使用的概念，最终用户可以使用这些概念并根据特定的组织或项目需求进行修改。

2.3.2 mvdXML 概述

行业基础类（IFC）是一种数据模式，用于表示建筑物及其相关活动，以便进行设计、构建和维护。它可以被编码为 XML（一种常用于文档相关数据的标记语言）或 SPF（通常用于工程相关数据的STEP物理文件)。IFC编码后的数据可以保留为本地文件，或者在台式计算机、服务器和移动设备之间进行数据交互。该数据可以表示整个项目，项目中的信息子集或项目中的数据更改。为了支持全球数百个软件应用程序，行业领域和地区的互操作性，IFC被设计适应许多不同的配置和详细程度。例如，墙可以表示为两点之间的线（或曲线）段，也可以表示为可视化的3D几何图形或者是带有构造细节（捕获单个螺柱、管道配件、布线等）以及工程属性、调度和费用信息的模型。由于不同的建筑数据用户有不同的需求，建筑数据的作者将提供不同领域的细节，因此需要澄清特定用途所需的数据。MVD提供了一种专门指示所需数据的方法。当各方参与者要求提供数据的协议时，协议可以指示根据特定的MVD来传递数据，并且可以自动验证这些数据以确定一致性。模型视图定义（MVD）可以以mvdXML的格式编码，并在特定数据类型的特定属性上定义允许值。例如，MVD可能要求墙壁提供防火等级，根据OmniClass表22进行分类，以及结构分析所需的信息，例如材料的弹性模量。在简单的情况下，这样的规则可以在单个数据类型上定义单个属性，而更复杂的情况可以由对象和集合的图形组成。各种验证格式在软件行业中已经很常见，用于检查数据一致性，例如XML模式定义（XSD），EXPRESS（ISO 10303-11）、Schematron以及编程语言和工具（例如NUnit，JUnit）中的验证框架。mvdXML的目标不是替换这些方法，而是自动化它们，以便可以在更高级别定义信息需求，可以自动生成下游验证格式，而不是依赖于容易出错的手动工作。但是，验证只是mvdXML的一个用途；mvdXML还具有许多更高级特性用于其他用途，例如，软件应用程序可以静态地使用mvdXML（旨在支持特定的模型视图），也可以动态。可支持的动态功能示例包括：导出自动过滤的数据，以仅包含模型视图中的数据从服务器下载数据（mvdXML本质上用作查询语言）、验证数据，以确保其包含所需信息，提示用户提供缺少的信息为产品类型提供可重复使用的模板，包括参数化行为使用指定的表和列配置导入和导出表格数据将应用程序功能过滤到模型视图中的子集(例如电子域）为高级概念提供属性编辑功能，而不是低级数据。虽然mvdXML被用于IFC4中，但它不依赖于IFC4，它也可以与IFC2×3、早期的IFC版本或完全独立的模式一起使用。

思考题

1.（单选）下列对BIM的含义理解不正确的是________。

（参考答案：D）

A. BIM是以三维数字技术为基础，集成了建筑工程项目各种相关信息的工程数据模型，是对工程项目设施实体与功能特性的数字化表达

B. BIM是一个完善的信息模型，能够连接建设项目生命期不同阶段的数据、过程和资源，是对工程对象的完整描述，提供可自动计算、查询、组合拆分的实时工程数据，可被建设项目各参与方普遍使用

C. BIM具有单一工程数据源，可解决分布式、异构工程数据质检的一致性和全局共享问题，支持建设项目生命期中动态的工程信息创建、管理和共享，是项目实时的共享数据平台

D. BIM技术是一种仅限于三维的模型信息集成技术，可以使各参与方在项目从概

念到完全拆除的整个生命周期内都能够在模型中操作信息和在信息中操作模型

2. (多选) 建设项目全生命周期主要包括________。

(参考答案：ABCDEF)

A. 规划和设计阶段

B. 设计阶段

C. 施工阶段

D. 项目交付和试运行阶段

E. 项目运营和维护阶段

F. 清理阶段

3. (单选) 下列对 IFC 理解正确的是________。

(参考答案：A)

A. IFC 是一个包含各种建设项目设计、施工、运营各个阶段所需要的全部信息的一种基于对象的、公开的标准文件交换格式

B. IFC 是对某个指定项目以及项目阶段、某个特定项目成员、某个特定业务流程所需要交换的信息以及由该流程产生的信息的定义

C. IFC 是对建筑资产从建成到退出使用整个过程中对环境影响的评估

D. IFC 是一种在建筑的合作性设计施工和运营中基于公共标准和公共工作流程的开放资源的工作方式

4. (单选) IFC 标准本质上是建筑物和建筑工程数据的定义，它不同于一般应用数据定义的地方是它采用了________语言作为数据描述语言，来定义所用到的数据。

(参考答案：B)

A. C ++

B. EXPRESS

C. Java

D. Basic

5. (简答) 简述 BLM 的基本概念，其思想的核心是什么？

(参考答案：BLM (Building Lifecycle Management)，建设项目全生命周期管理，即贯穿于建设全过程 (从概念设计到拆除或拆除后再利用)，通过数字化的方法来创建、管理和共享所建造的资本资产的信息。该思想的核心是通过建立集成虚拟的建筑信息模型以及协同工作来实现设计-施工-管理过程的集成，进而提高建筑业生产效率)

6. IDM 由哪几部分组成，它们之间的逻辑关系是什么？

7. IFC 包括几个结构层？层次之间顺序如何？其中描述 IFC 物理和逻辑关系的层次是哪一层？

8. MVD 与 IFC 和 IDM 之间的关系是什么？

本章参考文献

[1] 刘晴，王建平. 基于 BIM 技术的建设工程生命周期管理研究 [J]. 土木建筑工程信息技术，2010 (3)：40-45.

[2] 李永奎. 建设工程生命周期信息管理 (BLM) 的理论与实现方法研究：组织、过程、信息与系统集成

［D］. 上海：同济大学经济与管理学院，2007.
［3］李永奎，乐云，何清华. BLM 集成模型研究［J］. 山东建筑大学学报，2006（6）：544-548，552.
［4］姚建南，刘志忠. BIM 技术在建筑工程施工中的应用［J］. 江西建材，2017（18）：69，73.
［5］吴琳，王光炎. BIM 建模及应用基础［M］. 北京：北京理工大学出版社，2017.
［6］王升. 浅析 BIM 及其工具：BIM 软件的选择［J］. 智能城市，2016（11）：289-290.
［7］王美华，高路，侯羽中，等. 国内主流 BIM 软件特性的应用与比较分析［J］. 土木建筑工程信息技术，2017（1）：69-75.
［8］彭韶辉，刘刚，马翔宇. 工程项目管理模式的比较分析［J］. 施工技术，2008（S1）：458-460.
［9］王珺. BIM 理念及 BIM 软件在建设项目中的应用研究［D］. 成都：西南交通大学，2011.
［10］王禹杰，侯亚玮. BIM 在建设项目 IPD 管理模式中的应用研究［J］. 建筑经济，2015（9）：52-55.
［11］马智亮，李松阳. “互联网＋”环境下项目管理新模式［J］. 同济大学学报（自然科学版），2018（7）：991-995.
［12］王婷，肖莉萍. 国内外 BIM 标准综述与探讨［J］. 建筑经济，2014（5）：108-111.
［13］潘婷，汪霄. 国内外 BIM 标准研究综述［J］. 工程管理学报，2017，31（1）：1-5.
［14］马志明，李严，李胜波. IFC 架构及模型构成分析［J］. 兵器装备工程学报，2014（11）：114-118.
［15］王琪. 浅析信息分类编码标准化［J］. 经营管理者，2015（19）：189.
［16］罗文斌，代丹丹. 浅析建筑信息模型分类和编码标准［J］. 建筑技艺，2018（6）：48-50.
［17］佚名.《BIM 分类和编码标准》编制启动［J］. 建设科技，2013（6）：7.
［18］BORRMANN A，KÖNIG M，KOCH C，et al. Building Information Modeling［M］. Wiesbaden：Springe Vieweg，2015.
Technologische Grundlagen Und Industrielle Anwendungen：Vieweg＋ Teubner Verlag，2015.
［19］WIX J，KARLSHOEJ J. Information delivery manual：Guide to components and development methods［J］. BuildingSMART International，2010，5（12）：10.

第3章 BIM技术与工程管理

BIM 不仅改变了建筑设计的手段和方法，而且通过在建筑全生命周期中的应用，为建筑行业提供了一个革命性的平台㊀，解决进度、质量、成本和运维管理中存在的难以协同管理和难以动态控制的问题。同时 BIM 技术将改变传统的采购方式以及合同管理模式，并催生出新的信息管理思想和模式。

3.1 建设项目全生命周期管理

建设项目生命周期管理（Building Lifecycle Management，BLM），即贯穿于建设全过程（从概念设计到拆除或拆除后再利用），通过数字化的方法来创建、管理和共享所建造的资本资产的信息。该思想的核心是通过建立集成虚拟的建筑信息模型以及协同工作来实现设计-施工-管理过程的集成，进而提高建筑业生产效率。

3.1.1 BLM 思想的起源

在建筑业内一直存在着效率不高和资源浪费等现象，这迫使人们去思考如何对建设工程的生产方式和组织方式进行变革。其中，向制造业学习是建筑业提高生产效率的关键途径之一。制造业生产效率的提高得益于很多创新理念和创新技术的应用，例如全面质量控制（Total Quality Control，TQC）、材料资源规划（Materials Resource Planning，MRP）、即时管理（Just In Time，JIT）、柔性制造系统（Flexible Manufacturing Systems，FMS）和计算机集成制造（Computer Integrated Manufacturing，CIM）等。在这些理念和技术的应用中，信息技术发挥了关键作用。高度信息化使制造业实现了产品的生命周期信息管理（Product Lifecycle Management，PLM），即通过产品定义和相关信息的集成，实现了覆盖整个产品生命周期信息的创建、管理、分发、共享和使用，从而减少了变更，降低了工程成本，缩短了研发和上市时间，提高了客户满意度，带来了极大的经济和社会效益。因此，如何借鉴制造业的 PLM，实施建筑业的 BLM，就成了建筑业变革的重要研究内容。

㊀ 资料来源：《BIM 在建设项目全生命周期管理》，吴锦阳，发表于《城市建设理论研究》，2012 年第 20 期。

事实上，BLM 并不是一个全新的理念，和 PLM 类似，BLM 可以看成建设工程管理中先进理念的集成，计算机集成建造（Computer Integrated Construction，CIC）、虚拟建造（Virtual Construction，VC）、建筑信息模型（Building Information Model，BIM）、项目信息门户（Project Information Portal，PIP）和建设项目全寿命周期集成化管理（Life Cycle Integrated Management，LCIM）等都是 BLM 理念的构成基础。

以建筑全生命周期数据、信息共享为目标的建筑全生命周期管理雏形概念形成于 1998 年，美国建筑业研究所（CII）提出了 FIAPP（Fully Integrated and Automated Project Processes），即以信息技术为手段，实现项目从规划到建成运营管理完全集成和自动化，达到生命周期数据管理目的。2002 年，Autodesk 公司正式提出了 BLM 的概念，认为一个建设项目，从设计到施工到售房再到物业管理，乃至到最后拆掉，整个建设项目生命周期，都有建设项目的数字化数据的应用与管理贯穿始终，即“建筑全生命周期管理”，进一步强调了数字化数据的管理和利用是建筑全生命周期管理的核心。在此之后，BLM 概念在理论界和工程界都得到了广泛重视。

3.1.2 BLM 的内涵

BLM 既不是某项具体的信息技术，也不是一个信息系统，而是一种利用 BIM 技术和 PIP 技术的有效进行建设工程信息的创建、管理和共享的理念。实现的是理想的建设工程信息管理模式，达到的目标是在建设工程全生命周期内信息得到良好的积累。

BLM 思想的内涵包括以下三个方面：①BLM 是建设工程信息化的途径；②BLM 以 BIM 为技术核心；③建筑产品信息模型与建设过程的集成。

（1）BLM 是建设工程信息化的途径

当前，工程建设所面临的主要挑战是如何提高工程建设的效率和效益。目前，我国工程建设领域的信息化水平还相当落后，在建设工程管理中的信息管理工作仍相当薄弱。传统的工程建设思想、组织、方法和手段需要进行变革，而变革的核心技术推动力量就是迅猛发展的信息技术。BLM 思想提出，从技术上改变建设工程信息的创建、管理和共享行为和过程，是工程建设领域信息化发展的方向。

（2）BLM 以 BIM 为技术核心

BLM 思想的核心目的，就在于解决建设工程全寿命周期中的信息创建、信息管理和信息共享问题，BLM 是改变数字化设计信息管理和共享的理念。BIM 技术的出现，为真正实现的 BLM 理念和 BLM 的实践应用提供了技术支撑。BIM 技术从根本上改变了建筑信息的创建行为和创建过程，采用 BIM 技术，则从建设工程设计开始，创建的就是数字化的设计信息。基于数字化设计信息的创建，再应用 BLM 的相关技术产品，可以改变建设工程信息的管理过程和共享过程，从而实现 BLM。

（3）建筑产品信息模型与建设过程的集成

BIM 建立了三维建筑模型，一个信息化建筑模型包含对“建筑产品”完整的描述，其中不仅仅包含建筑产品的设计信息，也包含了与建设过程相关的信息，BIM 是一个能用来把组织和过程信息关联起来的模型。基于 BIM 的信息管理，改变了建设工程信息的创建过程，从传统的二维图形到三维信息模型，即由图形到工程信息模型的本质变换再进一步实现已创建数据的共享，从 3D 到多维，即三维信息模型 + 进度维、费用维、安全管理维、变更管理维、节能维、光维、热维和设施管理维等的集成管理，实现真正意义上的建设工程管理集成化和信息化。

3.1.3 BLM 管理体系与方法

BLM 思想和 PLM 类似，其所涉及的内容可用“POP”模型表示，即产品（Product）、组织（Organization）和过程（Process）模型。POP 模型强调基于共享的信息集成与协同工作，BLM 的目的是寻求信息的价值，为项目全生命周期的增值服务。BLM 实现的基础是 POP 的集成，图 3-1 可描述这一集成理念。

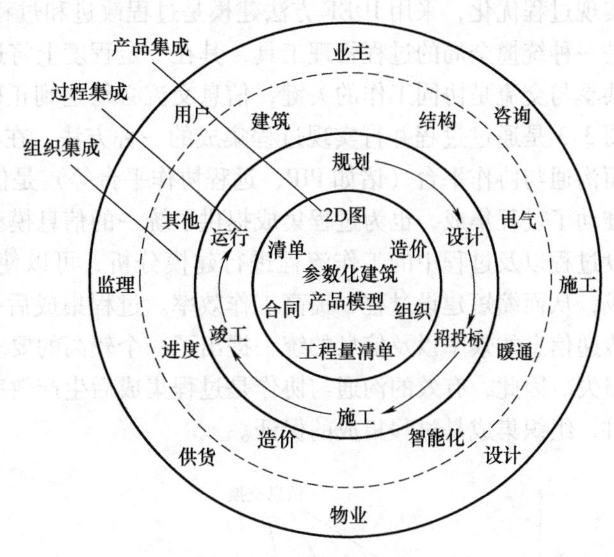

图 3-1 BLM 的集成内涵

产品集成的关键点是参数化的建筑产品模型，即 BIM。BIM 技术将所有的相关方面集成在一个连贯有序的数据组织中，相关的计算机应用软件在被许可的情况下可以获取、修改或增加数据。BIM 的建立，将为整个生命周期提供支撑。

组织集成的核心是协同工作。按照信息共享和协作层次的高低，组织集成可分为 4 个层次，即所谓的“3C”或“4C”：沟通（Communication）、协调（Coordination）与协作（Collaboration 或 Cooperation）。从组织形态上看，组织集成的最高层次是组织的一体化，但从市场竞争和业务发展的要求看，基于“3C”或“4C”的虚拟组织正成为一个趋势。组织集成的基础是信息共享以及“共同语言”的建立。从实践上看，可从两方面来实现组织集成，一是基于 BIM 实现协同设计，二是采用工程项目总承包实现设计与施工的组织集成。这两种方式都有两个共同特点，即基于中心数据库的信息共享和需要借助沟通与协同工作平台，如 PIP，图 3-2 为 BLM 组织集成方法。

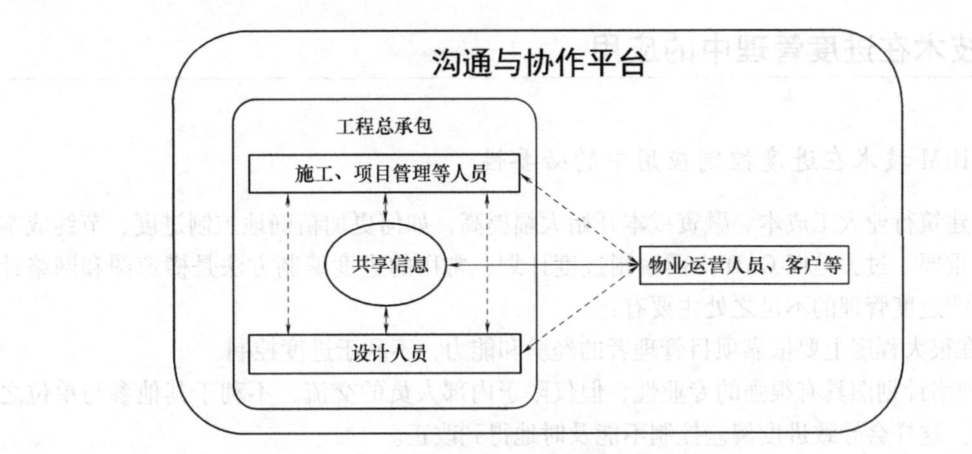

图 3-2 BLM 组织集成方法

过程集成的核心是过程管理及各阶段的信息共享。过程集成是过程管理（Process Management）的一部分，而过程集成的重要方法是过程并行化，以及通过过程改进和过程重组实现过程优化，采用 IDEF 方法建模是过程改进和过程重组的有效方法。此外，工作流管理是一种统揽全局的过程管理工具，其在一定程度上将过程进行了规范化。过程集成中，信息共享与交流是协同工作的关键，信息交流必须达到正确的信息在正确的时间送给正确的人。图 3-3 是通过过程并行实现过程集成的一种方法，在此过程中 BIM 为信息交流的核心内容，而沟通与协作平台（诸如 PIP、远程协作平台等）是信息交流的重要手段。因此，BIM 不仅推动了过程集成，也为过程集成提供了统一的信息模型，为信息交流提供了方便。通过对建设过程以及过程中的工作流程进行建模分析，可以使过程以及子过程得到进一步优化和集成，从而缩短建设过程，提高工作效率。过程集成后一个突出的特点就是对信息的准确度、传递信息的效率以及信息的统一提出了一个较高的要求，信息延误和信息失真将带来更大的损失。因此，有效的沟通与协作是过程集成后生产效率得以提高的重要条件。从这个层面上讲，组织集成是过程集成的保证。

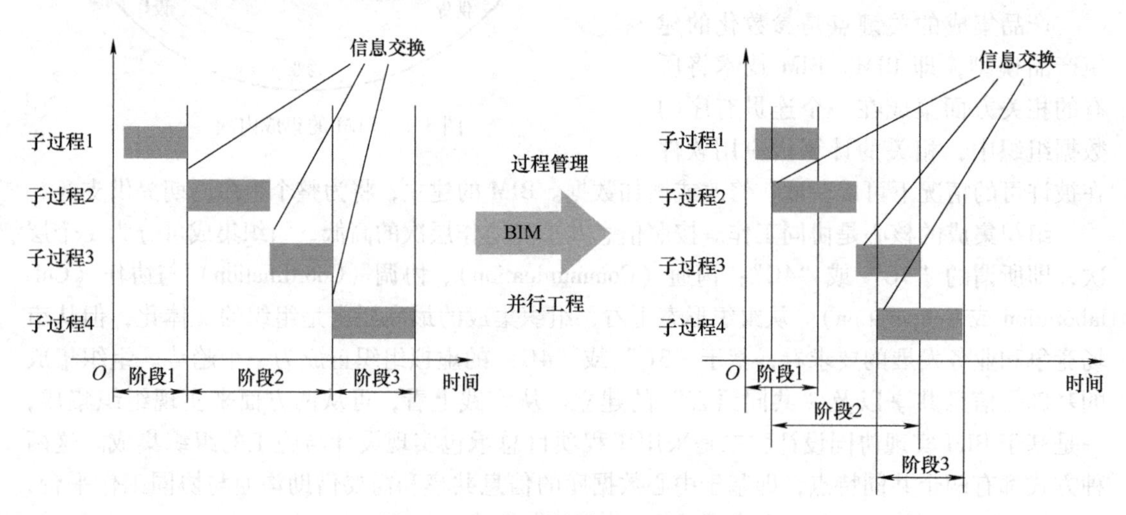

图 3-3　通过过程并行实现过程集成

3.2 BIM 技术在进度管理中的应用

3.2.1 BIM 技术在进度控制应用中的必要性

随着建筑行业人工成本、融资成本开始大幅提高，如何更加精确地控制进度，节约成本显得十分重要。过去是以 CAD 出图编制进度计划，常用的进度编制方法是横道图和网络计划图。传统进度管理的不足之处主要有：

1）在很大程度上要依靠项目管理者的经验和能力，不利于进度控制。

2）网络计划图具有很强的专业性，但仅限于内部人员的交流，不利于其他参与单位之间的沟通。这样会导致进度偏差控制不能及时地得到改正。

3）只能依靠项目管理对施工的经验和定期的工作会议，来发现施工进度出现的问题。通过专业的技术人员对施工实际情况和进度安排做重新的调整，然后再一级一级地传递下去，协调难度增大。

而4D 技术将进度相关的时间信息和静态的3D BIM 模型链接产生 BIM-4D 的施工进程动态模拟，可以将整个施工进程直观地展示出来，从而使得项目管理人员可以在三维可视化环境中查看施工作业，实现施工过程的可视化。4D 可视化使得计划人员可以更容易地识别出潜在的作业次序错误和冲突问题，且在处理设计变更或者工作次序变更时更有弹性。此外，施工计划的可视化使得项目管理人员在计划阶段更易预测建造可行性问题和进行相关资源分配的分析，例如现场空间、设备和劳动力等，从而在编制和调试进度方案时更富有创造性。4D 模拟可以实现施工进度、资源、成本及场地信息化、集成化和可视化管理，从而提高施工效率、缩短工期、节约成本。

3.2.2 基于 BIM 的进度管理关键技术

1. 进度信息关联技术

随着 BIM 技术在建筑领域中的推广，在工程项目的设计阶段，设计方除了出目前使用广泛的二维 CAD 图外，一般也会根据业主的要求建立三维模型。为了将工程项目的三维模型应用于施工阶段的进度管理工作中，就必须在三维模型上附加进度信息构成四维的模型。只有准确地将三维模型与各个构件的进度信息进行关联，才能在后期进行进度计划编制以及进度分析、优化。如何将项目中数量巨大的构件与进度信息相关联，并确定其构件的施工工序之间的搭接关系是基于 BIM 的进度管理中的第一个关键性技术要点。

目前，进度信息的输入方法有两种：

1）传统的人工添加进度信息。将三维模型中的每一种构件、每一个构件由施工单位依次手工输入进度信息，包括计划开始时间、计划完成时间、实际开始时间以及实际完成时间。由于构件数量巨大，这一方法不仅耗费大量的人力资源和时间资源，而且很容易存在操作失误继而导致人为错误，对工程项目的进度管理造成偏差。

2）以 WBS 工作包为基础，利用传统的进度管理软件将进度信息直接导入三维模型中。这种关联方法将大大简化工作量，但在操作流程上比传统的人工添加方法要复杂。首先，需将一个工程项目以构件集为单位，进行详细的 WBS 分解；在传统的进度管理软件中，确定进度信息以及工序的前后搭接顺序；最后，将进度信息与三维模型进行耦合，最终形成四维的 BIM 模型。

2. 数据接口管理

在三维模型的进度信息关联过程中，存在不同软件间的接口管理，解决这一问题的关键在于软件的标准化。IFC 标准是国际上解决不同软件接口问题的数据标准。目前实现不同软件之间的信息交流共有两种方式：一是软件能够直接进行 IFC 格式文件的转化，但由于市面上相当一部分软件并不支持 IFC 文件的直接输入输出，因此这一方式并不具有广泛意义；二是通过数据转换器将某一软件的文件转换成 IFC 格式，再进行传递。这一方法对于所有软件之间都是可逆的，因此，不管是二维、三维还是进度管理软件，都可实现数据的传递。

3. 进度分析及可靠性预测

工程项目的进度管理是一个全过程的工作，当各级进度计划制订完成后，由于各种风险、因素的影响会造成进度计划与实际工作有所偏差。在传统的进度管理工作中，当偏差过大时项目管理者就会对进度计划进行调整，进而对 BIM 进行修改。这一部分涉及两个技术难点：一是如何确定进度计划调整的科学性，进行工程进度的可靠性预测进而进行进度偏差预测，真正做到事前控制；二是由于进度计划调整，如何做到多个平台的数据实时联动，包括 BIM 模型的构件进度信息的修改。

不同平台之间的数据实时联动，关键在于不同软件之间的接口，即 IFC 标准数据信息的转换器。由于进度计划同时存在于传统进度管理软件和三维模型中，并且因为信息传递的可逆性，所以进度计划的修改有两种选择：一是项目管理者根据当前进度管理工作的习惯，先在进度管理软件中修改，再通过 IFC 数据转换器将进度信息传递至三维模型中，由此联动修改三维模型中构件的进度信息；二是在三维模型中直接点击构件修改进度信息，再导入进度管理软件中。

不管是哪一种进度修改方法，三维模型都可按照修改后的计划进行动画模拟，一旦再次出现问题，也可在三维模型上直接修改。由于所有信息都共享于同一进度管理系统内，这种方法能够促进各参建单位之间的工作协调，提高工作效率。

4. 施工信息传递与反馈技术

现场施工问题的解决，关键在于信息能否及时有效地自发现问题伊始传递至各个相关参建单位，能否利用现场来驱动进度计划的优化。在传统工程管理工作中，现场施工问题通常只在周例会中才会提出，而且由于项目管理者很难对整个项目处处都有关注，因此某些现场问题可能由于不起眼而被相关利益者隐藏，由此可能对项目未来的进度、成本、质量或安全造成影响。当现场施工问题的解决方案制定后，传统工程管理方式只能采用纸质或口头方式逐层传递至工程一线的工作人员，在这个过程中很有可能造成信息的缺失导致工作错误，施工问题无法解决。综合上述，结合各参建单位的工作职责，在 BIM 环境下，进一步改进看板管理系统，并基于现场驱动进度计划优化的思想，引入发现问题（业主方）→解决问题（施工方）→确认解决（监理方）→结果描述（BIM 咨询方）的工作闭环回路，保证施工现场问题从发现到解决的反馈机制完整有效。

5. 数据并发访问管理技术

工程项目的各级进度计划的编制和实施过程中通常涉及各个参建单位，在传统的工程项目管理中，他们都有权限对进度计划提出修改意见。在 BIM 环境下，为保证各方的权利和义务，也会将进度计划的修改权限赋予参建各方，这就会造成存在多人修改进度计划的情况，因此，多用户的并发访问也是关键技术要点之一。

解决这一问题的方法是通过嵌入迁出机制实现“对象级别”的并发访问控制，保证在任意时刻能够允许多人查看，但仅有一人可进行修改。由于基于 IFC 的 BIM 进度模型存在各种复杂的对象关系，而且各种对象实例之间也存在关系，因此，在模型修改后，需对所有的修改后的结果进行集成，确保进度信息的完整性。同时，对于不同用户之间的权限也需要进行设定，确保只有最高权限的管理员才可进行修改，其他人员仅能进行查看。

6. 施工现场数据采集技术

近年来，自动化的数据识别系统，普遍应用于施工现场的数据采集，并成为施工管理的一个基本工具。例如条形码技术，通过对条形码的扫描取代了手写的记录，建筑工人可以直接将材料的名目和消耗量传输到计算机系统。目前应用于进度检测的数据采集技术如下：

（1）卫星定位系统（Global Positioning System，GPS）

GPS 是广泛用于定位和导航的一种技术。一般的 GPS 是基于卫星的定位技术，要求接收器和卫星可以直线相连，因此通常只能用于室外。近年来，技术人员通过在 GPS 中加设激光或者其他技术单元，实现了将 GPS 应用于室内定位。

（2）条码技术（Barcode）

条码技术是一种成熟和经济的数据采集技术。计算机使用条码中的数据作为索引区检索相关的记录。这些记录包含支持识别过程的描述性的数据和适当的信息。使用手持的或者静态的条码扫描器读取条码的信息。条码技术主要用于材料的追踪、施工进度监控和劳动力控制。其缺点在于可读取的距离较小，耐久性较差，对使用环境的要求较高。

（3）RFID 技术（Radio Frequency Identification）

RFID 是指使用无线电射频获取和传输数据的一种自动化识别技术。RFID 数据采集有两个基本组成部分：标签（Tag）和读卡器（Reader）。标签是粘贴在被跟踪对象上的识别单元。读卡器被用于标签的数据信息扫描。RFID 标签通过发射电磁波信号进行信息传输。根据其不同的能量供给方式，可以将 RFID 标签分为主动标签、半主动标签和被动标签三种。主动标签带有内嵌电池，可以为信号传送单元、储存媒介和传感器供电。半主动标签页带有内嵌电池，但仅为内部信号处理过程供电。被动标签只能接收来自扫描设备的能量。RFID 技术与传统的条码识别技术类似，但解决了条码识别技术在阳光下的读取能力降低和在恶劣环境中的耐久性等问题，因而被认为是新一代的条码识别技术。目前，RFID 技术在建筑业中的研究和应用较广泛。

（4）视觉测量技术（VISION-Based Measurement System）

视觉测量技术包括摄像测量技术（Photogrammetry）、录像测量技术（Videogrammetry）和 3D 测距照相机（3D Range Camera）。基于计算机视觉的测量技术，使用标准化的摄像机（Calibrated Camera）或者立体录像机（Stereo Video），已经被用于施工监测和控制。摄像机可以在不同的角度实时对现场进行拍照。3D 测距计算机由两个或者更多的图像传感器组成，可以提供 3D 坐标和像素值。通过人工的分析，或者先进的模式识别算法，可以提供有关进度的重要数据，或者现场关键材料的位置。自动化的识别需要在照片过滤、模式识别等方面进行更多的研究。

（5）3D 激光扫描仪（Laser Detection And Ranging，LADAR）

LADAR 是一个 3D 激光扫描系统，通过对现实物体的扫描可以得到对象的三维坐标。3D 激光扫描仪可以在短时间内采集到大量的坐标点，可以用于 CAD 的 3D 建模。但是，使用 3D 深度图像对现场的设施进行建模是一个挑战，因为施工现场通常包含大量形状复杂的构件。随着激光扫描仪的成本的下降以及其可靠的性能，使得 LADAR 在施工监测和控制上非常具有吸引力。

联合使用不同的数据采集技术可以克服单一采集技术的不足，例如，将 RFID 和 GPS 技术联合应用，可以起到很好的互补的作用。近年来，集成 LADAR 和摄像测量技术的自动化数据采集技术受到了研究人员的青睐，在施工领域的应用具有广阔的前景。

7. 实时施工 BIM 模型自动创建技术

实时施工模型的自动创建是一个多学科交叉的课题，涉及扫描技术、计算机图像学、机器智能技术和参数化建模技术等领域。实时施工模型的自动创建依赖于构件对象的识别和匹配技术。对象识别和匹配技术需要将建筑设施相关的构件识别出来，并自动完成向含有对象属性的实体构件转换。建筑构件的识别当前有基于材料识别和基于形状识别两种技术。

Brilakis 等专家组成的联合团队经过长时间的研究，提出了实现实时施工模型自动创建的框架，如图 3-4 所示。实施框架包括 8 个状态（输入、输出），在图 3-4 中用椭圆表示；促使状态转变的进程用矩形表示。整个过程从现场构筑物的数据采集开始，最终产品为 BIM 模型。BIM 模型自动创建的技术可以实现实时施工模型的自动更新，减轻模型更新过程的人工参与和工作量，有助于推进实时施工模型在生产实践的应用。

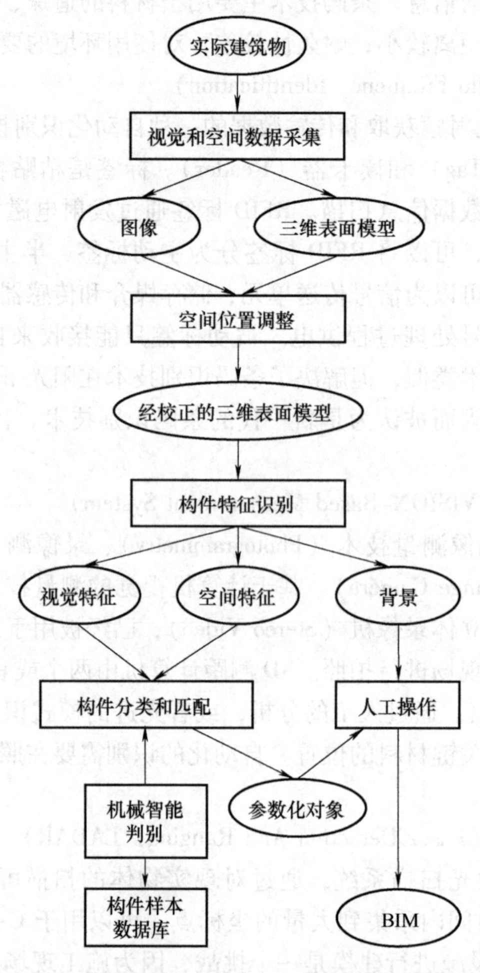

图 3-4　实时施工模型自动创建的框架

3.3　BIM 技术在质量管理中的应用

3.3.1　BIM 技术在质量控制应用中的必要性

在我国社会主义市场经济改革优化中，企业之间的竞争逐渐剧烈，质量也成为各个企业生存发展中的重要因素，只有保证施工工程的质量，才可以进行企业品牌的打造，从而为企业赢得市场竞争优势。目前，我国建筑工程质量管理主要存在着以下几方面问题：

对于建设单位来说，一方面现阶段建设单位对建筑施工机构没有严格的审核，增加了建筑市场中不标准施工企业进入的风险，同时由于经济效益的驱动，针对建筑企业的不规范管理，建筑施工机构大多数持无作为的态度，从而导致建设工程施工问题的持续恶化。在施工过程中，用户机构管理不够严格、对施工速度不够重视、技术监督不到位等问题，也增加了施工的难度。在工程竣工验收过程中，由于缺乏完善的工程质量验收工序，从而导致工程竣工质量受到了影响。另一方面建设工程监理工作机制不够完善制约了建筑工程监理监督权力的有效发挥，同时建筑监理管理专业人员缺失造成建筑工程质量管理与技术实施不能有效地结合，对建筑工程质量监察管理工作的有效开展造成了阻碍。

对于施工单位来说，首先现阶段建筑行业管理经营模式不够精细，由于对经济效益过度重视，导致建筑工程施工人员在管理过程中对项目数量积累过度重视，在施工过程中忽视了科技创新、设备优化的重要作用，从而导致项目水平不能有效地提升；其次建筑管理人员缺失也制约了建筑施工质量管理工作的有效开展。现阶段建筑工程管理过程中，优质管理人才的缺失问题逐渐突出，建筑工程管理机制不够完善增加了优质人才流失频率，从而导致人员组织架构不够均衡，人员素质、人员能力、人员层次水平组织结构不够均衡对建筑工程施工质量管理工作造成了阻碍。最后基层施工人员素质不高。现阶段建筑工程内部基层施工人员大多文化程度不高，建筑施工专业能力不足，如质量意识不足、基本操作技能不熟练、对工程进度过度重视等。由于建筑工程施工人员错误操作而导致的安全风险时有发生。

而对于 BIM 技术来说，它是一个共享资源库，它可将工程施工中的各种信息分享、传达给工程的相关技术人员。在工程施工过程中各部门、各利益单位可通过插入信息、提取信息、更改和优化信息实现各部门、各利益方的协同作业，减少施工过程中不同部门、不同利益方的争执，减少施工现场不同工种、不同机械、不同设备之间的相互影响，避免施工技术人员对施工设计图和规范产生误解。工程质量管理可利用 BIM 的 3D 数字化信息技术构建工程质量管理的决策平台和信息共享平台，组建工程质量管理的 3D 模型信息资源库，使工程各部门和利益方能够通过 BIM 平台和资源库了解工程的整体情况，利用决策平台和共享平台管理工程质量，提高工程施工质量和效率。

3.3.2 基于 BIM 的质量管理关键技术

1. 移动计算技术

移动计算技术被应用于国家现代化建设中的各行各业，该技术以移动信息技术为基础，基于无线网络，实现各终端设备之间的资源共享，并能实时进行数据信息的传递。移动计算技术在进行信息交换时具有速度快、准确性高等优点，将其运用于建筑业的工程施工中可提高工作效率。现阶段多使用平板电脑作为终端，质量检查人员在进行现场检测时可随时随地查看项目规定数据，并将现场实测数据进行记录，实时传到服务器实现数据共享，也能随时对数据进行分析和判定。

2. 图像采集和处理技术

图像采集是通过摄像头进行图像数据的采集和存储，图像处理是指运用计算机等处理器对采集到的图像进行分析处理，将原始采集到的图像处理成项目需求的图像。进行图像采集时常使用手机或者平板电脑等移动终端作为采集器，处理时常使用压缩、滤波、增强等图像处理的技术。

3. 二维码技术

二维码技术的运用可以对施工现场的材料进行跟踪管理。由于其使用成本低，操作简便，因此被广泛应用。建设工程项目中将二维码技术与 BIM 技术融合，有利于管理层对数据的实时监管。二维码实现现场物料和管理平台的有效连接。每一件物料都有自己独有的二维码，有效避免设备运输过程中的遗漏和安装过程中容易出现的错装。一线工作人员在进行设备安装使用时通过扫描二维码，将设备信息传送到服务器存储并共享，这样项目的各参与方能快速便捷地查看每台设备的使用情况。

4. 数字化测绘复核及放样技术

工程项目中将测绘复核放样技术与 BIM 建模结合起来，能够更加高效地对现场施工情况进行控制。测绘复核放样技术的使用为机电管线深化提供保障，并对施工现场的数字化加工的质量进行有效控制。与此同时，现场测绘技术在工程中的使用还具有能够深化工程图信息，准确反映现场情况，保证施工精准度，提高工程可靠性等优点。相比传统放样方法，应用 BIM 放样机器人范围更广，每一个标准层都能实现 300 ~ 500 个点的精确放样，并且所有点的精度都控制在 3mm 以内，超越了传统施工精度。

5. 三维激光扫描技术

三维激光扫描技术是一种应用比较广泛的技术，通过扫描物体表面获取物体的三维坐标，能够快速得到被测物体高分辨率的数字模型。工程项目实施过程中，使用三维激光扫描技术对施工现场的物料进行扫描，形成点云模型传输到服务器。点云模型是指通过扫描物体得到数字模型，再根据这些数据用计算机还原物体模型，在计算机上形成一个与物体相同的模型。通过激光扫描的被测物，其数据更加准确，更有利于建模和编辑。这种从现场实物提取模型在施工过程中被称为逆向施工。将这种点云模型与应用 BIM 技术设计的模型进行对比，可以准确定位质量问题。

3.4 BIM 技术在成本管理中的应用

3.4.1 BIM 技术在成本控制应用中的必要性

成本控制的理论主要建立在动态纠偏理论上，属于主动控制范畴。目前，成本控制方法按照时间过程，分为施工前控制、施工过程中控制和施工结束后控制。在项目实施过程中，不断进行实际成本目标和计划成本目标的对比，分析偏差，必要时采取一定的纠偏措施，这样可使实际成本接近投标成本和目标成本，直到实现成本目标的动态管理。现阶段项目成本控制存在的问题如下：

1）宏观层面，由于我国各省经济发展的不平衡，各省都分别制定了定额标准，因此全国存在着地区的差异性。工程造价人员普遍都对本地的系统熟悉，一旦变换了工作地点便需要重新学习和积累新的成本数据，这些数据对于一个工程造价人员能否很好地胜任工作是十分关键的，但又需要耗费大量的时间和精力，因此工程造价人员的流动会给本地的工程造价管理机构带来直接损失。

2）时效方面，项目成本数据收集滞后。在项目实施过程中，产生的成本数据不断增加，尤其是施工准备阶段和施工实施阶段，传统的成本控制方法很难及时地收集与处理成本数据。这样在施工过程中，施工企业对于精准控制完成实体工程所需资源量就显得很被动，很难在施工过程中对多种资源进行有效的统筹分配和协调管理。

3）效率方面，成本数据收集效率低。对于传统的项目成本数据收集，往往是通过经验数据估算目前在建项目的成本范围值，或者先计算某一分部分项工程的成本，然后以累加求和的方式，进行统计和预估在建整个项目的费用，不过这与实际成本的支出往往有很大的误差，因为实际成本支出是按照施工的各个阶段、对分包商在阶段内完成的实际工程量进行支付的，有时候还会有额外增加的实际成本，比如处理变更和索赔等事项。

4）数据使用方面，难以实时共享。目前多数的大中型施工单位，对于项目的成本控制这一概念的理解仍然是停留在工程的特定环节上，而成本数据的应用也是简单的通过对原始数据的拆分组合，绘制成表格后共享给项目的其他管理部门，然后依照共享的表格数据再对现场成本的把控，一方面，整理原始数据并绘制表格浪费了大量时间，滞后于现场的施工进度，另一方面，由于各个管理部门都有其运行秩序，协调起来难度很高，这样导致数据的实时共享可行性很低。

5）数据升级方面，难以做到更新和维护。随着时间的延续，市场日新月异的变化，成本数据不断滞后和“老化”，所以各个施工企业逐步建立内部的成本数据库，参考性并不是很高，甚至落后于实际在建项目进度，导致无法真正使用。

而对于 BIM 技术来说，它是基于多维矩阵和 BIM 模型对实体工程进行模拟分析，并通过结构性转化，形成三维模型，在工作任务分工表中进行详细的阐述，并进行横向和纵向的分解，对工作的逻辑关系进行合理的分配，明确公司层、项目层、班组层的任务分工，在每个实施过程中进行动态监控。尤其是在碰撞检测过程中，可以运用 BIM 模型进行清晰的分析，最终实现 BIM 信息化的成本管理。在 BIM 的理论研究中，最重要的是 BIM 软件建模的应用，通过 BIM 建模可以简单明了地了解现场实际成本管理过程中存在的问题，并通过 BIM 云平台对各参建方的实际情况进行综合分析，进而达到降低成本的目的。

目前项目管理过程很难体现多维矩阵，从平面上直观提取和调用工程信息，二维模式下多维度间的耦合关系实现难度大，实际工作集成程度低，很难体现集成对现实的价值，基于多种因素的分解结构通过同项目管理流程结合为项目管理服务，在国际上常用基于 3D 项目管理模式的“产品-组织-流程管理”三主体分解形式，通过信息集成实现项目管理由 3D 向 *n*D 转变。通过引入 BIM 构建基于 BIM 的项目管理模式，实现多维度以 BS（Browser Server）集成管理。

BIM 的理论基础还在于各操作平台之间的沟通协作，将设计、施工、监理三方通过平台融为一体，在平台的建设过程中，需要不断地补充现场经验，通过设计施工图与实际现场的完美结合，将动态的管理思路贯穿在施工的全过程，明确责任分工表，对平台中的每一个操作者都进行责任划分，避免后期出现推诿扯皮的情况。无论是横向管理还是纵向管理，要在企业层、公司层、项目层、班组层进行层层把控，概算、预算、结算、决算等成本管理阶段都集中在每一个领域，便于进行动态控制。

3.4.2 基于 BIM 的成本管理关键技术

1. BIM-5D 技术

BIM-5D 即是将 BIM 模型集成项目进度、项目成本以及相关合同信息，形成五维模型，为项目的成本管理、进度管理提供数据基础。而基于 BIM-5D 的施工阶段成本管理的基础是 BIM-5D 信息的集成，在施工前期的准备阶段，首先将工程项目中所涉及的进度、成本信息依据施工组织设计中的要求集成于设计阶段所建立的 BIM 模型中，其中成本信息包含着招标投标过程中所产生的工程量清单数据以及资源消耗量。除去计划进度以及成本数据之外，实际项目实施过程中所产生的数据都随着工程的进展不断录入和完善。

BIM-5D 集成了项目所涉及的各个专业的设计模型，包含建筑、结构、机电、钢结构、幕墙等专业模型，使之符合项目的实际情况。这里以广联达 BIM-5D 为例，该管理平台可以兼容所有基于 IFC 数据格式的建模软件所构建的模型，如 Revit、Tekla、Rhino、MagiCAD 等以及广联达工程算量模型数据格式，如 GCL、GGJ 以及 GQI。然后集成工程施工组织设计中所包含的进度计划，为了满足整体精细化管理的要求，传统施工组织设计中所编制进度计划的精细度往往无法满足其需求，需要额外对其进度计划进行编制并将其颗粒度深化至构件级别。项目施工过程中，由于工程项目的不确定性，项目变更的现象时有发生，工程进度信息亦会随时修改。针对这一现象，广联达 BIM-5D 支持在其管理平台内部修改其进度计划，并且不会影响其他无关联关系的分部分项工作。最后将此 4D 模型与工程量清单相关联，完成模型的算量以及计价工作。集成成本信息有两种方式：其一，将集成了各专业的模型导入广联达算量软件中进行相关工程量扣减计算，然后再将此文件导入 BIM-5D 平台中与进度和工程计价信息集成；其二，直接将综合模型导入广联达 BIM-5D 平台中，再将各种工程量清单扣减规则与计算公式附着于其相应的构件中。自此，该平台中生成集成了实体模型、进度信息、成本信息的 BIM-5D 模型，此模型是后续进行成本管理工作的基础。

除上述提到的模型、进度、成本信息之外，工程项目实施过程中还会产生大量的其他信息也对成本管理的工作起着至关重要的作用。根据类型可分为两类：

1）合同信息。项目的合同确立了建设项目有关各方之间的权利与义务的关系，是建设项目的重要依据，成本管理的核心就是按照建设项目合同的规定对项目进行管理和控制。

2）变更签证等洽商信息，工程变更是建设项目施工中不可避免的部分，BIM-5D 可以集成该项目信息并将其变更内容一一在模型中体现，为结算以及过程算量时成本的追溯提供了数据基础。

2. BIM 大数据和云技术

BIM 大数据管理就是运用 BIM 技术和建筑大数据库相结合，对建筑前期策划数据、标准构件模型、工程项目信息、进度、成本、安全、环保和运维等全生命周期的数据进行管理。工程数据是企业未来发展的核心竞争力和生产力，要深入分析和挖掘，形成 BIM 大数据库，方便信息互通和共享。工程造价大数据库包含了各类工程项目造价的信息和各项指标，而 BIM 能够准确完整地展现工程信息。二者技术的结合能够使信息和数据更真实和准确，能够指导企业投标和施工的各种经济活动。运用 BIM 的多维大数据可视化技术，在模拟施工环境下发现潜在问题和风险，模仿现实的建造过程，以便提前发现问题并进行评估，提出相应的对策和防范措施，制定优化方案指导实际建设，有效控制项目质量、进度和成本。

把云技术和 BIM 技术结合，能够实现项目管理的高效、协同和低成本的特点。利用云数据处理，实现工程项目 BIM 和施工模拟、进度、成本等工作的快速比对和纠偏，使得

BIM-4D 和 BIM-5D 真正能够应用到项目管理实际。BIM 云技术发展趋势包括统一数据格式、全生命期应用、实现集成交付和企业知识管理，进一步提升和扩展基于云的 BIM 应用。基于云的 BIM 实时传递信息的有效性在建设过程中提出了一种新的面向对象的工作流程和进度管理过程。Cloud-BIM 对工程项目大数据进行收集、集成、关联、存储、数据挖掘和分析，实现工程项目数据的再利用和知识管理。

3.5 工程项目信息交付模式

建筑工程是多专业参与的综合性工程活动，工程项目信息量巨大，通常一个单体项目的信息含量可达 10^6 量级。目前随着 BIM 技术的推行，相关 BIM 信息体量也在猛增，而且其应用数据来自不同的软件商，工程建设各阶段以及各专业遵循不同的数据标准，在这过程中使用的 CAD 软件和 BIM 软件在信息交互上具有高度的孤立性，难以进行高效的数据存储与管理，导致信息共享和交互的不畅。解决这些问题的方法就是实现多专业间的协同工作，对工程数据施行有效的管理。为了实现这一目标，需要进行以下两个方面的研究：一方面需要建立统一的数据标准，使数据存储实现物理上或逻辑上的集中；另一方面，需要选择恰当的信息交付模式，提高工作效率，更好地实现协同工作。

3.5.1 工程项目采购模式

现如今 BIM 工程项目有五种主要的采购模式：设计-招标-建造（Design-Bid-Build）、设计-建造（Design-Build）、风险式建造管理（Construction Management at Risk，即 CM@R）、设计-采购-建设（Engineer-Procurement-Construction）以及整合项目交付法（Integrated Project Delivery）。

1. 设计-招标-建造模式

大部分建筑物都是采用设计-招标-建造（DBB）的模式来建造的，这种模式好处是：较具招标竞争性，可为业主尽可能争取到最低的价格；较少可能业主选择特定承包商（后者对公共工程项目尤为重要）。但这种模式在信息交付及其他方面也存在相应的不足，介绍如下：

1）在 DBB 模式中，客户（业主）聘请建筑师进行建筑设计，而将结构、空调系统、管道及水电组件工程分包给各专业设计分包商。这些设计都是记录在图纸上的（平面、立面、3D 透视），所有设计必须协调一致，以反映所有的更改。最终的招标图和规格需要包含足够的细节，以推动施工招标。由于潜在的法律责任，设计师通常会选择性地在绘图中包含较少的详细信息，业界这种做法往往会导致纠纷。

2）在开工前，分包商及制造商必须绘制出制作大样图，若制作大样图不正确又不完整，或是根据一些包含错误、不一致或疏漏的样图而绘制的，那么势必在施工现场出现一些冲突，解决这些冲突既耗时又耗财。

3）设计中的不一致、不准确及不确定性，让预制变得困难，使得大多数制作与施工必须在精确的条件都建立后，在施工现场进行。现场施作通常要拉长生产周期，而且质量参差不齐。

4）施工阶段常因各方原因造成变更，每个更改必须由各流程来认定起因、分配责任，评估时间及成本的影响，提供解决问题之道。之后需要将变更通知到受影响的各方，尽管使用某些网络交流工具能让项目团队掌控每次更改，但它们无法解决问题的根源。

5）DBB 模式运作过程需要等到业主核准标案后，才能进行材料的采购，这意味着交货期间较长的材料可能会拖延项目进度，这会导致 DBB 模式通常比 DB 模式需要花费较久的时间。

6）因为提供给业主的所有信息都采用 2D（书面或同等电子文档）传送，业主必须付出相当多的精力，将所有相关信息传送给负责维修及运营的设施管理团队，这个过程耗时、易出错。因为这些问题的存在，所以 DBB 模式并不是适合 BIM 项目信息交付的方法。

2. 设计-建造模式

设计-建造（DB）模式将设计方与施工方的责任整合，成为一个单一订约主体，减轻业主的管理任务。由承包商进行工程设计或设计管理和协调，提高设计的可施工性。同时不需要等到建筑物所有部分的详细施工图完成后再开始基础建设和早期建筑构件的建造，因此可以缩短工期。DB 模式信息交付方法的不足主要是业主无法参与建筑师/工程师的选择，以及工程设计可能会受施工方的利益影响。

3. 风险式建造管理

风险式建造管理（CM@R）是一种从施工准备期到施工阶段，由业主雇用设计师提供设计服务，并雇用工程管理单位提供整个项目施工管理服务的一种项目交付方式。这些服务可能包括准备和协调投标计划、调度、成本控制、价值工程分析及施工管理。建设经理人需保证项目的成本（保证最高价格，或 GMP）。在 GMP 决定前，业主须负责设计。不同于 DBB，CM@R 在设计过程阶段就引入建造者，让他们在具决定性的阶段发声。此项目交付方式的好处在于尽早让承包商参与，并降低业主因成本超支带来的法律责任。

但是此交付方式中设计师和工程管理单位间的沟通以及模型的创建与信息交互存在信息孤岛，如何处理好设计师、建造者以及管理者之间的关系，确定模型创建与维护的主导方，保证各方的通力合作与有效沟通是业主方所面临的难题。

4. 设计-采购-建设采购模式

设计-采购-建设（EPC）模式中“E”（Engineering）与 DB 采购模式中的“D”（Design）相比有着明显的区别。在 EPC 采购模式中，EPC 承包商完成的“E”部分的工作不单指建设工程项目中的设计内容，甚至还需要完成建设工程项目的总体规划与项目组织管理工作的策划；“P”（Procurement）部分除了采购工程建设项目所需的建筑材料与设备外，还包括成套的专业设备与材料的采购；“C”（Construction）部分除了建造方面的工作，还包括安装、试车与技术培训等方面的工作。

EPC 采购模式与 DB 采购模式非常相似，都有着权责关系单一、缩短工期、建造成本降低、良好的品质保证、业主对承包商的依赖性大等特点，但是二者之间还是有显著区别的。首先，在 EPC 采购模式下，EPC 承包商除了要负责项目的设计与施工工作外，还要负责项目的材料、设备的采购，尤其是成套的专业材料与设备的采购，而 DB 承包商一般不负责该项内容。其次，在业主对建设工程项目管理与控制方面，同 DB 采购模式相比，在 EPC 采购模式中业主介入项目管理的程度更低。在 EPC 采购模式中，业主仅对建设工程项目进行整体性的管理与控制，而在 DB 采购模式中，业主要负责管理协调 DB 承包商与供应商，对建设工程项目的整体利益与目标进行控制管理。第三，EPC 承包商承担风险的范围扩大。

在 EPC 采购模式中，业主介入项目的组织实施程度较低，EPC 承包商承担了建设工程项目的大部分风险，但也获得了更多的获利机会。EPC 采购模式同 DB 采购模式相比，EPC 采购模式实现了设计、施工与采购的多个阶段的集成，并且在 EPC 采购模式中没有专业的监督咨询机构，业主面对的合同界面更少。在国内，EPC 采购模式主要应用于专业技术复杂、规模大、工期长的建设工程项目，如化工厂、发电厂与石油开发项目等。

5. 整合项目交付

整合项目交付（Integrated Project Delivery，IPD）又称作集成（整体）项目交付，IPD 基本思想是集成地、并行地设计产品及其相关过程，将传统序列化、顺序进行的过程转化为交叉作用的并行过程，强调人的作用和人们之间的协同工作关系，强调产品开发的全过程。

美国推行的 IPD 模式是在工程项目总承包的基础上，把工程项目的主要参与方在设计阶段集合在一起，着眼于工程项目的全生命期，基于 BIM 协同工作，进行虚拟设计、建造、维护及管理。共同理解、检验和改进设计，并在设计阶段发现施工和运营维护存在的问题，测算建造成本和时间，并且共同探讨有效方法解决问题，以保证工程质量，加快施工进度，降低项目成本。IPD 模式在美国推广以来，已成功应用于一些工程项目，充分体现了 BIM 的应用价值，被认为具有广阔前景。与欧美发达国家相比，我国在 BIM 技术方面的研究起步并不晚，但由于施工企业项目管理模式及水平的限制，使 BIM 技术在施工阶段的推广应用比较缓慢，尤其是 IPD 模式更为困难。不过，近年来，国家政府的重视和行业发展的需求，已大力促进了 BIM 更深层次的研究和推广，IPD 模式也被越来越多的企业所认识和接受。

DBB 模式在 BIM 应用上反映出最大的挑战是施工方不参与设计过程，因此在设计完成后，必须重新建立一个模型。DB 模式提供一个利用 BIM 技术的良好机会，因为设计和施工由单一实体负责。同时 CM@ R 模式允许施工方在设计阶段参与。而 IPD 模式可以极大化因采用 BIM 技术所带来的利益，其他采购模式也因 BIM 的使用而受益，但仅可取得部分好处，因此理想情况下，基于 BIM 的工程项目中的最佳采购模式是 IPD。

3.5.2 工程项目信息交付实践情况概述

现阶段，国内应用了 BIM 技术的建设工程项目的信息交付模式主要有 DBB、GC、DB 和 EPC 等。但是在实践中，建设工程项目的各参与方并不是一成不变地照搬现有的模式，而是在现有基础上进行一定的调整使之适应 BIM 的要求。表 3-1 总结了国内应用 BIM 技术较深入的项目的信息交付模式以及 BIM 对建设工程项目采购模式的影响。其中，对 BIM 技术的应用程度划分为方案设计、初步设计、施工图设计、施工准备、施工、运营与维护 6 个阶段，分别用 P1 ~ P6 表示。

通过对国内案例分析发现，建设工程项目的某一阶段单一地应用 BIM 技术时，对建设工程项目采购模式的影响甚微，仅是增加了建设工程项目参与方的工作内容。但是，如果 BIM 在建设工程项目的多个阶段中都有应用时，BIM 就对建设工程项目采购模式产生了一定的影响。表 3-1 中的案例大部分都是在传统的采购模式中增加了 BIM 工作小组，由 BIM 工作小组协调项目中所有涉及 BIM 技术的相关工作。而 BIM 工作小组的构建则是通过相关合同或者合同附录完成的。

表 3-1 国内应用 BIM 的建设工程项目的信息交付模式及 BIM 应用程度

编号	项目名称	信息交付模式	BIM 应用程度
1	广州周大福国际金融中心	GC + PM	P3 + P4 + P5
2	中国石油大学（北京）实验办公综合楼	GC + BIM 咨询单位 + 综合管理部门	P3 + P4 + P5
3	深圳市中心一甲级写字楼	DBB + BIM 小组（业主指定）	P3 + P4 + P5 + P6
4	杭州奥体中心主体育场工程	GC + BIM 小组（设计与施工）	P3 + P4 + P5
5	四川绵阳中医院	EPC	P3 + P4 + P5
6	上海中心	GC + 协调管理小组	P3 + P4 + P5 + P6
7	沈阳文化艺术中心	GC + BIM 小组（业主指定）	P3 + P4
8	外滩 SOHO 项目	GC + BIM 小组（业主指定）	P3 + P4 + P5 + P6
9	“中国尊”项目	GC + BIM 小组（业主指定）	P3 + P4 + P5 + P6
10	南京禄口机场二期航站楼项目	GC + BIM 小组（设计主导）	P3 + P4 + P5
11	某市地下过街 D 通道管线设计	DBB + BIM 小组（业主指定）	P3 + P4 + P5

3.6 BIM 技术在合同管理中的应用

合同管理的作用是在复杂工程生产经营中能够减少不必要的损失，由于建筑工程建设周期耗时长，环境复杂，又需要建设单位、施工单位、设计单位和监理单位等多方的相互配合，所以在建设工程中加强合同管理是很有必要的。传统的项目合同管理已经很难满足当前建设项目合同的实际运行，建设工程项目采购模式发生调整，原有的合同结构也应修改。BIM 的合同管理其实就是根据相关的实际操作，优化相关合同条款，明确制度实施责任。

3.6.1 构建 BIM 工程合同体系的意义

我国与 BIM 技术相适应的建设工程合同体系研究尚处于空白。现有的法律法规及合同范本缺乏对协同设计的相关规定，电子信息缺乏法律效力且无法归档，造成信息搜集的重复性，并且各参与方的信息版本及其更新、维护均严重不协同，项目管理效率较低。加之业界对于 BIM 的法律责任界限不明，导致建筑行业推广 BIM 应用大环境不够成熟。统一协调的 BIM 工程合同将从以下几个方面为项目各参与方提供合约保障。

1）实现建设项目全生命的信息统筹管理，解决 BIM 应用遭遇的“协同”困境

BIM 应用过程中缺少协同设计，尤其在项目不同阶段、不同专业及各参与方信息缺少统筹管理。BIM 相关软件涉及不同专业，BIM 的理念和技术为协同设计提供了新的平台，而项目协同设计与否，对能否充分实现 BIM 的价值至关重要。

在 BIM 标准支撑下，以咨询、设计、施工合同为主体，包含采购、分包等合同在内的完整体系将对建设项目电子信息文件的使用、交付及管理等做出规定，使电子文档数据成为可以利用的资源，实现数据资源的信息化，信息资源的知识化。同时，合同体系将进一步明确设计阶段设计者的协同设计责任，避免设计出现错、漏、碰、缺的问题，也可避免后期的设计变更，有利于节约建设工程成本，提升项目管理效率。

2）明确项目参与方应用 BIM 技术的法律责任和合同责任。

由于 BIM 技术需要通过相应的软件作为信息载体和工具，建筑信息随着工程项目的进展不断进行累积，项目各方可能均使用了其他相关方采集的信息，同时也都在已有信息基础上进行了加工和修改。这一过程必然涉及各方在知识产权归属方面的法律责任。例如《中华人民共和国著作权法》第十六条的规定："公民为完成法人或者其他组织工作任务所创作的作品是职务作品，著作权由作者享有，但法人或者其他组织有权在其业务范围内优先使用。作品完成两年内，未经单位同意，作者不得许可第三人以与单位使用的相同方式使用该作品"。即主要利用法人或者其他组织的物质技术条件创作，并由法人或者其他组织承担责任的工程设计图、产品设计图、地图、计算机软件等职务作品，作者享有署名权，著作权的其他权利由法人或者其他组织享有。在 BIM 标准的工程合同中，将对 BIM 软件平台的知识产权保护、使用及管理权限和侵权行为的处理等法律责任进行界定。同时，对于项目各阶段工作成果未能按照约定时间和标准进行交付的合同责任予以约定。

3）解决 BIM 技术形成的工程档案的保存及归档问题。

传统的建设项目文档管理系统已经不能满足当前建筑信息化的发展以及建筑信息模型在信息检索及知识重用上的数据共享的要求。随着建设工程领域信息生成与交流的方式从手工转变到计算机辅助，再到伴随着 3D 甚至更高维度信息技术的发展而产生的各种信息储存交互方式的应用，传统意义上的建设项目文档管理系统存在的问题已越发凸显。尽管计算机辅助已经得到了广泛应用，但是传统的纸质文档管理仍然是现今建设项目文档管理中信息储存、交流的主要形式。因此，建立 BIM 环境下的文档管理系统具有必要性和可行性。对 BIM 环境下文档管理系统框架进行设计，提出我国建设项目管理所需要解决的文档管理系统框架。GB/T 50328—2014《建设工程文件归档规范》规定，建设工程档案是在工程建设活动中直接形成的具有归档保存价值的文字、图表、声像等各种形式的历史记录，也可简称工程档案。可见，将应用 BIM 技术形成的项目管理成果进行归档并不存在法律层面的困难，但是需要建设行政主管部门对于 BIM 技术文件的归档范围和档案质量要求予以明确，以供项目各方在工程合同中予以约定。

3.6.2 国外基于 BIM 标准的工程合同

在美国为便于 BIM 的推广以及各方接受，在将 BIM 应用于项目时，标准合同也同时应用，并且不改变和重新构建先前已普遍使用的合同，只是在传统建筑工程合同中，以合同附录形式阐述 BIM 的应用，编辑并包括必要的内容。美国建筑师学会（AIA）发布了几份合同附录，列入了改进的合同范本，其中详细介绍了 BIM 在项目上的实施方法。如美国承包商团体发布的 Consensus DOCS 301 BIM Addendum 合同范本，该范本规定，在成熟的项目合同中，应当有一份书面的 BIM 项目实施计划作为特别的参考，以便团队成员参与计划和实施过程。在合同条款中设置 BIM 应用的要求，将在法律层面确保项目团队的全体成员按项目规划实施。

2009 年 11 月，英国发布了"AEC（UK）BIM Standard"。这是在英国使用的一部务实的 BIM 标准，应用于建筑设计和施工。2010 年 4 月，英国又发布了名为"AEC（UK）BIM Standard for Autodesk Revit"的标准。该标准由来自英国建筑业十几家公司的专家共同编写，是指导和支持英国建筑业中所有采用 BIM 技术（Revit 平台）的实际工程项目作业流程的行业标准。同时，英国的 BIM 标准已经同国际咨询工程师联合会（FIDIC）的合同体系兼容。

3.6.3 BIM 标准的工程合同的路径选择

建设工程合同作为一种典型合同，具有它自身的特殊性和复杂性，工程合同的架构和有效管理，能推动 BIM 技术的应用。在我国适应 BIM 技术的工程合同制定问题上，有三种路径可供选择。

（1）集成项目交付（IPD）模式下的多方标准协议

IPD 模式演化进程关键是 IPD 模式的合同演化进程。2007 年 Consensus DOCS 300 三方合作协议的出现，标志着 IPD 模式下多方协议的开始。在 IPD 多方协议下，项目各参与方通过签订合同有机地结合在一起，实现了合作和信息共享，使项目的效率提高，收益增加。

（2）传统项目管理模式下重新编写的 BIM 合同

在统一的 BIM 技术标准下，重新编写设计、施工、监理等相关合同，然后业主分别与包括设计方、承包商在内的项目各参与方签订独立合同，这样就使业主参与到项目整个过程中，对多项目整体进行监督和调控。但是除业主外其他各参与方之间并没有相互的协约和合作，不利于项目中各参与方之间的交流，不利于项目目标的实现。

（3）适应多种项目管理模式的附件式 BIM 工程合同

2010 年以来，住房和城乡建设部联合相关部门发布了适合不同项目管理模式的多版本建设工程合同，包括 2010 年版《房屋建筑和市政工程标准施工招标文件》中的施工合同条件；2012 年版的《建设项目工程总承包合同（示范文本）》；2012 年版《简明标准施工招标文件》中的合同条件；2012 年版《标准设计施工总承包招标文件》中的合同条件；2017 年版《建设工程施工合同（示范文本）》。结合我国 BIM 技术发展的现状和工程实际，在上述各版本工程合同条件中，以附件形式说明该工程将以 BIM 方式进行，然后对相关内容进行约定，确定项目各参与方的权利义务。这一模式将能够最大限度地保证各版本工程合同条件的稳定性和连续性，便于 BIM 技术在各类工程中的应用和推广，是我国 BIM 合同体系发展的最优选择。而且 2017 年版《建设工程施工合同（示范文本）》已经取得了较为成熟的研究成果，并获得国家发改委、住房和城乡建设部以及国家工商总局的首肯。在修订后的施工合同示范文本中，当事人之间知识产权等内容均写入了合同条款。

国家行业主管部门或行业协会制定适应中国国情的 BIM 合同文件，作为现有工程合同的附件。制定符合我国 BIM 标准的建设工程合同体系，是 BIM 技术在具体工程项目中进行应用的合约基础和制度保障。只有明确建设项目生命周期内各阶段 BIM 模型建立、交付标准，知识产权，管理权限等内容，才能够真正实现 BIM 技术的效用和价值。BIM 标准的工程合同条件有助于规范建筑市场，提高签订施工承包合同的效率，营造公平的市场环境，协调示范文本与工程法律的冲突，并且也有助于我国工程管理标准的国际化。利用信息化平台整合建设项目全生命周期各阶段资源，有利于实现建设项目参与者利益共享的合作期望。

3.7 BLM 信息管理

BLM（Building Lifecycle Management）是在建设项目全生命周期利用信息技术、过程和人力来集中管理建设工程项目信息的策略。BLM 思想是 BIM 技术的出现、产品生命周期管理思想的发展和建筑工程管理信息化的趋势共同作用的结果。

3.7.1 BLM 思想信息管理的特点

BLM 思想以先进的信息技术为工具，进行项目信息的高效管理和组织。与传统的信息管理工具和方法不同，基于 BLM 思想的项目信息管理具有以下特点：

（1）强调建设工程信息的良好创建

创建准确的建设工程信息是信息管理和共享的基础条件，利用技术生成数字化设计信息。基于模型的设计过程中，设计人员可以直接利用模型中所生成的数据，能够非常方便地进行相关因素的分析，如建筑能源分析和计算、建筑照明区域分析和计算，以及供建设过程中需考虑的其他重要的分析和计算等。设计中生成的所有设计数据都是相互关联的，调整或改变设计图的某一部分，所有与其相关的其他设计图上的内容都会自动进行相应的变动。基于思想的信息管理在技术的支持下，使建设工程信息得到良好创建，并保持全生命周期数字化。

（2）强调信息的管理和共享

在创建数字化设计信息的基础上，利用信息门户进行信息的管理和共享，在建设项目全生命周期内，使工程参与各方能够进行在线的信息交流与协同工作。在技术的支持下，建设工程信息的管理和共享从点对点的信息管理和共享方式变成集中的信息共享和管理，如图 3-5 所示。

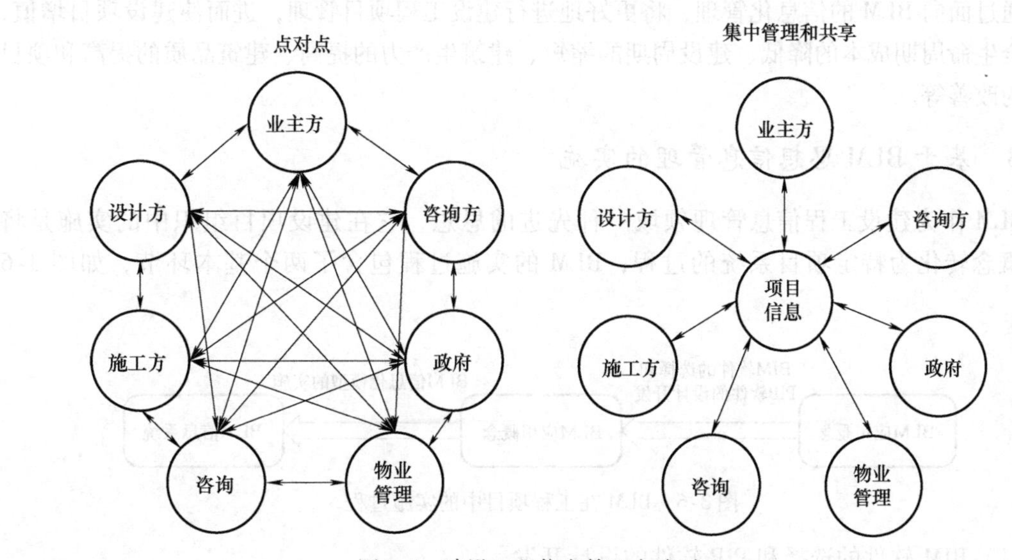

图 3-5 建设工程信息管理方式对比

（3）BLM 是对建设项目全生命周期工程信息的集成化管理

通过信息集成，将建设项目实施过程中的分散在不同物理地点和不同信息管理系统中的结构化和非结构化的信息进行集成化的管理，并以个性化的网站信息结构提供给项目的参与方，从而为项目参与各方提供高效信息沟通和协同工作的平台环境。

（4）BLM 是对工程项目知识的有效管理

从信息管理向知识管理过渡是人们对信息资源认识上的革命。从知识管理的角度，一般所进行的信息管理工作是对显性知识的管理，与之相对应的是对存在于工作者大脑中的各种隐性知识如经验和技能的管理。传统的信息管理工具和方法往往忽略了对隐性知识的有效管理。在 BLM 模式中，对知识管理工作的支持是其进行信息资源管理时所必须考虑的。

总而言之，基于思想的信息管理是以建设工程信息的良好创建、管理和共享为目的，对建设项目全生命周期过程中的信息和知识进行集成化的管理。

3.7.2 BLM 的信息化管理

面向 BLM 的信息化管理涉及信息的创建、管理、共享和使用整个过程，其中每一个阶段都涉及变革性的思想、组织、方法和手段。BLM 中的信息化管理需要解决以下问题：

1）在信息的创建阶段，在 BLM 理念下需要解决建筑产品方案的创造以及相关的信息集成问题，包括产品创意、空间几何数据、物料清单、成本和产品结构关系等，以及这些信息的参数化处理和相互关联处理，目前 BIM 是其中的一个重要途径。

2）在信息的管理和共享阶段，需要解决信息的分类、文档的产生、建筑产品数据的更新、信息的安全管理、信息的分发和交流等问题，以使项目各参与方和参与人员协同工作，目前基于网络的沟通与协作平台是其中的一个重要手段。

3）在信息的使用阶段，需要解决所创建信息的利用问题，即从信息的最终用户角度出发获取信息，从传统的“推”转向“拉”，将信息转化为知识，为建设项目增值提供服务。

通过面向 BLM 的信息化管理，将更好地进行建设工程项目管理，进而使建设项目增值，实现全生命周期成本的降低、建设周期的缩短、建筑生产力的提高、建筑品质的提高和项目文化的改善等。

3.7.3 基于 BLM 思想信息管理的实施

BLM 作为建设工程信息管理领域一种先进的思想，它在建设项目组织中的实施是将应用概念转化为特定项目系统的过程，BLM 的实施过程包含了两个基本环节，如图 3-6 所示。

图 3-6 BLM 在工程项目中的实施过程

（1）BIM 软件的选择和 PIP 软件的设计开发

这一环节是将 PIP 概念中所包含的信息管理与共同工作的理论转化为软件产品的过程，与一般管理软件的设计和开发过程基本相同，它综合应用了 Browser/Server 结构、数据库技术、智能代理、面向对象技术及 Internet/Extranet 技术等先进的信息技术工具，形成体现特点的软件产品。软件由于涉及的专业广泛，一般无法自行开发，可采取已经同一生产商成系列的 BIM 软件系统，也可以对不同生产商的 BIM 各专业软件进行系统集成。

（2）BLM 信息化模型的实施

这一环节以软件为基础，集成 BIM 软件、工程项目管理控制软件、设施管理软件，并与相应的硬件平台、一定的项目信息基础结构和项目组织，包括项目的工作流程、项目参与各方集成，形成 BLM 系统的过程。

因此，BLM 实施系统在特定工程项目中的成功应用，取决于两个基本条件，即：①先进、适用的 BIM 软件和 PIP 软件产品，这是 BLM 系统成功应用的前提；②科学、合理的系统实施，这是形成高效组织工作系统的关键。

从 BLM 系统实施的角度理解，BLM 系统是一个包含了软件、硬件、组织件及教育件的人-机系统。其实施的过程不仅包括软件安装、硬件购置、数据基础结构搭建等技术问题，还涉及组织的重构、管理制度与流程的完善、人员的教育与培训等组织管理问题。

思 考 题

1.（单选）以下不属于 BIM 基础软件特征的是________。

（参考答案：C）

A. 基于三维图形技术

B. 指出常见建筑构件库

C. 支持三维数据交换标准

D. 支持二次开发

2.（多选）建筑设计专业 BIM 软件有________。

（参考答案：ABCD）

A. BIM 方案设计软件

B. 建筑三维模型软件

C. 建筑效果可视化软件

D. 建筑信息模型软件

3.（单选）要在项目中使用族，必须先________。

（参考答案：C）

A. 将族文件保存到指定位置

B. 将族文件命名

C. 将族文件载入项目

D. 为族文件指定族类别

4. 在理想情况下，基于 BIM 的工程项目最佳采购模式是什么？

（参考答案：IPD/项目集成（整体）交付）

5. 4D 和 5D BIM 模型分别是什么？

（参考答案：4D 模型是静态的 3D BIM 模型关联时间信息后的模型，5D 模型在 4D BIM 模型的基础上关联了成本信息）

6. BLM 是什么？

（参考答案：从 BLM 管理对象的角度理解，BLM 是在建设工程项目全生命周期利用信息技术、过程和人力来集中管理建设工程项目信息的策略。从 BLM 系统实施的角度理解，BLM 系统是一个包含了软件、硬件、组织件及教育件的人-机系统。其实施的过程不仅包括软件安装、硬件购置、数据基础结构搭建等技术问题，还涉及组织的重构、管理制度与流程的完善、人员的教育与培训等组织管理问题）

本章参考文献

[1] 何清华. 建设项目全寿命周期集成化管理模式的研究 [D]. 上海：同济大学，2000.
[2] 黄建陵，文喜. 建设项目全生命周期一体化管理模式探讨 [J]. 项目管理技术，2009，7（11）：37-40.
[3] 牛博生. BIM 技术在工程项目进度管理中的应用研究 [D]. 重庆：重庆大学，2012.
[4] 杨宜衡. 基于 BIM 的工程进度看板管理系统 [D]. 武汉：华中科技大学，2016.
[5] 王雪青，张康照，谢银. 基于 BIM 实时施工模型的 4D 模拟 [J]. 广西大学学报（自然科学版），2012，37（4）：814-819.
[6] 鹿浩. 移动计算技术及应用 [J]. 湖北邮电技术，2001（2）：11-15.
[7] 丁烈云. BIM 应用 · 施工 [M]. 上海：同济大学出版社，2015.
[8] KHEMLANI L. BIM and laser scanning for as-built and adaptive reuse projects: the opportunity for surveyors [J]. The American Surveyor，2009.
[9] 李锦华，秦国兰. 基于 BIM-5D 的工程造价控制信息系统研究 [J]. 项目管理技术，2014，12（5）：82-85.
[10] 住房和城乡建设部信息中心. 中国建筑施工行业信息化发展报告：2014 BIM 应用与发展 [M]. 北京：中国城市出版社，2014 .
[11] 刘尚阳，刘欢. BIM 技术应用于总承包成本管理的优势分析 [J]. 建筑经济，2013（6）：31-34.
[12] 张建平. BIM 技术的研究与应用 [J]. 施工技术，2011（2）：15-18.
[13] 王婷，任琼琼，肖莉萍. 基于 BIM5D 的施工资源动态管理研究 [J]. 土木建筑工程信息技术，2016，8（3）：57-61.
[14] 郝莹. 建筑行业互联网应用呈现五大新特点：《中国建筑施工行业信息化发展报告（2016）互联网应用与发展》发布 [J]. 中国勘察设计，2016（7）：16.
[15] 张水波，陈勇强. 国际工程总承包 EPC 交钥匙合同与管理 [M]. 北京：中国电力出版社，2009.
[16] 毕爱敏. 基于 BIM 的建设工程项目采购模式与合同结构的初步研究 [D]. 重庆：重庆大学，2014.
[17] 滕飞，宿辉. 基于 BIM 标准的工程合同体系研究 [J]. 建筑经济，2012（7）：46-48.
[18] 陈训. 建设工程全寿命信息管理（BLM）思想和应用的研究 [D]. 上海：同济大学，2006.

第4章 BIM技术在项目建筑设计中的应用

4.1 BIM技术在项目建筑设计应用中的必要性

在传统的建筑设计领域，计算机辅助设计（CAD）技术使设计师们摆脱了手工绘图。但是，CAD并没有从根本上脱离手工绘图的思路。随着建筑行业的发展和信息技术的进步，设计师在进行建筑信息处理的过程中发现许多非图形的信息比单纯的图像信息更重要。

当设计师采用BIM工具来进行设计时，会体会到与传统二维绘图软件或者单纯的三维模型软件在做设计时有很大的不同。BIM所建立的模型不再是以点、线这些简单的几何对象所组合而成的独立的平面图形，而是以门、窗、梁、柱等包含丰富参数和信息的构件所搭建的三维信息模型。这个模型包含了丰富的设计信息，是由庞大的数据库组成。而基于BIM技术的整个设计过程就是不断完善和修改各种建筑的信息和构件的参数，真正地实现参数化设计方式。

BIM模型采用关联性的信息来描述建筑单元，建筑设计师或工程师们修改某个构件的相关属性，建筑模型会自动更新数据信息，而且这种更新是相互关联的。这样实现协同设计，提高了设计效率，而且解决了设计图之间信息的错、漏、缺等问题。此外，随着设计的变化，构件能够将自身参数进行调整，以适应新的设计。

BIM技术在建筑设计阶段的应用，可通过数字信息仿真模拟建筑物的真实信息，信息的内涵不仅是几何形状描述的视觉信息，还包含大量的非几何信息。BIM技术贯穿土木建筑的设计到建成使用，以及使用周期终结的全过程信息，并且各种信息始终是建立在一个三维模型数据库中。可以持续及时地提供项目设计范围、进度以及成本信息，这些信息完整可靠并且完全协调。能够在综合数字环境中保持信息不断更新并可提供访问，使建筑师、结构工程师、建造师以及业主可以清楚全面地了解项目进展过程。信息的共享在建筑设计、结构设计、施工和管理的过程中能够加快决策进度、提高决策质量，从而提高整体项目质量。

4.2 BIM 建筑设计工具

建筑设计主要解决建筑物内部使用功能和使用空间的安排，建筑物与周围环境和外部条件的协调配合，内部和外表的艺术效果，以及各个细部的构造方式。建筑设计专业 BIM 软件主要包括 BIM 方案设计软件、建筑三维模型软件、建筑效果可视化软件和建筑信息模型软件。方案初设阶段，建筑师和业主通常需要通过三维展示设计的初步模型和环境艺术图片进行方案的优选，该类工具中较为突出的软件有 Onuma Planning System 和专业规划软件 Affinity 等。当遇到体型复杂、体量大的建筑时，可以使用专门的几何造型软件进行建筑体型分析。这些专业几何软件通常不属于 BIM 软件，但其多数具有和 BIM 软件相通的接口，其中具有代表性的几何造型软件有建筑主体造型软件 SketchUp 和建筑表面幕墙造型分析软件 Rhino 等。在建筑设计阶段，业主通常会通过效果图评价建筑方案。基于 BIM 的建筑效果可视化软件可以通过渲染几何三维模型模拟真实的建筑效果，及时对建筑方案做出修改意见。国内常用的渲染效果软件以 Autodesk 公司的 3D Max 软件为主流软件，还有其他软件如注重光影效果的 Lightscape 软件等。从建筑主体方案敲定后，便进入建筑设计和设计信息记录阶段。作为 BIM 软件，必须支持建筑模型的建立、施工图的绘制和预制构件的管理等。常见的 BIM 建筑设计工具包括：Autodesk Revit Architecture、Bentley、ArchiCAD 等。

4.3 基于 BIM 的建筑设计关键技术

4.3.1 设计流程

BIM 技术可以为工程项目提供强大的信息化技术管理手段，解决项目不同阶段、不同业务部门、不同专业领域存在的问题。但由于业主、设计方、承包商等都针对同一参数模型协同工作，如果设计流程不合理、组织管理不善，因步调不一致引发的协调和返工将大量增加，反而降低工作效率。

项目研发设计阶段的设计流程理念是根据 BIM 技术的特性及其在设计阶段的作用，充分利用 BIM 的三维可视化特点与模拟分析功能，通过 BIM 技术与传统设计流程的融合，实现设计全过程的优化。合理设置 BIM 参数属性，以使设计阶段 BIM 成果满足各参建方在后续阶段进行进一步深化和应用的需要。

一般建筑的设计流程，主要由土建专业先建立建筑方案设计模型作为基础，并配合机电专业依次按照项目阶段进行设计与建模工作，最后形成施工图设计模型。整个 BIM 设计流程分为方案设计、初步设计、施工图设计 3 个阶段，如图 4-1 所示。

1. 方案设计阶段

在方案设计阶段，土建专业准备文件，创建建筑方案设计模型，作为整个 BIM 模型的基础，为建筑后续设计阶段提供依据及指导性的文件。

2. 初步设计阶段

在初步设计阶段，土建专业依据技术可行性和经济合理性，在方案设计模型的基础上，创建建筑初步设计模型和结构初步设计模型。在预制构件方面，土建专业依据设计方案中的外观与功能需求，在构件库中选择合适的预制构件，建立预制构件初步设计模型。若有新增

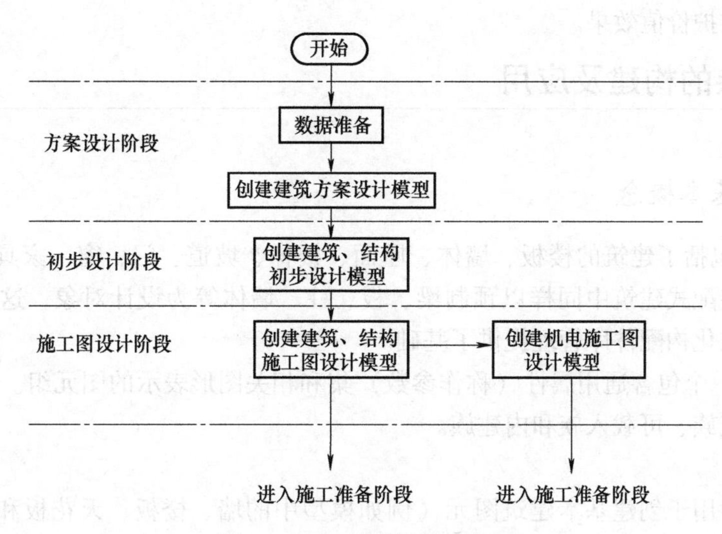

图 4-1　BIM 建筑设计流程图

构件则添加到构件库中进行完善，保持对构件库的更新。

3. 施工图设计阶段

在施工图设计阶段，土建专业与机电专业进行冲突检测、三维管线综合、竖向净空优化等基本应用，创建土建施工图设计模型与机电施工图设计模型，并交付至施工准备阶段。

4.3.2　设计标准

基于 BIM 的工程项目设计过程中，涉及各种上下游之间的信息传递，为使相应 BIM 技术在工程项目中得到较为理想的作用，需围绕着相关标准进行不断完善，使其应用具备更为理想的实效性。其设计标准需要满足国家现有相关标准的基本要求，然后结合工程项目的特点进行自身调整优化。其主要的标准如下：

（1）分类标准

对于工程项目中 BIM 技术的应用规范化控制而言，需要从分类标准方面进行控制。各个设计流程中涉及的所有任务划分、角色划分、阶段划分、构件划分、土建类型划分、机电设备划分等，都需要进行标准层面的分类，如此才能够充分提升其整体设计效果。

（2）格式统一

对于 BIM 技术的实际运用，还需要使其在工程项目中能够统一所有信息格式，包括统一规范 BIM 设计流程中的文件应遵循的数据格式、构件库中预制构件模型参数格式，使其相关信息数据能够具备更强的相互匹配性，保证不同格式文件之间的正常交互。

（3）交付标准

在工程项目中运用 BIM 技术还需要使其能够在信息交付中具备合理的标准要求，使其相应交付流程以及具体的交付文件都能够较为规范，并且能够完成上下游信息的有效过渡，避免出现交付偏差。

（4）信息编码标准

在建筑设计阶段 BIM 技术运用中，还需要结合国家标准，对不同观点下描述的建筑对象进行统一分类及命名，使其相应信息编码标准能够较为统一，如此也就能够为后续应用提供较强的协调维护价值效果。

4.4 建筑相关族的构建及应用

4.4.1 族的基本概念

Revit 模型包括了建筑的楼板、墙体、屋面、楼梯、坡道、门、窗、家具等构配件的三维信息模型，装配式建筑中同样以预制梁、板、柱、墙体等为设计对象，这为 BIM 技术在建筑设计及标准化构配件库管理提供了基础。

Revit 族是一个包含通用属性（称作参数）集和相关图形表示的图元组。Revit 中有 3 种类型的族：系统族、可载入族和内建族。

1. 系统族

系统族包含用于创建基本建筑图元（例如模型中的墙、楼板、天花板和楼梯）的族类型。系统族具有以下特点：

1）系统族还包含项目和系统设置，而这些设置会影响项目环境，并且包含诸如标高、轴网、图纸和视口等图元的类型。

2）系统族不能从项目文件外载入，只能在项目样板中预定义、保存，不能创建、复制、修改或删除系统族，但可以复制和修改系统族中的类型，以便创建自定义系统族类型。系统族中可以只保留一个系统族类型，除此之外的其他系统族类型都可以删除，这是因为每个族至少需要一个类型才能创建新系统族类型。

3）尽管不能将系统族载入样板和项目中，但可以在项目和样板之间复制和粘贴或者传递系统族类型。可以复制和粘贴各个类型，也可以使用工具传递所指定系统族中的所有类型。

4）系统族还可以作为其他种类的族的主体，这些族通常是可以载入的族。例如：墙系统族可以作为标准构件门/窗部件的主体。

系统族对于 BIM 结构平法设计的意义：结构设计的主要构件结构墙、结构板均为系统族，通过对其参数的添加和设置，可以作为 BIM 平法标注的信息基础。

2. 可载入族

可载入族与系统族不同，可载入族是在外部 . rfa 文件中创建的，并可导入（载入）项目中。它们具有高度可自定义的特征，因此可载入族是在 Revit 中最经常创建和修改的族。

可载入族是用于创建下列构件的族：

1）建筑内和建筑周围的建筑构件，例如窗、门、橱柜、装置、家具和植物。

2）建筑内和建筑周围的系统构件，例如锅炉、热水器、空气处理设备和卫浴装置。

3）常规自定义的一些注释图元，例如符号和标题栏。

可载入族对于 BIM 结构平法设计的意义在于，通过 BIM 建模的柱、梁、详图项目、注释族都通过可载入族进行创建加载，以满足结构设计类型的多样性，以及平法标注的要求。

3. 内建族

内建族是在项目中根据需要在原有族的基础上创建的自定义图元。创建的内建族不能重复使用，创建一个或多个必须与其他项目几何体保持一致的几何形状，需要创建内建族。可以在项目中创建多个内建族，并且可以在项目中放置同一个内建族的多个副本。内建族与系统族和可载入族特点不同，创建好的内建族不能通过复制来自定义其他类型。内建族可以在项目之间传递或复制，由于内建图元会增大文件大小并使软件性能降低，只有在必要时才进行传递和复制。只有在创建非标准图元或自定义图元时使用内建族创建，项目中使用最多的还是系统族和可装载的族。在 BIM 结构平法施工图设计中很少用到内建族。

Revit 族是功能性类型的总称，例如柱族、门族，而 Revit 族类别是在 Revit 族下，由不同参数区分开来，如圆形混凝土柱和矩形混凝土柱都是柱族下的不同类别。Revit 族类型由族文件的类型参数的值所确定。通过设置族的类型参数可以控制该类型的构件的尺寸、形状、材质等，而在具体 Revit 模型中使用的某构件实例的尺寸、形状、材质等还可以通过族的实例参数来控制。如，矩形混凝土柱族类别包含横截面为“300mm×500mm”“500mm×500mm”“400mm×600mm”等不同的族类型，而“柱高”参数被设置为实例参数，控制某根柱实例的高度。

4.4.2 预制构配件族

“族”是 Revit 中使用的一个功能强大的概念，有助于轻松地修改和管理数据。使用族编辑器，整个族创建过程在预定义的样板中执行，每个族图元能够在其内定义多种类型，可以根据用户的需要在族中加入各种参数，如距离、材质、可见性等。

Revit 族与预制构配件形成对应关系，在 Revit 的族样板文件 . rft 中可以建立模数化、标准化的预制构配件，如梁、柱等，保存为 . rfa 文件。族文件（. rfa 文件）可以载入 Revit 项目文件中（. rvt 文件），提高建筑 BIM 模型的设计效率，同时还可以作为构件详图设计为构件的工厂化生产提供详图。

下面以预制矩形混凝土柱为例，说明 Revit 族的制作过程：

1）选择族样板，公制结构柱 . rft，对结构柱族进行设置，如，选择族插入点（原点），勾选族类型属性的“可将钢筋附着到主体”。

2）选择族类别为结构柱，对矩形混凝土结构柱进行命名。

3）根据族的制作规范，为添加参照平面，进行尺寸标注，带标签的尺寸标注成为族的可修改参数。

4）将构件的制造商、成本等信息添加进去，以及设置族的显示模式等。

至此，结构柱族设计完成，保存为 . rfa 文件，载入 Revit 项目中。然而，该结构柱族并未包含钢筋。由于钢筋族无法嵌套加载到柱族中，因此，如果要实现预制柱的三维参数化设计，需要用到“组”的相关命令，具体步骤如下：

1）在 Revit 项目中载入柱族，创建相应的柱实例。

2）选中柱，选中“钢筋”命令，将钢筋附着到柱上。

3）选中柱和柱中的所有钢筋，选择“创建组”命令，为该组输入组名。

4）选中该组，选择“复制到剪贴板”命令，接着打开要用到的该柱的 Revit 项目文件，选择“粘贴”命令，如图 4-2 所示。

现阶段，Revit 没有组文件，也无法用载入命令载入组文件，组被存放在各个 Revit 项目文件中，使用时通过“复制”和“粘贴”命令完成，这给组的管理造成了不便。可以创建 Excel 表格，录入族文件和组的分类信息，包括组所在的 Revit 文件信息等，方便查询使用。

预制墙、楼板、楼梯等构件所对应的 Revit 族属于系统族，不能直接通过利用族样板文件创建相应的族文件，只能在 Revit 项目文件中创建墙、楼板或楼梯等族的实例，并加入钢筋，选中实例和钢筋，创建组，采用“复制”和“粘贴”命令使用组。具体步骤可参见上文的预制柱的创建和使用过程。图 4-3 是预制叠合楼板、预制阳台板、预制楼梯及其模型组的示意图。

图 4-2　预制矩形钢筋混凝土柱组

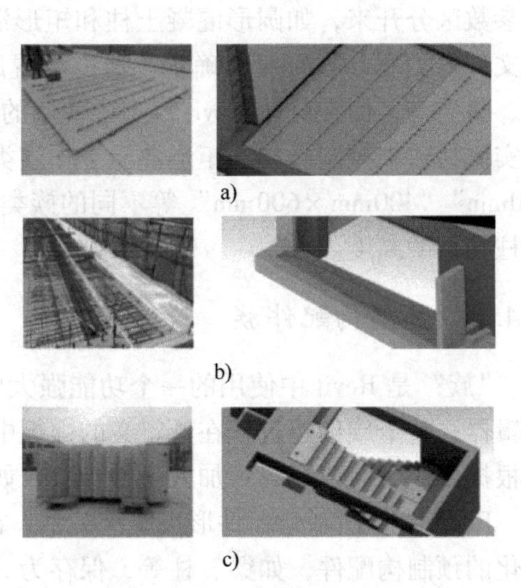

图 4-3　预制构件及其 Revit 模型组

a）预制叠合楼板及其 Revit 模型组

b）预制阳台板及其 Revit 模型组

c）预制楼梯及其 Revit 模型组

4.4.3　建筑户型族

研究和开发标准化的预制构配件模型是为了发挥装配式建筑的设计特点，进一步利用各种预制构配件按照设计要求组合成标准化的建筑户型，形成装配式建筑户型族。从建筑户型族集合中抽取标准的建筑户型，进行排列组合得到不同的建筑。从而提高设计效率以及 BIM 模型的构建速度。

如图 4-4 所示，某预制装配式住宅项目设计两种型号的户型。其中，A 户型为三室两厅，适用于三代同堂的五口家庭；B 户型为两室两厅，主要适用于一家三口或四口居住。A、B 户型组合形成建筑平面图，如图 4-5 所示。

在 Revit 项目文件中分别构建 A、B 户型模型，选中模型包括的构配件，生成模型组，利用“复制”和“粘贴”功能，产生“ABBA”形式的某层模型，如图 4-6 所示。不同楼层的户型组合可能有差别。随着建设项目的累积，逐渐建立日趋成熟的标准化、模数化的建筑户型模型组集合。设计者在创建 BIM 时，可以从户型模型组集合中挑选标准户型，对户型进行拼装。

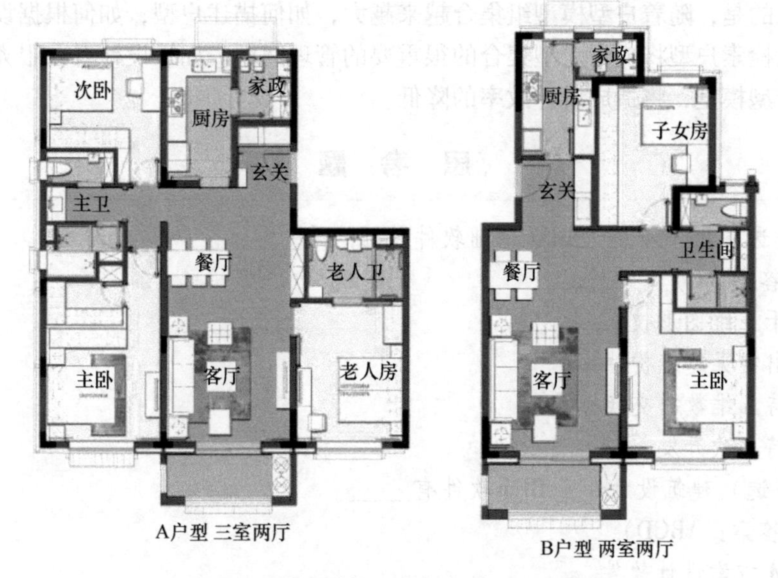

图 4-4　某预制装配式住宅 A、B 户型图

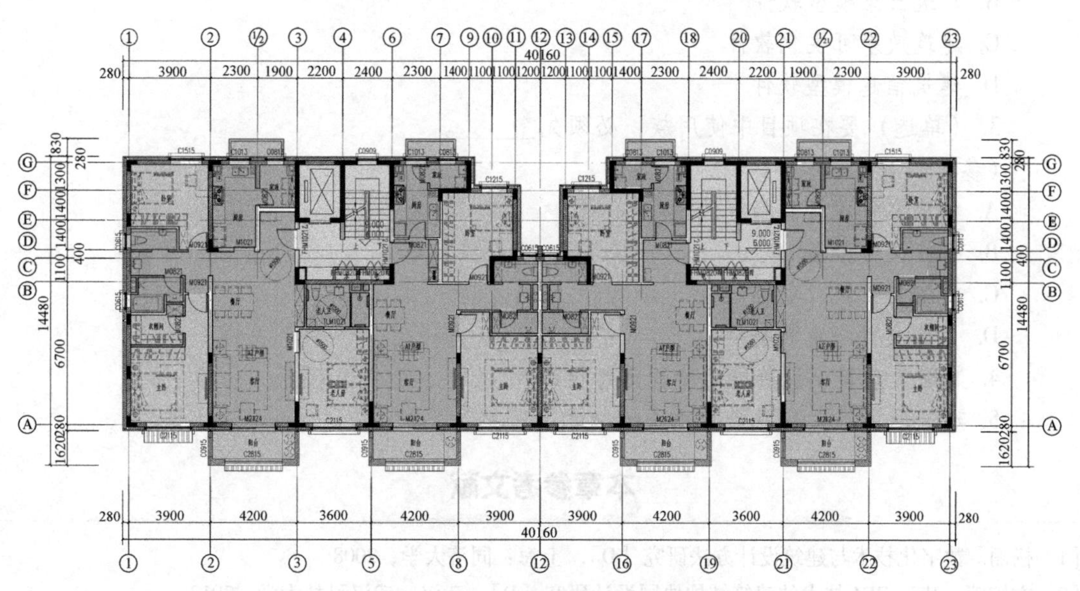

图 4-5　A、B 户型组合平面布置图

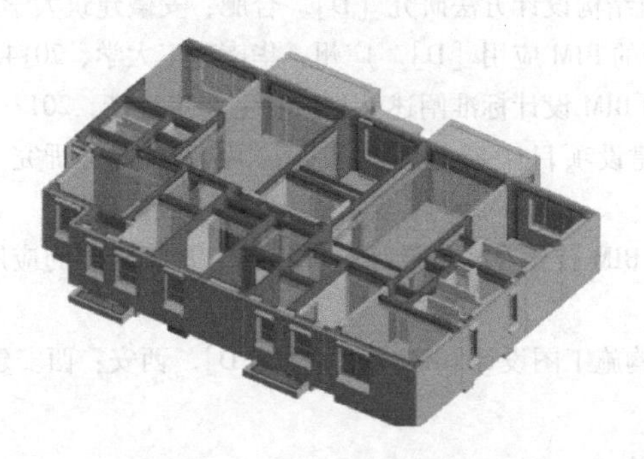

图 4-6　A、B 户型三维模型图

需要注意的是，随着户型模型组集合越来越大，如何描述户型，如何根据设计者的要求快速而准确地检索户型将成为户型集合的很重要的管理问题。如果设计者在很大的户型集合中顺序查看户型模型，将造成设计效率的降低。

思 考 题

1. （单选）以下不属于 BIM 基础软件特征的是______。

（参考答案：C）

A. 基于三维图形技术

B. 指出常见建筑构件库

C. 支持三维数据交换标准

D. 支持二次开发

2. （多选）建筑设计专业 BIM 软件有______。

（参考答案：ABCD）

A. BIM 方案设计软件

B. 建筑三维模型软件

C. 建筑效果可视化软件

D. 建筑信息模型软件

3. （单选）要在项目中使用族，必须先______。

（参考答案：C）

A. 将族文件保存到指定位置

B. 将族文件命名

C. 将族文件载入项目

D. 为族文件指定族类别

4. 装配式建筑设计阶段的流程是怎样的？

5. 建筑设计阶段 BIM 应用的关键技术有哪些？

本章参考文献

[1] 杨丽. 数字化技术与建筑设计方法研究 [D]. 上海：同济大学，2008.

[2] 方婉蓉. 基于 BIM 技术的建筑结构协同设计研究 [D]. 武汉：武汉科技大学，2013.

[3] 荣华金. 基于 BIM 的建筑结构设计方法研究 [D]. 合肥：安徽建筑大学，2015.

[4] 梁展珲. 房地产项目管理的 BIM 应用 [D]. 广州：华南理工大学，2014.

[5] 韩斐. 预制装配式建筑的 BIM 设计标准阐述 [J]. 住宅与房地产，2017 (35)：77.

[6] 李昂. BIM 技术在工程建设项目中模型创建和碰撞检测的应用研究 [D]. 哈尔滨：东北林业大学，2015.

[7] 刘占省，赵明，徐瑞龙. BIM 技术在建筑设计、项目施工及管理中的应用 [J]. 建筑技术开发，2013 (3)：65-71.

[8] 路统济. 基于 Revit 的结构施工图设计 BIM 应用研究 [D]. 西安：西安建筑科技大学，2017.

第5章 BIM技术在项目结构设计中的应用

5.1 BIM 技术在项目结构设计应用中的必要性

结构设计作为工程项目十分重要的一部分，在结构设计阶段对 BIM 技术的应用必不可少，且具有重要意义。

1）传统的结构设计也有三维的结构计算模型，并带有结构计算信息，但结构计算模型经过一定程度的简化、归并，与图样并不完全对应；BIM 模型则是与图样完全对应的结构三维模型，满足可视化设计需求，可以避免低级错误。

2）传统结构设计基本上采用计算模型与图样相分离的模式进行设计，构件信息与图样标注信息无关联；而 BIM 模型的构件信息与标注相互联动。

3）结构计算模型仅供结构专业计算使用，无法提供给其他专业应用；而 BIM 模型可以参与多专业的协同过程，整体发挥作用。

4）依赖于 BIM 软件平台，诸如 Revit 平台强大的可视化表现能力，可以对结构构件做各种检测分析，并以直观的方式表现出来，辅助设计人员对结构体系做出优化设计。

5）结构 BIM 模型可以快速统计工程量，虽然目前主要为混凝土量，准确度也依赖于建模规则，但可以作为对项目快速估算与对比的参考依据。

6）BIM 模型对于施工交底作用较大，可视化交底过程可以显著提高沟通效率，减少信息不对等导致的理解错位。

总之，应用 BIM 技术，使结构设计打破了传统计算模型和二维设计的工作方式，直观地表达设计师的意图，能够减少反复沟通的时间，同时可视化的工作方式，辅助设计师更容易发现问题，对提高设计质量具有积极意义。

5.2 BIM 结构设计工具

设计阶段中结构设计和建筑设计紧密相关，结构专业除需要建立结构模型与其他专业进行碰撞分析之外，更侧重于计算和结构抗震性能分析。根据结构设计中的使用功能不同主要分为三大类：

（1）结构建模软件

以结构建模为主的核心建模软件，主要用来在建筑模型的轮廓下灵活布置结构受力构件，初步形成建筑主体结构模型。对于民用住宅和商用建筑常用 Revit Structure 软件，大型工业建筑常用 Bentley Structure 软件。

（2）结构分析软件

基于 BIM 平台中信息共享的特点，BIM 平台中结构分析软件必须能够承接 BIM 核心建模软件中的结构信息模型。根据结构分析软件计算结果调整后的结构模型也可以顺利反馈到核心建模软件中进行更新。目前与 BIM 核心建模软件能够实现结构几何模型、荷载模型和边界约束条件双向互导的软件很少。能够实现信息几何模型、荷载模型和边界约束条件最大程度互导的软件也是基于同系列软件之间，如 Autodesk Revit Structure 软件和 Autodesk 公司专门用于结构有限元分析的软件 Autodesk Robot Structure Analysis 之间。在几何模型、荷载模型和边界约束条件之间的数据交换基本没有较多的错误产生。在国内，Robot 参与了上海卢浦大桥、卢洋大桥、深圳盐田码头工程、上海地铁、广州地铁等数十个国家大型建设项目的结构分析与设计。上海海洋水族馆、交通银行大厦、深圳城市广场、南宁国际会议展览中心等优质幕墙结构分析中也有 Robot Structure 的突出表现。但由于 Robot 缺乏相应的我国结构设计规范，因此在普通民用建筑结构分析领域中较难推广。

其他常见软件也可以在不同深度上实现结构数据信息的交换，如 ETABS、Sap2000、Midas 以及国内的通用结构分析软件 PKPM 等。

其中，为了适应装配式的设计要求，PKPM 编制了基于 BIM 技术的装配式建筑设计软件 PKPM-PC，提供了预制混凝土构件的脱模、运输、吊装过程中的计算工具，实现整体结构分析及相关内力调整、连接设计，在 BIM 平台下实现预制构件库的建立、三维拆分与预拼装、碰撞检查、构件详图、材料统计、BIM 数据直接接到生产加工设备。PKPM-PC 为广大设计单位设计装配式住宅提供设计工具，提高设计效率，减小设计错误，推动了住宅产业化的进程。

（3）结构施工图深化设计软件

结构施工图深化设计软件主要是对钢结构节点和复杂空间结构部位专门制作的施工详图。20 世纪 90 年代开始 Tekla 公司产品 Tekla Structure（Xsteel）软件开始迅速应用于钢结构深化设计。该软件可以针对钢结构施工和吊装过程中的详细设计部位自动生成施工详图、材料统计表等。Xsteel 软件还支持混凝土预制品的详细设计，其开放的接口可以实现与结构有限元分析软件进行信息互通。表 5-1 对比了 AutoCAD 和 Tekla Structure 使用功能和在详图设计中的区别。

表 5-1　AutoCAD 与 Tekla Structure 软件使用功能对比

详图软件	显示模型	施工图	参数化	材料库	碰撞分析
AutoCAD	二维平面	点、线绘制	不支持	无	不可行
Xsteel	三维平面	自动生成	支持	有	可行

5.3 基于 BIM 的结构设计关键技术

5.3.1 传统结构设计

目前国内传统的工程设计，主要是在 CAD 的基础上进行的，按照二维的设计理念和方法进行各专业的工程设计，最终将设计的二维施工图样作为设计成果供施工单位使用。在结构设计中，结构施工图设计和结构计算是两个不关联的过程，当发生设计变更，重新进行结构计算时，就要重新进行结构施工图设计，增加了大量重复的改图工作量。传统结构设计主要分为三个阶段：方案设计阶段、初步设计阶段和施工图设计阶段，结构设计流程大致如图 5-1 所示。

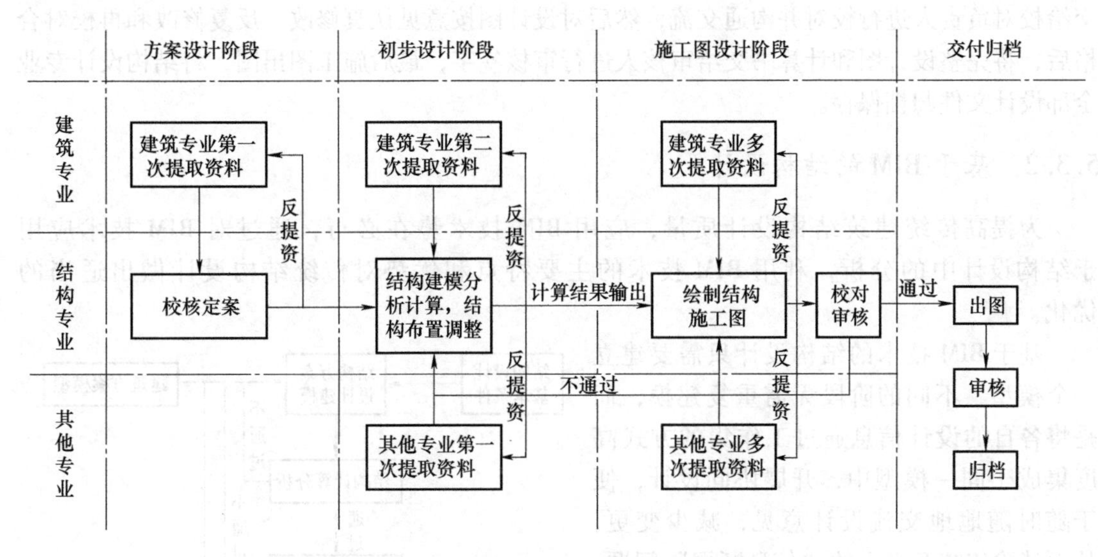

图 5-1 传统结构设计流程

1. 方案设计阶段

在方案设计阶段主要由结构专业负责人实地踏勘，收集地质相关资料，了解业主需求，再根据建筑专业负责人提供的初步方案设计依据及简要设计说明，综合研究分析后，向建筑专业提出相关方案调整意见，作为建筑专业初步设计阶段的设计依据。这一阶段，结构专业的主要作用是详细了解项目相关影响结构设计的主要因素，结合设计经验，选择相对合理的结构设计方案，再配合建筑专业为他们提供设计依据，最后制定完整的项目方案设计文件，用于设计单位作为项目投标的主要内容。在方案设计阶段，结构专业一般没有具体图样，但是要有结构设计方案说明，准确简洁地在说明中表达所选择的结构设计方案的合理性和可行性。

2. 初步设计阶段

在初步设计阶段主要由结构专业负责人首先接收建筑专业方案设计评审意见等资料，经研究分析后确定项目主要结构体系。下一步接收其他各专业的设计资料，了解主要设备尺寸及质量等条件，并开始进行结构设计初步工作。此阶段还需要结构专业在确定主要结构体系后，向各专业反馈修改意见及初步估算的主要结构构件基本位置和控制尺寸范围等有效资料，作为各专业的设计依据。这一阶段结构专业应尽量确定多种结构构件基本尺寸范围，确定后的结构体系不宜再修改变动，为施工图设计阶段的设计和绘制施工图工作做好充分的准备。

3. 施工图设计阶段

结构专业在施工图设计阶段的主要工作是对建筑结构进行分析计算，再根据计算软件输出的结果对结构构件进行合理的配筋，并对部分结构构件的设计不合理之处进行细微的调整。这一阶段工作任务较重且需要反复与各专业间互提设计资料以确保结构设计准确，以免与各专业设计发生碰撞。施工图绘制完毕后，设计人员需要先对设计进行自检，认真查看计算条件输入是否正确，结构构件配筋是否符合标准，构件尺寸标注是否完整，设计说明是否遗漏，设计图布局是否合理等。自检完成后，将施工图打印成白图，结构计算书打印成册，交给校对负责人进行校对并沟通交流，然后对设计图按意见认真修改、反复修改和再校对合格后，将完整设计图和计算书交给审核人进行审核签字，最后施工图出图，将结构设计专业全部设计文件归档保存。

5.3.2 基于 BIM 的结构设计

为提高传统建筑结构设计质量，应用 BIM 技术势在必行，通过对 BIM 技术应用于结构设计中的分析，利用 BIM 技术的主要特点和优势对传统结构设计做出适当的优化。

基于 BIM 技术的结构设计只需要建立一个模型，不同的阶段无需重复建模，而是将各自的设计信息通过工作集的方式高度集成于同一模型中，开展协同设计，便于随时随地地交流设计意见，减少变更，从而消除传统意义上的“信息断层”问题，进一步提高设计效率。

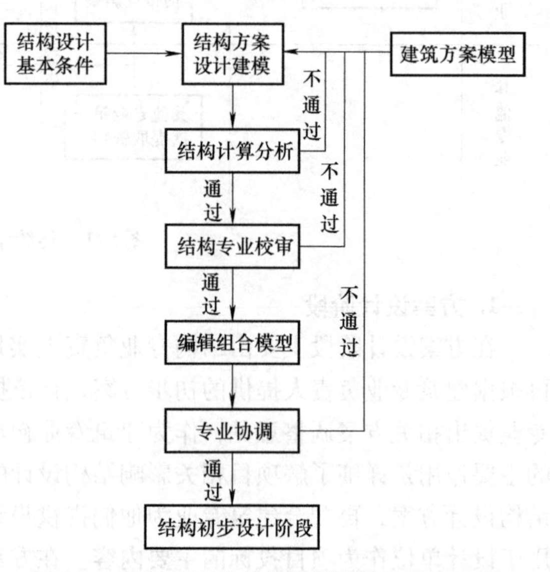

图 5-2 基于 BIM 的结构方案设计阶段的流程

1. 方案设计阶段

基于 BIM 的结构方案设计阶段的流程如图 5-2 所示。

结构专业首先根据建筑专业提交的方案模型，结合项目实际结构设计基本条件，开始进行结构方案设计建模。方案模型建模完成后，对结构模型进行计算分析，根据分析结构对结构设计进行调整和修改，再进行审核。然后各专业的方案模型数据汇总组合，专业间根据汇总模型进行设计协调并调整和修改，进入初步设计阶段。

2. 初步设计阶段

基于 BIM 的结构初步设计阶段的流程如图 5-3 所示。

进入结构初步设计阶段后，结构专业和建筑专业以及其他专业首先互相提交方案模型，然后根据其他各专业的方案模型并结合项目实际地勘报告情况和荷载信息开始进行结构初步设计建模。建模过程中，结构专业和其他专业还需要随时互提设计模型，根据其他专业的设计模型进行结构构件位置和尺寸初步设计以及设备孔洞的初步预留。初步设计模型完成后，对结构模型进行计算分析，根据分析结果对结构设计进行调整和修改，再进行审核。接着将各专业的初步设计模型数据进行汇总整合，专业间根据汇总模型进行设计协调并对模型设计进行调整和修改，然后进入施工图设计阶段。

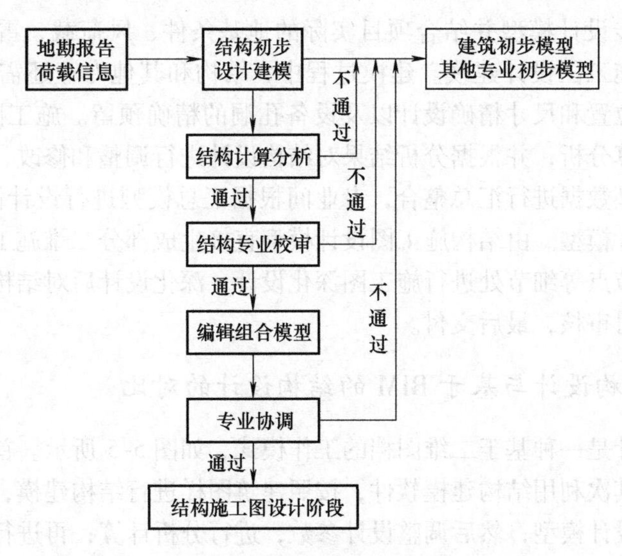

图 5-3 基于 BIM 的结构初步设计阶段的流程

3. 施工图设计阶段

基于 BIM 的结构施工图设计阶段流程如图 5-4 所示。

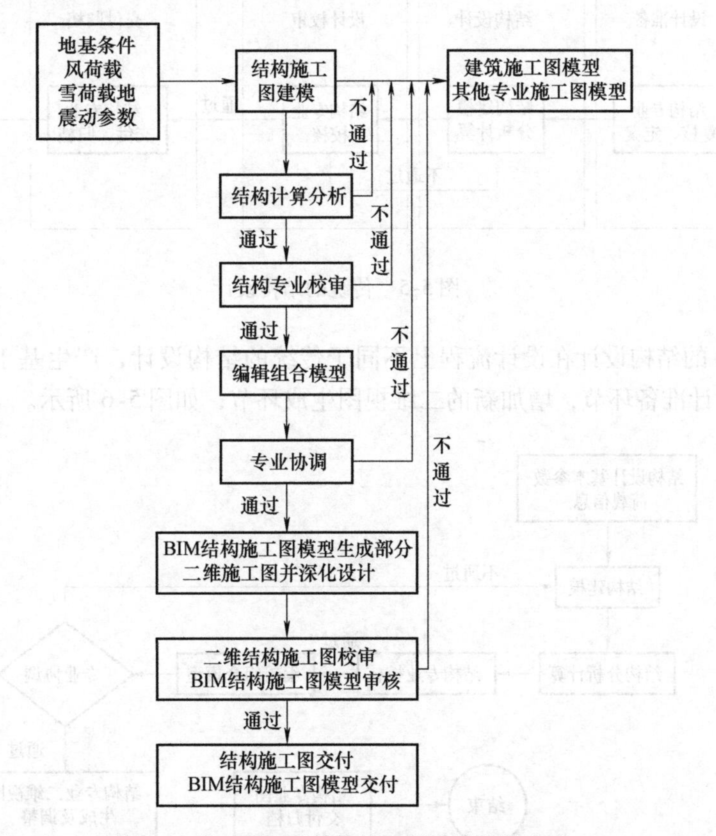

图 5-4 基于 BIM 的结构施工图设计阶段流程

进入结构施工图设计阶段后，各个专业首要工作仍然是互相提交初步设计模型，然后根据其他各专业的初步设计模型并结合项目实际的地基条件、风荷载、雪荷载、地震动参数等，开始进行结构施工图设计建模。建模过程中，结构和其他专业还需要随时互提设计模型，进行结构构件位置和尺寸精确设计以及设备孔洞的精确预留。施工图设计模型完成后，对结构模型进行计算分析，并根据分析结果对结构设计进行调整和修改，再校对审核。然后对各专业的设计模型数据进行汇总整合，专业间根据汇总模型进行设计协调并调整和修改，完成结构施工图设计模型。由结构施工图设计模型直接生成部分二维施工图，通过二维软件对结构构件和复杂节点等细节处进行施工图深化设计。深化设计后对结构施工图设计模型和二维施工图进行校对审核，最后交付。

5.3.3 传统的结构设计与基于 BIM 的结构设计的对比

传统的结构设计是一种基于二维图档的工作模式，如图 5-5 所示。首先通过建筑图样初步了解建筑方案；其次利用结构建模软件，按照建筑图样进行结构建模，通过布置荷载、设置参数，建立结构设计模型；然后调整设计参数，进行分析计算；再进行结构校核，并反馈给建筑设计；最后绘制结构施工图。由于二维图之间缺乏关联性，因此难以保证信息的一致性。

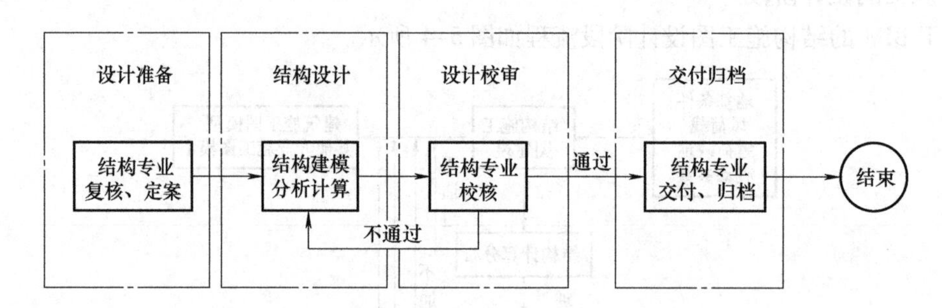

图 5-5　传统的结构设计

基于 BIM 的结构设计在设计流程上不同于传统的结构设计，产生基于模型的综合协调环节，弱化设计准备环节，增加新的二维视图生成环节，如图 5-6 所示。

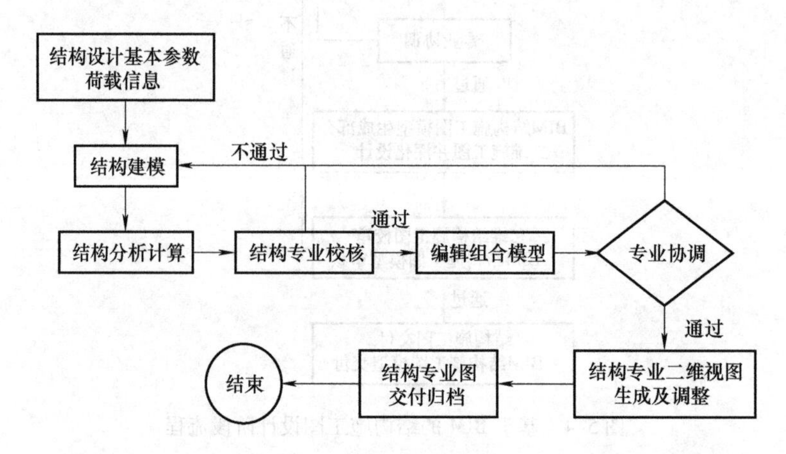

图 5-6　BIM 结构设计

基于 BIM 的结构设计与传统结构设计相比，在工作流程和信息交换方面会有明显的改变。

从工作流程角度，主要是在整个设计流程中基于 BIM 模型进行专业协调，从而避免专业之间的设计冲突；基于模型生成的二维视图的过程替代了传统的二维制图，使得设计人员只需要重点专注 BIM 模型的建立，而无需为绘制二维图耗费过多的时间和精力。

从信息交换的角度，主要是结构方案设计可以集成建筑模型，完成主要结构构件布置；也可以在结构专业软件中完成方案设计，然后输出结构 BIM 模型。

5.4 预制构件库的构建及应用

5.4.1 入库的预制构件分类与选择

1. 预制构件的分类方法

预制构件分类是预制构件入库和检索的基础，为使预制构件库使用方便，需依据分类建立构件库的存储结构，形成有规律的预制构件体系。

（1）按结构体系进行构件分类

装配式混凝土结构体系分为通用结构体系和专用结构体系。通用体系包含框架结构体系、剪力墙结构体系和框架-剪力墙结构体系。专用体系是在通用体系的基础上结合建筑功能发展起来的，如英国的 L 板体系、德国的预制空心模板体系、法国的世构体系等。目前，各地都开发了很多装配式混凝土结构体系，江苏省研发了众多装配式混凝土结构体系并已经在一定程度上得到推广。

1）预制预应力混凝土装配整体式框架体系（SCOPE）。

预制预应力混凝土装配整体式框架体系（以下简称 SCOPE）是南京大地集团引自法国的世构体系，采用先张法预应力梁和叠合板、预制柱，通过节点放置的 U 形钢筋与梁端键槽内预应力钢绞线搭接连接，并后浇混凝土形成整体装配框架。该体系分为三种类型：采用预制混凝土柱、预制预应力混凝土叠合梁板，并在节点处后浇混凝土的全装配混凝土框架结构；采用现浇混凝土柱、预制预应力混凝土叠合梁板的半装配混凝土框架结构；仅采用预制预应力混凝土叠合板的适合各类型建筑的结构。SCOPE 主要应用在多层大面积建材城、厂房等框架结构，2012 年试点建造了南京的 15 层预制装配框架廉租房。

2）预制混凝土体系（PC）和预制混凝土模板体系（PCF）。

该体系是由万科集团向我国香港和日本学习的预制装配式技术，PC 技术就是预制混凝土技术，墙、板、柱等主要受力构件采用现浇混凝土，外墙板、梁、楼板、楼梯、阳台、部分内隔墙板都采用预制构件。PCF 技术是在 PC 技术的基础上将外墙板现浇，外墙板的外模板在工厂预制，并将外装饰、保温、窗框等统一预制在外模板上。

3）新型预制混凝土体系（NPC）。

中南集团引进澳大利亚的预制结构技术，并将其改造成为 NPC 技术。此体系为装配式剪力墙体系，竖向采用预制构件，水平向的梁、板采用叠合形式，下部剪力墙预留钢筋插入上部剪力墙预留的金属波纹管孔内，通过浆锚钢筋搭接连接。该体系的应用是在江苏南通海门试点建造了 9 幢 7 层住宅、4 幢 10 层住宅、1 幢 17 层住宅。

4）叠合剪力墙结构体系。

此体系是元大集团引进德国的双板墙结构体系，由叠合梁板、叠合现浇剪力墙和预制外墙模板组成，叠合板为钢筋桁架叠合板，叠合现浇剪力墙由两侧各为50mm厚的预制混凝土板通过中间的钢筋桁架连系，并现浇混凝土而成。该体系的应用是2012年在江苏宿迁施工11层的试点住宅楼。

5）宜兴赛特新型建筑材料公司研发的新型体系。

宜兴赛特新型建筑材料公司自主研发了预制装配框架结构及短肢剪力墙体系。预制梁、柱采用梁端与柱芯部预埋型钢的临时螺栓连接，并在节点现浇混凝土；预制墙顶及墙底预埋型钢，通过螺栓临时连接，并现浇混凝土。该体系的应用是2012年宜兴市拆迁安置小区建造了一幢装配短肢剪力墙安置房。

（2）按建筑结构内容进行构件分类

预制构件还可根据建筑、结构、设备的功能综合细分，其侧重点不同。如按建筑结构综合划分可分为地基基础、主体结构和二次结构。

1）地基基础：场地、基础。

2）主体结构：梁、柱、板、剪力墙等。

3）二次结构：围护墙、幕墙、门、窗、天花板等。

2. 预制构件的选择策略

入库的预制构件应保证一定的标准性和通用性，才能符合预制构件库的功能，预制构件的选择过程如图5-7所示。预制构件首先应按照现有的常用装配式结构体系进行分类，如上文中所述，对于不同的结构体系主要受力构件一般不能通用，如日本的PC预制梁为后张预应力压接，而世构体系的梁为先张法预应力梁，采用节点U形筋的后浇混凝土连接，可见不同体系的同种类型构件的区别很大，需要单独进行设计。但是，某些预制构件是可以通用的，如预制阳台。

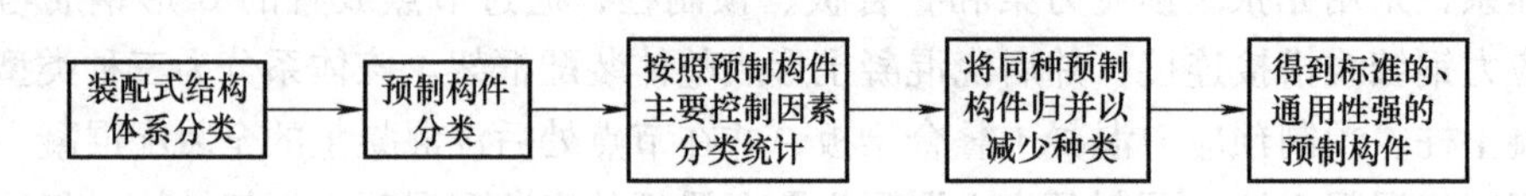

图5-7　预制构件的选择过程

对于分类的预制构件，应统计其主要控制因素，忽略次要因素。对于预制板，受力特性与板的跨度、厚度、荷载等因素有关，可按照这三个主要因素进行分类统计。如预应力薄板，板跨按照300mm的模数增加，板厚按照10mm的模数增加，活荷载主要按照2.0kN/mm^2、2.5kN/mm^2、3.5kN/mm^{2}三种情况统计，对预应力薄板进行统计分析，制作成预制构件并入库，方便直接调用。而对于活荷载超过这三种情况的需单独设计。对于梁、柱、剪力墙而言，其受力相对于板较复杂，所以构件的划分应考虑将预制构件统计，并进行归并，减少因主要控制因素划分细致导致的构件种类过多，以此得到标准性、通用性强的预制构件。

在未考虑将预制构件分类并入库前，前述的分类统计在以往的设计过程中往往制作成图集来使用，在基于BIM的设计方法中不再采用图集，而是通过建立构件库来实现，并通过实现构件的查询和调用功能，方便预制构件的使用。入库的预制构件应符合模数的要求，以保证预制构件的种类在一定和可控的范围内。预制构件根据模数进行分类不宜过多，但也不宜过少，以免无法达到装配式结构在设计时多样性和功能性的要求。

5.4.2　预制构件的编码、信息分级与信息创建

1. 预制构件的编码

预制构件的分类和选择，只是完成了预制构件的挑选，但是构件入库的内容尚未完成。预制构件库以 BIM 理念为支撑，BIM 模型的重点在于信息的创建，预制构件的入库实际是信息的创建过程。构件库内的预制构件应相互区别，每个预制构件需要一个唯一的标识码进行区分。预制构件入库应解决的两个内容是预制构件的编码与信息创建。

（1）预制构件的编码原则

预制构件的编码是在预制构件分类的基础上进行的，预制构件进行编码的目的是便于计算机和管理人员的识别。预制构件的编码应遵循下列原则：

1）唯一性，一个编码只能代表唯一一个构件。

2）合理性，编码应遵循相应的构件分类。

3）简明性，尽量用最少的字符区分各构件。

4）完整性，编码必须完整，不能缺项。

5）规范性，编码要采用相同的规范形式。

6）实用性，应尽可能方便相应预制构件库工作人员的管理。

（2）预制构件的编码方法

建筑信息分类编码采用 UNIFORMAT Ⅱ体系，UNIFORMAT Ⅱ是由美国材料协会制定发起的，由 UNIFORMAT 发展而来，采用层次分类法，现今发展到四级层次结构。第一级层次为七大类，包括基础、外封闭工程、内部结构、配套设施、设备及家具、特殊建筑物及拆除、建筑场地工程。第二级层次定义了22个类别，包括基础、地下室等，见表5-2。

表 5-2　UNIFORMAT Ⅱ编码体系

一级类目	二级类目	三、四级类目
A 基础	A10 基础 A20 地下室	……
B 外封闭工程	B10 地上结构 B20 外部围护 B30 屋盖	B1010 楼板 B101001 结构性框架 B101002 结构性内墙 B101003 楼板垫层 B101004 阳台 B101005 坡道（斜坡） B101006 楼板线路系统 B101007 台阶 B1020 屋面 B2010 外部墙体 B2020 外墙窗 B2030 外墙门 B3010 屋面保温防水等 B3020 屋顶出入口保温防水等

（续）

一 级 类 目	二 级 类 目	三、四级类目
C 内部结构	C10 内墙 C20 楼梯 C30 内部装修	……
D 配套设施	D10 运输系统 D20 给水排水系统 D30 HVAC D40 消防系统 D50 电气系统	……
E 设备及家具	E10 设备 E20 家具	……
F 特殊建筑物及拆除	F10 特殊建筑物 F20 选择性拆除	……
G 建筑场地工程	G10 场地准备 G20 场地改良 G30 场地机械设施 G40 场地电气设施 G50 场地现场设施	……

UNIFORMAT Ⅱ是一个完整的分类体系，装配式结构预制构件因为有其特殊性，可以借鉴 UNIFORMAT Ⅱ分类体系，增加和删除相应的信息。预制构件的编码见表 5-3。

表 5-3　预制构件的编码

字母组	数字组	数字组	混合组
X1	X2	X3	X4

X1 字母组表示构件的分类编号，见表 5-4；X2 数字组表示预制构件的主要外形尺寸标识，如适用的跨度、层高等；X3 数字组表示构件截面的标识；X4 是数字和字母的混合组，数字和字母可单一或组合使用，X4 用以区分前三个标识相同的情况下各预制构件在配筋等方面的区别。

表 5-4　预制构件的分类编号

结 构 类 型	构 件 类 型	编　　号
地基基础	独立基础	DJ
	……	
主体结构	预制梁	YL
	预制柱	YZ
	叠合板	YB
	剪力墙	YQ
	……	

（续）

结构类型	构件类型	编号
二次结构	外墙	WQ
	内墙	NQ
	门	MM
	窗	CC
	……	

图 5-8 表示了世构体系的预制构件的编码，其中构件适用的跨度、层高等单位均为 dm，截面宽度、高度、厚度等单位均为 cm。从预制构件的编码规则可知，预制构件的选择是考虑跨度、荷载、配筋等主要影响因素，而忽略预留洞等次要因素，这是因为不同的工程每个构件都因为各自的设计需求而有细微的差别，如果把所有的因素都加以考虑，将使得预制构件库无法创建，而且在创建预制构件库时考虑所有的因素也是不必要的。对于次要因素，在调用预制构件库中的构件构建具体工程的 BIM 模型时，可通过添加信息的形式来考虑。

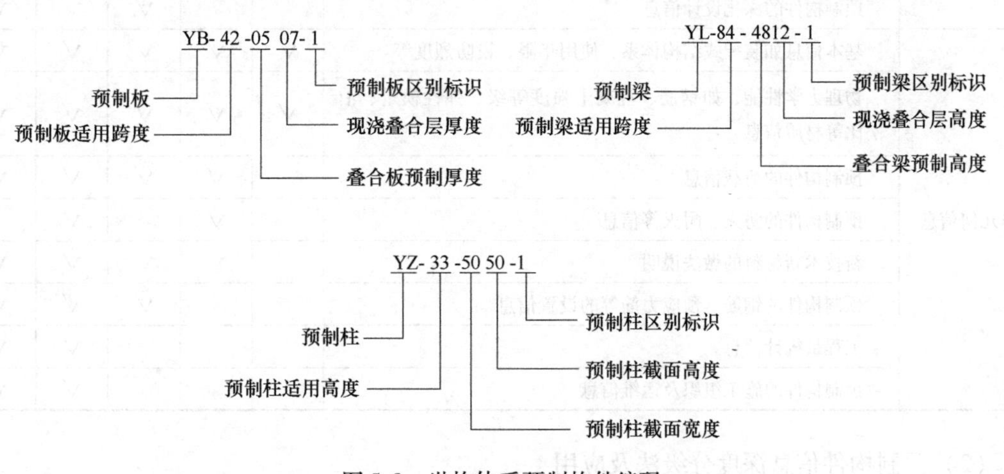

图 5-8 世构体系预制构件编码

2. 预制构件信息深度分级

基于 BIM 的预制构件的编码只是为了区分各构件，便于设计和生产时能够识别各构件，而真正用于设计和构件生产、施工的是预制构件的信息。因此，BIM 预制构件的信息创建是一项重要的任务。在传统的二维设计模式中，建筑信息分布在各专业的平、立、剖面图中，各专业图的分立导致建筑信息的分立，容易造成信息不对称或者信息冗杂问题。而在 BIM 设计模式下，所有的信息都统一在构件的 BIM 模型中，信息完整且无冗杂。在方案设计、初步设计、施工图设计等阶段，各构件的信息需求量和深度不同，如果所有阶段都应用带有所有信息的构件运行分析，会导致信息量过大，使分析难度太大而无法进行。因此，对预制构件的信息进行深度分级，是很有必要的，工程各设计阶段采用各自需要的信息深度即可。

（1）预制构件几何与非几何信息深度等级表

技术在预制构件上的运用是依靠 BIM 模型来实施的，而 BIM 的核心是信息，所以在设计、施工、运维阶段最注重的是信息共享。构件的信息包含几何与非几何信息，几何信息包含几何尺寸、定位等信息，而非几何信息则包含材料性能、分类、材料做法等信息。根据不同的信息特质和使用功能等以实用性为原则制定统一标准，将预制构件信息分为 5 级深度，并将信息深度等级对应的信息内容制作成预制构件信息深度等级表，见表 5-5。预制构件几何与非几何信息深度等级表描述了预制构件从最初的概念化阶段到最后的运维阶段各阶段应包含的详细信息。

表 5-5　预制构件信息深度等级表

类型	信息内容	构件信息深度等级				
		1.0	2.0	3.0	4.0	5.0
几何信息	主要预制构件，如梁、柱、剪力墙等的几何尺寸信息、定位信息	√	√	√	√	√
	基类构件的几何尺寸信息、定位信息		√		√	√
	次要构件的几何尺寸信息、定位信息			√	√	√
	复杂装配节点的几何尺寸、定位信息				√	√
	预制构件的深化设计信息			√	√	√
非几何信息	基本信息如装配式结构体系、使用年限、设防烈度等	√	√	√	√	√
	物理力学性能，如钢筋、混凝土强度等级、弹性模量、泊松比等材质信息	√	√	√	√	√
	预制构件的荷载信息		√	√	√	√
	预制构件的防火、耐火等信息		√		√	
	新技术新材料的做法说明		√	√	√	√
	预制构件的钢筋、预应力筋等的设置信息			√	√	√
	工程量统计信息				√	√
	预制构件的施工组织及运维信息				√	√

（2）预制构件信息深度分级法及应用

由前文讨论可知，预制构件同时具有几何与非几何信息，而几何与非几何信息都有各自的 5 级深度等级，因此必须通过一定的方法来规定预制构件的深度等级。可采用最大化理论来进行确定：

$$\text{预制构件信息深度等级} = \max\{I, X\} \tag{5-1}$$

其中，I 为几何信息深度等级，取值范围为 1.0～5.0，且为正整数；X 为非几何信息深度等级，取值范围为 1.0～5.0，且为正整数。式（5-1）表明预制构件的信息深度等级取几何信息与非几何信息深度等级的最大值。

预制构件的信息深度等级以 BIM 应用阶段即设计、施工和运维为基础，预制构件信息的 5 级深度等级对应了 BIM 应用的 5 个阶段：

1）深度 1 级，相当于方案设计阶段的深度要求。预制构件应包含建筑的基本形状、总体尺寸、周度、面积等基本信息，不需表现细节特征和内部信息。

2）深度 2 级，相当于初步设计阶段的深度要求。预制构件应包含建筑的主要计划特征、关键尺寸、规格等，不需表现细节特征和内部信息。

3）深度 3 级，相当于施工图设计阶段的深度要求。预制构件应包含建筑的详细几何特征和精确尺寸，不需表现细节特征和内部信息，但具备指导施工的要求。

4）深度 4 级，相当于施工阶段的深度要求。预制构件应包含所有的设计信息，特别是非几何信息。为应对工程变更，此深度级别的预制构件应具有变更的能力。

5）深度 5 级，相当于运维阶段的深度要求。预制构件除了应表现所有的设计信息，还应包括施工数据、技术要求、性能指标等信息。深度 5 级的预制构件包含了详尽的信息，可用于建筑全生命周期的各个阶段。

3. 预制构件的信息创建方法

预制构件的信息创建应以三维模型为基础，添加几何信息和非几何信息。信息的创建包含构件类型确定及编码的设置、创建几何信息、添加非几何信息、构件信息复核等内容，如图 5-9 所示。

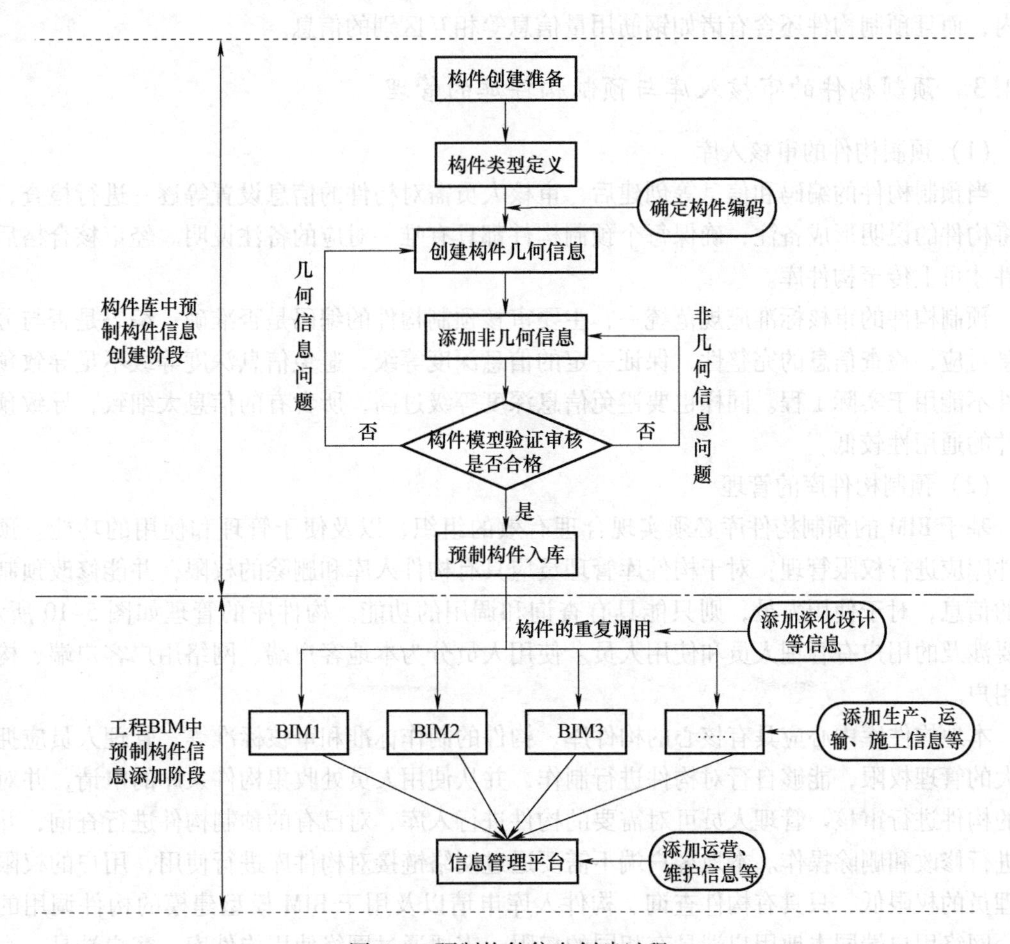

图 5-9 预制构件信息创建过程

建筑全生命周期内预制构件的信息创建过程可分为两个阶段：预制构件库的信息创建；工程 BIM 模型中的构件生产、运输和后期维护阶段的信息添加。预制构件库是一个通用的库，在工程设计中，根据需要从构件库中选取构件进行 BIM 模型的设计，添加深化设计信息等，当无任何问题时，将 BIM 模型交付给施工单位用于指导预制构件的生产、运输和施工，这些环节中的信息及后期运营维护的信息均添加到此工程的 BIM 模型中，并上传到该工程的信息管理平台上。所以，预制构件库的信息创建过程集中在第一阶段，并一次创建完成；而预制构件深化设计信息、生产厂家信息、运输信息、后期的运营维护信息等均需添加在工程的 BIM 模型构件中，不能添加到预制构件库的预制构件中。显然，信息的添加是一个分段的动态的过程。工程 BIM 模型中的预制构件存储的信息很明显包含预制构件库中对应预制构件的所有信息，工程 BIM 模型中预制构件是通过调用构件库中的预制构件并添加信息得到的，添加信息时可以考虑之前未考虑的次要因素。因此，在创建预制构件的信息时应留足相应的信息设置，为工程 BIM 模型中的信息添加留有扩展区域。

预制构件信息创建的过程中，构件可以通过添加深化设计等信息重复调用到多个工程的 BIM 模型中，这说明预制构件具有一定的可变性。预制构件通过参数进行变化，具有一般的 BIM 核心建模软件中族的特性，但它与族又有本质的区别：它的外形参数等只能在一定的范围内，而且预制构件还含有诸如钢筋用量信息等相互区别的信息。

5.4.3 预制构件的审核入库与预制构件库的管理

（1）预制构件的审核入库

当预制构件的编码和信息等创建后，审核人员需对构件的信息设置等逐一进行检查，还需将构件的说明形成备注，确保每个预制构件都具有唯一对应的备注说明。经审核合格后的构件才可上传至构件库。

预制构件的审核标准应规范统一，主要审核预制构件的编码是否准确，编码是否与分类信息对应，检查信息的完整性，保证一定的信息深度等级，避免信息深度等级不足导致预制构件不能用于实际工程。同样也要避免信息深度等级过高，所含有的信息太细致，导致预制构件的通用性较低。

（2）预制构件库的管理

基于 BIM 的预制构件库必须实现合理有效的组织，以及便于管理和使用的功能。预制构件库应进行权限管理，对于构件库管理员应具有构件入库和删除的权限，并能修改预制构件的信息，对于使用人员，则只能具有查询和调用的功能。构件库的管理如图 5-10 所示，主要涉及的用户有管理人员和使用人员。使用人员分为本地客户端、网络用户客户端、构件网用户。

本地构件库中心应具有核心的构件库、构件的制作标准和审核标准等。管理人员应拥有最大的管理权限，能够自行对构件进行制作，并从使用人员处收集构件入库的申请，并对入库的构件进行审核。管理人员可对需要的构件进行入库，对已有的预制构件进行查询，并对其进行修改和删除操作。本地客户端不需要通过网络链接对构件库进行使用，用户的权限比管理员的权限低，只具有构件查询、构件入库申请以及用于 BIM 模型建模的构件调用的权限。网络用户端同本地用户端具有相同的权限，需要通过网络使用构件库。客户端是一个桌面应用程序，安装运行，通过网络或本地链接使用构件库。此外，网络上的构件网可以提供其他用户进行查询和构件入库申请的功能，但不能进行构件调用的操作。

5.4.4 基于 BIM 的预制构件库的应用

由前文论述可知，预制构件库是基于 BIM 的结构设计方法的核心，整个设计过程是以

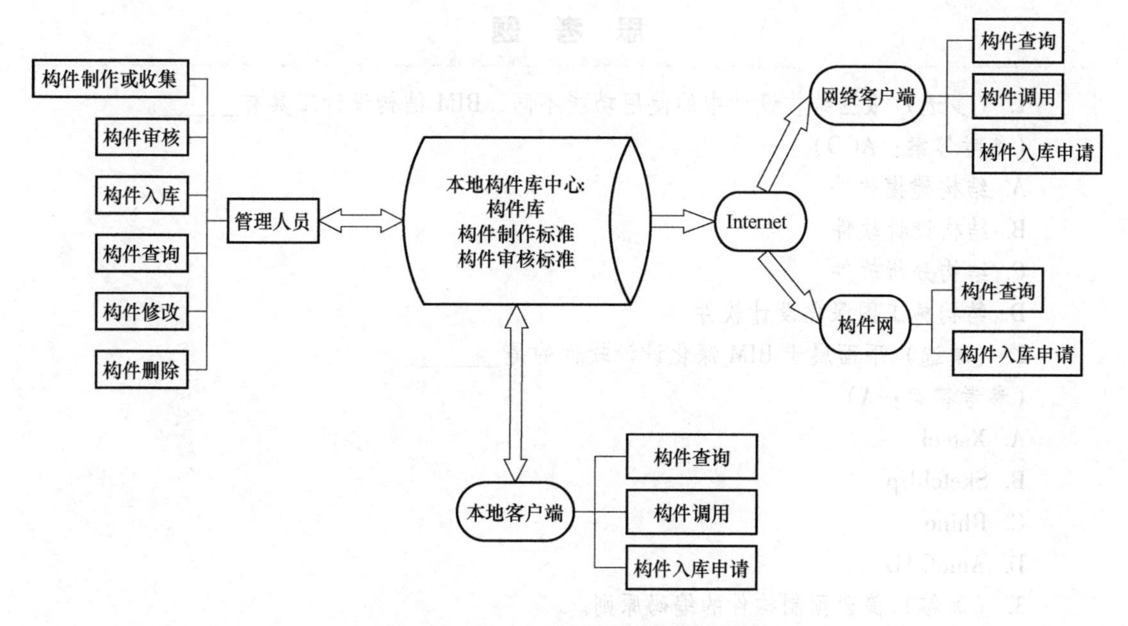

图 5-10　基于 BIM 的预制构件库管理

预制构件库展开的。在进行结构设计时，首先需要根据建筑设计的需求，确定轴网标高，并确定所使用的结构体系，再根据设计需求在构件库中查询预制梁柱，注意预制梁柱的协调性，再布置其他构件，如此形成 BIM 结构模型，完成预设计。预设计的 BIM 模型需进行分析复核，当没有问题时此 BIM 模型就满足了结构设计的需求，结构的设计方案确定。不满足分析复核要求的 BIM 模型需从预制构件库中挑选构件替换不满足要求的预制构件，当预制构件库中没有合适的构件时需重新设计预制构件并入库。对调整过后的 BIM 模型重新分析复核，直到满足要求。确定了结构设计方案的 BIM 模型需进行碰撞检查等预装配的检查，当不满足要求时需修改和替换构件，满足此要求的 BIM 模型既满足结构设计的需求，又满足装配的需求，可以交付指导生产与施工。在整个设计过程中，预制构件库中含有很多定型的通用的构件，可以提前进行生产，以保证生产的效率。因为预制构件库的作用，生产厂商无需担心提前生产的预制构件不能用在项目结构中，造成生产的预制构件浪费的情况。

对于预制构件库的管理系统而言，用户可以通过客户端对预制构件进行调用，并进行工程 BIM 模型的创建。BIM 模型作为最后的交付成果，预制构件的选择起了很大的作用，而构件库的完善程度决定了基于 BIM 的结构设计方法的可行性和适用性。当预制构件库不完善时，要想设计符合用户自己需求的建筑，难度较大，需要单独设计构件库中还未包含的预制构件。

总的来说，BIM 技术为未来建筑发展方向，以 Revit 为基础，建立基于 BIM 的构件库，一方面可以将设计常用的结构构件进行归并，以达到简化构件的目的；另一方面，将厂家可生产的构件录入，以方便设计人员进行选取。构件库建立之后，设计人员即可按照构件库中已有的构件进行设计和后续的建模，既方便设计，又有利于指导后期的可视化施工。

思 考 题

1. （多选）根据结构设计中的使用功能不同，BIM结构设计工具有______。

（参考答案：ACD）

A. 结构建模软件

B. 结构设计软件

C. 结构分析软件

D. 结构施工图深化设计软件

2. （单选）下面属于BIM深化设计软件的是______。

（参考答案：A）

A. Xsteel

B. SketchUp

C. Rhino

D. AutoCAD

3. （简答）简述预制构件的编码原则。

（参考答案：唯一性，一个编码只能代表唯一一个构件；合理性，编码应遵循相应的构件分类；简明性，尽量用最少的字符区分各构件；完整性，编码必须完整，不能缺项；规范性，编码要采用相同的规范形式；实用性，应尽可能方便相应预制构件库工作人员的管理）

4. 装配式建筑结构设计阶段的流程是怎样的？

5. 结构设计阶段BIM应用的关键技术有哪些？

本章参考文献

[1] 季俊，张其林，常治国，等. 高层钢结构BIM软件研发及在上海中心工程中的应用［J］. 东南大学学报，2009，39（Z2）：205-211.

[2] 夏绪勇，张晓龙，鲍玲玲，等. 基于BIM的装配式建筑设计软件的研发［J］. 土木建筑工程信息技术，2018，10（2）：40-45.

[3] AUTODESK ASIA PTE LTD. AUTODESK REVIT二次开发基础教程［M］. 上海：同济大学出版社，2016.

[4] 冯楚雪. 基于BIM的建筑结构设计流程管理研究［D］. 武汉：湖北工业大学，2016.

[5] 王勇，张建平. 基于建筑信息模型的建筑结构施工图设计［J］. 华南理工大学学报（自然科学版），2013，41（3）：133.

[6] 刘洪. 基于BIM的结构设计规范审查方法研究［D］. 重庆：重庆大学，2017.

[7] 高本立，李世宏，李岗. 江苏省主要混凝土结构建筑工业化技术［J］. 墙材革新与建筑节能，2015（3）：48-58.

[8] 李亮群. UNIFORMAT Ⅱ 工程编码在工程项目管理中的应用研究［D］. 大连：东北财经大学，2005.

[9] 常春光，杨爽，苏永玲. UNIFORMAT Ⅱ 工程编码在装配式建筑BIM中的应用［J］. 沈阳建筑大学学报（社会科学版），2015（3）：279-283.

[10] 王茹，韩婷婷. 基于BIM的古建筑构件信息分类编码标准化管理研究［J］. 施工技术，2015，44（24）：105-109.

第6章 BIM技术在装配式构件生产中的应用

预制构件生产中需要进行生产作业计划编制、调整等多项决策，还需要对进度、库存、配送等大量信息进行管理。目前，相关企业开始采用企业资源计划（Enterprise Resource Planning，ERP）系统进行生产作业计划及生产过程管理。然而基于一般生产过程开发的ERP系统，直接应用于预制构件生产管理存在下列问题。首先，利用ERP系统进行生产管理时需人工输入大量数据，效率低下且容易出错。其次，ERP系统智能化程度较低，决策过程依然需要大量的人工干预，且难以考虑预制构件生产特点，导致决策优化程度较低，成本增加、效率降低。最后，缺乏有效的预制构件跟踪方法，只能通过定期收集的产出信息跟踪生产，生产信息时效性低下，导致生产管理较为被动并难以有效地发现生产中的潜在问题并防止问题扩大化。BIM、GA、RFID等先进技术为解决以上问题提供了可能性。斯洛文尼亚学者Čuš-Babič基于BIM、RFID技术与ERP系统开发了预制构件跟踪管理系统，实现了设计、生产和施工过程中构件相关信息的集成管理与预制构件跟踪管理。熊诚等人基于BIM技术开发了PC深化设计、生产和建造环节管理平台，实现了基于库的预制构件参数化深化设计和生产吊装跟踪管理，提升了设计和信息管理效率。Yin等基于移动计算技术开发了预制构件生产质量管理系统，实现了生产现场质量管理，避免了二次信息录入。因此，本章将从构件生产的各流程出发分析BIM技术在构件生产各环节的运用并发掘其存在的潜在价值。

6.1 预制构件生产流程

预制构件生产阶段是指设计阶段之后，生产方按照设计结果，利用一定的生产资源（例如劳动力、生产器械及生产原料等），依据规范和工艺要求，组织并管理生产，最终向施工单位交付预制构件和相关材料的整个过程，如图6-1所示。

为系统地分析目前国内外信息技术特别是BIM技术在预制构件生产阶段的应用研究情况，本书在对相关文献进行的分析和实际调研的基础上对预制构件生产阶段进行了细分。首先，从整体角度分析了预制构件生产阶段的输入输出及限制条件，建立了如图6-1所示阶段整体模型；其次，依据主要的阶段性子目标（深化设计结果、生产方案、预制构件、构件交付）将预制构件生产阶段细分为深化设计、生产方案确定、生产方案执行、库存与交付4

个子阶段；最后，对每个子阶段的主要工作内容进行了分类与概括，建立了预制构件生产阶段细分模型，如图 6-2 所示。

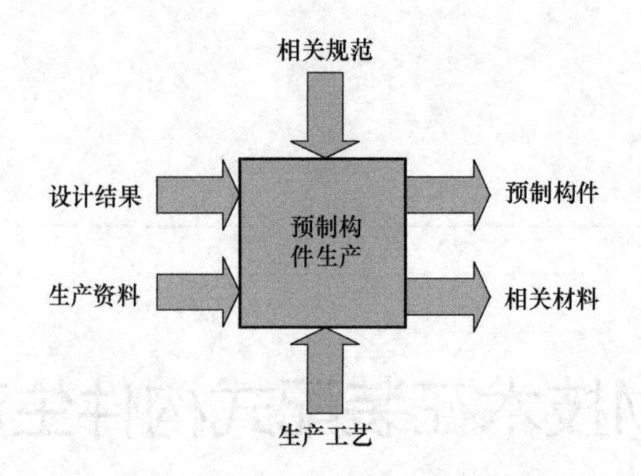

图 6-1　预制构件生产整体模型

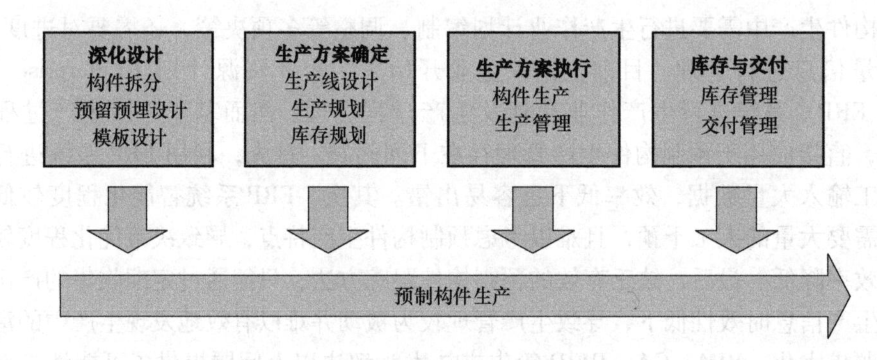

图 6-2　装配式预制构件生产阶段细分模型

6.1.1　深化设计

由于难以全面地把握生产施工现场具体情况，设计方提供的设计结果通常无法达到生产与装配的细度要求，生产方需要在各专业设计结果基础上进行深化设计，即依据相关规范，结合生产、运输与施工实际条件，对设计结果进行补充完善，形成可实施的设计方案。例如，建筑的外挂墙板常采用先进的流水线进行生产，单块预制墙板的质量、几何尺寸等参数要受到采用的生产方案和生产方生产能力的限制。由于设计阶段生产方案还没有确定，且设计方通常难以全面把握这些生产限制条件，设计结果中外挂墙板常以不进行拆分的整体形式呈现。生产单位拿到设计结果之后，应该依据具体条件进行深化设计，即将其拆分为可以生产的外挂墙板单元，选择适当的形式与主体结构连接，进行模板设计等生产层面细度的设计，并进行构件受力验算，最后得到可实施的设计方案。深化设计的主要工作内容包括构件拆分、预留预埋设计和其他设计（如模板设计等）。

1. 构件拆分

构件拆分是指把设计结果中不利于实现的单个构件按照一定规则拆分为满足模数协调、结构承载力以及生产运输施工要求的多个预制构件，并进行构件间连接设计的过程。构件拆分是深化设计中一项关键工作内容，其拆分形式对生产、运输、施工都会造成多方面影响，例如预制构件的质量及大小直接影响到运输及吊装设备的选取。

在生产、运输、施工过程中，预制构件的受力状态往往有别于设计阶段所考虑的正常使用情况下受力状态，因此还应考虑生产、运输及施工的附加要求，对预制构件脱模、翻转、吊装等各个环节进行承载力、变形及裂缝控制验算。

在建筑及结构设计时，如果已考虑预制构件生产与装配过程要求，进行了构件拆分，则深化设计中无需重复进行。

2. 预留预埋设计

预留预埋设计是指针对预制构件的预留孔洞、预埋件及配套配筋进行设计。预制构件在生产、运输与装配过程中需要用到大量预埋件以支持构件起吊与连接，而设计方案中常有其他建筑构件或设备穿过或嵌入预制构件，因此预留预埋设计必不可少。

3. 其他设计

其他设计主要包括预制构件模板设计，饰面砖排布图设计、安装平面布置设计等与预制构件间接相关内容的设计。

6.1.2 生产方案的确定

生产方案设计是指深化设计子阶段之后，考虑生产工艺、经济指标等因素及施工单位的要求，为预制构件生产任务确定具体实施方案的过程，工作内容主要包括流水线设计、生产计划、库存规划。

1. 流水线设计

首次生产前，市场分析之后，需要依据生产工艺要求，对预制构件的流水线进行设计。合理的流水线设计有利于缩短物料运输距离，避免运输路线交叉，优化设备与人员配备情况，达到提高生产效率的目的。流水线设计主要包括产能规划、设备选型、工厂规划、人员配置等。

2. 生产计划

正式投产之前需要依据交付计划编制预制构件生产计划，主要包括预制构件生产进度计划和生产资源利用计划。预制构件按订货类型可以分为按库存生产（Make To Stock，MTS）类型（例如标准化门窗、瓷砖等）与 ETO 类型（例如外挂墙板等）。MTS 生产类型构件编制生产计划主要依据是根据市场需求编制的产能规划；ETO 生产类型构件编制生产计划主要依据是符合施工进度要求的客户交货要求。合理的生产计划应在满足建设项目施工计划的前提下权衡生产效率与库存成本，实现效益最大化。

3. 库存规划

预制构件通常具有较大的质量及体积，需要对其库存堆放行进合理的规划，以便于预制构件定位及存取。库存规划主要内容包括物资出入库计划、物资保管计划、物料及设备维护计划等。

6.1.3 生产方案的执行

生产方案执行是指生产方依据预制构件设计方案及生产方案，进行预制构件生产并管理的过程。其工作内容主要包括构件生产与生产管理。

1. 构件生产

构件生产是指按照预制构件设计方案及生产方案实际进行构件生产的过程主要包括支模、钢筋及预埋件安置、浇筑、养护、拆模等工序。

2. 生产管理

生产管理是指对预制构件生产过程中进度、质量、安全等方面进行管理。

6.1.4 库存与交付

由于预制构件堆放场地较大，库存货物数量较多，应采取合理的方法进行库存定位及出入库与交付管理，避免存取货物发生混乱，提高库存管理的效率，降低管理成本。例如，斜拉桥预制边梁上预埋有锚索用于与索塔上的斜拉锁连接，随着边梁与索塔间距的不同，预埋锚索与梁表面所成的角度也有差异，然而这些差异人工难以发现，如果没有妥善的标记与管理方法，在交付和安装的过程中容易出现错误，需要返工，造成了浪费。

1. 库存管理

库存管理是指对已产出但尚未交付的成品构件进行存储、养护管理。

2. 交付管理

预制构件交付责任方由生产方与施工方交涉决定，通常由生产方负责。由于预制构件体积和质量较大，运输时需要使用特制的车辆与堆放架。

6.2 BIM 技术在生产各阶段的应用

6.2.1 深化设计阶段

预制构件（PC 构件）经过设计院设计后，进入工厂生产阶段也可借助 BIM 技术实现由设计模型向预制构件加工模型的转变，为构件加工生产进行材料的准备。在构件加工过程中实现构件生产场地的模拟并对接数控加工设备实现构件自动化和数字化的加工。在构件生产后期管理与运输过程中，围绕 BIM 平台和物联网技术实现信息化与工业化的深度融合。BIM 技术在 PC 工业化生产阶段的应用，有利于材料设备的有效控制，有利于加工场地的合理利用，提高工厂自动化生产水平，提升生产构件质量，加快工作效率，方便构件生产管理。

1. 预制构件加工模型

装配式模型经过构件拆分，然后细化到每个构件加工模型，涉及的工作量大而繁琐。因此，在构件加工阶段需对预制构件深化设计单位提供的包含完整设计信息的预制构件信息模型进一步深化，并添加生产、加工与运输所需的必要信息，如生产顺序、生产工艺、生产时间、临时堆场位置等，形成预制构件加工信息模型。从而完成模具设计与制作、材料采购准备、模具安装、钢筋下料、埋件定位、构件生产、编码及装车运输等工作。

基于 BIM 信息化管理平台（如 BIM 5D 云平台，EBIM-现场 BIM 数据协同管理平台等），设计人员将设计成果上传到平台中，生产管理人员通过平台获取设计后的成果，包括构件模型、设计图、表格、文件等，对模型信息进行提取与更新，借助 BIM 模型和云平台实现由设计到构件加工的信息传递。

2. 预制构件模具设计

另外，模具设计加工单位可以基于构件的 BIM 模型对预制构件的模具进行数字化的设计，即在已建好的构件 BIM 模型的基础上对其外围进行构件模具的设计。构件模具模型对构件的外观质量起着非常重要的作用，构件模具的精细程度决定了构件生产的精细程度，构件生产的精细程度又决定了构件安装的准确度和可行性。借助 BIM 技术，一方面可以利用已建好的预制构件 BIM 提供构件模具设计所需要的三维几何数据以及相关辅助数据，实现模具设计的自动化；另一方面，利用相关的 BIM 模拟软件对模具拆装顺序的合理性进行模拟，并结合预制构件的自动化生产线，实现拼模的自动化。当模具尺寸数据或拼装顺序发生变化时，模具设计人员只需修改相关数据，并对模型进行实时更新、调整，对模具实行进一步优化来满足构件生产的需要，从源头上解决构件的精细度问题。

3. 预制构件材料准备

基于 BIM 模型和 BIM 云平台，提取结构模型中各个构件的参数，利用 BIM 云平台及模型内的自动统计构件明细表的功能，对不同构件进行统计，确定工厂生产和现场装配所需的材料报表。在材料的具体用量上，根据深化设计后的构件加工详图确定钢筋的种类、工程量，混凝土的强度等级、用量，模具的大小、尺寸、材质，预埋件、设备管线的数量、种类、规格等。亦可通过 BIM 技术对构件生产阶段的人力、材料、设备等的需求量进行模拟，并根据这些数据信息确定物质和材料的需求计划，并进一步确定材料采购计划。在此基础上，进一步制定成本控制目标，对生产加工的成本进行精细化的管控。由 BIM 平台提取的数据可供管理人员用于分析构件材料的采购与存储计划，提供给材料供应单位，也可用作构件信息的数据复核，并根据构件生产的实际情况，向设计单位进行构件信息的反馈，实现设计方和构件生产方、材料供应方之间信息的无缝对接，提高构件生产信息化程度。

6.2.2 生产方案的确定阶段

BIM 技术在流水线设计、生产计划编制和库存规划方面都有应用潜力：

1）设计流水线时可以直接从深化设计 BIM 模型中提取待生产构件的相关信息用于设计或者设计结果模拟，可避免二次信息输入。但由于实际生产过程中一条流水线往往只生产几类构件，而且设计流水线时所需构件信息也只有几何信息等有限信息，因此目前的相关研究通常是通过构件信息直接输入来完成设计流水线时产品信息导入的。

2）生产计划编制时，可以直接从深化设计得到的 BIM 模型中提取准确的构件信息，用于生产过程各工序耗时估计，比传统方法更为高效和精确。

3）BIM 模型中不但包括构件信息还可包括场地信息，可以利用 BIM 技术进行库存规划。建立直观的 3D 库存规划 BIM 模型，一方面与传统的 2D 图相比，能更为直观地展示库存规划方案，另一方面也便于直接提取场地和产品信息，可进行更精确的货物存取模拟。

1. 典型构件工业化加工设备与工艺选择

目前，PC 构件的加工，涉及的工业化加工设备种类主要有混凝土搅拌、运输、布料、振捣、蒸养设备，钢筋加工设备，构件模具等其他设备。而涉及的工艺流程主要有固定台座法、半自动流水线法、高自动流水线法。对于不同类型的预制构件需要结合不同的工艺流程和设备来完成构件的加工。

（1）模台要求

工业化 PC 构件加工用模台宜选用 10mm 厚的整块钢板作为模台面板，模台的长度和宽度需要根据构件尺寸来定制，平整度要求较高。模台需配备自动化清扫设备，用于预制构件拆模后清除模板表面的混凝土等杂物，其清扫宽度可根据模具尺寸进行调整。通过 BIM 技术开展构件场地仿真模拟，调整模台尺寸、规格使其符合场地要求。

（2）混凝土供应设备选择

PC 结构的混凝土供应设备应包括混凝土搅拌机、输送机、布料机等设备。PC 结构的混凝土要求具有较高的和易性和匀质性，较稳定的坍落度，因此选择混凝土搅拌主机型式时要满足 PC 混凝土的特性，如选用双卧轴式搅拌机。通过 BIM 技术模拟混凝土供应设备的行走路线使其符合场地规划要求，通过 BIM 技术仿真混凝土供应输送量，保证工艺流程的完整性和连续性，混凝土搅拌好后将其从混凝土搅拌站输送到混凝土布料机，输送的过程中通过操控室和操控平台操作控制在特定的轨道上行走。然后通过操作台或遥控控制均匀定量地将混凝土浇筑在构件模型里。

（3）钢筋加工设备选择

钢筋是 PC 构件的重要受力材料，PC 建筑的工业化程度的高低很大程度上取决于钢筋加工的机械化水平。通过 BIM 技术仿真钢筋加工过程保证后续钢筋工程等相关工作的完整性与连续性，减少窝工、材料堆放不合理等不利于施工组织的现象发生。钢筋加工设备主要包括钢筋调直与切断设备、自动弯箍与弯曲设备、钢筋电焊与焊网设备等。

（4）其他功能性设备选择

PC 构件工厂需配备与生产线上轨道输送线、控制系统一起操作的模台平移摆渡设备，用于模台工位之间的随时移动。PC 构件主材投料过程及完成投料后，需要将模具中的混凝土刮平使其表面平整，并将构件振实成型，因此需配备规格合理的赶平及振动设备。该过程全部工艺流程均通过 BIM 技术相关软件来实现，工艺模拟的精细化程度涉及部分 PC 构件混凝土静养初凝后表面进行的拉毛处理，保证构件粗糙面与后浇部分的混凝土黏结性能良好。

（5）构件养护与厂内运送设备

构件养护区配备蒸养窑，养护过程由养护窑温度控制系统控制窑内的温度、湿度，通过升温、恒温、降温的过程完成构件的蒸养。而振捣成型的混凝土构件输送到蒸养窑，养护后的预制构件从蒸养窑运送到生产线，构件脱模位置需配备码垛机。生产流程后期构件脱模后需配备将构件从平躺状态侧翻成竖立状态便于吊装运输的侧翻设备，侧翻后的构件通过配置自动电缆收放系统的运输机从生产车间运输到堆场。厂内运输的所有设备均通过 BIM 技术仿真模拟，包括设备的摆放、构件生产后的设备行走路径与设备协调、构件移动与堆放等。

2. 主要生产工艺模拟与分析

目前 PC 构件的生产加工工艺大部分采用的是半自动流水线生产，也可以选择传统固定台座法或高自动流水线法。生产工艺的选择首先通过 BIM 技术开展工艺流程模拟，以 4D 的形式展示生产过程及构件生产线上可能出现的技术缺陷，通过 4D 会议的方式解决遇到的问题，从而选择适合项目的最优生产工艺。

固定台座法是在构件的整个生产过程中，模台保持固定不动，工人和设备围绕模台工作，构件的成型、养护、脱模等生产过程都在台座上进行。固定台座法可以生产异型构件，适应性好，比较灵活，设备成本低，管理简单，但是机械化程度低，消耗人工较多，工作效率低下。适用于构件比较复杂，有一定的造型要求的外墙板、阳台板、楼梯等。

而采用半自动流水线法生产，整个生产过程中，生产车间按照生产工艺的要求划分工段，每个工段配备专业设备和人员，人员、设备不动，模台绕生产工段线路循环运行，构件的成型、养护、脱模等生产过程分别在不同的工段完成。半自动流水线法，设备初期投入成本高，机械化程度高，工作效率高，可以生产多品种的预制构件如内墙板、叠合板等。

高自动流水线法与半自动流水线法类似，自动化程度更高，设备人员更加专业，构件生产的整个过程为一个封闭的循环线路，目前国内运用较少，国外发达国家在构件生产方面应用较多。

6.2.3 生产方案的执行阶段

通过与 ERP 与 PDA 技术结合，BIM 技术也可以用于构件生产与质检管理。构件生产和质量检测都需要利用构件深化设计信息，可以直接通过移动终端获取构件的 BIM 模型信息，并反馈生产状态和质检结果，有利于解决目前生产现场对纸质化构件加工图的依赖，提高生产效率。

1. 构件加工

目前，借助 BIM 技术，辅助预制构件生产加工的方式主要有两种，一种是将预制构件 BIM 加工模型与工厂加工生产信息化管理系统进行对接，实现构件生产加工的数字化与自动化；另一种，便是借助 BIM 技术的模拟性、优化性和可出图性，对构件、模具设计数据进行优化后，导出预制构件深化设计后的加工图及构件钢筋、预埋件等材料明细表，以供技术操作人员按图加工构件。

（1）BIM 模型对接数控加工设备

在 PC 构件的工厂生产加工阶段，传统的生产方式是操作人员根据设计好的二维图将构件加工的数据输入加工设备，这种方式，一方面，由于工人自身的业务能力会出现图理解不够透彻，导致数据偏差问题；另一方面，一套 PC 建筑所涉及的构件种类数量、材料等信息量较大，人工录入不但效率低下，而且在录入的过程中难免会出现误差。而在构件生产加工阶段，可以充分利用 BIM 模型实现构件数字化和自动化的制造。利用 Revit、PKPM- PC、Tekla Structures 等软件建立的三维模型与工厂加工生产信息化管理系统进行对接，将 BIM 的信息导入数控加工设备，对信息进行识别。尤其可以实现钢筋加工的自动化，把 BIM 模型中所获得的钢筋数据信息输出到钢筋加工数控机床的控制数据，进行钢筋自动分类、机械化加工，实现钢筋的自动裁剪和弯折加工，并利用软件实现钢筋用料的最优化。另外，在条件允许的情况下，将 BIM 建模与构件生产自动化流水线的生产设备对接，利用 BIM 模型中提取的构件加工信息，实现 PC 构件生产的自动画线定位、模具摆放、自动布筋、预埋件固定、混凝土自动布料、振捣找平等。数据信息的传递实现无纸化加工、电子交付，减少人工二次录入带来的错误，提高工作效率。

（2）BIM 模型导出构件加工详图

在没有条件实现 BIM 模型对接数控加工设备的情况下，基于预制构件加工信息模型，可以将模型数据导出，进行编号标注，自动生成完整的构件加工详图，包括构件模型图、构件配筋图以及根据加工需要生成的构件不同视角的详图和配件表等。借助 BIM 平台实现模型与图纸的联动更新，保证模型与图纸的一致性，加工图可由预制构件加工模型直接发布成 DWG 图，减少错误，提高不同参与方之间的协同效率。

工人在构件加工的过程中应用深化设计后生成的构件加工详图（包括构件模型图、构件配筋图、构件模具图、预埋件详图等）和构件材料明细表等数据辅助工人识图，进行钢筋的加工、模具的安装等。利用模型的三维透视效果，对构件隐蔽部分的信息进行展示，对钢筋进行定位，确定预埋件、水电管线、预留孔洞的尺寸、位置，有效展示构件的内部结构，便于指导构件的生产。避免由于技术人员自身的理解能力和识图能力问题造成构件加工的误差，提高构件生产的精细度。

2. 构件生产管理

在构件的生产管理阶段，将预制构件加工信息模型的信息导出规定格式的数据文件，输入工厂的生产管理信息系统，指导安排生产作业计划。借助 BIM 模型与 BIM 数据协同管理平台结合物联网技术在构件生产阶段在构件内部植入 RFID 芯片，该芯片作为构件的唯一标识码，通过不断搜集整理构件信息将其上传到构件 BIM 模型及 BIM 云平台中，记录构件从设计、生产、堆放、运输、吊装到后期的运营维护的所有信息。在 BIM 云平台打印生成构件二维码，并将其粘贴在构件上，通过手机端扫描二维码掌握构件目前的状态信息。这些信息包含构件的名称、生产日期、安装位置编号、进场时间、验收人员、安装时间、安装人员等。无论是管理人员，还是构件安装人员都可以通过扫描二维码的方式对构件的信息进行从工厂生产到施工现场的全过程跟踪、管理，同时通过云平台在模型中定位构件，用来指导后续构件的吊装、安放等。利用 BIM 云平台 + 物联网技术对构件进行生产管理，能够实时显示构件当前状态，便于工厂管理人员对构件物料的管理与控制，缩短构件检查验收的程序，提高工作效率。

基于 BIM 的信息化管理平台生产管理人员将生产计划表导入 BIM 云平台，根据构件实际生产情况对平台中的构件数据进行实时更新，分析生成构件的生产状态表和存储量表，根据生产计划表和存储量表对构件材料的采购进行合理安排，避免出现材料的浪费和构件生产存储过多出现场地空间的不足问题。

其中比较有代表性的某公司装配式智慧工厂信息化管理平台，集成了信息化、BIM、物联网、云计算和大数据技术，面向多装配式项目、多构件工厂，针对装配式项目全生命周期和构件工厂全生产流程进行管理，目前主要包括如下几个管理模块：企业基础信息（企）、工厂管理、项目管理、合同管理（企）、生产管理、专用模具管理、半成品管理、质量管理、成品管理、物流管理、施工管理、原材料管理。平台主要有如下功能和特点：

（1）实现设计信息和生产信息的共享

平台可接收来自 PKPM-PC 装配式建筑设计软件的设计数据：项目构件库、构件信息、图纸信息、钢筋信息、预埋件信息、构件模型等，实现无缝对接。平台和生产线或者生产设备的计算机辅助制造系统进行集成，不仅能从设计软件直接接收数据，而且能够将生产管理系统的所有数据传送给生产线或者某个具体生产设备，使得设计信息通过生产系统与加工设备信息共享，实现设计、加工生产一体化，无需构件信息的重复录入，避免人为操作失误。更重要的是，将生产加工任务按需下发到指定的加工设备的操作台或者 PLC 中，并能根据设备的实际生产情况对管理平台进行反馈统计，这样能够将构件的生产领料信息通过生产加工任务和具体项目及操作班组关联起来，从而加强基于项目和班组的核算，例如废料过多、浪费高于平均值给予惩罚，低于平均值给予奖励，从而提升精细化管理，节约工厂成本。

生产设备分为钢筋生产设备和 PC 生产设备两大类。管理平台已经内置多个设备的数据接口，并且在不断增加，同时考虑到生产设备本身的升级导致接口版本的变更，所以增加“设备接口池”管理，在设备升级时，接口通过系统后台简单的配置就能自动升级。

（2）实现物资的高效管理

平台接收构件设计信息，自动汇总生成构件。

BOM（Bill Of Material，物料清单），从而得出物资需求计划，然后结合物资当前库存和构件月生产计划，编制材料请购单，采购订单从请购单中选择材料进行采购，根据采购订单入库。材料入库后开始进入物资管理的一个核心环节——出入库管理。物资出入库管理包括物资的入库、出库、退供、退库、盘点、调拨等业务，同时各类不同物资的出入库处理流程和核算方式不同，需要分开处理。物资出入库业务和仓库的库房库位信息进行集成，不同类型的物资和不同的仓库关联，包括原材料仓库、地材仓库、周转材料仓库、半成品仓库等。物资按项目、用途出库，系统能够实时对库存数据进行统计分析。

物资管理还提供了强大的报告报表和预告预警功能。系统能够动态实时生成材料的收发存明细账、入库台账、出库台账、库存台账和收发存总账等。系统还可以按照每种材料设定最低库存量，低于库存底线自动预警，实时显示库存信息，通过库存信息为采购部门提供依据，保证了日常生产原材料的正常供应，同时避免因原材料的库存数量过多积压企业流动资金，提高企业经济效益。

（3）实现构件信息的全流程查询与追踪

平台贯穿设计、生产、物流、装配四个环节，以 PC 构件全生命周期为主线，打通了装配式建筑各产业链环节的壁垒。基于 BIM 的预制装配式建筑全流程集成应用体系，集成 PDA、RFID 及各种感应器等物联网技术，实现了对构件的高效追踪与管理。通过平台，可在设计环节与 BIM 系统形成数据交互，提高数据使用率；对 PC 构件的生产进度、质量和成本进行精准控制，保障构件高质高效地生产，实现构件出入库的精准跟踪和统计；在构件运输过程中，通过物联网技术和 GPS 进行跟踪、监控，规避运输风险；在施工现场，实时获取、监控装配进度。

6.2.4　库存与交付阶段

在生产运输规划中需要考虑几个方面的问题：

1）住宅工业化的建造过程中，现场湿作业减少，主要采用预制构件，由于工程的实际需要，一些尺寸巨大的预制构件往往受到当地的法规或实际情况的限制，需要根据构件的大小以及精密程度，规划运输车次，做好周密的计划安排。

2）在制定构件的运输路线时，应该充分考虑构件存放的位置以及车辆的进出路线。

3）根据施工顺序编制构件生产运输计划，实现构件在施工现场零积压。

要解决以上几个问题，就需要 BIM 信息控制系统与 ERP 进行联动，实现信息共享。利用 RFID 技术根据现场的实际施工进度，自动将信息反馈给 ERP 系统，以便管理人员能够及时做好准备工作，了解自己的库存能力，并且实时反映到系统中，提前完成堆放等作业。在运输过程中，需要借助 BIM 技术相关软件根据实际环境进行模拟装载运输，以减少实际装载过程中出现的问题。

在该阶段目前主要是利用 BIM 建模进行构件交付完成情况的展示。部分学者针对预制构件采购中供应链管理效率低下，纸质化信息不及时等问题，开发了建筑供应链管理系统，可以直接利用 BIM 的构件信息通过网络寻找预制构件供应商，并利用 BIM 与地理信息系统（Geographic Information System，GIS）技术实现订单完成进度的实时展示。

6.3 基于 BIM 技术的构件生产关键技术

6.3.1 物联网技术

物联网（Internet Of Things）的概念是在 1999 年首次提出的，它是指将安装在各种物体上的传感器、RFID Tag 电子标签、二维码标签和全球定位系统通过与无线网络相连接，赋予物体电子信息，再通过相应的识别装置，以实现对物体的自动识别和追踪管理。物联网最鲜明的特征是：全面感知、可靠传递和智能处理。相应的，其技术体系包括感知层技术、网络层技术、应用层技术。物联网可以广泛地应用于产品生产管理的方方面面，如物料追踪、工业与自动化控制、信息管理和安全监控等，运用在工程项目的物料追踪中可大大提高现场信息的采集速度。

（1）二维码技术

二维码（QR-code）是按一定规律使用二维方向上分布的黑白相间的图形来记录数据信息的符号，相比于传统的一维条码技术，它具有信息容量大、抗损能力强、编码范围广、译码可靠性高、成本低、制作简单等优点，能够存储字符、数字、声音和图像等信息。二维码的应用主要包括两种：一种是二维码可以作为数据载体，本身存储大量数据信息；另一种是将二维码作为链接，成为数据库的入口。二维码的生成很简单，对印刷要求不高，打印机即可直接打印。随着移动互联网的兴起，各种移动终端即可对二维码进行扫描识别，进行电子信息的传递，大大提高了信息的传递速度。在工程项目中，通过相关软件生成构件的二维码，并粘贴到构件表面，现场工作人员可直接扫描构件二维码来读取构件的信息并在移动终端上完成相关操作，实现信息的及时录入和读取，改变了传统的工作方式。

二维码技术是 BIM 信息管理平台中的重要应用技术之一，二维码能与构件一一对应，是连接现实与模型的媒介。通过移动终端扫描二维码可以定位构件模型，各参与方管理人员要能清楚地查询和更新与构件有关的基本属性、扩展属性、构件状态和相关任务。

1）基本属性应包括构件的名称、ID、类别、楼层、位置、尺寸、质量、钢筋数量及规格、预埋件种类及个数、材质等。

2）扩展属性应包括构件生产到过程信息的构件厂商、生产人员、堆放区、出厂日期、运输方、运输车车牌、驾驶员姓名、进场时间、施工单位、施工班组、施工日期、检验人员、相关表单和资料附件等。

3）构件状态应能反映构件从发送订单、生产、堆放到运输和吊装验收全过程的跟踪记录，包括构件状态、跟踪时间、跟踪人员、跟踪位置和相关照片等，实现全过程的可追溯。

4）相关任务应包括构件所属的任务名称、工期、计划开始、计划完成、实际开始、实际完成、责任人、相关人等。

（2）RFID 技术

RFID（Radio Frequency Identification，无线射频识别）是一种非接触式的自动识别技术，通过与互联网技术相结合，无须人工干预即可完成对目标对象的识别，并获取相关数据，从而实现对目标物体的跟踪和信息管理，它具有穿透性、环境适应能力强和操作快捷方便等优势。该技术自 20 世纪 80 年代之后呈现出高速发展势头，逐渐成为目前应用最为广泛的一种非可视接触式的自动识别技术。早在二战时期，RFID 的技术原理就已明确。基于无线电数据技术的侦察技术成为识别敌我双方飞机、军舰等军事单位的有效工具。但是由于其较高的使用成本，使得该项技术在二战结束之后未能走入民用领域，仅在军事领域得到了重要应用。直至 20 世纪 80 年代，在电子信息技术与芯片技术创新发展的推动下，RFID 技术逐渐走入民用领域，并在技术进步的支持下迅速成为各个领域最为重要的识别技术之一，极大地提升了各个领域的自动化识别与管理水平。目前典型应用有货物运输管理、门禁管制和生产自动化等。RFID 的应用体系基本上是由三部分组成。电子标签（RFID Tag）：由芯片和耦合元件构成，电子标签上可进行信息的直接打印，附着在目标物体上进行标识，是射频识别系统的数据载体，同时每一个标签具有唯一的编码，可以实现标签与物体的一一对应。标签按是否自带能量可分为无源标签和有源标签，前者不用电池，从阅读器发出的微波信号中获取能量，后者自带能量供电；按工作频率分可分为低频、高频和超高频。读写器（Reader）：用于读取和写入标签信息的设备，一般可分为手持式和固定式，主要任务是实现对标签信息的识别和传递。天线（Antenna）：标签和阅读器间传递数据的发射/接收装置，我国现有读写器在选择不同天线的情况下，读取距离可达上百米，可以对多个标签进行同时识别。RFID 技术的基本原理是阅读器通过天线发出一定频率的射频信号，当标签进入天线辐射场时，产生感应电流从而获得能量，发出自身编码所包含的信息，阅读器读取并解码后发送至计算机主机中的应用程序进行有关处理。

6.3.2 GIS 技术

GIS 是在计算机硬件系统与软件系统支持下，以采集、存储、管理、检索、分析和描述空间物体的定位分布及与之相关的属性数据，并回答用户问题等为主要任务的计算机系统，是一门综合性的新兴学科，其涉及的技术囊括了计算机科学、地理学、测绘学、环境科学、城市科学、空间科学、信息科学和管理科学等学科，并且已经渗透到了国民经济的各行各业，形成了庞大的产业链，与人们的生活息息相关。

从 20 世纪 90 年代的科学与技术发展的潮流和趋势看，应从三个方面来审视地理信息系统的含义。首先，地理信息系统本质上是一种计算机信息技术，管理信息系统是它应用的一个方面。其次，地理信息系统的基本特点是对空间数据的采集、处理与存储，强大的空间分析能力可以帮助人们分析一些解决不了的难题，这就使得其成为一种强有力的辅助工具。最后，地理信息系统是人的思想的延伸。地理信息系统的思维方式与传统的直线式思维方式有很大的不同，人们能从极大的范围关注到与地理现象有关的周围的一些现象变化及这些变化对本体所造成的影响。地理信息系统是与地理位置相关的信息系统，因此它具有信息系统的各种特点：

（1）具有空间性

GIS 技术的基础是空间数据库技术，其空间数据分析技术也是建立在这个基础上的。所有的地理要素，只有按照特定的坐标系统的空间定位，才能使具有地域性、多维性、时序性特征的空间要素进行分解和归并，将隐藏信息提取出来，形成时间和空间上连续分布的综合信息基础，支持空间问题的处理与决策。

（2）具有时间性和动态性

地理要素时刻处于变化之中，为了真实地反映地理要素的真正形态，GIS 也需要根据这些变化依时间序列延续，及时更新、存储和转换数据，通过多层次数据分析为决策部门提供支持。这就使其获得了时间意义。

（3）能够分析处理空间数据

GIS 最不同于其他信息系统的地方在于其强大的空间数据分析功能，计算机系统的支持能使地理信息系统精确、快速、综合地对复杂的地理系统进行过程动态分析和空间定位，并对多信息源的统计数据和空间数据进行一定的归并分类、量化分级等标准化处理，使其满足计算机数据输入和输出的要求，进而实现资源、环境和社会等因素之间的对比和相关分析。

（4）可视化的处理过程

GIS 的信息可以分为图形元素和属性信息两个部分，通过一定的技术可以把空间要素以图形元素的形式清晰地展现在计算机上，并关联上一定的属性信息，使用户得到一个易于理解的可视化图层文件。

6.3.3 基于云技术的 BIM 协同平台

基于云技术的 BIM 协同设计平台是指将云计算中的理念和技术应用到 BIM 中，云端的服务器采用分布式的非关系型数据库，将建设工程项目的海量数据存储在云端，数据交换基于但不局限于当下通用的 IFC 标准格式。同时，在客户端搭建一个面向建设工程项目全生命周期的协同设计平台，该平台能够为分布于不同时间和地点的用户提供云端服务，使得与项目相关的各方人员能在同一平台上工作，实现了各个项目参与方之间的协同工作，增强了项目参与方之间的沟通与信息交流，提高了工作效率，也促进了建筑业的现代化与信息化。云计算在 BIM 协同设计平台中的应用起步不久，但是其巨大的潜力已被认可。首先，建设工程项目的全生命周期统领在一个协同平台下，有助于打破不同项目进程之间的堡垒，保证项目的完整性；其次，对各专业设计者而言，基于云技术的协同设计平台，有助于他们完成整个设计流程，设计变更的成本降低、效率大幅提升；再者，使用云为基础的项目服务可以通过扩展来降低硬件成本和总成本，这是业主乐于看到的；最后，各个 BIM 软件供应商们可以创建新的工具和云部署的系统，来吸引更为广泛的用户群。

1. 协同平台基本构架

基于云技术的 BIM 协同设计平台将建设工程的海量设计资料、设计信息存储在云端，云端的服务器采用分布式非关系型数据库，通过数据切分、数据复制等技术手段保证项目数据的完整性、安全性，同时保证数据的传输速率；客户端的用户可以接入云端，使用在云端服务器上的各种 BIM 软件，通过协同平台的模块功能进行三维协同设计、信息交互等一系列活动，设计成果如 BIM 模型和设计图等信息也存储在云端数据库中，其他获得权限的设计人员可以随时访问服务器并获得相应数据信息。由于云端的服务器为客户端提供了进行协同设计的软件环境、计算能力和存储能力，从而降低了客户端计算机的硬件成本，即降低了协同设计的成本。云端的服务器可以根据建设工程项目的大小进行调整，来迎合不同客户的需求。总体来讲，其数据库可以分为三层，数据获取和流量控制层、数据上传和提取层以及数据存储层。客户端即 BIM 协同设计平台的功能模块可分为七个：BIM 模块、任务及时间进度管理模块、安全及权限管理模块、冲突检测和设计变更模块、法律条规检测模块、知识管理模块以及基于 BIM 模型的拓展功能分析模块。在协同设计平台中，BIM 模型模块、任务及时间进度管理模块和安全及权限管理模块这三个模块是整个协同平台的功能基础，冲突检测和设计变更模块、法律条规检测模块通过这三个基础模块得以实现，为提升协同化设计的质量服务，知识管理模块贯穿整个协同设计过程。另外，鉴于部分 BIM 软件如 Revit 提供 API 接口，所以设置基于 BIM 模型的拓展功能分析模块，可以给 BIM 模型提供光照分析、能量分析和造价概算等。

2. 4D BIM

通常将时间属性视为除了 3D（x，y，z）环境之外的第四维度，即 4D（t，x，y，z）环境。4D BIM 将施工进度计划与 3D BIM 模型相结合，以视觉方式模拟项目的施工过程，通过将每个构件与其对应的时间信息相连接的方式实现施工的动态化管理。施工模拟使业主和利益相关者能够在项目开始之前对现场施工情况在三维的环境中进行观察，这可以帮助他们做出更好的决策并制定更有利可图的财务计划。这种动态模拟能够帮助发现施工过程中可能发生的冲突和设计中的错误，如现场材料布局冲突、资源配置冲突和一些进度计划中的逻辑错误。施工活动具有严格的逻辑顺序，这意味着一些工作只能在其他工作完成后开始，任何进度计划表中的逻辑错误都可能导致整个项目的财务损失和延迟。在开始工作之前检查进度计划的合理性很重要，这正是 4D 模拟可以帮助实现的。与传统的二维方法相比，以可视化方式审查施工计划并与其他参与者进行沟通比较容易。可以通过 4D 工具生成动画视频，展示项目的整个生产过程，它使承包商和现场施工人员更好地了解他们的工作应该于何时何地开始和完成。4D 模型也可用于分析与结构和现场问题相关的安全问题，对结构进行施工过程中实时的受力计算来评估施工风险。一些施工中搭建的临时结构如脚手架和围栏等也可以在模拟过程中进行统计和分析，这有助于施工管理人员监控现场。4D 进度管理可以运用在项目的所有阶段。在预构建阶段，使用 4D 模拟来检测进度计划或设计中的错误，有助于减少冲突。在施工期间，进度信息应由相关人员及时更新，之后利用 4D 工具进行计划施工进度与实际施工进度的比较，项目经理应该意识到滞后或提前工期的后果，对工作计划进行及时调整。

LOD 的规定在 4D 模拟中扮演重要角色，模型达到的精细程度越高，施工模拟的可靠性及精度越高。项目所有者及项目经理应该考虑投资和回报之间的关系，慎重决定模型应该实现的 LOD 等级。建筑行业已经意识到将进度计划与 BIM 模型结合在一起的优势，越来越多的 4D 工具相继被开发利用来满足施工模拟的需求。

思 考 题

1. 预制构件生产流程是怎样的？
2. 在生产方案的执行阶段 BIM 技术如何运用于构件生产？
3. 生产阶段 BIM 应用的关键技术有哪些？

本章参考文献

[1] 杨之恬. 钢筋混凝土预制构件多流水线生产过程优化管理系统研究［D］. 北京：清华大学，2017.

[2] BABIČ N Č，PODBREZNIK P，REBOLJ D. Integrating resource production and construction using BIM［J］. Automation in Construction，2010，19（5）：539-543.

[3] 熊诚. BIM技术在PC住宅产业化中的应用 [J]. 住宅产业, 2012 (6): 17-20.
[4] YIN S Y L, TSERNG H P, WANG J C, et al. Developing a precast production management system using RFID technology [J]. Automation in Construction, 2009, 18 (5): 677-691.
[5] 华一新, 吴升, 赵军喜. 地理信息系统原理与技术 [M]. 北京: 解放军出版社, 2001.
[6] 胡钢. 高速公路路产管理信息系统的研究与实现 [D]. 上海: 华东师范大学, 2006.
[7] 叶平. 基于CPM的甘特图应用研究 [D]. 杭州: 浙江工业大学, 2012.
[8] 侯庆平. GIS在高速公路管理系统中的应用研究 [D]. 长沙: 湖南大学, 2001.

第 7 章 BIM技术在项目施工阶段中的应用

7.1 BIM 技术对项目施工阶段应用的必要性

当前，施工阶段的 BIM 应用主要是通过专业团队完成 BIM 建模，通过 IFC 文件或特定文件格式将 BIM 模型的数据导入施工应用软件，协助施工单位完成施工深化设计、施工模拟、碰撞检查等，利用基于 BIM 技术的实时沟通方式能够实现施工阶段的信息共享。

在施工项目管理方面，BIM 技术实现了工程施工的信息化管理，提高了施工效率，降低了施工成本，缩短了施工进度，对施工项目管理具有重要意义。

BIM 技术不但有利于施工阶段的技术提升，还完善了施工阶段管理水平，提升了施工项目的综合效益。

7.2 施工阶段的 BIM 工具

针对工程项目的施工阶段，国内外常用的 BIM 软件主要是 RIB 系列、Autodesk Navisworks、Innovaya BIM、Bentley Navigator、Solibri Model Checker、鲁班 BIM、广联达 BIM、斯维尔 BIM 等。

1. RIB（德国 RIB 建筑软件有限公司）

RIB 是德国的大型建筑软件供应商，其主要产品有 RIB iTWO，RIB TEC（Structural Engineering Software）和 RIB STRAITS。

在建筑行业应用最广泛的是 RIB iTWO，RIB iTWO 拥有全球领先的 5D 建筑施工全过程管理解决方案，可以导入 BIM 模型，通过在平台上集成的算量、进度、造价管理等模块，进行碰撞检测、进度管理、算量、招投标管理、合同管理、工程变更等全过程施工管理。RIB 公司在多地创建了 iTWO 五维实验室，由进度、成本、施工等各个领域的人员组成项目团队，使用 iTWO 在 5D 模型环境中进行项目协调和管理。各参与者可以随时通过移动终端查看和管理项目，还可以上传施工管理相关信息，所有信息更新及时、共享方便。

RIB 的优势在于它能够实现进度、成本、虚拟施工等各项工作的高度集成，用它建立的模型信息能够重复利用，由此避免信息损失和工作重复。但是 RIB 只能导入 BIM 模型，而不能进行编辑和完善，如果 BIM 模型不完整，是无法在 RIB 中进行模型整合和完善的；而且 RIB 平台无法与 Revit 等核心建模软件双向链接，无法根据设计的更改而自动变化。另外 RIB 对结构信息的表达都是通过文字的方式，而不能够通过实体模型的方式进行展示，在结构算量方面还存在不足。

2. Autodesk Navisworks

Navisworks 也是基于 BIM 技术研发的一款软件，是 BIM 技术工作流程的核心部分。Navisworks 分为四部分，Navisworks Manage，Navisworks Simulate，Navisworks Review 和 Navisworks Freedom。Navisworks 主要用于仿真和优化工期，确定和协调冲突碰撞，团队协作以及在施工前发现潜在问题。其中 Navisworks Manage 和 Navisworks Simulate 可以将设计者的概念设计精确展现，创建准确的施工进度计划表，在项目开始前就可以将施工项目进行三维展示；Navisworks Freedom 是一款面向 NWD 和 DWFTM 文件格式的免费浏览器。在施工过程中应用最多的是 Navisworks Manage，该软件可以将模型融合、施工进度与碰撞检测等工作做到完美结合，还可以制作施工动画、漫游展示等以指导现场施工。

借助 Navisworks 软件，在三维模型中添加时间信息，进行四维施工模拟，将建筑模型与现场的设施、机械、设备、管线等信息加以整合，检查空间与空间，空间与时间之间是否冲突，以便于在施工开始之前就能够发现施工中可能出现的问题，从而提前处理；也能作为施工的可行性指导，帮助确定合理的施工方案、人员设备配置方案等。在模型中加入造价信息，可以进行 5D 模拟，实现成本控制。另外，BIM 使施工的协调管理更加便捷。信息数据共享和施工远程监控，使项目各参与方建立了信息交流平台。有了这样一个平台，各参与方沟通更为便捷、协作更为紧密、管理更为有效。

3. Innovaya

Innovaya 是最早推出 BIM 施工软件的公司之一，支持 Autodesk 公司的 BIM 设计软件，Sage Timberline 预算，Microsoft Project 及 Primavera 施工进度。Innovaya 的主要产品是 Visual Estimating 和 Visual Simulation，用于施工预算和进度管理。Innovaya Visual 5D Estimating 是一款强大的算量软件，不仅可以用于工程量计算，还可以自动将构件和预算数据库连接进行组价。Innovaya 预算数据库根据施工需要对构件进行分类，设定构件的单价，并将其编入数据库。导入 Revit 等模型后，该软件可自动进行工程量计算，并与预算数据库对接，调用相关构件单价，完成工程造价。造价的精确度与构建预算库的精细化程度紧密相关，Innovaya 精细化程度高、预算精确，可以精确到施工装配件上的石膏板、钉子等细节，而且相关信息都可以与三维构件直接链接，使用者可以很方便地查看构件单价和数量。

Innovaya Visual 4D Simulation 是 Innovaya 公司开发的进度管理软件，Visual Simulation 可以将 MS Project 或者 Primavera 活动计划与 3D BIM 模型衔接，也可以将进度计划与构件相关联，在可视化的环境下查看工程进度情况，而且进度模型可以随着进度信息的调整自动更改。

4. Bentley Navigator

Bentley Navigator 是一款虚拟施工管理软件，可用于交互信息查看、分析和补充，并提供信息交互平台，保证交互质量，还可以通过三维可视化提前发现施工中可能存在的问题，帮助避免现场施工误差带来的巨大损失。

Bentley Navigator 比 Revit 的功能更全面，平台设计建模能力强，各专业软件划分较细，分析性能好。基于ProjectWise平台的项目信息共享和协作较方便，使用流畅。但Bentley界面较复杂，操作比较难，有时还需要编程，并且软件学习成本大，教学资源少，推广滞后。此外，Bentley系列软件的管理平台与其他软件平台之间存在不匹配的现象，用户需要经常转换模型形式，操作较为繁琐。

Bentley Navigator BIM模型审查和协同工作软件利用Navigator，可以在项目的整个生命周期内更快地做出更明智的决策，并降低项目的风险。

首先，使用该软件能在三维模型中通过更加清晰可见的信息，使各方能够更加深入地了解项目的运营情况。其次，在每台设备上都能以一致的体验即时获取最新信息，从而加快项目交付，提供工地现场人员更快、更可靠的问题解决方案，增进项目协调并促进协同工作。再次，在整个项目周期使用Navigator，可以更好地促进协同工作，加快设计、施工和运营的批准速度。在设计阶段，该软件能够通过碰撞检测提供及时的问题解决方案，帮助确保业务间的协调；在施工过程中，可以执行施工模拟，并在办公室、现场和工地间进行协调，深入了解项目规划和执行情况，为在施工现场发现的问题寻找解决方案；在运营期间，可以在三维模型环境下查看资产信息，利用此功能提高检查和维护的安全性和速度。

5. Solibri Model Checker

如果说模型碰撞检查是目前BIM应用的基本需求，模型缺陷检查则是该软件一个比较有特点的功能。模型碰撞是几何空间的冲突，但其他建筑属性、逻辑关系等问题，就需要通过缺陷检查才能发现。

各专业的模型协调是一个很重要的BIM应用。Solibri Model Checker利用可自定义的规则、逻辑关系、模型缺陷、几何冲突等一系列综合手段进行分析、协调。通过不同的模型进行对照检查，实现模型版本管理。

由于目前BIM软件繁多、相应的BIM模型格式也不统一，采用国际标准IFC是目前比较可行的模型数据交互、整合的方式。Solibri Model Checker采用国际标准IFC进行数据交互，以满足各类BIM软件建立的模型可以进行整合的需求。

6. 鲁班

鲁班是国内BIM技术的倡导者，始终定位于施工阶段BIM解决方案，贯穿于施工全过程，提供算量、进度管理、碰撞检查等服务。鲁班BIM应用主要包括BIM应用套餐、BIM系统和BIM服务。

BIM应用套餐主要是将传统的鲁班算量软件与BIM对接，包括IFC导入、分区施工、输出CAD图等1~5个应用。

BIM系统主要包括成本管理、进度管理、碰撞检查、集成管理平台等，建筑、结构、安装等各专业可以通过鲁班集成平台进行协同设计，减少沟通错误，提前发现设计问题，提高设计效率，降低相关方的沟通成本，缩短工期。

BIM服务主要是根据设计模型或设计图创建施工模型，并将模型提供给鲁班BIM系统，为BIM技术的施工管理应用提供基础支撑。

鲁班有着较强的预算能力，并在此基础上开发了施工管理解决方案，但鲁班没有独立的设计软件，而且与BIM核心建模软件协同性较差，对其数据导入困难，需要重新建模。

7. 广联达

广联达作为我国建筑行业大型软件公司，在BIM领域也走在前列。广联达公司最开始是提供 BIM 咨询服务，后推出了 BIM 解决方案，并收购了机电专业软件 MagiCAD。

广联达 BIM 应用主要体现在机电设计、三维算量、基于 BIM 的结构施工图设计、三维场地布置、一致性检查、施工模拟、BIM 浏览等方面，其 BIM 软件有 BIM 5D、MagiCAD、GICD（基于 BIM 的结构施工图智能设计软件）、BIM 算量系列、BIM 浏览器、BIM 审图等。

8. 斯维尔

斯维尔广泛应用于设计院、业主方、造价咨询单位、施工单位，并提供针对各个单位的解决方案。

对于业主方，斯维尔通过成本管理系统、三维算量软件、计价软件、招标投标电子商务系统及工程管理系统为企业提供成本管理、招标投标、合同管理、竣工结算、设备管理等多项服务。

对于施工单位，斯维尔通过项目管理、材料管理、合同管理、算量、计价等软件为施工单位提供工程量计算、投标、合同管理等解决方案。

对于造价咨询单位，斯维尔提供的解决方案主要包括造价咨询管理信息系统及三维算量和计价软件。用户可以通过造价咨询管理信息系统进行成本控制、任务处理等，为企业不同部门的数据传递和共享提供统一工作平台。

7.3 项目施工阶段的构件管理

在过去许多已完成的项目施工过程中，经常会遇到这样的问题：构件种类多，运输及现场吊装容易找错构件；即使严格安排工序，也容易发生施工程序混乱的现象。事实上靠人工记录数以万计的构配件，错误必然发生。在建筑施工阶段引入 BIM 技术，可以有效化解构件管理难的问题，应用 RFID 技术，对构件进行科学管理，大大提高施工效率，缩短施工周期。

7.3.1 项目施工阶段的构件管理方法

构件在施工阶段的管理，贯穿于构件生产、运输、储存、进场、拼装的整个过程中。

1. 构件运输阶段

预制构件在工厂加工生产完成后，在运输到施工现场的过程中，需要考虑两个方面的问题，即时间与空间。首先，考虑到工程的实际情况和运输路线中的实际路况，有的预制构件可能受当地的法律法规的限制，无法及时运往施工现场。所以考虑到运输时间的问题，应根据现场的施工进度与对构件的需求情况，提前规划好运输时间。其次，由于一些预制构件尺寸巨大甚至异形，如果由于运输过程中发生意外导致构件损坏，不仅会影响施工进度，也会造成成本损失。所以考虑到运输空间的问题，应提前根据构件尺寸类型安排运输货车，规划运输车次与路线，做好周密的计划安排，实现构件在施工现场零积压（图 7-1）。

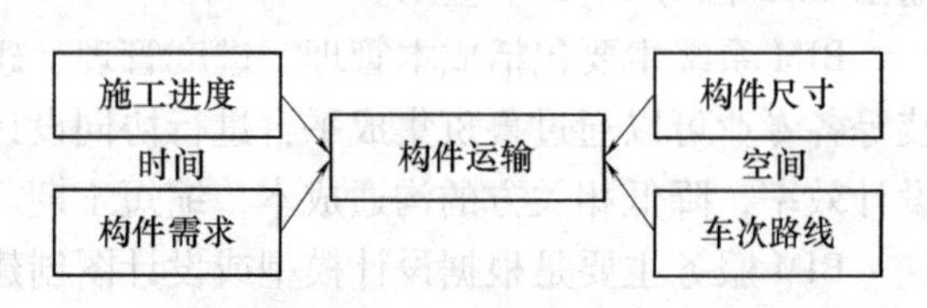

图 7-1　预制构件进度计划

要解决以上两个问题，就需要 BIM 技术的信息控制系统与构件管理系统进行结合，实现信息互通。构件管理系统的管理流程是，利用 RFID 技术，根据现场的实际施工进度，将信息反馈给构件管理系统，管理人员通过构件管理系统的信息能够及时了解进度与构件库存情况。在运输过程中，为了尽量避免实际装载过程中出现的问题或突发情况发生，可利用 BIM 技术的模拟功能对预制构件的装载运输进行预演。

2. 构件储存管理阶段

项目施工过程中，预制构件进场后的储存是个关键问题，与塔式起重机选型、运输车辆路线规划、构件堆放场地等因素有关，同时需要兼顾施工过程中的不可预见问题。施工现场的面积往往不会太大，施工现场预制构件堆放存量也不能过多，需要控制好构件进场的数量和时间。在储存及管理预制构件时，不论是对其进行分类堆放，还是出入库方面的统计，均需耗费大量的时间以及人力，很难避免差错的发生。

信息化的手段可以很好地解决这个问题。利用 BIM 技术与 RFID 技术的结合，在预制构件的生产阶段，植入 RFID 芯片，物流配送、仓储管理等相关工作人员则只需读取芯片，即可直接验收，避免了传统模式下存在的堆放位置、数量偏差等相关问题，进而令成本、时间得以节约。在预制构件的吊装、拼接过程中，通过 RFID 芯片的运用，技术人员可直接对综合信息进行获取，并在对安装设备的位置等信息进行复查后，再加以拼接、吊装，由此使得安装预制构件的效率、对吊装过程的管控能力得以提升（图 7-2、图 7-3）。

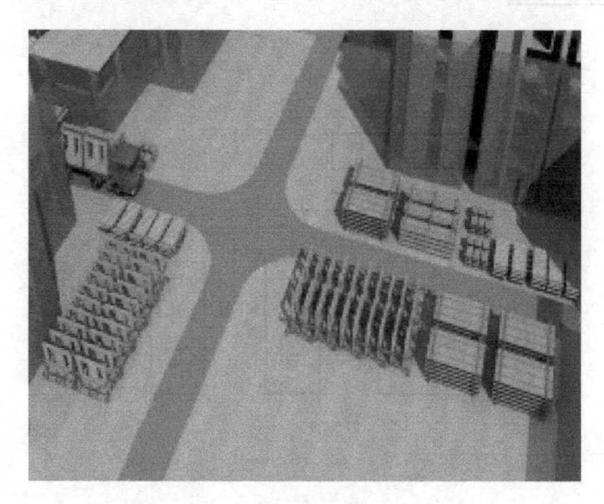

图 7-2　预制构件进场

图 7-3　预制构件的现场堆放

3. 构件布置阶段

考虑到施工区域空间有限，不合理的施工场地布置会严重影响后期的吊装过程，所以施工区域的划分非常关键。建筑施工场地的布置要点在于塔式起重机布置方案制定、预制构件存放场地规则、预制构件运输道路规划。

（1）塔式起重机布置方案制定

在施工过程中，塔式起重机作为关键施工机械，其效率如何，将对建筑整体施工效率产生影响，结合此前经验来看，因布置欠缺合理性，常常会发生二次倒运构件现象，对施工进度造成极大影响。因此，型号、装设位置选定的合理性至关重要。首先，需对其吊臂是否满足构件卸车装车等加以明确，进而明确选定的型号。其次，依据设备作业以及覆盖面的需求、与输电线之间的安全距离等，以对塔式起重机尺寸、设施等的满足作为前提，进而对现场布设的位置加以明确。在完成如上两大操作后，针对塔式起重机布设的多个方案，进行BIM 模拟、对比、分析工作，最终选择出最优方案。

(2) 预制构件存放场地规则

预制构件进入施工现场后的存放规则前文已有提及，此处需要强调的是，构件在存放场地的储备量应满足楼层施工的需求量，存放场地应结合实际情况优化利用，同时，存放场地是否会造成施工现场内交通堵塞也是必须考虑的问题。

(3) 预制构件运输道路规划

预制构件从工厂运输至施工现场后，应考虑施工现场内运输路线，判断其是否满足卸车、吊装需求，是否影响其他作业。

应用 BIM 技术可模拟施工现场，进行施工平面布置，合理选择预制构件仓库位置与塔式起重机布置方案，同时合理规划运输车辆的进出场路线。利用 BIM 技术优化施工平面布置的流程如图 7-4 所示。因此，将 BIM 技术运用于施工平面布置方面，不仅可令塔式起重机布设方案、预制构件存放场地规则、预制构件运输道路规划等得以优化，还能有效避免预制构件或其他材料的二次倒运、延长施工进度等问题，进而使得垂直运输机械具备更高的吊装效率。

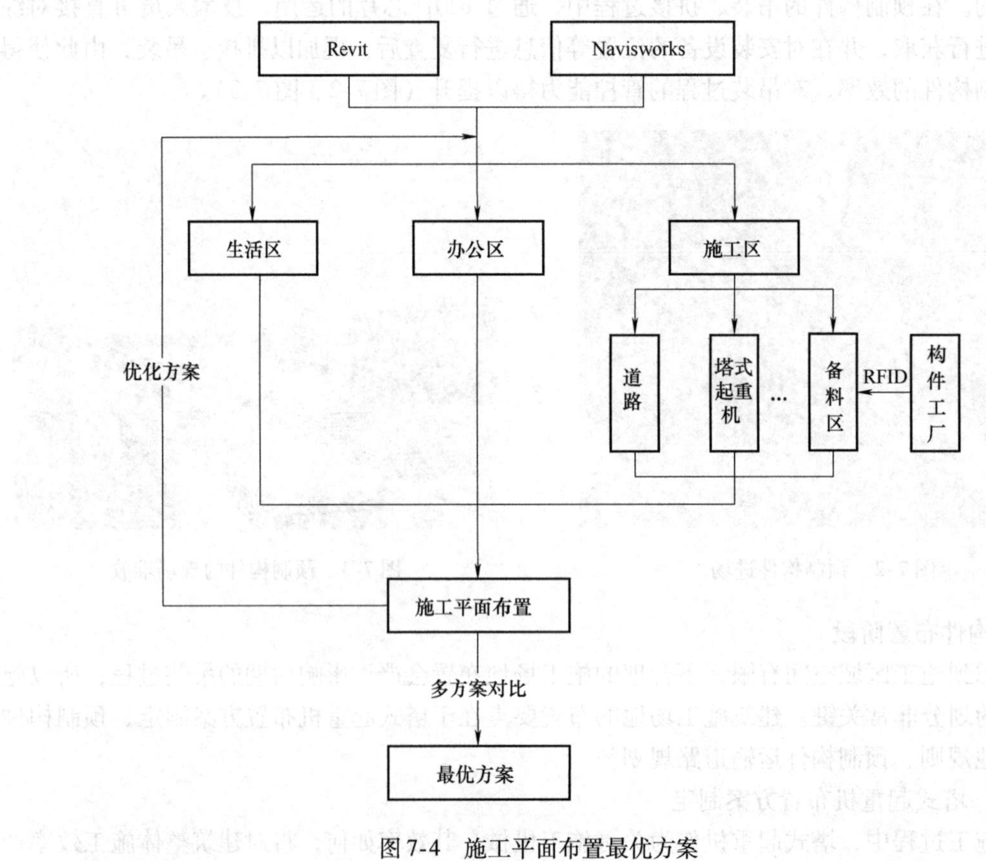

图 7-4 施工平面布置最优方案

7.3.2 BIM 与 RFID 的应用

射频识别（Radio Frequency Identification，RFID）技术由来已久，最初始于二战时期，

但受到科技发展和成本规模的限制，一直未得到普遍的应用与推广。RFID 由阅读器、中间件、电子标签、软件系统组成。当标签进入阅读器辐射场后，会自动接收阅读器发出的射频信号，阅读器读取标签信息，并将信息送至软件系统进行数据处理。RFID 主要的优势体现在，远距离识别并传输数据，避免覆盖物遮挡的影响，同时读取多个电子标签信息方便快速查找构件，信息储存量大，数据长期保存利于设备维护更新；主要的劣势为信息保密性较差、电磁辐射以及成本较高等问题。伴随着科学技术的发展，以及 RFID 技术价值的驱动，RFID 技术步入商业化应用的时代。RFID 技术在商业化应用过程中体现出巨大的应用价值和项目效益，曾被誉为 21 世纪最具有发展价值的信息技术之一。该技术更新了新一代企业的信息交互模式，不断被应用到金融、物流、交通、环保、城市管理等几大行业当中。RFID 技术与计算机及通信技术相结合，实现了供应链中物体的追踪、信息的存储与共享，让物体的信息在其生命周期内“随处可见”。

当 BIM 技术产生以后，可以很好地结合 RFID 技术应用于预制装配式住宅构件的制作、运输、入场和吊装等环节（图 7-5）。首先在预制构件制作时，以 BIM 模型构件拆分设计形成的数据为基础数据库，对每一个构件进行编码，并将 RFID 标签芯片植入构件内部；其次在构件运输阶段，实时扫描构件 RFID，监控车辆运输状况；之后，当运输构件的车辆进入施工现场时，门禁读卡器自动识别构件并将标签信息发送至现场控制中心，项目负责人通知现场检验人员对构件进行入场验收，根据吊装工序合理安排构件现场堆放；最后在构件吊装时，技术负责人结合 BIM 模型和吊装工序模拟方案进行可视化交底，保证吊装质量。

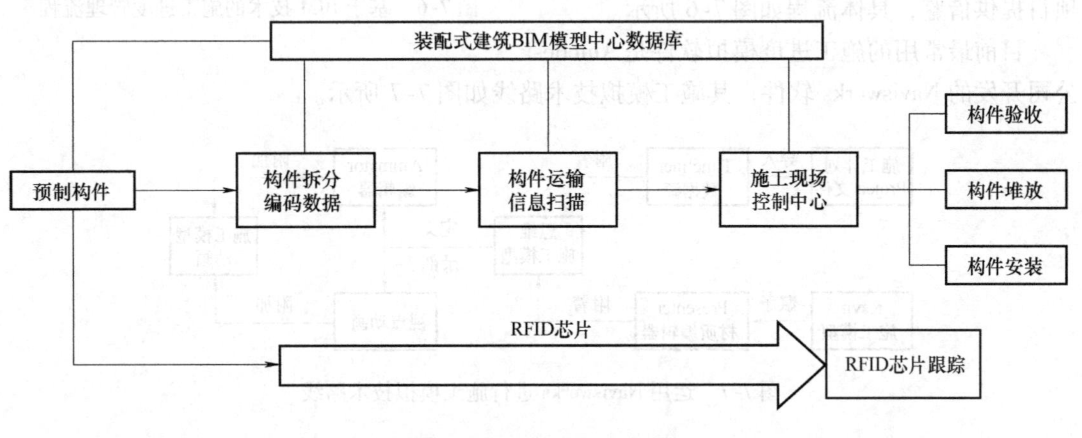

图 7-5 RFID 技术的应用

7.4 基于 BIM 的施工阶段的施工项目管理

基于 BIM 的建筑施工阶段的施工项目管理包括：在 BIM 模型的基础上关联进度计划进行 4D 工序模拟，优化吊装进度计划；构件级数据库准确快速地统计工程量，多算对比加强成本管控；将多专业模型整合在同一个平台，利用管线综合自动检查管线净高和间距，减少碰撞冲突，提高施工质量；搭建基于 BIM 的施工资料管理平台，方便查找和管理资料等。

7.4.1 BIM技术在施工进度控制中的应用

传统项目进度管理，主要是通过进度计划的编制和进度计划的控制来实现。在进度计划执行过程中，检查实际进度是否按计划要求执行，若出现偏差就及时找出偏差原因，然后采取必要的补救措施加以控制。由于我国建设工程的规模越来越大，影响因素和参与方增多，协调难度剧增，导致传统进度管理不及时，缺乏灵活性，经常出现实际进度与计划进度不一致，计划控制作用失效。

在BIM模型的基础上，关联项目进度计划形成4D施工工序模拟，也就是BIM-4D模型，可以实现对施工阶段进度的动态控制。在实际项目施工中，首先是构建BIM三维模型，编制施工总进度计划，在编制进度计划过程中将建设项目进行WBS工作任务结构分解，然后导入进度信息形成BIM-4D模型。通过实际进度与原进度的对比分析和纠偏对进度计划进行优化，使进度计划能够具有可施工性。最后对项目进度整个控制过程进行项目后评价，为今后类似项目提供借鉴，具体流程如图7-6所示。

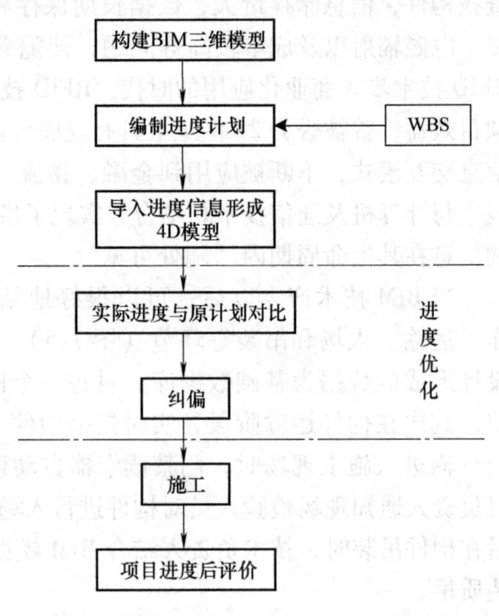

图7-6　基于BIM技术的施工进度管理流程

目前最常用的施工进度模拟软件是Autodesk公司开发的Navisworks软件，其施工模拟技术路线如图7-7所示。

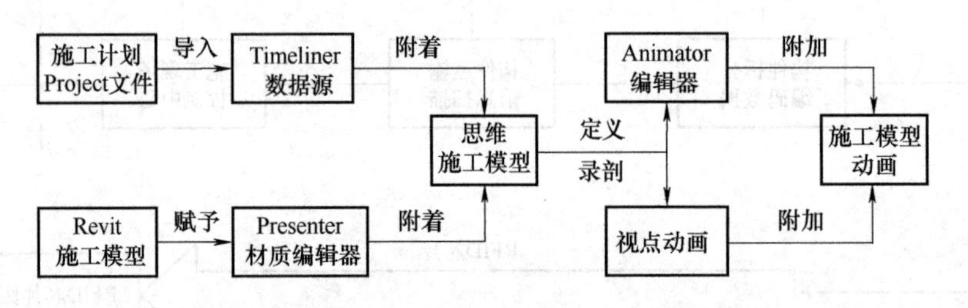

图7-7　运用Navisworks进行施工模拟技术路线

BIM-4D模型不仅具有三维模型的可视化特点，还可以查看任一时间参数的三维模型，管理人员可对计划完成时间与实际完成时间进行对比分析。BIM在施工阶段进度控制中主要的应用有：

1. 编制进度计划

编制项目进度计划是进度控制的第一步。传统的进度计划编制工作，首先是运用WBS对项目进行分解，定义项目范围。然后根据资源分配和相关成本费用确定作业定义，最后通过作业工期估算、作业逻辑关系确定项目活动的具体时间安排，完成项目的进度计划编制工作。通过进度计划，施工项目各项工作都得到了具体时间安排，确保了施工工期目标的实现。图7-8是编制进度计划的一般流程图。

基于 BIM 技术的进度计划编制，是在传统计划编制流程的基础上对进度计划进行优化，使进度计划更加合理。项目各参与方都能在 BIM 信息平台上进行互动沟通，还可以运用虚拟施工和 AR 技术对进度计划进行多次模拟，在进度计划执行前发现可能存在的不利因素，并采取预防措施，优化施工进度计划，合理安排施工作业。

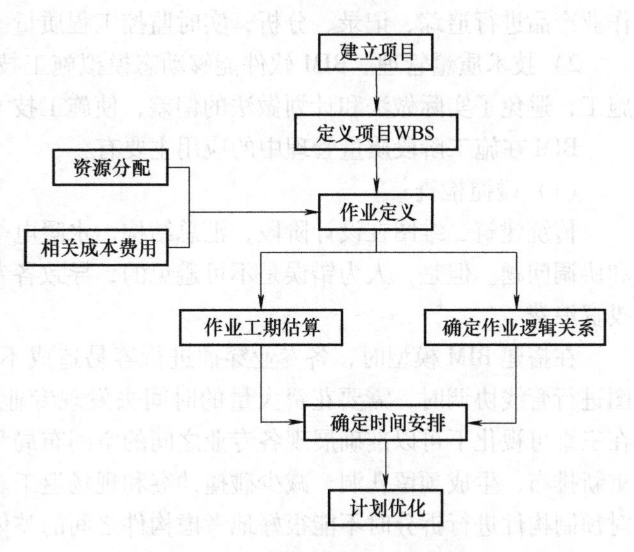

图 7-8 进度计划编制一般流程图

项目进度计划包括总进度计划、二级进度计划、日常进度计划三个层次。总进度计划确定了一系列高层级活动及工作的起始、结束时间；二级进度计划则是通过对总进度计划节点的仿真模拟得出的；日常进度计划是进度计划中最基础的一部分，它可以精确到施工现场的每一道工序，确保每一道工序都能进行完整仿真模拟，在一定程度上确保进度计划的落实。

2. 进度控制与纠偏

计划不是一成不变的，而且工程项目具有复杂性、影响因素多等特点，在编制完项目进度计划后，需要对进度的执行情况进行跟踪，对进度数据进行分析，并对比实际进度情况与进度计划内容，发现偏差并及时处理，确保顺利完成工期目标。

基于 BIM 技术的进度控制方法更加精确、可靠，实现了动态的进度控制，当实际进度与计划进度出现偏差时，BIM 团队要对偏差产生的原因进行分析，各参建单位相关工程师在 BIM 信息平台上共同商讨出纠偏措施，大大提升了进度偏差处理速度。

3. 进度后分析

在项目施工完成后，利用 BIM 技术对进度控制效果进行综合评价。在 BIM 平台上将进度控制的全过程与初始模型进行对比，可以输出相应的报表。这一过程不仅包含施工单位，还涉及项目实施的其他参与方及项目过程数据信息等，清晰地分析了项目各参与方所做的工作、效率以及各方责任。

7.4.2 BIM 技术在施工过程质量控制中的应用

传统二维施工图采用线条绘制表达各个构件的信息，因为技术交底时不够形象直观，所以真正的构造形式需要施工人员凭经验想象；而 BIM 可视化交底是以三维的立体实物图形为基础，通过 BIM 模型全方位地展现其内部构造，不仅可以精细到每一个构件的具体信息，也方便从模型中选取复杂部位和关键节点进行吊装工序模拟。逼真的可视化效果能够增加工人对施工环境和施工工艺的理解，从而提高施工效率和构件安装质量。

基于 BIM 的施工阶段质量管理主要包括两方面：

1）产品质量管理。所谓产品指的是建筑构件和设备，不仅可以通过 BIM 软件快速查找所需材料及构配件的尺寸、材质、位置等信息，还可以根据 BIM 设计模型实现对施工现场作业产品进行追踪、记录、分析，实时监控工程质量。

2）技术质量管理。BIM 软件能够动态模拟施工技术流程，施工人员按照仿真施工流程施工，避免了实际做法和计划做法的偏差，使施工技术更加规范化。

BIM 在施工阶段质量管理中的应用主要有：

(1) 碰撞检查

传统建筑二维图在设计阶段，汇总结构、水暖电等专业设计图而成，一般由工程师查找和协调问题。但是，人为错误是不可避免的，导致各专业发生许多冲突，造成了巨大的建设投资浪费。

在搭建 BIM 模型时，各专业穿插进行容易造成不同专业的构件发生碰撞。传统的二维图进行管线协调时，需要花费大量的时间去发现专业之间“错、碰、漏、缺”等问题，而在三维可视化下可以准确展现各专业之间的空间布局和管线走向，提前检查碰撞点并对管线重新排布，生成预留孔洞，减少碰撞冲突和现场返工。土建专业的深化阶段中，传统二维图对预制构件进行拆分时不能很好地考虑构件之间的整体性，这可能导致预制构件之间不能准确搭接。利用 BIM 软件的可视化功能从整体角度考虑构件之间连接的合理性，单独生成构件施工图（图 7-9）指导现场构件安装施工，顺利解决了上述问题。

搭接不合理

搭接合理

图 7-9　梁柱

当进行钢筋专业深化时，利用 Tekla 软件建立 PC 构件钢筋 BIM 模型（图 7-10）。钢筋的三维排布更容易发现节点处的碰撞问题，使构件钢筋排布更为合理。即使钢筋排布出现问题，也可以根据检测结果调整、修改钢筋间距和位置，并与设计单位就碰撞问题进行讨论优化，降低现场施工难度。

搭接不合理

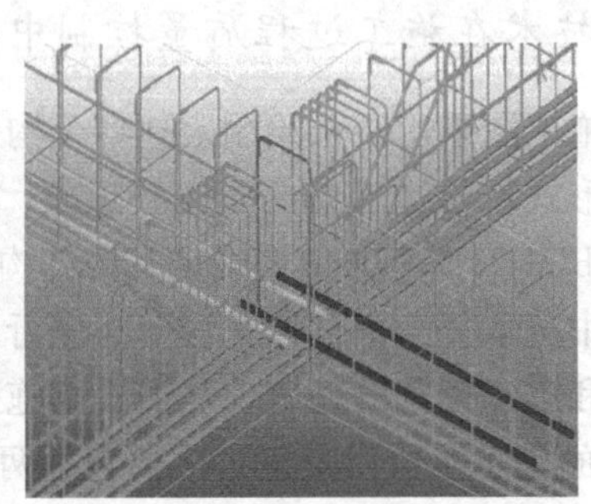
搭接合理

图 7-10　钢筋

机电专业深化分为两个部分：管线综合优化，对管线排布进行优化设计，指导现场施工；与土建专业 BIM 模型协同进行碰撞检查，确定预留洞口位置，既提高效率又能确保正确率。

(2) 大体积混凝土测温

在大体积混凝土结构中，通过自动监测管理软件检测大体积混凝土温度，无线传输到分析平台上自动收集温度数据，分析温度测量点，形成动态检测管理。通过计算机获得温度变化曲线图，随时掌握大体积混凝土温度的变化，根据温度的变化，随时加强保护措施，确保大体积混凝土的施工质量。

(3) 施工工序中的管理

工序是施工过程中最基本的部分，工序的质量决定了施工项目的最终质量的好坏。工序质量控制是对工序活动投入的质量和工序活动效果的质量进行控制，也就是对分项工程质量的控制。

基于 BIM 技术的工序质量控制的主要工作是：利用 BIM 技术确定工序质量控制工作计划，主动控制工序活动条件的质量，实时监测工序活动效果的质量，设置工序管理点来保证分项工程的质量。

7.4.3 BIM 技术在施工过程成本控制中的应用

成本管理过程是通过系统工程原理计算、调节和监督生产经营过程中发现的各种费用的过程。传统模式下，工程量信息是基于 2D 图建立，造价数据掌握在分散的预算员手中，数据很难准确对接，导致工程造价快速拆分难以实现，不能进行精确的资源分析。而具有构件级的 BIM 模型，关联成本信息和资源计划形成构件级 5D 数据库，根据工程进度的需求，选择相对应的 BIM 模型进行框图数据调取，被选中的构件进行数据的分类汇总，形成统计框图出量，然后快速输出各类统计报表，形成进度造价文件，最后提取所需数据进行多算对比分析，提高成本管理效率，加强成本管控。

下面从施工前期阶段、施工阶段和竣工结算阶段 3 个阶段介绍 BIM 在施工过程成本控制中的应用。

1. 施工前期阶段

基于 BIM 技术的施工前期阶段成本控制体系如图 7-11 所示。

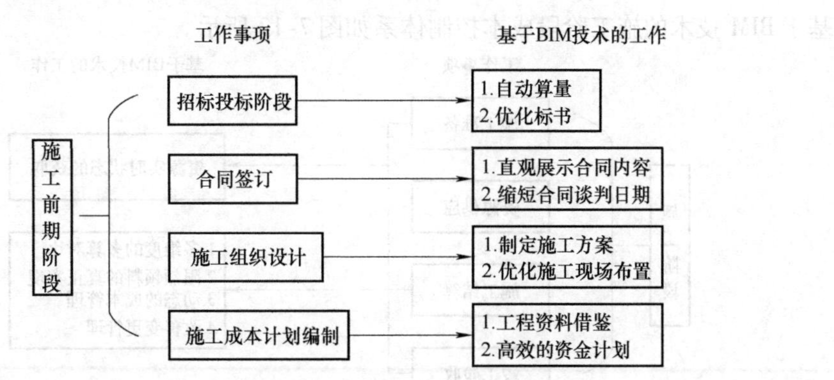

图 7-11 基于 BIM 的施工前期阶段成本控制体系

（1）招标投标阶段成本控制

1）商务标部分。商务标是投标文件的核心部分，目前很多项目都采用最低价评标法，商务标中报价是决定中标的首要因素。传统商务标的编制工作烦琐，基于 BIM 的自动化算量功能可以让工程造价人员减小手工算量的工作，大大缩短了商务标的编制时间，为投标方留出更多的时间完成标书的其他内容。

2）技术标部分。当项目结构复杂和难度较高时，投标方对技术标的要求也相应提高。由于 BIM 技术具有可视化的特点，可以直观地展示技术标的内容，因此可以帮助投标单位在评标过程中脱颖而出。利用 BIM 技术进行施工模拟，将重点、特殊部位的施工方法和施工流程进行展示，这种方法直观且易于理解，即使没有相关专业基础的外行人也能看懂；还可以利用 BIM 技术的碰撞检查对设计方案进行优化，也可以在投标书中单独设一章节，详细说明中标后基于 BIM 技术的管理构想，给业主和评标专家留下良好的印象。

（2）合同签订成本控制

施工单位中标后，承包商和业主开始签订施工合同。施工合同的大部分条款都涉及工程项目造价，BIM 软件提供自动化算量功能，可以快速核算项目的成本，对成本的形成过程进行可视化模拟。BIM 技术的可视化、模拟性等特点，还可以解决合同签约双方的沟通问题，缩短了合同签约时间，在一定程度上加快了工程进度。

（3）施工组织设计

基于 BIM 技术的施工方案可以对施工项目的重要和关键部位进行可视化模拟。也可以利用 BIM 技术对施工现场的临时布置进行优化，参照施工进度计划，形象模拟各阶段现场情况，合理进行现场布置，还可以对管线布置方案进行碰撞检查和优化，减少返工。

（4）施工成本计划的编制

施工成本计划的编制是施工成本管理最关键的一步。施工管理人员在编制施工成本计划时，首先根据项目的总体环境进行分析，通过工程实际资料的收集整理，根据设计单位提供的设计材料、各类合同文件、相关成本预测材料等，结合实际施工现场情况编制施工成本计划。应用 BIM 技术将建设项目全生命周期的各类工程数据都保存在 BIM 模型中，计划编制人员能够方便、快速地获取所需要的数据，并对这些数据进行分析，提升了计划编制工作效率。

2. 施工阶段

基于 BIM 技术的施工阶段成本控制体系如图 7-12 所示。

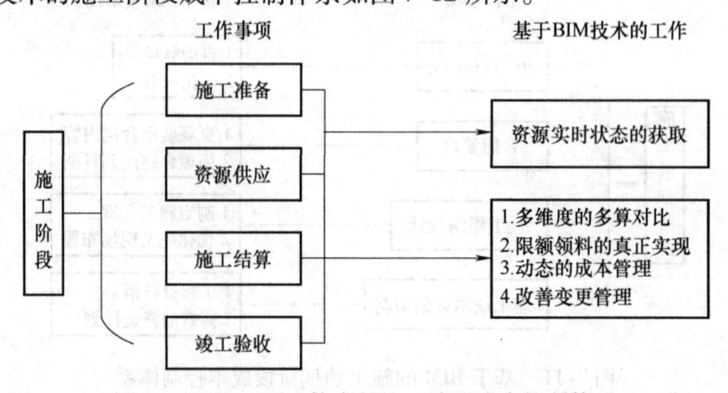

图 7-12　基于 BIM 技术的施工阶段成本控制体系

（1）多维度的多算对比

所谓多维度是指时间、工序、空间位置 3 个维度，多算则是指成本管理中的“三算”，即设计概算、施工图预算和竣工决算，多维度的多算对比是指从时间、工序、空间位置 3 个维度对施工项目进行实时三算对比分析。运用 BIM 技术以构件为单元的成本数据库，利用 Revit 软件导出构件、钢筋、混凝土等明细表，可进行检查和动态查询，并且能直接计算汇总。而且在具体工程施工阶段过程中，随时都可以调出该工序阶段的算量信息，设计概算、施工预算可以及时从 BIM 提取所需数据进行三算对比分析，找出成本管理的问题所在。

（2）限额领料的真正实现

虽然限额领料制度已经很完善，但在实际应用中还是存在以下问题：采购计划数据找不到依据；采购计划由采购员个人决定；项目经理只能凭经验签名；领取材料数量无依据，造成材料浪费等。

BIM 技术的出现为限额领料制度中采购计划等的制定提供了数据支持，能够采用系统分类和构件类型等方式对多专业和多系统数据进行管理。还可以为工程进度款申请和支付结算工作提供技术支持，可以准确地统计构件的数量，并能够快速地对工程量进行拆分和汇总。

（3）改善变更管理

BIM 实现了施工图、材料及成本数据等在工程信息数据库中的有效整合和关联变动，实时更新变更信息和材料价格变化。工程各参与方都能及时了解变更信息，以便各方做出有效的应对和调整，提高了变更工作处理效率。

3. 竣工结算阶段

基于 BIM 的施工竣工结算阶段成本控制体系如图 7-13 所示。

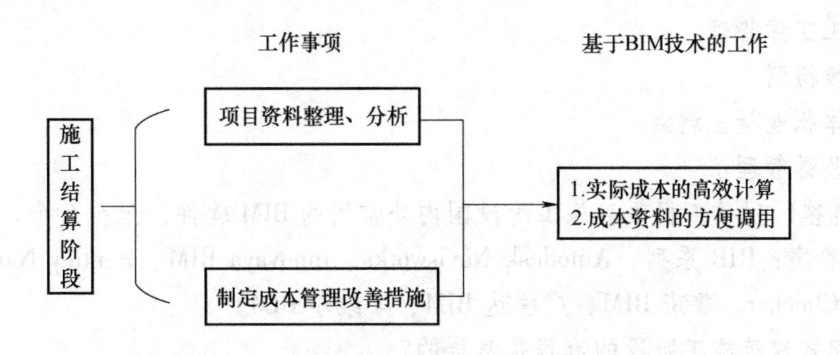

图 7-13 基于 BIM 技术的施工竣工结算阶段成本控制体系

现阶段，在施工阶段成本管控的首要难题是成本核算不能服务于成本决策和成本预测。基于 BIM 技术的算量方法为建设工程施工提供了新的施工方案，大大简化竣工阶段的成本核算工程量，并减少大量的人为计算失误，为算量工作人员减轻负担。而且 BIM 模型数据更新及时，数据清晰度高。随着工程的施工进展，最终交付项目阶段的 BIM 模型已是一个包含了施工全过程的设计变更、现场签证等信息的数据系统，项目各参与方都可以从数据系统中根据自身需求快速检索出相关信息，而成本核算的结果可以为今后其他工程的成本决策及成本预测起到一定的参考作用。

思 考 题

1. （单选）下列选项体现的不是 BIM 技术在施工阶段的价值的是______。

（参考答案：A）

A. 基于 BIM 软件进行能耗分析

B. 辅助施工深化设计或生成施工深化图

C. 利用 BIM 技术对施工工序的模拟和分析

D. 基于 BIM 模型的错漏碰缺检查

2. （单选）4D 进度管理是在三维几何模型上，附加施工的______。

（参考答案：A）

A. 时间信息

B. 几何信息

C. 造价信息

D. 二维图信息

3. （单选）5D BIM 施工管理软件是在 4D 模型的基础上附加施工的______。

（参考答案：C）

A. 时间信息

B. 几何信息

C. 成本信息

D. 三维图信息

4. （单选）BIM 技术在工程项目质量管理中的关键应用点不包括______。

（参考答案：D）

A. 施工工序管理

B. 碰撞检测

C. 大体积混凝土测温

D. 防坠落管理

5. （简答）列举工程项目施工阶段国内外常用的 BIM 软件，至少 5 个。

（参考答案：RIB 系列、Autodesk Navisworks、Innovaya BIM、Bentley Navigator、Solibri Model Checker、鲁班 BIM、广联达 BIM、斯维尔 BIM）

6. 装配式建筑施工阶段的流程是怎样的？

7. 施工阶段 BIM 应用的关键技术有哪些？

本章参考文献

[1] 张丽丽，李静．BIM 技术条件下施工阶段的工程项目管理［J］．施工技术，2015，44（S2）：691-693.

[2] EASTMAN C，TPS. BIM Handbook：A guide to building information modeling for owners，managers，designers，and contractors［M］．Hoboken：John Wiley & Sons，Inc.，2008.

[3] 鲁敏．施工项目管理 BIM 应用［J］．智能建筑与智慧城市，2018（5）：68-69，85.

[4] 吉久茂，童华炜，张家立．基于 Solibri Model Checker 的 BIM 模型质量检查方法探究［J］．土木建筑工程信息技术，2014，6（1）：14-19.

[5] 汪海英. BIM 工具选择系统框架研究 [D]. 武汉：华中科技大学，2015.
[6] 肖阳. BIM 技术在装配式建筑施工阶段的应用研究 [D]. 武汉：武汉工程大学，2017.
[7] 何晨琛. 基于 BIM 技术的建设项目进度控制方法研究 [D]. 武汉：武汉理工大学，2013.
[8] 何伟. BIM 技术在建筑结构设计中的应用研究 [J]. 建材与装饰，2017 (45)：57-58.
[9] 王淑嫱，周启慧，田东方. 工程总承包背景下 BIM 技术在装配式建筑工程中的应用研究 [J]. 工程管理学报，2017，31 (6)：39-44.
[10] 郎静静，孟晓芳. 基于 BIM 技术的工程造价审计探讨 [J]. 居舍，2017 (36)：159.
[11] 刘献伟，姜龙华，李娟. 基于 BIM 提高工程投标技术标书表现效果 [J]. 施工技术，2013，42 (10)：83-85.
[12] 郑浩凯. 基于 BIM 的建设项目施工成本控制研究 [D]. 长沙：中南林业科技大学，2014.
[13] 寇雪霞，石振武. BIM 技术在施工阶段的成本控制应用 [J]. 经济师，2016 (1)：72-73.
[14] 吴迪迪. 基于 BIM 技术的施工阶段应用研究 [D]. 长春：吉林建筑大学，2017.

第8章 BIM技术在项目运维阶段中的应用

一般来说，项目的全部过程包括4个阶段，即规划设计阶段、建筑设计阶段、运营维护阶段和废除阶段。而对于建设项目来讲，在运维阶段的成本是最高的，要想更好地降低企业生产成本，就要做好项目的运维工作。目前在我国的建设工程项目还存在运维成本较高的问题。这主要是由于我国建筑业的管理模式还存在着很多问题，管理效率较为低下，这样就导致了工程项目运维过程中的效率降低。在建设项目运维阶段中利用BIM技术，可以更好地让企业对项目周期进行整合，也能更好地帮助企业掌握项目信息，从而能够提高我国建筑行业的经济效益。

8.1 BIM技术在项目运维阶段中的应用价值

建设项目全生命周期包含项目的建设期和运维期。一般来说，项目的建设期只需要几年即可完成，但运维期则需要几十年甚至上百年，成为项目全生命周期耗时最长，建筑结构和设备维护的关键阶段。因此，在项目运维阶段建立基于BIM技术的信息维护与管理系统，以实现设备信息及时查找、修改，为后期的运营维护提供保障，具有重要的意义。在传统的信息运维管理过程中，一般是通过人为操作来处理这些信息，这样极大地降低了工程项目运营的效率。而利用BIM技术就可以很好地解决这个问题。传统的系统维护一般是运维方通过竣工图，再配合Excel表格对建筑中各个系统、设备等相关数据进行了解，这样既缺乏时效性，也不够直观。应用BIM技术，项目竣工之时将包含设计、生产、施工等关键信息的竣工模型交付业主。根据BIM模型，业主维护人员可快速熟悉并掌握建筑内各种系统设备数据、管道走向等资料，进而快速找到损坏的设备及出问题的管道，及时维护建筑内运行的系统。例如，甲方发现一些渗漏问题时，首先不是实地检查整栋建筑，而是转向在BIM系统中查找位于嫌疑地点的阀门等设备，获得阀门及设备的规格、制造商、零件号码和其他信息，即可快速找到问题并及时维护。通过BIM系统，可帮助运维方使用基于BIM模型的演示功能对紧急事件进行预演，进行各种应急演练，制定应急处理预案。通过BIM在运维阶段的应用，可以有效改善传统模式下的成本浪费、管理缺乏数据支持等局面，充分发挥其在建筑上可持续的特性。

综上所述，将 BIM 技术在项目的运维阶段有以下应用价值：

首先，BIM 技术有利于实现数据共享。在项目运维的过程中，可以通过 BIM 技术建立一个长期的信息储存和提取体系及数据库，实现信息数据的共享。这样就能很好地保证在建筑的设计和施工阶段及时生成相关数据。

其次，BIM 技术有利于及时更新数据库。通过 BIM 技术可以将实际应用和数据结合在一起，在数据库信息管理过程中，将最新的数据反馈到系统平台中，从而实现原有数据库的更新并为工程项目的运维提供强有力的数据，从而更好地保证工程项目的稳定运行。最终，及时更新的数据库能够优化企业工程项目建设过程中的资源配置，进而为企业创造最大的经济效益。

此外，利用 BIM 技术还可以方便在移动终端设备查看相关系统信息。在工程运维管理体系中，如果能更好地将 BIM 技术与信息技术结合在一起，实现数据的可视化，就可通过各种互联网技术为运维人员提供相应的数据支持。以外，也能更好地在项目管理和空间管理工作中，打破时空的限制，随时查询所需数据。

8.2 基于 BIM 的项目运维管理系统构建

目前已有一些运维管理系统能够独立地支撑起特定专业的运维任务，但是其所提供信息的准确性和精细度都不够高，无法满足运维管理对信息的需求，而且各个系统间信息相互独立，无法达到资源共享和业务协同的目的。利用 BIM 技术可以实现整个运维期内相关运维信息的存储、交互和共享，为运维管理工作提供信息支持。为了避免出现传统运维管理软件中存在的信息孤岛，更好地发掘运维信息的潜在使用价值，实现运维管理过程中的信息协同，提升项目运维管理的质量和效率。本节根据 BIM 技术的特点，构建了基于 BIM 的运维管理应用框架，尝试弥补传统运维工作中在信息协同方面的不足。

8.2.1 运维数据核心内容构建

将 BIM 技术应用在项目运维管理系统中，需要构建集成为一体的 BIM 模型基础数据，主要包括建筑模型、结构模型、内部设备模型、管道综合模型等。根据前期 BIM 技术在项目设计、施工阶段的应用，将已有的 BIM 建筑模型和结构模型加载于管理系统中。同时，将建筑体内的监控设备、防火设备、照明设备、排水设施、通风设备等根据专业进行标识，然后按照设备的尺寸、所在建筑位置等实际信息建立内部设备设施 BIM 模型，并将各类配套设施构件的生产厂家、使用年限、安全性能等属性进行信息录入，统一加载于运维信息数据库中。

随着构件的施工，对所有构件进行统一编码，根据构件的铺设路径、管线用途、性质、使用单位等属性，利用颜色和危险度系数等原则进行分类，建立统一的管线 BIM 模型数据库。该数据库中应具体包括管线的位置、管线相应的物理参数、功能参数以及相应的配套监测设施参数等数据。同时，将传感器、GIS 等收集的信息录入数据库，最终形成一个完整的运维信息数据库。

8.2.2 系统设计的基本思想

项目运维阶段的 BIM 模型集成了从设计、施工到运维结束的全生命周期的所有信息，包含项目基本信息、勘察设计信息、合同文本信息、材料设备采购信息、工程变更信息、工程竣工验收信息及建筑物物理属性信息、几何尺寸信息、管道布置信息等。这些信息集成在BIM 共享平台中，项目业主可以随时查询所有数据资料，维修人员也可在后期准确调取相关构件信息，并及时修改与项目实际不符的信息，同时，运用 BIM 信息维护系统，可以准确定位机电系统、暖通系统及给水排水系统在建筑物中的位置，及时发现问题，解决问题，减少寻找突发事故的时间，使得现场维修工作更加准确、及时。图 8-1 为基于 BIM 技术的设施维护与管理系统框架。

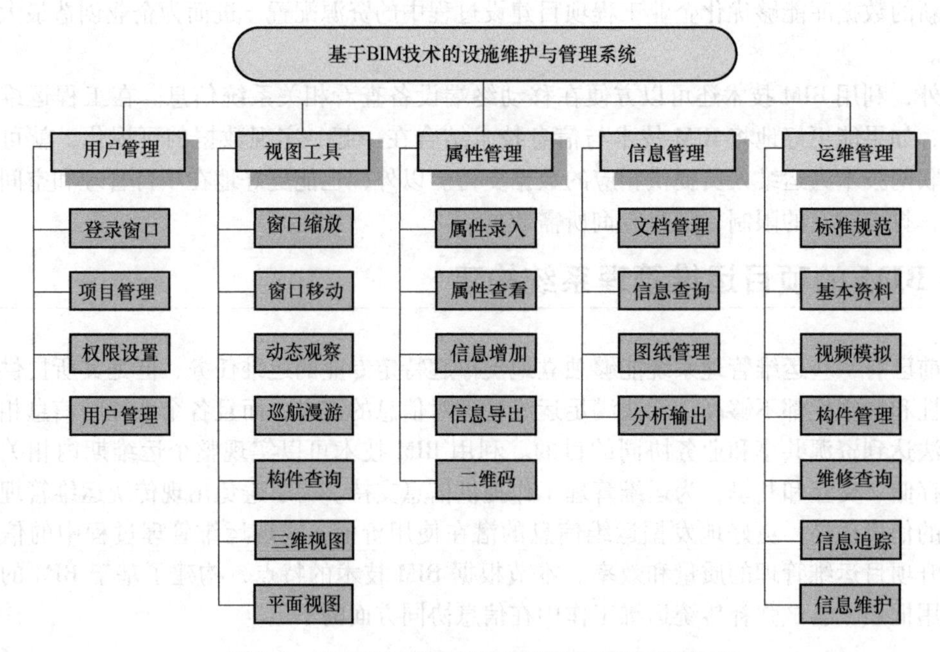

图 8-1　基于 BIM 技术的设施维护与管理系统框架

以工程项目在建设、施工阶段已有的 BIM 模型为基础，通过安装传感器、监控监视设备等，搭建运维管理所需的数据信息，利用互联网、物联网等技术，将前期设计和施工阶段已有的 BIM 信息与后期运维信息进行整合，加载于已有的 BIM 中，构建统一的管理平台。BIM 信息技术可以进行空间信息定位和数据资料的保存，利用涵盖各种数据和信息的 BIM 模型，制订运维阶段的合理维护方案计划，协助工作人员进行维护管理，对重要设备或隐蔽工程进行信息跟踪记录等，从而实现设备的有效保护，降低维修成本。

8.2.3　系统应用终端

基于 BIM 的运维管理系统具有模型管理与信息管理两大功能。该系统依据框架层次和功能差异，通过确定工作平台与工作界面，细化模型中与技术资料、运营数据等关联的问题，以保证信息的全面性和实用性，对各项系统层次实现信息化、网络化的管理，形成多方面信息的数据共享，多角度的数据分析统计，为运维工作提供决策支持。

（1）模型管理功能

BIM 技术可以在软件及网页中实现对模型的快速定位，通过对浏览方式、模型的精细度、观测方位的选择，以及对相关构件的属性显示，达到设施设备维护管理的要求。同时，运用 BIM 技术可以对模型界面中的资料信息进行后期完善，使运维阶段变得可视化。此外，通过 BIM 技术还能够进行节能模拟、日照模拟、风向检测模拟，直接实现建筑物的智能化管理。

(2) 信息管理功能

数据是 BIM 模型构建的基础，BIM 技术结合互联网技术，能够实现对数据的集成。通过各平台数据的导入，BIM 系统可以对运维阶段的动态信息和资料进行收集与管理，实现项目运维各参与方之间的信息共享与反馈，促进各部门协同工作。基于 BIM 也能够实现远程信息交流及信息的同步更新，为不同参与方、不同阶段提供了协同的工作平台。

8.2.4　运维管理系统实现

数据共享层的主体是 BIM 运维数据库，运维数据库应包括深化设计和竣工交付的相关信息，以及各类设备在运维期内产生的状态、属性和过程信息。这些运维数据信息通过 BIM 数据库统一进行存储、读取和管理。数据共享层的目标是实现运维数据的集成和共享。数据共享层的模块分类见表 8-1。

表 8-1　数据共享层模块说明

数据共享层	模 块 说 明
BIM 模型	存储、调取建筑结构、位置、属性等信息
设计、施工信息	设计图、设计变更、施工日志等
运维信息	运维过程中产生各类的信息

系统应用层建立在数据共享层的基础上，系统应用层是各专业子系统的集成，反映了运维管理的不同应用需求，其中包括设备管理、日常管理、应急管理、空间管理和资产管理等。系统应用层的目的是面向不同的运维应用需求，提供相对应的运维管理应用。系统应用层的模块分类见表 8-2。

表 8-2　系统应用层模块说明

系统应用层	模 块 说 明
空间管理	空间定位、空间规划
能耗管理	设备运行参数、能耗监测数据等
日常管理	台账与信息档案管理，设备运行记录档案、故障记录档案等信息
应急管理	应急处置、应急模拟、预案制定

在整体框架的最上层是客户端，其目的是允许不同权限的运维人员、管理人员或者利益相关方查看对应级别的数据信息或进行不同级别的管理操作。客户端的模块分类见表 8-3。

表 8-3　客户端模块说明

客户端	模块功能说明
运维人员	查询、上传运维数据，接收指令
管理人员	设计图、设计变更、施工日志等
利益相关方	运维过程中产生各类的信息

整个 BIM 应用框架的目的是实现运维数据的选取和添加，以及运维数据的集成和共享这两个重要的功能。

（1）数据的选取和添加

数据共享层中的 BIM 运维数据库是在继承 BIM 竣工模型的基础上，增加了设备信息、维护信息、应急管理信息等在运维阶段产生的信息而形成的，需要事先对模型进行两方面的处理：筛选 BIM 竣工模型中与运维管理相关的信息，添加运维阶段所产生的运维信息。

1）筛选 BIM 竣工模型中与运维管理相关的信息。BIM 竣工模型包含了诸如施工进度和施工成本等数据信息，但这些信息数据对运维管理而言并没有使用价值。因此，直接使用未经处理的 BIM 竣工模型会增加不必要的冗余信息，给系统造成较大的负担，降低数据的处理效率。因此在将 BIM 竣工模型转换为 BIM 运维模型前，需要对其中的数据进行一定程度的筛选。

2）添加运维阶段所产生的运维信息。由于 BIM 竣工模型只涉及设计、施工阶段，其中并没有运维阶段所产生的信息，因此，在完成对 BIM 竣工模型的数据筛选后，必须实时地将运维过程中产生的诸如设备信息、维护信息、应急管理信息等信息添加到 BIM 运维模型中，以保证其数据的完整性。

（2）数据的集成和共享

运维数据的集成和共享是 BIM 数据库最重要的功能。实现运维数据集成和共享的前提是不同专业所使用的运维管理软件中不同格式的数据之间能够实现转换。虽然 BIM 竣工模型可以向 BIM 运维模型直接提供数据，并不存在数据格式转换的问题，但是运维阶段使用的不同专业类型、不同版本的软件之间的数据仍存在无法交互共享的情况，因此要实现运维数据的集成和共享，必须解决数据格式转换的问题。通过建立基于 IFC 的 BIM 运维数据库，可以很好地实现不同格式数据间的交互和共享。基于 IFC 的 BIM 数据集成平台结构如图 8-2 所示。

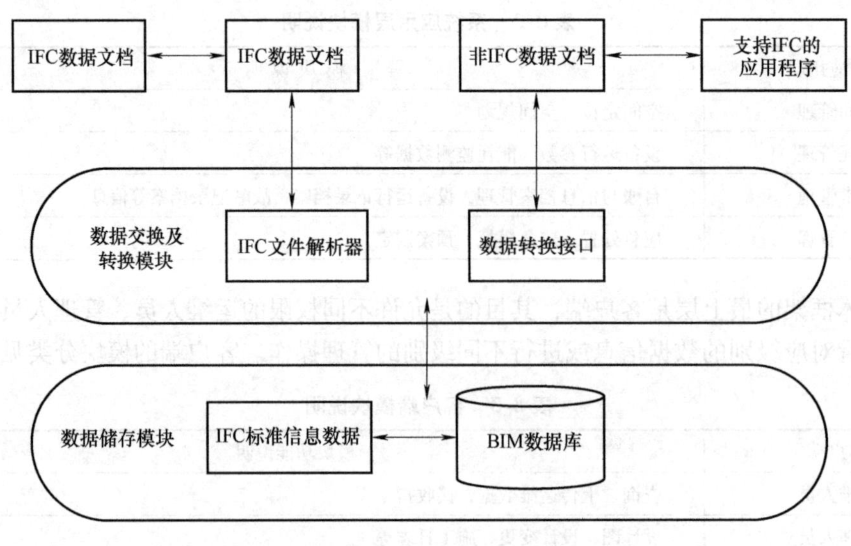

图 8-2　基于 IFC 的 BIM 数据集成平台结构

1）数据存储模块依照国际协同工作联盟组织（The International Alliance For Interoperability，IAI）提出的 IFC 标准，通过 IFC 数据库访问器对 BIM 运维数据库进行数据存取，可以很好地解决因使用不同的专业运维管理软件而无法与 BIM 运维数据库进行有效数据交互的问题。在 IFC 标准下的 BIM 数据库具有良好的数据共享功能，可以保证数据库中的设备状态、维修进度、财务核算等重要信息可以得到及时的更新，保证数据的准确性和即时性。同时为了方便各个利益相关方进行信息交互，可以根据不同部门、人员的管理职责设置对应的数据管理权限。

2）数据交互与转换模块。对于兼容 IFC 标准的应用软件，可以直接对 IFC 文件解析器所导出的 BIM 运维数据库中的数据文件进行读写。对于无法兼容 IFC 数据标准的应用软件，则可以通过数据转换接口将 IFC 格式的文件转换成软件可以识别的文件格式，达到实现信息交换和共享的目的。

运维管理中的 BIM 应用如图 8-3 所示，基于 BIM 的运维管理方案的实现，尤其是涉及数据管理与业务管理的相关工具，都必须依赖于 BIM 运维模型对所存储的相关运维数据的读取和由此产生的信息交互。而这又需要明确基于 BIM 的运维管理功能，同时确保这些功能能够满足工程项目在运维管理过程中的业务需求。这些具体功能的应用过程作为 BIM 运维模型的数据来源，否则将无法实现 BIM 在运维管理中的价值。此外，BIM 的相关运维管理功能对运维部门的信息化管理具有积极的促进作用。

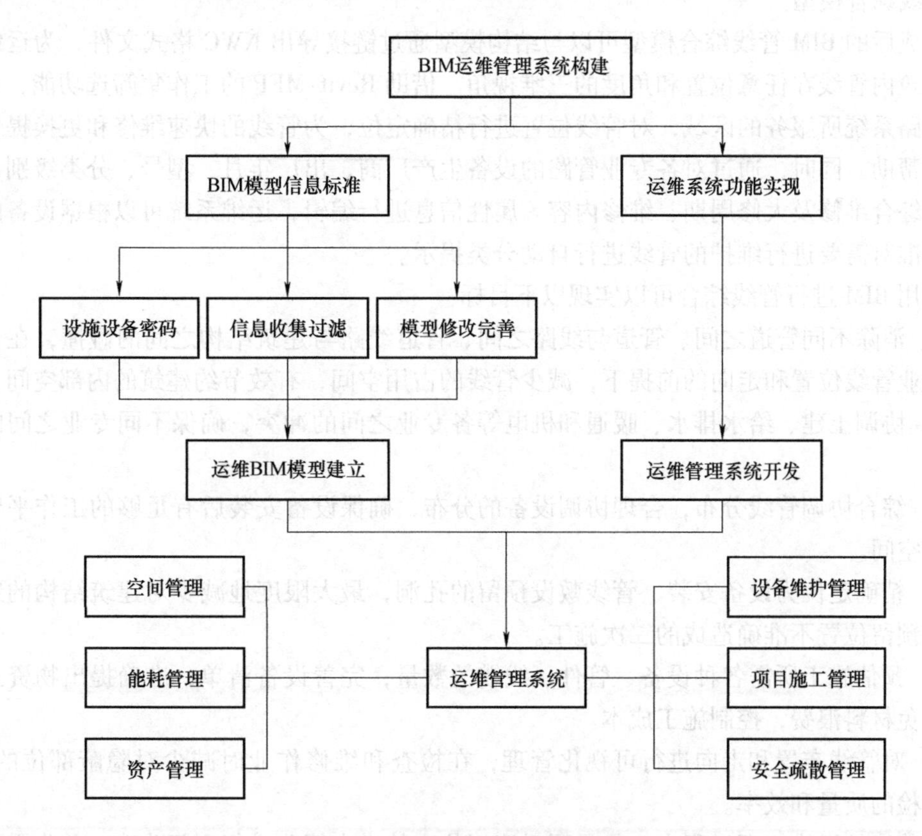

图 8-3　运维管理中的 BIM 应用

8.3 基于 BIM 的项目运维管理系统功能分析

8.3.1 管线综合

管线综合就是将建筑物内的各种线路及管道等位置和走向进行合理的规划和布局，在满足使用需求的前提下，最大限度地压缩管线所占用的建筑内部空间，从而为建筑内人员活动和设备移动提供更大空间。随着城市快速发展，城市建筑规模越来越大，功能越来越多，结构也越来越复杂，导致在建筑内管线的布置更加密集。这些管道线路绝大多数都位于建筑隐蔽部位，因此运维部门对旧有管线的维修更换和新装管线的布置安装工作变得极为复杂，从而对运维单位进行管线综合作业提出了更高的要求。

利用 BIM 进行管线综合是在建筑的 Revit 模型基础上，由各专业人员采用 Revit-MEP 负责各自管线模型的协同设计。管线布置的基本顺序原则为重力流管线—空调通风管线—四电桥架—水暖管线。在设计前应提前确定不同属性管线的颜色，明确管线材质、管径尺寸等信息，以免在管路相互避让时产生二次碰撞。同时采用 Navisworks 软件进行碰撞检测，且所得出的碰撞报告应包括图像导引和相关碰撞管道的 ID 号等，为设计人员提供碰撞管路的准确定位。各专业设计根据碰撞报告调整模型后，最终确定各专业管线的位置分布，也就完成了 BIM 管线综合模型。

完成后的 BIM 管线综合模型可以与结构模型通过链接导出 NWC 格式文件，为运维人员提供建筑内管线在任意位置和角度的三维视角。借助 Revit-MEP 的工作集筛选功能，可以确定各管路系统所服务的区域，对管线位置进行精确定位，为管线的快速维修和更换提供准确直观的帮助。同时，通过对各专业管路的设备生产厂商、出厂年月、型号、分类级别、管理单位、综合维修及大修周期、维修内容等属性信息进行编辑，运维系统可以根据设备的分类级别标准对需要进行维护的管线进行自动分类提示。

应用 BIM 进行管线综合可以实现以下目标：

1）消除不同管道之间、管道与线路之间、管道线路与建筑结构之间的碰撞，在合理规划各专业管线位置和走向的前提下，减少管线的占用空间，有效节约建筑的内部空间。

2）协调土建、给水排水、暖通和机电等各专业之间的冲突，确保不同专业之间的有序施工。

3）综合协调管线分布，合理协调设备的分布，确保设备安装后有足够的工作平台和维修检查空间。

4）精确定位为设备安装、管线敷设预留的孔洞，最大限度地减少对建筑结构的影响及因孔洞预留位置不准确造成的二次施工。

5）预估施工所需各种设备、管件、线缆的数量，完善设备清单，准确提出物资采购计划，避免材料浪费，控制施工成本。

6）对管线布置和走向进行可视化管理，在检查和维修作业时减少对隐蔽部位的破拆，提升巡检的质量和效率。

在传统的运维管理过程中，如果要对房屋住宅的供水管路进行更新改造，首先需要查找设计图确定原有阀门位置和管路走向，然后进行现场勘测，对新管路布局和走向进行设计，最后将施工技术方案报送通信、电务等部门进行协调，以避免在施工过程中对隐蔽部位的其他管线造成破坏。这样一个流程下来，往往需要多个部门多次到现场进行勘察，协调效率低。而且在这个过程中还需要人工计算管路长度、所需的施工机械和零配件等。综合来看，由于协调工作内容烦琐，设计图精度不高，所以往往在施工过程中发生大量的变更。

而通过 BIM 进行管线综合，运维人员能够准确地定位出位于隐蔽部位的管线布置情况。而且通过在 BIM 管线综合模型中直接进行施工方案设计，可以提前发现施工方案中可能发生的管线间的碰撞冲突，为制定可行的施工方案提供依据，并将碰撞检测结果发布到统一的信息平台，从而有效地预防了维修过程中可能发生的变更，提高了管线维修作业的审批效率。同时，施工所需的管线材质、长度和相关零配件等信息也可以由 BIM 进行精确的计算，避免了施工材料上的浪费。根据统计结果，应用 BIM 进行管线综合，可以将管线维修的施工周期缩短近 10%，将各专业之间的协调时间降低 20%。

8.3.2 空间管理

1）运维人员可以根据工作需要查询建筑空间的不同属性信息，例如某楼层内各房间的使用面积、使用性质及使用单位等信息，而 BIM 会根据这些信息在模型中显示出相应的空间区域，同时生成相应的表单。

当空间布局发生调整或者变动时，在传统的运维管理中需要安排专职人员完成详细布局图样、空间设备放置等信息表单的编写与数据录入。但是在 BIM 运维模型中，所有相关信息都具有可控制的关联性。只要模型发生变更或者一项数据发生变动，其他相关的数据都会及时变更，这就节约了大量的人力资源和时间成本，并提高了数据的准确性与信息的完整性。

2）BIM 技术的三维显示功能为空间的可视化管理提供技术支持。BIM 不单单可以利用其逼真的模拟功能对空间的外形尺寸和内部形状以及空间内部设备的尺寸、材质进行显示，同时还可以区分空间和设备的技术状态，并运用标签的方式加入图形或者文字，尽可能地将模型中集成的信息以直观的方式表达出来，帮助运维工作人员掌握空间的运营状态。同时，利用 BIM 技术还可以将人员无法到达的空间在三维立体模型进行任意角度的旋转和任意部位的剖切。当需要对建筑内部空间进行调整时，BIM 技术可以帮助运维管理人员直观地查看当前空间的布局情况以及空间内部的设备状况。

3）工程项目在运维过程中，还需要依靠周边相关的配套功能建筑和设备设施进行协作。在 BIM 技术覆盖到房屋住宅以外的建筑群时，结合地理信息系统（Geographic Information System，GIS）在大区域集群建筑物地理信息中的优势可以更好地展现出 BIM 的应用价值。

GIS 是对相关的地理位置信息进行记录、分析、检索和显示的软件系统。它可以将装配式建筑的空间数据与对应部位的属性数据进行联合，从多层次、多角度进行分析，使空间分析更加智能化。它还可以将分析结果以可视化的方式呈现给运维人员，从而使空间管理任务变得更加高效和直观。此外，GIS 更重要的功能是可以为运维部门对整个建筑群的空间管理提供技术支持，依据建筑群的平面布局和主体结构进行可视化的地理位置导航。

BIM 涉及的主要对象是建筑内部的结构布局，GIS 则主要应用于大区域的建筑群管理。BIM 与 GIS 相结合，就是宏观与微观的融合。在基于 BIM 的空间运维管理应用中，BIM 可以为运维部门提供建筑内部空间的详细状态和属性信息，GIS 则可以提供装配式住宅一定范围内建筑群的地理位置和平面布局信息。GIS 的宏观信息与 BIM 的详细数据整合在一起，使室外大环境与室内精细环境形成统一整体，为实现精准的空间管理提供了保障，为运维部门实现以房屋住宅为核心的建筑空间管理信息的数据化提供了完备的技术支持。

8.3.3 能耗管理

能耗管理是项目运维的重要工作，能源的利用效率直接影响着运营成本。它包括了机电设备运行管理、建筑能耗监测、建筑能耗分析等。在项目运营阶段，运维部门可以通过 BIM 获取和分析各个建筑的多项能耗信息，对其能源管理策略进行调整优化。

传统的运维管理中，对于机电设备的运行状态的监测往往是由独立的设备运行监测系统来完成的，有时由于信息化程度不高，还需要运维人员在设备现场进行手工检查和记录。这些设备运行的状态信息在独立的系统中往往不能被有效地利用，造成了信息的流失和资源的浪费。

通过信息化改造，运维人员可以依靠 BIM 联通站内各设备监测系统数据，有效的集中设备的运行数据进行统一分析，合理确定能耗管理策略。对于异常的设备能耗，在运维管理系统中可以将设备进行突出显示，便于管理人员及时确定设备位置和属性，分析可能产生的影响，从而调整相关设备运行参数，并对故障设备进行维修。借助 BIM 技术，在精细化控制建筑能耗的同时，有效降低劳动强度。

8.3.4 运维施工模拟

为了提升建筑的使用质量，延长使用寿命，对建筑内的设备设施进行维修或更换是一项必不可少的工作，也是项目运维的重要环节。运维部门可以利用 BIM 模型模拟运维施工的全过程，制订合理的资源计划和进度计划，并基于 BIM 对运维施工项目进行控制。即在 BIM 运维模型的基础上，结合人、材、机等信息建立成本模型，同时根据运维项目的施工组织方案与整体进度安排，建立施工进度模型。然后将成本模型与进度模型结合，形成基于 BIM 的施工进度计划与成本模型，即 BIM 5D 模型。图 8-4 为施工阶段的 BIM 5D 模型结构。

施工全过程 5D 虚拟建造将 BIM 三维模型与时间信息以及工程量成本信息整合在一起进行施工模拟，可以制订出详细的人员、材料和资金进度计划，有助于减少潜在的资源浪费，尽早发现延误风险，进行施工过程控制，确保施工进度。与此同时，三维模型包含工程的所有数据信息，通过施工现场与模型的实时对比，可以发现施工中的错误以及预测可能出现的问题，进而对施工组织措施进行优化。

BIM 数据库中包含了施工部位涉及的建筑材料的所有信息，BIM 提供的可视化三维模型可以直观清楚地表达出任意构件的几何特征和空间位置，让施工技术人员更好地理解设计意图，节省识图时间，更好地辅助施工。运维人员还可以快速查找对应材料的规格、尺寸等，对现场使用的材料进行关联、比对、追踪和分析，建立施工物料管理系统，保证施工质量。

在进行施工模拟的同时，利用 BIM 与虚拟现实（Virtual Reality，VR）技术的结合还可以实现对整个维修施工过程的模拟仿真。利用 VR 技术可以创建和体验由计算机系统生成的交互式三维环境，使运维人员在 VR 环境中感受到贴近于真实的建筑或设备，而仿真环境下的物体也可以针对人员的运动和操作做出实时准确的反应。

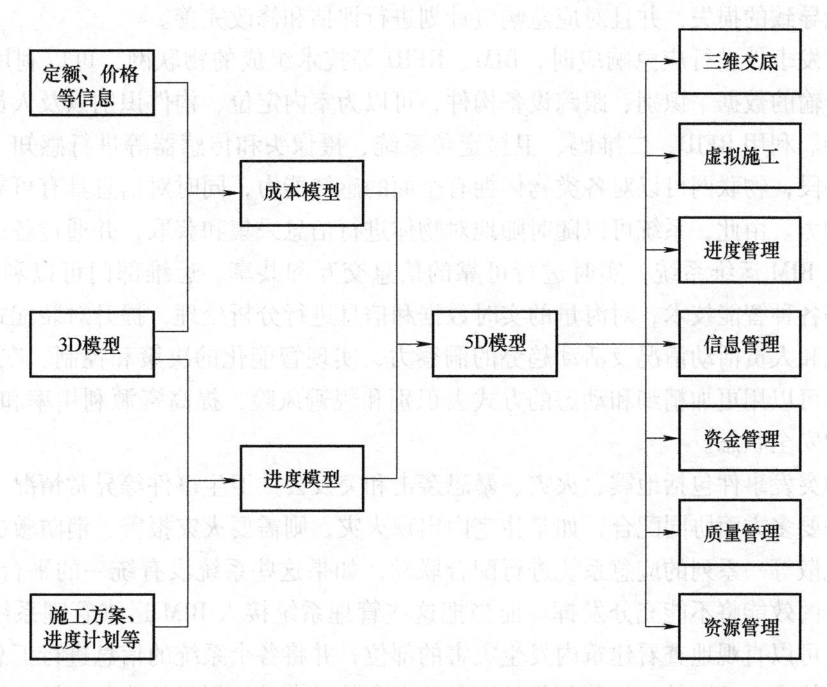

图 8-4　施工阶段的 BIM 5D 模型结构

1）目前已有一些运维项目对虚拟维修展开了尝试，即应用 BIM 技术与三维模拟技术进行施工现场规划布置，同时进行过程模拟分析与优化，并辅助施工过程管理。在临近铁路营业线或接触网等安全性要求高的场所施工，或是为了锻炼提升对损坏设备的快速抢修能力，运维部门可以通过 BIM 提供的相关设备的技术资料、状态参数等数据，应用 VR 技术进行维修预演和仿真模拟，避免了传统设备维修工作在空间和时间上的限制。在仿真环境中可以实现逼真的设备拆装、故障维修等操作。同时通过仿真的操作过程，运维部门可以提前掌握维修作业需要的时间和空间，合理安排参与维修的工种和人数，配置适用的维修机具，确定设备部件的拆卸顺序，并估算维修需要的费用等。

2）利用 VR 技术在施工 BIM 模型中进行危险源识别和安全检查，可以将关键的安全卡控措施以三维模拟动画的形式对施工作业人员进行安全交底，避免了传统安全交底可能存在的理解偏差，使施工作业人员更直观准确地了解作业现场，进而确保施工过程中各项风险的安全可控。

8.3.5　应急管理

应急管理所需要的数据都是具有空间性质的，这些信息可以通过运维管理系统按不同性质、不同用途等进行分类检索，并显示出它们之间的位置和任务逻辑关系。通过 BIM 提供实时的数据共享和传输，可以为应急决策的制定提供信息支持。此外，在应急人员到达之前，就可以向运维人员提供详细的 BIM 中的空间信息，确定灾害的影响范围，识别疏散线路和危险区域之间的隐藏关系，从而减小应急决策制定过程中可能存在的隐患。

在应急响应方面，BIM 不仅可以用来辅助紧急情况下运维管理人员的应急响应工作，还可以作为一个模拟工具，模拟各种紧急情况发生时各类设备设施和人员的状态，评估各类突发事件可能导致的损失，并且对应急响应计划进行评估和修改完善。

在对突发事件进行应急响应时，BIM、RFID 等技术组成的物联网，可以利用无线电信号捕获和传输的数据来识别、跟踪设备构件，可以为室内定位、构件识别以及人员逃生等提供技术支持。利用 RFID、二维码、卫星定位系统、摄像头和传感器等进行感知、捕获、测量的技术手段，物联网可以对各类物体拥有全面的感知能力，同时对信息具有可靠的传送和智能处理能力。由此，系统可以随时随地对物体进行信息采集和获取，并通过各种通信网络将物体接入 BIM 运维系统，实时进行可靠的信息交互和共享。运维部门可以利用云计算、模糊识别等各种智能技术，对海量的实时数据和信息进行分析处理，提升对装配式建筑内各种设备设施和人员活动情况及活动趋势的洞察力，实现智能化的决策和控制。在此基础上，运维部门还可以用更加精细和动态的方式去识别和规避风险，提高资源利用率和工作效率，改善建筑的安全状态。

建筑的突发事件包括地震、火灾、暴恐袭击和突发公共卫生事件等异常情况。应对这些情况往往需要多方面协同配合，如某住宅内出现火灾，则需要火灾报警、消防救援、行车调度、人员疏散等一系列的应急系统进行配合联动，如果这些系统没有统一的平台进行管理，那么其各自的效能将不能充分发挥。而当把这些管理系统接入 BIM 运维管理系统后，不仅使运维人员可以直观地查看建筑内发生灾害的部位，并将各个系统的信息进行汇总，利用云计算等智能技术自动调整建筑各部位的设备状态参数，自动规划最佳路径引导人员疏散，同时还可以为救援力量提供可视化的建筑状态信息，缩短救援准备时间。

思 考 题

1. （多选）BIM 技术在运维阶段的具体应用主要包括______。

（参考答案：ABCDE）

A. 空间管理

B. 设备管理

C. 日常管理

D. 应急管理

E. 能耗管理

2. （多选）下列说法正确的是______。

（参考答案：AD）

A. 设计阶段是把规划和设计阶段的需求转化为对这个设施的物理描述

B. 设计阶段是让对设施的物理描述变成现实的阶段

C. 施工阶段的主要成果是施工图和明细表

D. 试运行是一个确保和记录所有系统和部件都能按照明细和最终用户要求以及业主运营需要执行其相应功能的系统化过程

3. （简答）简述 BIM 技术在项目的运维阶段的应用价值。

（参考答案：BIM 技术有利于实现数据共享；BIM 技术有利于及时更新数据库；利用 BIM 技术可方便在移动终端设备查看系统）

4. 项目运维阶段的流程是怎样的？

5. 项目运维阶段 BIM 应用的关键技术有哪些？

本章参考文献

[1] 张林，陈华，张双龙，等. BIM 技术在 PC 建筑全生命周期中的应用 [J]. 建筑技术开发，2017，44 (6)：78-79.

[2] 汪再军，李露凡. 基于 BIM 的大型公共建筑运维管理系统设计及实施探究 [J]. 土木建筑工程信息技术，2016 (5)：10-14.

[3] 乜凤亚. BIM 情境下建设项目业主与承包商利益均衡策略研究 [D]. 天津：天津理工大学，2017.

[4] 王咸锋，黄妙燕. 基于 BIM 技术的碰撞检测在地铁工程中的应用研究 [J]. 广东技术师范学院学报，2016，37 (11)：33-39.

[5] 沈健. 图书馆空间管理与 GIS 的应用 [J]. 情报杂志，2006 (10)：120-122.

[6] 周红波，汪再军. 既有建筑信息模型快速建模方法和实践 [J]. 建筑经济，2017，38 (12)：83-86.

[7] 李明泽. BIM 在工程施工中的应用 [J]. 建筑工程技术与设计，2015 (30)：584.

[8] 杨子玉. BIM 技术在设施管理中的应用研究 [D]. 重庆：重庆大学，2014.

[9] 陈永鸿，高志利，高雄. 基于 BIM 的应急管理研究综述 [J]. 昆明冶金高等专科学校学报，2017，33 (3)：71-76.

第9章 BIM技术在市政工程中的应用

9.1 市政工程简介

9.1.1 市政工程的定义

市政工程项目一般可以分为广义和狭义两种。其中广义的观点主要是指由政府作为投资者，计划修建市政设施，并承担相应的管理责任。而狭义的观点则认为，市政工程是指在城市区、镇（乡）规划建设范围内设置、基于政府责任和义务为居民提供有偿或无偿公共产品和服务的各种建筑物、构筑物、设备等。

市政工程主要涵盖道路、桥梁、隧道等建设，所涉及的方面很广，包括照明、园林、防洪、给水、排水、燃气等。这些建设内容是城市不可或缺的一部分，也是城市运行的主要载体。

9.1.2 市政工程的特点

市政工程项目对于国家或区域经济发展有着极为重要的作用，特别是对于提高民众福利水平有着直接的影响，不仅关系社会的和谐稳定，还体现出政府对于民众生活的关心与支持，显示出极强的控制与指导能力。它主要具有以下特点：

（1）服务特征明显

市政工程项目大多都是为民众服务的，有着极强的公共性，而政府直接投资的项目主要是为社会公众服务，不是为某些利益群体或者个人服务。

（2）建设周期较长

市政工程项目大多都具有建设与回收周期较长的特征，但一旦建成，则能够发挥较长时间的综合效益。如电力、水利工程建设项目。

（3）社会影响广泛

从市政工程的社会影响来看，具有极强的外溢性及广泛性，凡涉及环保、规划以及群体利益的项目，均可以进行归类。而项目一旦确立则会对与之关系的环境、经济及社会产生更为直接的影响。因此，其从立项、施工、维护等方面不仅需要协调的关系较多，且涉及的专业更为广泛。

(4) 施工环境复杂

市政工程的施工大多是露天施工，受气候、地质、水文条件影响极大，尤其是冬期施工难度大、效率低，而且施工受人为环境影响较大。

9.1.3 市政 BIM 的应用与发展

市政工程属于建设工程中较为特殊的一种，BIM 的特性契合市政工程项目的特点，能够提升项目的设计质量，提升项目的执行计划控制管理（工程量、材料与造价等的投资控制管理），提升项目的建造效率与安全及提升项目运维管理的经济性与安全性。所以，BIM 技术在市政工程项目中有广阔的应用前景。

未来市政领域 BIM 发展主要体现在以下几个方面：

(1) 工程方案阶段

在项目投资决策阶段，确定合理的项目方案至关重要。BIM 模型能通过 3D 方式展现，能根据新项目方案特点快速形成不同方案的模型，能自动计算不同方案的工程量、造价等指标数据，直观方便地进行方案比选，有利于建设单位更好地做出正确选择。

(2) 工程设计阶段

对于市政项目的道路、管线、桥梁等进行设计时，BIM 可对现有构筑物进行信息化处理，在此基础上能进行多人、多专业协同设计。BIM 技术能对现有构筑物进行可视化显示，对设计管线与现状地下管线进行碰撞检查，对新建构筑物与现状管线、构筑物进行碰撞检测以及对相邻构筑物的距离进行判断，在布置与调整位置的同时能获取道路、管线以及工程量等相关信息，以便随时查看、比较设计成果。

(3) 工程招标阶段

建设单位或造价咨询单位可根据设计单位提供的 BIM 模型快速抽调本项目的工程量清单，有效避免漏项和错算等情况，最大限度减少设计阶段因工程量问题而产生的纠纷。同时投标单位也可根据 BIM 模型快速获取工程量，并与招标文件工程量清单比较，制订出最佳的投标方案。

(4) 工程施工阶段

BIM 技术可以对工程的进度、工程的变更进行管理，同时也可以对工程的成本进行精确管控。BIM 将时间与模型进行关联，自动统计该段时间工程量，为工程进度计量和支付工资提供技术支持。利用 BIM 技术最大限度地减少设计变更，通过 BIM 技术直观变更后的内容，为变更计量提供准确可靠的数据。通过 BIM 技术，施工单位可以对材料采购、进场以及材料消耗控制的流程更加优化，对工程成本进行有效管控。

除此之外，BIM 技术能对工程重要施工工序和节点进行施工模拟，提前预知工程施工过程中可能遇到的一些问题、难点，为施工单位安全有效的作业提供精确的保障。

(5) 工程运营维护阶段

工程运营维护包括项目运营、维护、后评价和管理等任务。BIM 能将工程空间信息和各部件参数信息有机地整合起来，从而为管理单位获取完整的工程全局信息提供途径，如交通监控、交通信号、道路标线等在虚拟环境下进行模拟调试。BIM 模型可以集成包括隐蔽工程资料在内的竣工信息，不仅能为后续管理带来便利，也为未来可能进行的翻新、改造和扩建工程提供有效的原始信息。

BIM 模型结合运营维护管理系统充分发挥空间定位和数据记录的优势，合理制订维护计划，安排专人专项维护，对一些重要设备部件可以跟踪维护，以便对设备的工作状况和适用状态提前判断。

BIM 模型中包含的大量信息可以导入城市管理系统，能大大减少系统初始化在数据收集方面的时间与人力投入，此外还可通过 BIM 与 GIS 结合，使市政项目在城市中的定位及相关参数信息一目了然，能快速查询，便于城市管理。

9.1.4 市政 BIM 软件介绍

BIM 技术的应用与发展离不开 BIM 软件的支持。表 9-1 总结了在市政工程项目的不同阶段所用到的 BIM 软件。

表 9-1 市政工程中的相关 BIM 软件

项目阶段	软件名称	特性描述
设计阶段	AutoCAD	二维平面图绘制常用工具
	Revit	优秀的三维建筑设计软件，集 3D 建模展示、方案和施工图于一体，使用简单，但复杂建模能力有限，且鉴于对我国标准规范的支持问题，结构、专业计算和施工图方面还难以深入应用起来
	Midas	针对土木结构，特别是分析预应力箱型桥梁、悬索桥、斜拉桥等特殊的桥梁结构形式，同时可以做非线性边界分析、水化热分析、材料非线性分析、静力弹塑性分析、动力弹塑性分析
	Ansys	主要用于结构有限元分析、应力分析、热分析、流体分析等的有限元分析软件
	Navisworks	Revit 中的各专业三维建模工作完成以后，利用全工程总装模型或部分专业总装模型进行漫游、动画模拟、碰撞检查等分析
	3ds Max	效果图和动画软件，功能强大，集 3D 建模、效果图和动画展示于一体，但非真正的设计软件，只用于方案展示
	鸿业、理正等系列软件	基于 AutoCAD 平台，完全遵循我国标准规范和设计师习惯，集施工图设计和自动生成计算书为一体，广泛应用
施工阶段	Navisworks	碰撞检查，漫游制作，施工模拟
	Microsoft Project	由微软开发销售的项目管理软件程序，软件设计目的在于协助项目经理发展计划、为任务分配资源、跟踪进度、管理预算和分析工作量
	品茗	计价产品：品茗胜算造价计控软件、神机妙算软件 算量产品：品茗 D+工程量和钢筋计算软件、品茗手算+工程量计算软件 招标投标平台：品茗计算机辅助评标系统 施工质量：品茗施工资料制作与管理软件、品茗施工交底软件 施工安全：品茗施工安全设施计算软件、品茗施工安全计算百宝箱、品茗施工临时用电设计软件 工程投标系列：品茗标书快速制作与管理软件、品茗智能网络计划编制与管理软件、品茗施工现场平面图绘制软件
	比目云	基于 Revit 平台的二次开发插件，直接把各地清单定额加入 Revit 里面，扣减规则也是通过各地清单定额规则内置的，不用再通过插件导出到传统算量软件中，而直接在Revit 中套用清单，查看报表，而且生成的报表比 Revit 的自带明细表好，也能输出计算式

（续）

项目阶段	软件名称	特性描述
运维阶段	Ecodomus	欧洲占有率最高的设施管理信息沟通的图形化整合性工具，举凡各项资产土地、建筑物、楼层、房间、机电设备、家具、装潢、保全监视设备、IT 设备、电信网络设备，优势是 BIM 模型直接可以轻量化在该平台展示出来
	WINSTONE 空间设施管理系统	可直接读取 Navisworks 文件，并集成数据库，用起来方便实用

9.2 给水排水工程中 BIM 技术及其软件的应用

9.2.1 给水排水工程介绍

给水排水工程一般指的是城市用水供给系统和排水系统。给水系统由给水水源、取水构筑物、原水管道、给水处理厂和给水管网组成。排水系统包括排水管系（或沟道）、废水处理厂和最终处理设施。在给水工程中，一所现代化的自来水厂，每天从江河湖泊中抽取自然水，然后利用一系列物理和化学手段将水净化为符合生产、生活用水标准的城市用水，然后通过四通八达的城市水网输送到千家万户。而在排水工程中，一所先进的污水处理厂，把生产、生活使用过的污水、废水集中处理，然后干干净净地排放到江河湖泊中去。这个取水、处理、输送、再处理，然后排放的过程就是给水排水工程要研究的主要内容。

给水排水工程项目主要包括给水厂、污水处理厂、泵站、城市管网，一般具有以下特点：

1）在一个工程中构筑物较多，每个构筑物都是一个完整独立体，各个专业配套齐全，在构筑物之间通过厂区管网连接，形成一个大系统。

2）构筑物重复利用率高，每个水厂、污水处理厂、泵站等构筑物类型基本相同，只是大小不同。

3）设备、管配件、连接件等尺寸比较大，在 Revit 软件中没有现成族可以利用。

4）工艺专业作为设计主导，所有尺寸由工艺确定。但工艺专业不建模型，上部建筑由建筑专业建模，下部构筑物由结构专业建模，工艺专业对模型需要进行反复调整，这种协同模式流程比较复杂。

9.2.2 给水排水工程中的 BIM 技术应用

1. 市政管网项目中的 BIM 技术应用

市政管网是城市发展不可或缺的重要组成部分，在管网的建设过程中应用 BIM 技术可以提升市政管网工程设计效率，辅助工程施工运维，提高工程建设质量。

（1）BIM 技术为市政管网工程提供信息共享平台

市政管网项目参与方众多、涉及专业较广，以往各专业自行规划、设计、管理的建设模式使项目信息交互受阻，造成各参与方信息沟通不及时、信息传递延误等现象较为严重。BIM 技术提供的综合信息平台，囊括业主方、设计方、监理方、总包方、分包方及政府监管机构等多个部门，各方人员通过同一平台进行分工协作和工程信息共享。

BIM 模型是工程所有数据的载体，将项目从规划、设计、施工、运维等各阶段全过程的数据整合共享，各专业人员经由 BIM 平台输入本专业数据，查看其他专业数据，方便地进行数据交换、调用，实现各工程数据信息在模型中无缝对接及有序共享，能够有效避免城市地下管线工程各专业、各阶段相关数据出现“信息断层”和“信息孤岛”现象。

（2）BIM 技术为市政管网工程提供模拟平台

地下市政管线工程一个显著特点就是工程管线在地下空间交错分布，为了避免管线碰撞、控制埋深，管线间的避让是不可避免的。传统的二维施工图很难精准表达出管线在地下的空间排布形式及位置所在，而 BIM 技术提供的三维协同设计模式将多专业设计过程在同一模型上操作，在建模的过程中及时观察各专业管线间的空间关系并予以调整，在局部区域完成建模后，使用 BIM 软件的碰撞检测功能，发现并消除碰撞，可大幅度减少各专业间的碰撞和错漏问题。通过三维 BIM 模型使得管线高度的精确调整成为可能，更好地满足敷设要求及埋深控制，在多管交汇的地方可以进行精细的实体避让。

更重要的是基于 BIM 技术创建的工程模型具有关联修改功能，即当项目内某一构件的任一设计参数发生更改时，整个模型内与之相关的所有关联参数数据都将随之更新，不需人为调整，极大地减少了改图的工作量。

（3）BIM 技术为市政管网工程提供辅助施工平台

利用 BIM 技术三维可视化功能，在模型中加入时间维度信息，可以进行虚拟施工。例如在市政给水排水管线工程中进行模拟施工，可以随时直观查看工程进展情况，并与施工计划进度进行对比，工程各参与方都能对工程实际建设过程有最直观的了解和掌握。这样通过 BIM 技术结合施工方案及施工模拟，将模型进行动画编辑，形成动态视频，通过视频展示预先演示施工现场的现有条件、施工顺序、复杂工艺以及重点难点解决方案，大大减少了工程质量问题、安全问题，减少工程返工和整改。

（4）BIM 技术在管道检测与修复中的应用

将 BIM 技术与 CCTV（Closed Circuit Television）检测技术相结合，在市政管网的检测过程中可以消除人工判读的主观性对判读结果的影响。利用 CCTV 技术摸清管道内部情况及缺陷的具体情况；再以 BIM 技术和国内相关规范为基础，建立管道缺陷知识库，分析获得的数据，实现缺陷判读的智能化；利用 BIM 技术，模拟轻微缺陷的动态演变过程，预测缺陷随时间推移而可能对管段质量产生的影响；在修复过程中，BIM 技术与 CCTV 技术的结合，有助于全面掌控施工情况，提高修复效率，节约修复成本，及时更新系统模型信息，方便后期管理。

2. 市政泵站项目中的 BIM 技术应用

BIM 服务贯穿于泵站工程规划、设计、施工、运维各阶段，即在项目全生命周期全过程实现数据信息的整合与互用，以三维模型为载体，完整保留了各阶段的数据信息，从根本上改变了信息的创建方式和创建过程。从泵站工程的最初规划设计开始，创建的就是数字化的信息，配合使用建筑生命周期管理的相关软件，可以改变传统工程信息的管理模式和共享方式，提升企业整体信息化管理水平，为“智慧水务”提供基础。

（1）提高了信息数据的可复用性

作为工程信息的载体，BIM 模型中相关工程数据具有可重复利用的特点，因此信息数据无需反复录入，也不会在交换或更新中丢失，有效降低了人为因素漏失。利用 BIM 技术建立泵站的信息数据中心，将模型与工程数据信息进行关联，使泵站工程各阶段所有信息数据无缝整合并通过模型实现可视化展示，可从模型中随时反复调取所需的信息，实时查阅、提取、输入泵站生产运行管理数据，如设备运行情况以及与该设备关联的所有业务数据，包括台账数据、维修养护数据、工单数据等，在不同阶段为项目全生命周期各参与方间的信息复用提供了良好的实现手段。

(2) 提高设计阶段的正确率

在设计阶段，BIM 技术能将各专业设计人员集结在一个统一的平台上进行设计，通过 BIM 技术进行碰撞检查，及时发现各专业间问题后，在这个统一平台进行协调沟通并及时做出设计变更。BIM 技术的关联修改特点，使模型一个部位修改，其他关联之处都能够立刻反应并自动修改，且自动校核修改部位是否产生新问题。BIM 的协同性与关联修改功能保证了设计的正确率，减少了后期施工返工造成的资源浪费。

(3) 提高施工阶段的工作效率

BIM 技术不仅为项目施工阶段各参建方的协同工作提供了可能，还使整个施工过程实现数字化、信息化。通过 BIM 可以实时提供施工方所需要的全部信息，并可通过在施工过程中输入实际施工进度与原有计划进度进行对比纠偏，提高施工组织管理的可预见性，及时对项目方案进行优化，避免拖延工期，保证材料及时供应，提高施工作业效率。此外，BIM 技术在水泵安装阶段还具有安装过程可视、资料收集快捷等一系列特点。

(4) 提升运维管理水平

在运维阶段的信息传递过程中，BIM 可以通过同真实泵房一致的虚拟平台直观、形象地展现泵站的全貌和设备细节，使数据信息不再停留在文字或者二维图表的形式。根据平台实时反馈的动态信息，管理人员能够及时掌握给水管网、泵站、给水厂的运行情况，利用 BIM 技术建立的相关模型进行分析模拟可以快速获得相应的调度方案，迅速对运行过程中出现的问题进行反应，使调度中心及时发挥指挥作用，实现水泵运行的远程监测和远程控制，大大提高运维管理水平。

3. 市政水厂项目中的 BIM 技术应用

(1) BIM 在设计阶段的应用

1) 深化设计图。由于 2D 图不够直观，各个专业图需要业主全面会审，以此来检验设计是否符合其要求。大量的图纸会审不仅浪费时间和精力，有时还会漏看重要的信息。而借助 BIM 模型能极大减轻图纸会审的工作量，并且从 BIM 模型中能够获得更多准确的信息，在 BIM 模型深化到一定精度后发现细节，及时对设计图进行更改，减少后期设计变更，避免返工问题。

2) 建立三维模型。随着建筑行业的不断发展，各种异形建筑层出不穷，传统的 CAD 平面图在表达建筑构造方面存在一定的弊端，如果没有一个具有极高可视化性能的技术，难以将复杂精妙的建筑呈现和设计出来，而 BIM 技术的出现和发展，能够有效地实现二维图和三维建模之间的相互转换，达到建筑可视化设计。

施工前，BIM 技术人员在结合施工场地和施工图的基础上，运用 Revit 软件进行三维模型建立。除此之外，在对应的结构中加入准确的模型信息和数据，方便在后续施工过程中提高施工人员的准确性，减少因操作不当导致工程返工问题。

3）碰撞检查及模型审查。市政水厂施工中包含大量的管道敷设、安装工程等，通过深化设计时的二维管线综合设计来协调各专业的管线布置，只是将各专业的平面管线布置图进行简单的叠加，按照一定的原则确定各种系统管线的相对位置，没有从根本上解决各专业之间的设计碰撞问题。实际施工时往往会发生下列情况：一根管道施工完成后，另一根管道在施工时会和已完工的管道发生碰撞，这时需要耗费大量的人力、物力、时间进行改线或增加弯头。而运用与 BIM 技术平台相关联的专业性软件，可以在施工前期预先检查土建专业中梁、柱、墙体的碰撞以及管道之间的碰撞，自动生成碰撞检测报告。将各专业、各单体模型整合进行实时漫游查看可以检查出错、漏、缺等施工图问题。

（2）BIM 在施工阶段的应用

1）场地布置优化。水厂项目中有较多的建筑单体，为了在规定工期内完成项目，必须同时施工，工作面可能出现交叉重叠的现象。从安全、质量和效率的角度出发，在项目施工前布置施工现场平面图，利用 BIM 技术可以真实地模拟道路、临建、设备、工具棚、线路等。针对项目上的生活区、安全区、办公区等区域按照规定要求以及施工场地进行合理安排，做到人尽其能，物尽其用，确保做到现场施工流畅有序，提高场地利用率，实现绿色环保，达到节能的效果。

2）三维技术交底。业主对项目施工精度要求高，所以，在运用 BIM 技术的基础上将单体结构拆分成每个单体构件，逐一对施工技术人员进行讲解。让施工人员能够更好地理解每个单体的特点和项目的重难点。

3）关键施工工艺模拟。为了解决施工技术问题，实现 4D 施工工序模拟，可以运用 Revit 软件在主体结构施工之前完成建筑信息模型的建立，运用 Microsoft Project 编制主体结构进度计划，之后将 3D 模型和施工进度计划导入 Navisworks，最后利用 TimeLine 功能实现 4D 施工工艺模拟。通过施工模拟，可以更直观表达项目进度情况，并实时与现场施工进度相吻合，方便项目负责人实时掌握主体结构施工进度，发现错误并调整，提高施工管理效率。

以钢筋布置为例，施工中钢筋的排布问题以及绑扎顺序一直是工程中的重要问题，大结构的单体建筑其钢筋排布非常密集，对过于密集的钢筋的构件节点，施工中可以采用 BIM 技术进行钢筋的预排，并显示预排效果给现场施工人员，进行可视化交底，在熟悉施工过程的基础上完成钢筋的排布，能够大大地提高钢筋绑扎的效率以及利用率，减少钢筋绑扎时间，避免绑扎位置的错误。

4）施工质量与安全管理。施工质量和安全一直是施工管理的重中之重，近年来建筑安全事故频发，国家对于建筑行业的安全问题逐渐重视，而 BIM 技术的出现能够更有效地防止这些问题的出现。运用 BIM 技术中三维交互式模拟能够提前检测所有施工操作中出现的危险情况和预测危险区域。

施工单位通过派用专业的管理人员运用 BIM 5D 软件来进行现场的管控，管理人员现场发现质量问题，通过手机拍照直接发给问题责任人，责任人通过手机 APP 查看并对问题进行分析和整改，整改后再上传照片，验收通过后关闭问题。项目经理通过手机端、PC 客户端实时查看整改进度，每周定期举行例会，对于发生重大质量安全问题的地方，一方面进行数据统计，总结出问题出现的次数，之后做出具体的解决方案来规避，做到精细化管理；另一方面追踪整改后的实际情况，并设置奖惩制度。

5）进度管理。BIM 5D 技术是在 3D 模型的基础上加上时间和成本的建筑信息模型，通过施工模拟可以准确地计算出资金投入和工程进度的情况。从资金投入的计划和实际的曲线对比图中可以看出一段时间内的工程进度是否合理。若曲线在一个时间点上出现的峰值较高说明这段时间的资金投入量大，所消耗的人、材、机相应地增多，在这段时间内工程的施工效率得到了提高。另外根据模型进行流水段的划分，明确各专业的工作内容，每周例会时采用 BIM 与现场实际情况进行对比，保证现场进度管理的可控性。施工现场进度信息由管理人员进行拍照，并上传到云空间内，公司管理人员通过网上浏览查看施工进度，随时了解现场的真实情况，当发现进度过快时应及时采取措施来调整工程进度，以确保投入的资金够用。这样通过运用 BIM 5D 技术使得信息的采集便于管理人员实施管理，又可以作为施工日志进行留底查看。

6）物料管理。建筑工程中所用到的建筑材料大都种类繁多，有水泥、石子、砂、钢筋、砖、脚手架等物料。在物料管理方面，很多施工单位都是直接堆放在施工现场，管理不到位，在一定程度上影响了施工效率，造成物料的浪费和短缺。运用 BIM 5D 平台技术可以快速地在施工前期计算出各种物料的准确用量信息，便于业主对资金投入的把控和施工单位对于物料的方便性管理。把 Revit 模型导入 BIM 5D 平台中，物料的计算和提取可以按照流水段、构件、楼层多方面进行，最后导出各材料的工程量表，进行物料计划采购。

9.2.3 给水排水工程中 BIM 软件的应用

（1）管立得（Pipingleader）

管立得是在鸿业市政管线软件基础上开发的管线设计系列软件，包括给水排水管线设计软件、燃气管线设计软件、热力管网设计软件、电力管线设计软件、电信管线设计软件、管线综合设计软件，各专业管线可以单独安装，也可以任意组合安装。管线支持直埋、架空和管沟等埋设方式，电力电信等管道支持直埋、管沟、管块、排管等埋设方式。软件可进行地形图识别，管线平面智能设计，竖向可视化设计，自动标注，自动表格绘制和自动出图，平面、纵断、标注、表格联动更新，可自动识别和利用鸿业三维总图软件、鸿业三维道路软件路立得以及鸿业市政道路软件的成果，同时，管线三维成果也可以与这些软件进行三维合成和碰撞检查，实现三维漫游和三维成果自执行文件格式汇报，满足规划设计、方案设计、施工图设计等不同设计阶段的需要。

在给水排水管线设计软件中，能够进行地形处理，给水、污水、雨水等给水排水管线的平面、竖向设计，给水管网平差计算、雨污水计算，给水节点图设计，管线、节点、井管等标注。

（2）鸿业综合管廊设计软件

鸿业管廊设计软件分为 CAD 版本和 Revit 版本。在 CAD 版本中主要进行管廊的标准横断面设计、平面路由设计、竖向设计、交叉井室（土建部分）设计、附属物设计以及出施工图。Revit 版本中主要进行交叉井室中的管道设计、支吊架设计以及后续的通风、消防、照明设计，在 Revit 中建立真实的管廊三维模型后可以沿任意方向剖切管廊得到管廊的剖面视图，以及出管道明细表、管件明细表、管道附件明细表从而对管道、管件等进行数量统计。

（3）暴雨排水和低影响开发模拟系统

鸿业暴雨排水和低影响开发模拟系统以 GB 50014—2006《室外排水设计规范》《海绵城

市建设技术指南》《海绵城市专项规划编制暂行规定》等规范文件为依据，以 AutoCAD 为平台，与鸿业管线设计软件一体化开发，融设计、分析、模拟于一体，既可进行传统做法的模拟计算，也可用于低影响开发措施下的模拟计算，适用于总规、控规、修详等方面的低影响开发模拟计算，也可以进行管网、湖泊、河流一体化的模拟和内涝规划编制。软件包括城市地形识别、暴雨模型建立、导入 Excel 现状管网、识别转换 CAD 格式现状管网；管道平面和竖向设计、推理法雨水管网计算、模型法雨水管网计算、模型法暴雨模拟结果 BIM 展示、BIM 淹没分析等，自动统计绘制低影响开发相关的统计表以及相关的曲线图；管道、地块、街道、河流、湖泊以及相互关系图形化表示，计算数据直接通过图形自动提取，使设计人员可以在自己熟悉的模式下进行模型法暴雨系统规划和设计。

软件采用二三维一体化机制，二维设计的同时，自动生成 BIM 设计成果。管道、检查井、地形、街道、建筑等 BIM 化，可以通过漫游发布，生成 EXE 自执行文件，进行三维淹没分析、漫游查看，也可以使用该发布形式的 BIM 浏览、查询相关专业信息，使领导更直观了解设计意图，也可用来指导施工和后续运维。

9.3 道路工程中 BIM 技术及其软件的应用

9.3.1 道路工程介绍

道路工程是指以道路为对象而进行的规划、设计、施工、养护与管理工作的全过程及其所从事的工程实体，涉及道路网规划和路线勘测设计、路基工程、路面工程、道路排水工程、桥涵工程、隧道工程、附属设施工程及养护工程等。

道路施工工程项目的建设作为现今城市发展过程中，促进生产生活等方面创新发展的重要性的基础性项目工程之一，在实际进行建设的过程中，存在的最为突出的特点是与其他公路工程项目相比，道路工程建设的周期和时间都是比较短的，力图能够降低对城市生产生活所产生的不利影响。其次，道路施工过程中面对的建设环境是非常复杂的，而且容易受到外界的影响，给道路工程施工建设质量管理工作造成了诸多的困难，非常不利于系统化的、标准化的道路施工质量管理工作的进行。此外，在施工过程中，一方面既要保证原有的公路交通体系的畅通；另一方面由于道路施工建设涉及的水、电、气等方面的管道管理是比较常见的，所以既要保证工程建设的顺利，又不能够毁坏基本的交通功能，既要保证道路建设性能的优化，又要从整体上保证城市系统的完整性。最后，由于施工环境的复杂性，加上建设过程中众多未知事物的存在，非常容易造成工程成本投入过大，工程质量管理部门在经济效益获得和质量优先建设中很难找到一个平衡点和协调点。

9.3.2 道路工程中的 BIM 技术应用

以 BIM 为核心理念的三维数字化设计技术和三维协同理念的出现，给道路工程建设行业的生产率的提升提供了新的动力。先进的三维设计技术和集成的全生命周期项目信息，可以更准确、有效地控制勘测设计过程，进而对工程系统的运行状态、性能和外观进行全面的可视化仿真与模拟分析，极大优化项目质量、缩短项目周期和成本。同时，基于 BIM 的设计流程也为数字化施工和运营维护的科学化管理提供全面而广泛的数据基础，在项目的设计、施工和运营维护阶段具有广泛的应用空间。BIM 在道路工程全生命周期中的应用见表 9-2。

表 9-2 BIM 在道路工程全生命周期中的应用

阶段	主要应用
设计阶段	交通规划 交通影响模拟 三维协同 工程分析 工程量计算
施工阶段	虚拟项目进度 虚拟工作计划 虚拟成本报告 可视化流程报告 设备机械控制 现场测量 交通维护 地理事件追踪和场地设计变更 设备管理和材料测试分析 设备远程信息处理 质量事件追踪和报告 产品检验和测试
运营维护阶段	道路管理 道路通行和设备管理 交通容量模拟 桥梁维护 维护和修理信息 交通管理系统

1. BIM 在道路工程设计阶段的应用

(1) 地质勘查与测量

道路工程项目不同于工点式的单体建筑工程，呈带状分布，与沿线地质、水文、地形等空间地理信息密切相关，每一类别空间地理信息因素的异同都可能引起路线、桥位、桥型等设计方案的重大调整。在建筑行业，BIM 主要针对建筑方面的建模，在道路工程勘察设计中，建立三维地质建模，并与道路、桥梁、隧道等专业进行协同工作是非常重要的工作。数字化三维地质模型能够展现虚拟的真实地质环境，将地质分层级构造清楚直观地表现出来，便于设计人员准确地分析实际地质问题，确定合理的设计方案，也便于设计与施工之间沟通交流，制定科学的施工方案，减少工程风险。

通过 BIM 的统一协作平台，将所有的测量结果，包括地形、房屋、沟渠、管道、杆线、水系等各种数据以三维模型的形式放到模型中，创建道路建设的虚拟建设环境。利用地形测量数据，创建地形曲面，可以通过三角网、等高线等任意形式来表现，在此基础上对地形可以进行高程、坡度、水域、水流方向等各种分析。随着计算机和信息技术的发展，测量技术也不断提高，3D 点云、摄像测量、卫星定位及影像等技术的应用，使得工程测量已全面进入三维数字化仿真时代。

（2）方案比选

道路工程属于政府投资的交通基础设施项目，其可行性研究报告是项目立项的重要依据，可行性研究一般会收集项目区域的社会经济现状及规划，对远期经济和交通量发展进行预测，确定道路的建设标准和主要技术标准，调查沿线建设条件，对建设方案进行方案比选，提出推荐方案和概略工程设计，确定项目投资、资金筹措方案及实施计划，并对经济、财务、环境、土地、社会、能耗等进行综合影响评价。一般由发改委召集建设、规划、国土、环境、水利、航道等各部门及地方政府，对可行性研究报告进行研究分析，做出投资决策。

可行性研究阶段涉及众多的不同部门及行业，专业性强，各自关注点不同，沟通交流难度大。该阶段方案涉及因素多，不确定性大，调整范围广，需要有良好的信息沟通交换平台，便于快速更新数据。

BIM 技术具有三维可视化的表现形式、与信息数据库的高度集成以及协同设计的特点。在道路工程项目前期研究阶段，可以基于 BIM 技术创建区域路网、社会经济、地理环境等信息构成的虚拟社会，通过调整其发展因子，进行可视化的虚拟仿真模拟，来验证道路建设的可行性和必要性，相比目前的文字和数据报告，更加科学、有效。

具体到道路的方案确定，通过创建道路的三维信息模型，项目建设参与方及技术专家可以更直观地看到沿线各种建设条件、建设方案及建成后的效果，加快方案比选论证过程，选定最优的方案。

（3）三维可视化设计及建模

3ds Max 等三维可视化软件的出现，降低了业主及最终客户因自身专业能力限制而造成的与设计人员之间沟通难度。但目前流行的这些三维可视化软件主要用来进行效果展示，与 BIM 的三维可视化设计有较大的区别。BIM 要求设计人员转换思维方式，以三维搭积木的方式进行设计。

BIM 的三维模型，包含了项目的几何、物理、功能等信息，加之与各类分析计算模拟软件的集成，将大大拓展其可视化的表现能力。BIM 技术可利于更高效地建立道路工程模型，例如平交路口、绿化带开口、立交匝道出入口等，均能够做成可以动态更新、重复利用的土木单元。BIM 技术还可以利用内置的组件（其中包括行车道、人行道、边坡、沟渠等），通过直观的交互或改变用于定义道路横截面的输入参数即可轻松修改整个道路模型。由于施工图和标注将始终处于最新状态，可以使设计者集中精力优化设计。同时，BIM 模型随着关联要素的改变而不断实时动态自动更新，其可视化效果与设计也是高度一致的。在设计过程中，可对设计进行检测分析，如结构冲突、结构稳定性分析、可施工性分析等，以保证施工开始前解决这些问题。此外，BIM 还可以用来模拟交通流量分析、视距分析、安全性评价等，以检查道路工程项目各方面的性能参数。

结合碰撞检查功能，BIM 软件可以真实生动地在设计阶段暴露将设计中的错、碰、漏、缺等问题并解决，基于 BIM 模型的审图工作的重心会逐步从以往偏向于查找问题转向如何解决问题。

（4）工程量及造价计算

在传统的二维道路设计过程中，工程量及造价计算主要通过人工的方式，首先需要花费大量的时间去阅读、理解设计施工图，再进行数量的计算。但在实际过程中，由于 CAD 图只能储存构件的点、线、面等基本信息，因此人工进行计算工程量的精确度低，工作时间长，工作效率低下。而对校核、审核流程来说，大量的设计图和数据需要重新去理解、计算，又是重复同样的低效率劳动。

整条道路的组成部分，如沥青面层、基层、底基层、路基土方、路缘石等结构都在道路三维模型建模过程中生成出来，设计人员可以直接通过计算机整合数据进行快速统计计算，大大避免由于人工统计带来的不可避免的错误和遗漏，并且计算结果准确度高，可以直接供工程造价部门进行计算。如果对路线的平面、纵断面、横断面进行重新设计，只需要更新道路模型，工程量会随着构件信息的变化而实时调整。基于 BIM 模型的工程量计算方式不仅高效便捷，计算结果也更加真实可靠，因此可以大幅度提高工程造价人员的工作效率。

通过 BIM 得出的工程量数据的准确性，主要依赖于模型的精细程度，从方案到施工图，随着模型精细程度的提高，工程数量和造价逐步细化。基于 BIM 的工程造价信息，也更加透明、规范，减少工程浪费。

（5）自动化图样输出

传统二维设计方式，主要以设计图的形式作为最终成果交付给业主。BIM 是从图示到建模范式的转变，用图记录设计信息的模式将逐渐被模型代替。设计图将在特殊情况中作为一种辅助工具发挥作用，其重要性将随着 BIM 的应用推广而逐渐下降，但在数字显示技术还没有达到在日常现场中足够灵活和有效之前，设计图交付模式还将存在相当长的时间。

从基于二维设计最终得到的设计图并不能很好地表达设计者的意图，容易发生疏漏和错误，当设计需要调整时，基于二维设计图的修改工作量巨大。应用 BIM 技术之后，设计人员的重点是方案及模型的精细，设计师建立了道路三维信息模型之后，就可以直接由道路模型生成路线平面图、纵断面图、横断面图以及挡墙等构造物的细部尺寸、钢筋大样等，从而实现图样绘制的自动化。

（6）协同设计

协同设计是 BIM 的主要特点，基于 BIM 的多专业协同设计就是共享同一个 BIM，让工程建设项目各个专业可以在同一个平台上效率高、错误少并且成本低地协同工作。协同设计的核心是承载项目信息数据的创建、传递和管理。协同设计与传统意义的“合作设计”是不一样的，BIM 的协同设计是以三维数字信息为基础的，体现了信息化社会背景下人们的协作分工的新理念。

道路工程师可以将地形曲面和路线平面、纵断面和横断面等信息直接传送给结构工程师，以便其设计桥梁、隧道、涵洞和其他交通结构物。具体到桥梁、隧道等专业设计过程中，不同的构筑物、同一构筑物的不同结构部位等，同样也会有协同设计。

在市政道路工程项目中，对道路、管线进行规划设计时，就会涉及道路、桥梁及其桩基、管道、建筑等多专业之间的协作，比如首先要对已有构筑物（道路、桥梁、管线等）进行信息化处理，在已知信息的基础上进行多人、多专业的综合市政规划设计。新创建、修改的信息及时导入信息模型中进行实时更新，在此基础上通过碰撞检查，来发现不同模型中是否存在碰撞、交叉从而来进行修改和解决矛盾。

基于 BIM 的多专业的协同合作不仅仅体现在设计阶段，不仅施工方是基于设计单位交予的三维模型进行施工，项目的运营维护也是基于 BIM 的三维信息模型，不同项目参与方通过 BIM 模型也完成了协同合作。

2. BIM 在道路工程施工阶段的应用

工程项目越大越复杂，BIM 在施工中的应用价值就越大。

在道路施工前，经常需要进行技术交底。施工技术交底的目的在于使施工人员对各分项工程的操作工艺流程（或工序）的技术要求、质量要求（验收标准）、施工方法与措施等方面有一个较详细的了解，以便于科学地、高效地组织施工，避免技术质量等事故及施工质量通病和质量缺陷的发生。传统的交底主要采用口头和书面两种形式，常常因为表达不清楚，或者交代不彻底，施工人员理解错误等，造成施工错误、返工、变更等问题。利用 BIM 进行可视化的交底方式，更加直观、形象，让施工人员重复了解设计意图和施工细节，就能使施工计划更加精准，统筹安排，提前做好安全布置及规划，以保障工程的顺利完成。

目前道路项目施工中常用施工进度横道图来表示进度计划，无法清晰描述施工进度以及各种复杂关系，难以准确表达工程施工的动态变化过程。通过 BIM 制订施工计划，将三维信息模型与时间信息整合在一起，形成可视的 4D 模型，可以直观、精确地反映整个道路的施工过程。4D 施工模拟技术可以在项目建造过程中，合理制订施工计划，精确掌握施工进度，优化使用施工资源以及科学地进行场地布置，对整个工程的施工进度、资源和质量进行统一管理和控制，可以缩短工期、降低成本、提高质量。

施工组织是对施工活动实行科学管理的重要手段，它决定了各阶段的施工准备工作内容，协调了施工过程中各施工单位、各施工工种、各项资源之间的相互关系。道路工程属于线性工程，一般路线较长，需分解成多标段、多工区同时施工，另外，道路工程也包含各种分项工程，如路基、路面、桥涵构造物、绿化、安全设施、三大系统等。工程的施工需要协调整个项目的总体进度，每个标段的进度计划，各个工序之间的互相配合、交叉作业等。道路施工是动态的过程，随着项目规模的扩大，复杂程度不断提高，使得施工组织变得极为复杂。通过 BIM 可以对项目的重点或难点部分进行施工可行性模拟，按月、日、时进行施工安装方案的分析优化。对于一些重要的施工环节或采用新施工工艺的关键部位、施工现场平面布置等施工指导措施进行模拟和分析，以提高计划的可行性；也可以利用 BIM 技术结合施工组织计划进行预演以提高复杂构筑物的可造性（例如施工模板、装配、锚固等）。

利用 BIM 技术在道路工程施工中也可以实现数字化建造，提高工作效率和施工质量。例如路线的平面放样，纵断面标高施工控制，路基、路面施工过程压实度及弯沉的控制和自动检测，都可以通过信息交换直接反映到模型中，以此加强对工地施工质量的控制。

3. BIM 在道路工程运维阶段的应用

交通基础设施的运营维护可以看作一个持续的建造过程。一条道路的设计年限一般为十到二十年，实际上，道路达到设计年限后，通过拓宽、维修、补强等措施，至少要使用几十年，甚至上百年。道路工程的运营阶段，是项目全生命周期中时间最长的阶段。

在经过设计、施工阶段后，竣工资料是今后几十年的运营管理的基础。建立一套完整的道路信息管理系统是保证道路健康运营的重要措施。传统的建设手段，由于在项目竣工时只是提供一些电子或纸质的记录文件，运营阶段缺少直观的基础信息，而基于 BIM 技术搭建的信息化管理系统可以实现道路设计和施工中的信息、运营过程中流量信息以及结构安全信息的统一。

道路固定资产管理是道路工程运营维护阶段的重要内容。大量资产信息的录入、更新、维护依靠人工操作将花费大量的人力和时间，并且容易出现错误。BIM 模型包含了项目所有的信息，通过特定的数据接口，将原始数据从模型中提取出来，导入信息化管理系统中，可以保证信息的准确性，并且快捷方便。

通过实时交通流量观测和监控系统，可以在BIM模型上实时观察道路的使用情况，分析交通拥挤堵塞原因，快速进行交通疏解；也可以发现交通事故易发点，结合BIM模型进行分析，提出解决方案。

9.3.3　道路工程中的BIM软件

1. CNCCBIM OpenRoads

中交第一公路勘察设计研究院有限公司联合Bentley软件公司，正式发布了双方合作研发的道路工程BIM正向设计软件——CNCCBIM OpenRoads，致力于解决现有BIM设计软件缺乏本地化设计规范、标准、模板、交付等行业难题，提供道路工程三维BIM设计、工程图、数字化交付等方面的解决方案。该软件构建了全新、协同与统一的工作环境。其中，真实三维BIM设计环境和设计过程能大幅度提高设计质量；基于BIM的一键式出图让BIM正向设计真正落地，大幅度提高了设计出图效率，满足现行的工程设计文件编制办法规定成果的交付要求，具备数字化交付的基础。CNCCBIM OpenRoads有力助推BIM正向设计发展进程，简化用户BIM技术的应用，从而推动交通运输行业BIM应用发展。

2. 路立得（Roadleader）

Roadleader路立得三维道路设计软件是鸿业科技开发的基于BIM理念的三维道路设计软件，适用于城市道路、公路的方案设计，可快速生成三维效果图。

该软件的主要功能体现如下：

（1）地形

快速准确地进行地形建模，提供多种高程识别和曲面定义编辑方法，可真实观察三维地形。

（2）路线设计

采用动态设计和参数设计相结合的线形设计方法，自动生成各种标注，并可查看三维视图、剖切地面线视图。

（3）纵断面设计

可视化纵断面线形设计；规范检查，提供了填挖方视图和三维视图，提供了在纵断面设计过程中的实时观察；匝道纵断面传坡功能简化了匝道的纵断面设计工作；可设置各种个性化纵断面出图样式。

（4）横断面设计和边坡设计

内置了公路、市政道路、厂矿道路多种板块设计方案，以及多种边坡设计方案和挡墙形式，智能生成放坡设计，并自动进行相邻路基边坡处理，可生成桥头锥坡。

（5）交叉口和立交出入口设计

平交口平面设计；立交出入口设计；平交口竖向设计；快速生成交叉口三维模型。

（6）道路设计和编辑

快速生成三维道路模型，在CAD中可直接观看三维设计效果；支持多种方式超高加宽计算；定义港湾停靠站、出入口、紧急停车带、爬坡车道、错车道；可生成车辆的可视化模拟行驶轨迹图。

（7）智能联动

当修改路线，设计纵断面、道路等对象时，所有依据它们生成的数据都会自动更新。例如两条路相交生成了一个交叉口，但调整其中任意一条路后，交叉口会自动根据修改后的道路更新。

（8）三维漫游

三维漫游功能实现了在高仿真环境中的模拟行车。

3. 路易 2018

路易 2018 目前包括道路 BIM 设计、道路施工图设计、交通设施设计等模块。

在道路 BIM 设计模块中，能够做到：①强化 BIM 正向设计、快速建模工作，可快速生成高质量的三维方案；②不改变既有的设计习惯，通过程序轻松完成建模的所有的操作，支持市政道路、公路、互通立交设计；③设计过程即建模过程，二维与三维设计习惯相结合，学习成本大幅降低；④通过网络使用全球高程及卫星影像图数据，快速构建地面模型；⑤软件在快速创建道路模型的同时，也提供了各分类组件的自动化方案；⑥软件内置了大量的模型组件，并且支持添加其他软件模型增强三维表现；⑦强化对大数据算法的支持，轻松处理海量数据，完美衔接倾斜摄影、地形 LOD 等数据。

施工图是设计成果的主要表现形式，是指导施工的重要依据，也是设计与施工对接的重要环节。道路施工图设计模块支持传统的二维设计方法，最大限度地保留了用户的设计习惯。在传统施工图软件功能的基础上，结合新需求，对出图功能进行重新设计，丰富的可配置项加上灵活简便的调整方式能够满足众多设计院的出图要求。该软件以 BIM 数据库为基础，出图数据源自模型数据库。路基、边坡，甚至结构层和缘石都可以通过模型进行精准算量。横断面渠化等特征断面信息也从模型提取，使得出图与算量的精准程度得到有效保证。线形设计、纵断面设计、超高加宽设计以及道路平面设施布设，都会自动结合最新规范并辅以智能实时提醒，确保设计师每个设计环节都有据可依。该软件可自定义设计规则，能让“智能化、自动化”更贴近实际设计所需；同时，平纵横多视口的竖向调整方式、可视化的智能超高加宽计算方法、高效的道路设施组件拖拽布设手段，以及支持手动调整结果、工程量实时更新等都是提高设计人员设计效率的利器。

4. 市政道路软件

鸿业市政道路设计软件简称 HY-SZDL，是鸿业科技有限公司推出的道路施工图设计系列产品之一。该软件紧密结合道路专业新规范，可实现道路平纵横设计、交叉口设计、地形图处理、场地土方计算等，同时提供了大量的设计计算与出图工具，提供设计过程中的实时规范检查，可辅助快速完成施工图设计以及工程量自动统计出表等工作，支持平纵横修改的数据智能联动，方便了施工图设计过程中的数据修改，极大地提高了设计效率。

5. 互通立交软件

鸿业互通式立交设计软件简称 HY-IDS，是北京鸿业同行科技有限公司推出的道路设计系列产品之一。本系统主要用于公路、城市道路的互通式立交设计，包括：导线法设计、积木法设计、基本线元法设计、扩展线元法设计、变速车道设计、端部设计等。HY-IDS 汇集了国内外领先的路线设计方法，既可以输入各种曲线参数进行设计，也可以采用动态的、可视化的设计方式进行设计。实时显示设计结果、提供规范参考，辅助用户快速、准确地完成互通式立交的线位设计和成图。HY-IDS 在结合相关技术规范的基础上，注重用户实际的设计需求，充分体现互通立交设计及路线设计的新思想、新方法。HY-IDS 可以和鸿业市政道路设计软件、鸿业旧路改造设计软件等进行无缝连接，方便数据共享。

9.4 桥梁工程中 BIM 技术及其软件的应用

9.4.1 桥梁工程介绍

桥梁工程是指桥梁勘测、设计、施工、养护和检定等的工作过程。随着社会经济的发展，国家对基础设施领域的重视不断加强，桥梁作为基础设施建设中的关键节点，大型和特大型桥梁的相关项目数量快速增长，并且对桥梁设计和施工的要求也越来越高。然而，桥梁结构较为复杂，主要体现为：设计阶段结构形式复杂、异型构件繁多、受力分析要求高等；施工阶段环境复杂、工艺特殊、设备众多等；运营维护阶段定期检测养护频繁、灾害多等。如何实现桥梁工业化、信息化、智能化的发展目标成为我国工程领域亟待解决的问题。而作为工程领域的新兴技术和工具，BIM 技术为桥梁发展目标的实现提供了有效的信息化手段。

9.4.2 桥梁工程中的 BIM 技术应用

结合 BIM 概念和桥梁工程的特点可以构建桥梁 BIM 的应用框架，如图 9-1 所示。该框架包含从桥梁规划、方案设计、桥梁施工，一直到后期的管理养护直至拆除的全过程，在此过程中，桥梁的模型信息可由项目的各参与方所共享，这是 BIM 的初衷。

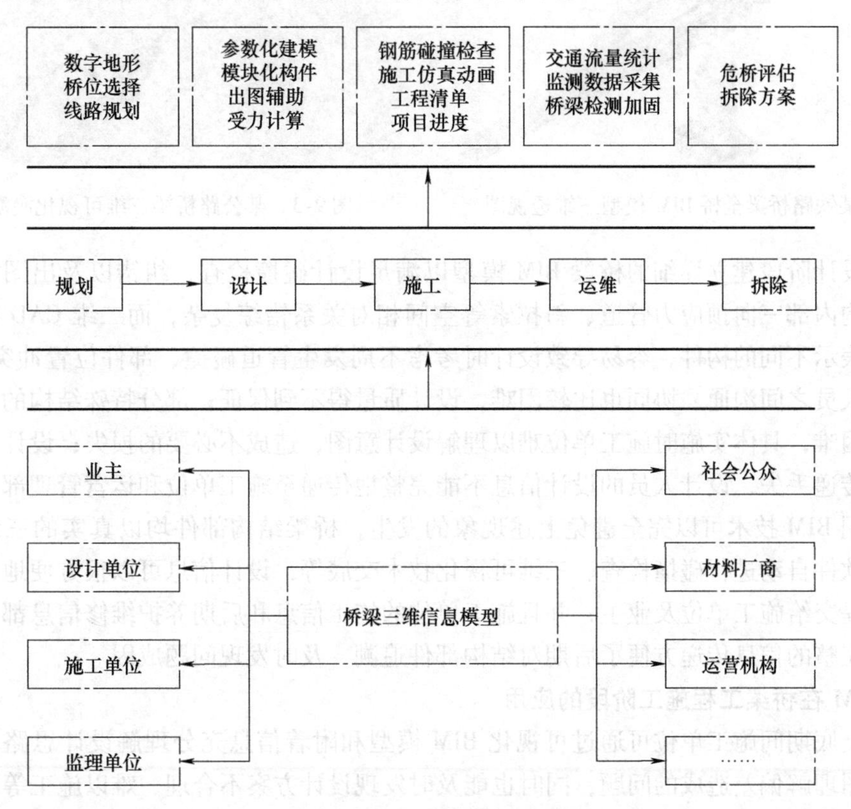

图 9-1　桥梁 BIM 的应用框架

1. BIM 在桥梁工程设计阶段的应用

桥梁工程的设计阶段分为前期设计及后期设计两个阶段，前期设计主要包括项目立项、可行性研究及方案比选等部分内容，通过利用 Revit 等参数化建模工具建立的桥梁三维实体模型可以方便地根据实际需要调整尺寸，并将实际成桥效果实时动态展现，达到所见即所得，能够直观地将设计理念、设计效果以三维可视化模型为载体传递给项目决策者，极大地方便设计方案的调整，根据修改意见及时修改并呈现，并且可通过添加成本控制信息及时了解改动后的投资增减情况，快速、便捷、高效地实现前期桥型桥式方案的确定。图 9-2 为某铁路桥矮塔斜拉桥主桥模型，建模采用 Revit 软件，需要根据桥梁结构特点建立专门的族库，对于复杂的桥梁结构利用 BIM 模型三维表达较传统二维图更清楚、更易理解。

模型建立完成后可通过三维渲染软件以真实场景渲染图的形式表达，或者生产三维漫游动画，方便业主决策方充分理解设计意图、设计理念，真实地反映项目与周围环境的立体关系。图 9-3 为某公路桥梁方案设计阶段采用 BIM 生成的模拟真实场景的桥梁三维漫游动画，汇报方案时生动、直观，远比以往呆板的三维渲染图信息量大、效果好，并且普通设计人员即可完成。

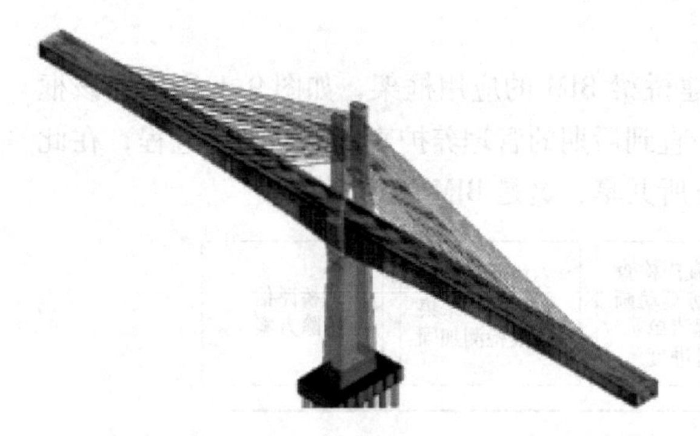

图 9-2　某铁路桥梁全桥 BIM 模型三维透视图

图 9-3　某公路桥梁三维可视化漫游动画

后期设计阶段建立详细的桥梁 BIM 模型以满足设计碰撞检查、纠错以及出图需求。由于桥梁结构内部三向预应力管道、斜拉索等空间相对关系错综复杂，而二维 CAD 图通常在不同的图表示不同的构件，容易导致设计时考虑不周发生管道碰撞、部件位置冲突等现象，项目不同人员之间沟通、协同也比较困难，设计质量得不到保证；部分特殊结构的复杂部位二维表示困难，具体实施时施工单位难以理解设计意图，造成不必要的损失；设计图表达造成的信息传递丢失，设计人员的设计信息不能完整地传递至施工单位和运营管理部门。在设计阶段利用 BIM 技术可以完全避免上述现象的发生，桥梁结构部件均以真实的三维实体表达，利用软件自动进行碰撞检查、三维可视化技术交底等，设计信息可以很方便地保存在项目模型中提交给施工单位及业主，并且施工单位的施工信息和后期养护维修信息都能够方便地添加，完整的信息传递方便了后期对结构部件追溯，及时发现问题成因。

2. BIM 在桥梁工程施工阶段的应用

技术交底期间施工单位可通过可视化 BIM 模型和附着信息充分理解设计思路，避免了由于设计图理解偏差造成的问题，同时也能及时发现设计方案不合理、难以施工等问题并及时与设计方协调修正，减少后期变更设计等造成的废弃工程和浪费。施工组织设计应用 BIM

技术的 4D、5D 特性，不仅可以更直观地三维展现施工进度信息，更可以结合工程量信息整合项目成本控制，在施工备料、人力资源安排、资金与进度控制等方面动态精细化管理，节约工程成本，提高项目总体收益和工程施工质量。

利用 BIM 技术还可进行施工机具的碰撞检查以及移动路径检查，确定合理的施工方案，更好地与业主与设计单位沟通协商，减少施工方案引起的工程变更，降低工程成本。施工过程中根据现场自动化采集的桥梁位移数据，利用三维 BIM 模型对应显示相应位置的位移值，并与理论计算数据进行比较，对于超出允许范围的位移及时在 BIM 模型中给予警示信息，提醒用户及时采取措施加以修正，并将最终成桥线形与理论数据通过“图形 + 数据”方式直观体现。根据桥梁施工过程中由监控单位量测的应力、应变数据实时反映桥梁的结构安全性以及与理论计算结果的差值，及时纠正施工出现的偏差，确保桥梁工程的施工质量，降低施工风险。

此外，施工过程在 BIM 模型中添加施工信息，对施工过程质量管理以及后期项目运营阶段的养护维修都十分重要。利用 BIM 模型作为施工信息的载体，较以往的施工工程日志等更为直观，更方便查询管理，可根据部件的 ID 信息进行快速检索、分类，及时发现问题并进行相应调整。

3. BIM 在桥梁工程运维阶段的应用

桥梁的运维阶段是项目全生命周期中时间最长的阶段，也是经历了策划、设计、施工阶段后，在项目竣工时信息积累最多的阶段，这些信息对之后几十年的桥梁运维管理是必不可少的，而基于 BIM 技术搭建的桥梁信息化管理系统就可以实现桥梁设计和施工中的信息、桥梁运维过程中流量信息以及结构安全信息的统一。在这样的系统中，设计、施工模型与信息经由数字化信息模型无损地传递给运管部门，对结构使用过程中发现的风险因素分析成因，分清责任，制定维修整改实施方案并记录在 BIM 模型信息中，所有的数据记录后期都可方便查询，大到桥梁墩台、梁部大体积混凝土，小到预应力钢束的锚具，甚至是桥梁支座的螺栓等都可以根据其 ID 信息和可视化图形界面调阅，避免低效率的查阅大量二维图、日志记录等烦琐工作，对一些易出现问题的部位也可以通过添加提醒功能按期检查，避免出现不可挽回的损失。

9.4.3 桥梁工程中的 BIM 软件

针对桥梁工程全生命周期的不同阶段及不同的桥类型，表 9-3 总结了桥梁工程中 BIM 技术的应用点及相对应的常用 BIM 软件。

表 9-3 桥梁工程中 BIM 技术的应用点及常用软件

阶　段	不同桥型	主要应用点	BIM 软件
设计阶段	斜拉桥	项目演示、三维建模、工程量统计、碰撞检查、二维出图	Revit、达索
	拱桥	三维建模、工程量统计、碰撞检测、二维出图	CATIA、Revit
	钢桥、景观桥	钢箱梁快速建模、数控对接、预拼装、施工图深化、复杂线性设计	CATIA、Solidworks、Revit
	铁路桥、公路桥	设计流程、三维建模、工程量统计、碰撞检测、二维出图	CATIA、Bentley、Solidworks

（续）

阶　段	不同桥型	主要应用点	BIM软件
施工阶段	斜拉桥	可视化交底、材料统计、场地布置、预拼装、施工模拟和管理	Navisworks
	拱桥	施工模型构建、进度模拟、现场管理、钢结构加工安装	Navisworks、Tekla
	悬索桥	重建BIM模型模拟设计和施工	STBrIM系统
运维阶段	桥梁加固、装配式建筑	全生命周期管理框架、耐久性监测、成本分析、桥梁结构加固、内力监控、BIM技术与智能感应技术、云技术、RFID技术等的结合	达索、midas civil、ANSYS、CBMS系统、智能感应技术、云技术、RFID技术

思考题

1.（单选）以下可以进行碰撞检查的BIM软件是（　　）。
（参考答案：C）
A. AutoCAD
B. Rhino
C. Navisworks
D. Adobe After Effects

2.（单选）利用BIM技术，可有效解决利用二维手段设计综合管廊项目时遇到的难点，大大提高设计质量及效率。以下哪项不是BIM在综合管廊设计中具体起到的作用（　　）。
（参考答案：D）

A. 利用BIM可视化的特点，为设计人员提供了全程可视化的模型，通过对综合管廊模型的建立，可以为方案评审、决策工作等提供更为直观的方案展示途径，也可以给各专业提供较二维图更为直观的三维模型，很大程度上减小了出错的概率

B. 利用BIM协调性的特点，为设计人员提供了统一的协同设计平台，由于各专业在同一中心文件上协同设计，可以有效解决各专业间设计对象的碰撞问题，降低了设计图版本不统一的风险，减少了设计变更以及施工、运维管理的麻烦

C. 利用BIM技术信息一致性以及可出图性的特点，对管廊模型进行任意方向的剖切并将剖切面导出为CAD二维图，由于各剖切面均来源于同一个BIM模型，因此可以保证数据的统一性及准确性，不会出现二维设计时平面及剖面数据不一致的现象，可大大提高出图的质量

D. 利用BIM技术模拟性的特点，通过提前模拟施工，预先了解施工中可能遇到的问题，但不能减小施工过程返工、延误工期的可能性

3.（单选）在市政工程BIM设计中，关于BIM应用说法错误的是（　　）。
（参考答案：B）

A. 通过二次开发，实现 BIM 模型与数据库实时关联，能快速、准确地获得施工工程基础数据，随时为采购计划的制订、限额领料、物料下料等提供及时、准确的数据

B. 各专业分开建模，不需要通过协同平台数据协同及处理，也可实现对项目的局部和整体控制，达到造价透明、投资可控的目的

C. 运用 BIM 技术预先生成特殊位置模型，通过模型准确地计算出不规则位置每根钢筋、钢架的长度，指导工人现场下料，提高施工效率，减少材料浪费

D. 通过三维 BIM 的测算，结合施工工艺要求以及施工工序步骤，输出 Excel 报表，快速完成对工程量的预测和核算，达到控制投资的目的

4. （单选）下列不属于 BIM 技术在市政工程中应用的是（　　）。

（参考答案：C）

A. 设计方案优化

B. 设备及管理用房设计优化

C. 预留孔洞自动生成

D. 检修空间优化

5. （单选）通过 BIM 模型的展示，可以使得参建各方更加直观、清楚地理解设计意图，排查施工重难点及风险源，从而协同各方采取针对性措施，对工程施工的质量进行有效控制是市政工程应用 BIM 技术的（　　）特点。

（参考答案：A）

A. 提高施工质量

B. 提高沟通效率

C. BIM 管理协同

D. 节省施工成本

本章参考文献

[1] 孙彬. 市政工程项目绩效评价研究 [D]. 重庆：重庆交通大学，2015.

[2] 程泽峰. 市政工程安全管理问题与对策分析 [J]. 绿色环保建材，2019 (1)：206-208.

[3] 范兴家，吴文高，李慧. 浅谈市政设计企业的 BIM 技术应用 [J]. 中国市政工程，2015 (1)：47-49.

[4] 王升. 浅析 BIM 及其工具：BIM 软件的选择 [J]. 智能城市，2016，2 (11)：289-290.

[5] 张吕伟. 探索 BIM 理念在给排水工程设计中应用 [J]. 土木建筑工程信息技术，2010，2 (3)：24-27.

[6] 崔琳琳. BIM 技术在地下市政管网建设中的应用 [J]. 四川水泥，2018 (11)：146.

[7] 李小娇，冯怡文. 浅谈 BIM 技术在市政管道检测与修复工程中的应用 [J]. 四川建筑，2018，38 (6)：286-287.

[8] 王佳媛. BIM 技术在给水泵站工程全生命周期中的应用研究 [D]. 青岛：青岛理工大学，2018.

[9] 王淑嫱，王彬，许思鹏. BIM 技术在某市政水厂项目设计施工中的应用 [J]. 湖北工业大学学报，2018，33 (6)：109-112.

[10] 雷明，王栋. 浅谈市政道路工程特点及施工质量管理要点 [J]. 建筑工程技术与设计，2018 (5)：1953.

[11] 曹睿明. BIM 技术在道路工程设计中的应用研究 [D]. 南京：东南大学，2017.

[12] 程海根，沈长江. BIM 技术在桥梁工程中的应用研究综述 [J]. 土木建筑工程信息技术，2017，9（5）：103-109.
[13] 汪逊. 节段预制拼装桥梁的建筑信息模型（BIM）关键技术研究 [D]. 南京：东南大学，2016.
[14] 汪彬. 建筑信息模型（BIM）在桥梁工程上的应用研究 [D]. 南京：东南大学，2015.
[15] 钱枫. 桥梁工程 BIM 技术应用研究 [J]. 铁道标准设计，2015，59（12）：50-52.

第 10 章 BIM与建筑可持续性

10.1 建筑的可持续性

10.1.1 建筑业的可持续性问题

经过四十多年的改革开放，我国城镇化建设发展迅猛。建筑业作为国内生产总值稳定增长的强力支柱，是我国经济发展的重要引擎之一，相关产业带动了地方经济的不断增长。然而，在不断改善城镇居民工作和居住条件的同时，建筑业也消耗了大量的资源，产生了大量污染物，对环境产生了诸多负面影响，给公众社会造成了较大的资源环境压力。有数据显示，我国建筑业每年消耗了全国半数以上的钢材和水泥；建造和使用过程对能源的消耗接近50%；环境总体污染超过30%与建筑空气污染、光污染等有关；城市垃圾总量的30%~40%来源于建筑施工产生的垃圾；城区粉尘排放量的22%为施工粉尘；民用建筑的二次装修又造成大量的资源浪费。随着我国资源能源的不断短缺，经济社会的不断发展，建筑业呈现出“三高一低”（即高污染、高消耗、高速度、低效率）的粗放型发展方式。

党的十八大报告明确把生态文明建设提升到与经济建设、政治建设、文化建设、社会建设并列的新的高度，将生态文明建设列为建设中国特色社会主义“五位一体”的总布局之一，提出“推进绿色发展、循环发展、低碳发展”和“建设美丽中国”的美好愿景。住房和城乡建设部发布的《绿色建筑行动方案》和《建筑业发展“十二五”规划》，也明确将绿色建筑和节能减排作为发展的重点内容。住建部在《建筑业发展“十二五”规划》中明确提出，坚持节能减排与科技创新相结合；发展绿色建筑，加强工程建设全过程的节能减排，实现低耗、环保、高效生产；大力推进建筑业技术创新、管理创新，推进绿色施工，发展现代工业化生产方式，使节能减排成为建筑业发展又一个增长亮点；从中短期来看，我国要实现2020年单位GDP二氧化碳排放比2005年降低40%~45%的目标，必须要对建筑业的生产方式进行改造升级。

10.1.2 建筑可持续性的相关概念

在世界人口迅速增长的时期，随着对稀缺资源需求和持续污染的增加，可持续性正迅速成为我们时代发展的主要问题。美国建筑师协会（AIA）将可持续性定义为“社会继续在未来发挥作用的能力，而不会因为该系统所依赖的关键资源的耗尽或超载而被迫衰落”。1998年，John Elkington 提出了可持续性的“三重底线”：经济、社会和环境因素，三者间的关系如图 10-1 所示。可持续性建筑并没有统一的定义。在建筑行业，对可持续性的共同解释是“使用较少原始材料和能源，并产生较少污染和废物的建筑物”。

把可持续性的三重底线理论与建筑的特点相结合，可持续性建筑就有了三个维度的特点：

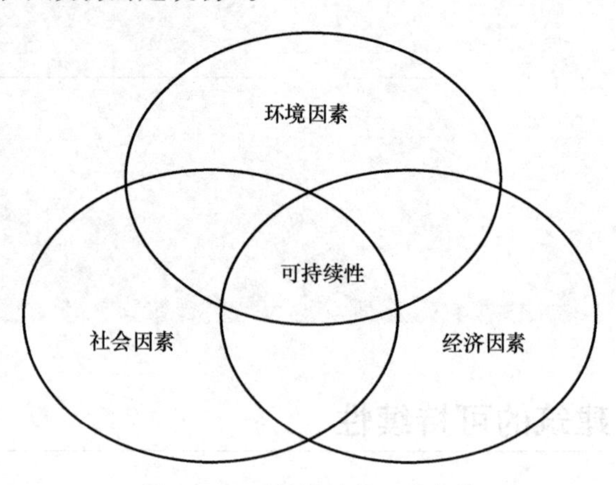

图 10-1　可持续性的三重底线

1）环境可持续性：我们必须通过有效利用自然资源来建设、维护和管理建设项目，并尽量减少对环境的影响。

2）社会可持续性：我们必须培养社会凝聚力，不仅要为住户提供安全健康的环境，也要为建筑工地和日常管理人员提供安全健康的环境。

3）经济可持续性：我们必须经济有效地建设，同时在功能上满足用户的要求，降低运营成本，通过全面维护计划延长房地产的使用寿命并实施租赁控制，以最佳利用现有库存。

随着可持续发展观念逐步深入人心，环境友好型绿色建筑的开发与建造日益成为世界各国建筑行业发展的战略目标。在此背景条件下，由于经济发展水平、地理位置和人均资源等条件的差异，各国对绿色建筑的定义不尽相同。例如，英国皇家测量师学会（RICS）指出：有效利用资源、减少污染物排放、提高室内空气及周边环境质量的建筑即为绿色建筑。美国国家环境保护局（US Environmental Protection Agency）认为：绿色建筑是在全生命周期内（从选址到设计、建设、运营、维护、改造和拆除）始终以环境友好和资源节约为原则的建筑。我国2019 年颁布的 GB/T 50378—2019《绿色建筑评价标准》中将绿色建筑定义为：“在全寿命期内，节约资源、保护环境、减少污染，为人们提供健康、适用、高效的使用空间，最大限度地实现人与自然和谐共生的高质量建筑”。绿色建筑的含义示意图如图 10-2 所示。

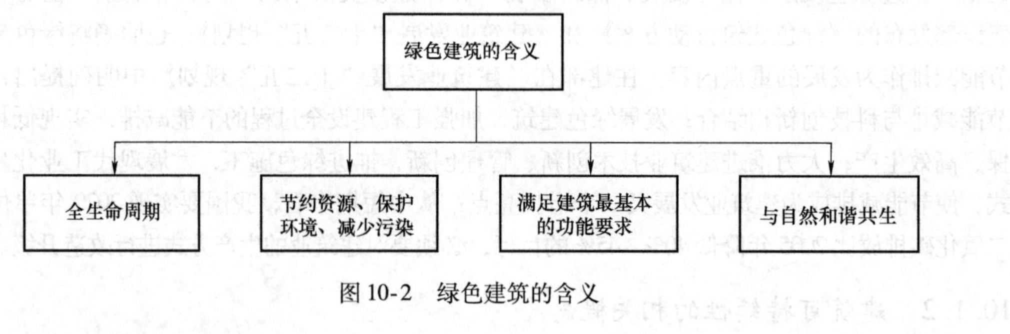

图 10-2　绿色建筑的含义

从绿色建筑的定义中可以看出：

1）绿色建筑提倡将节能环保的理念贯穿于建筑的全寿命周期，即从起初对原材料的开采、加工和运输直到最终的拆除、维修等制造、建设与运营的全过程。

2）绿色建筑主张在提供健康、适用和高效的使用空间的前提条件下节约能源、降低排放，在较低的环境负荷下提供较高的环境质量，并最终实现人、建筑与自然三者的协调统一。

3）绿色建筑在技术与形式上须体现环境保护的相关特点，即合理利用信息化、自动化、新能源、新材料等先进技术。

10.1.3 绿色建筑评价体系

随着对可持续建筑设计的日益重视，各国在过去20年中已经开发了各自的评级系统。到2006年，市场上已有超过34种绿色建筑评价体系或环境评价工具可供使用。在这些绿色建筑评价体系中，五个主要的评价系统为：日本CASBEE（Comprehensive Assessment System For Building Environmental Efficiency）、加拿大SBTool、英国BREEAM（Building Research Establishment Environmental Assessment Method）、Green Globe和美国LEED（Leadership in Energy and Environmental Design），具体的介绍如下：

1）CASBEE是2001年由日本可持续建筑联盟的学术界、工业界和政府合作开发的建筑环境效率综合评价体系。它建立在建筑环境效率的新原则上，作为整体绩效的主要指标。CASBEE包括建筑环境负荷和建筑环境质量和性能两部分。建筑环境负荷是指建筑物对假设项目边界以外的外部世界的影响，包括能源、资源和材料以及场外环境问题等类别。建筑环境质量和性能是指为假设项目边界以内的住户提供的建筑服务，包括室内环境、服务质量和现场外环境问题等类别。CASBEE评价体系基于以下计算公式：

$$\text{建筑环境效率} = \frac{\text{建筑环境质量和性能}}{\text{建筑环境负荷}}$$

通过对100多个子项目进行1～5评分（1为最差值），将建筑物分为C（差）、B^-、B^+、A和S（优秀）几个等级。等级越高，则表明建设项目质量越高，同时环境负荷越小。

2）SBTool是2002年开发的基于环境绩效评估的绿色建筑评估框架工具。总体框架包括了分布在七个主要类别的116个参数上，涉及的主要类别包括：选址、项目规划和开发、能源和资源消耗、环境负荷、室内环境质量、服务质量、社会和经济方面以及文化和感受方面。

3）BREEAM是从1990年开始在英国使用的建筑环境评价体系，主要涉及以下几个方面的建筑性能：管理、健康、能源、运输、水资源、材料和废物、土地利用和生态以及环境污染。BREEAM对建设项目每个方面的性能进行评分，然后通过综合加权的方法把各项评分加起来，最后将建设项目评级为Pass、Good、Very Good或者Excellent，并给出该项目相应的评价证书。

4）Green Globes是基于BREEAM发展起来的系统之一，它的评价工作基于问卷调查，考察的项目包括了七个主要部分的1000多类。Green Globes涉及的7个主要部分和分数分别是：项目管理-政策和实践（50分）、选址（115分）、能源（360分）、水资源（100分）、建筑材料和固体废物（100分）、废水废气排放（75分）和室内环境（200分）。最终的等级根据得分比例分为一至四星：一星（35%～54%）、二星（55%～69%）、三星（70%～

84%）和四星（85%~100%）。

5）LEED是美国绿色建筑协会在1998年引入的绿色建筑评价系统，它涉及包括69个子项的五类环境绩效评价方面和一个额外的创新战略方面。这几大方面的具体内容：可持续的场地规划、保护和节约水资源、高效的能源利用和大气环境、材料和资源问题、室内环境质量和创新与设计，总分为110分。在对建设项目认证的过程中，获得40~49分的建筑为LEED认证级、50~59分为LEED银级、60~79分为LEED金级、80分以上为LEED铂金级。

我国GB/T 50378—2019《绿色建筑评价标准》中提出绿色建筑评价体系由节地与室外环境、节能与能源利用、节水与水资源利用、节材与材料资源利用、室内环境质量和运营管理6类指标组成，每类指标包括控制项、一般项与优选项。

10.1.4 BIM技术对解决建筑可持续性问题的优越性

随着建筑项目逐渐复杂，建筑数据的质量、速度和可用性都需要提高，而BIM技术可以更好地做出合理决策。结合前面介绍的可持续性三重底线理论，BIM在环境、社会和经济等方面都有利于建筑项目的可持续发展。

（1）环境方面

BIM技术对综合项目交付和设计优化的贡献在减少材料和能源的使用方面被公认为具有重要意义。专用的BIM解决方案和集成分析工具可用于评估建筑性能以及选择能够最大限度减少能源、水和材料等资源消耗的解决方案。由于项目交付过程中的低效率或错误导致的浪费也可以减少。

（2）社会方面

BIM技术通过改善团队成员之间的沟通和协作来降低建设项目的风险。同时BIM技术通过在规划阶段早期预测问题来提高安全性，例如通过在Navisworks中结合体系结构和MEP模型进行冲突检测的功能。还可以改善建筑产品的设计和构造的质量，以提供更好的生活环境。此外，BIM的日益普及可能会通过专业的BIM咨询业务带来更多的创新就业机会。

（3）经济方面

如上所述，BIM技术可以改善沟通和协作，并预测问题。这减少了由于改进的施工管理而导致的不希望的浪费，从而降低了项目成本。此外，BIM有助于优化设计，通过提高材料和能源效率来降低资本和生命周期成本。

BIM技术能够为在项目层面上实现绿色建筑的可持续发展目标提供一系列的分析与管理工具，在推动绿色建筑发展与创新中潜力巨大。BIM技术的优势主要表现为：

（1）时间维度的一致性

BIM技术致力于实现从项目前期策划、设计、施工到运营维护等全生命周期不同阶段的集成管理；而绿色建筑的开发与管理也涵盖包括原材料的开采、加工和运输，建造，使用，拆除，维修等建筑全生命周期。时间维度的对应，为二者的结合应用提供了便利。

（2）核心功能的互补性

绿色建筑的可持续性目标需要不同参与方、不同学科的专业人员进行信息共享，在建设项目的进行过程中相互协同合作、优化协调。BIM技术为各方功能的互补提供了整体的解决方案。例如，建筑师和咨询方能够在共同的 BIM 模型上协同工作，再将该模型传递给承包商团队来进一步修饰和添加特定的信息和专业知识。BIM 技术还能够实现业主和物业管理方的信息共享，具体的功能互补性如图 10-3 所示。

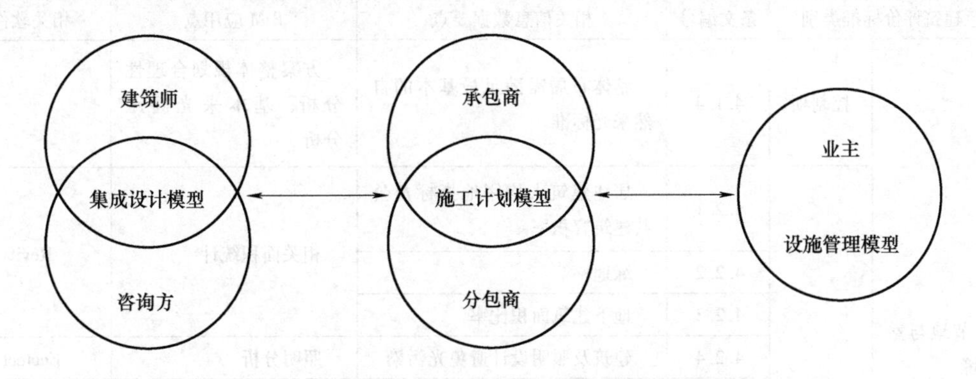

图 10-3 BIM 的核心功能互补性

(3) 应用平台的开放性

在实践中，绿色建筑需要借助不同的专业软件来实现建筑物的能耗、采光、通风等分析，并要求与其相关的应用平台具备开放性。BIM 平台具备开放性的特点，允许导入相关软件数据进行建筑物的碰撞检测、能耗分析、虚拟施工、绿色评估等一系列可视化操作，如图 10-4所示。因此，BIM 平台的开放性为其在绿色建筑中的应用创造了条件。例如，绿色分析软件可以借助 BIM 平台运行，从而使绿色建筑分析可以在一个拥有可靠、详细信息的模型中进行，便于定量分析和可视化模拟，充分发挥 BIM 技术的优势。

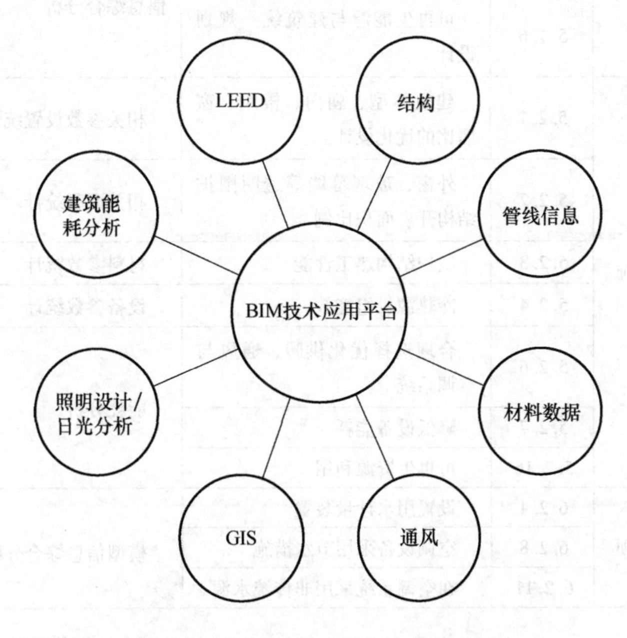

图 10-4 BIM 技术应用平台的开放性

基于我国的《绿色建筑评价标准》[⊖]，BIM 技术所包含的功能和各项软件也为实现建筑的可持续性提供了重要的工具支撑，具体见表 10-1。

表 10-1　BIM 技术与《绿色建筑评价标准》的对应

<table>
<tr><th colspan="2">绿色建筑评价标准类别</th><th>条文编号</th><th>相关信息数据要点</th><th>BIM 应用点</th><th>相关软件</th></tr>
<tr><td rowspan="11">1. 节地与室外环境</td><td>控制项</td><td>4.1.4</td><td>整体布局需满足最基本的自然采光标准</td><td>方案整体规划合理性分析，基本采光间距分析</td><td></td></tr>
<tr><td rowspan="10">评分项</td><td>4.2.1</td><td>居住建筑人均用地指标及公共建筑容积率</td><td rowspan="3">相关面积统计</td><td rowspan="3">Revit</td></tr>
<tr><td>4.2.2</td><td>绿地率</td></tr>
<tr><td>4.2.3</td><td>地下建筑面积比率</td></tr>
<tr><td>4.2.4</td><td>建筑及照明设计避免光污染</td><td>照明分析</td><td>Ecotect</td></tr>
<tr><td>4.2.5</td><td>环境噪声控制</td><td>噪声分析</td><td>Sound</td></tr>
<tr><td>4.2.6</td><td>建筑自然环境利用</td><td>风环境分析</td><td>Fluent</td></tr>
<tr><td>4.2.7</td><td>热岛强度控制、室外绿化覆盖率</td><td>热岛效应分析</td><td>ENVI-met</td></tr>
<tr><td>4.2.10</td><td>合理设置停车场</td><td>方案优选</td><td>Revit</td></tr>
<tr><td>4.2.12</td><td>现有场地地下地貌分析</td><td>场地分析</td><td>Revit、GIS</td></tr>
<tr><td>4.2.15</td><td>绿化方式</td><td>模型信息综合分析</td><td>Revit</td></tr>
<tr><td rowspan="10">2. 节能与能源利用</td><td rowspan="3">控制项</td><td>5.1.3</td><td>能耗分项计量</td><td rowspan="3">设备参数统计、模型信息综合分析</td><td rowspan="3">Revit</td></tr>
<tr><td>5.1.4</td><td>照明功率密度值</td></tr>
<tr><td>5.1.6</td><td>可再生能源与建筑统一规划设计</td></tr>
<tr><td rowspan="7">评分项</td><td>5.2.1</td><td>建筑体型、朝向、楼距、窗墙比的优化设计</td><td>相关参数设置统计</td><td rowspan="4">Revit</td></tr>
<tr><td>5.2.2</td><td>外窗、玻璃幕墙等透明围护结构开启面积比例</td><td>相关面积统计</td></tr>
<tr><td>5.2.3</td><td>围护结构热工性能</td><td>材料参数统计</td></tr>
<tr><td>5.2.4</td><td>冷热源机组能效</td><td>设备参数统计</td></tr>
<tr><td>5.2.6</td><td>合理选择优化供暖、通风与空调系统</td><td rowspan="3">能耗分析</td><td rowspan="3">EnergyPlus</td></tr>
<tr><td>5.2.7</td><td>降低设备能耗</td></tr>
<tr><td>5.2.16</td><td>可再生资源利用</td></tr>
<tr><td rowspan="3">3. 节水与水资源利用</td><td rowspan="3">评分项</td><td>6.2.4</td><td>设置用水计量装置</td><td rowspan="3">模型信息综合分析</td><td rowspan="3">Revit</td></tr>
<tr><td>6.2.8</td><td>空调设备采用节水措施</td></tr>
<tr><td>6.2.11</td><td>在空调系统采用非传统水源</td></tr>
</table>

⊖ 现行版本为 GB/T 50378—2019，因为考虑到常用性，表中对应的是 GB/T 50378—2014。

（续）

<table>
<tr><th colspan="2">绿色建筑评价标准类别</th><th>条文编号</th><th>相关信息数据要点</th><th>BIM 应用点</th><th>相关软件</th></tr>
<tr><td rowspan="11">4. 节材与材料资源利用</td><td rowspan="2">控制项</td><td>7.1.2</td><td>热轧带肋钢筋</td><td>材料参数设计</td><td rowspan="2">Revit</td></tr>
<tr><td>7.1.3</td><td>建筑造型简约</td><td>模型信息综合利用</td></tr>
<tr><td rowspan="9">评分项</td><td>7.2.1</td><td>建筑体型规则</td><td rowspan="2">结构分析</td><td rowspan="2">PKPM</td></tr>
<tr><td>7.2.2</td><td>地基基础、结构体系及构件优化设计</td></tr>
<tr><td>7.2.3</td><td>土建与装修工程一体化设计</td><td>协同设计</td><td rowspan="2">Revit</td></tr>
<tr><td>7.2.4</td><td>可重复使用隔断墙比例</td><td>构件数量统计</td></tr>
<tr><td>7.2.5</td><td>工业化预制构件使用比例</td><td>基于 BIM 的工程预制加工</td><td>RevitTE
KLA</td></tr>
<tr><td>7.2.7</td><td>本地生产的建筑材料的选用</td><td>材料统计</td><td rowspan="4">Revit</td></tr>
<tr><td>7.2.10</td><td>高强度建筑结构材料比例</td><td rowspan="3">材料用量统计</td></tr>
<tr><td>7.2.12</td><td>节能材料立体百分比</td></tr>
<tr><td>7.2.13</td><td>用废弃原料生产的建筑材料利用百分比</td></tr>
<tr><td rowspan="8">5. 室内环境质量</td><td rowspan="8">评分项</td><td>8.2.1</td><td>室内噪声级</td><td rowspan="3">声环境分析</td><td rowspan="3">Sound</td></tr>
<tr><td>8.2.2</td><td>房间隔声性能</td></tr>
<tr><td>8.2.4</td><td>有声学要求的重要房间的声学设计</td></tr>
<tr><td>8.2.5</td><td>房间具有良好的户外视野</td><td>模型信息综合分析</td><td>Revit</td></tr>
<tr><td>8.2.6</td><td>房间采光系数、窗地面积比</td><td>采光分析、材料统计</td><td>Ecotect
DeST</td></tr>
<tr><td>8.2.7</td><td>室内天然采光效果</td><td>自然采光模拟</td><td rowspan="2">Radiane</td></tr>
<tr><td>8.2.8</td><td>可调节遮阳措施</td><td>太阳辐射分析</td></tr>
<tr><td>8.2.10</td><td>优化建筑空间、改善自然通风效果</td><td>室内自然通风模拟</td><td>Fluent</td></tr>
</table>

10.2 BIM 技术在建设项目全生命周期可持续性中的应用

10.2.1 建设项目全生命周期的可持续性

建筑的绿色可持续性体现在建设项目全生命周期的各个阶段，包括规划设计、建筑施工、运营使用及拆除回收。通过在规划设计阶段对环境因素提前进行充分考虑，将施工阶段对环境的影响降到最小，同时在使用阶段满足人们对居住空间舒适、健康和安全的最低要求，最后在拆除回收阶段最大限度地回收，利用拆除材料，可以将建筑全生命周期内对环境的危害降低到最低。因此传统的基于 EIA 理论的环境影响评价已不能适应当前对建筑全生命周期进行环境影响评价的要求。近年来提出的 LCA（Life Cycle Assessment，全生命周期评价）是面向产品的一种环境管理方式，它侧重于关注产品从原材料的获取与处理、加工与生产、分配与运输、使用与维修，到材料的再循环以及废弃产品的最终处置等全生命周期过程对环境产生的影响，并为减少或消除这些影响寻找相应的措施，因此它是一种适应可持续发展的全新环境管理模式。

建筑全生命周期评价主要是在定量分析建筑全生命周期各个环节对环境影响大小的基础上，识别出对环境影响较大的因素，并寻找改进生产工艺的方法，从而提高整个建筑体系的环境性能。自 20 世纪 90 年代起，许多欧美国家便将全生命周期评价用于建筑生命周期环境影响的定量分析中，对促进建筑业减少能源消耗以及减轻环境污染起到了至关重要的作用。

10.2.2 BIM 技术在建设项目全生命周期可持续性中的应用潜力

由于全生命周期分析是针对建筑从原材料制备、建筑产品报废后的回收处理到再利用的生命周期全过程，涉及的时间和空间的跨度很大。基于 BIM 技术所建立的虚拟建筑模型包含了丰富的建筑构件和材料的特征信息，可以提供极其完整的设计信息，不仅能够用于建筑设计，还可以用于设备管理、成本管理、结构功能设计、工程量统计、运营管理等建筑生命周期全过程的管控。

目前用于全生命周期分析的 LCA 软件有十余种，大多是相互独立且功能特定的应用软件。由于在进行系统设计时未完全基于建筑信息模型，各软件之间数据描述重复，数据共享难以实现。通过 BIM 技术的主流数据交换标准 IFC（Industry Foundation Classes，工业基础类标准）来增强 LCA 软件和建筑设计软件之间的协同性，有效利用建筑设计软件生成的建筑信息模型。结合建筑环境的现状，基于 BIM-LCA 的建筑环评信息模型及软件系统能提高建筑环评的效率和水平，大大减少工程师的工作量，给决策者提供环境友好型的优选方案。

10.2.3 BIM 技术在设计阶段环境可持续性的应用

设计阶段是大多数 BIM 设计标准中的关键阶段，研究表明设计早期的基于 BIM 的可持续性模拟对于推进可持续建筑设计至关重要。使用 BIM 技术可以分析环境对于绿色建筑的影响，特别是在建筑性能、材料选择和能源效率方面的影响。通过面向对象的物理建模（Object-Oriented Physical Modelling，OOPM）方法可以开发基于 BIM 的用于建筑能量模拟的数据库，设计师可以获得建筑的声、光、热、构件的材料成分、能耗信息以及可再生成分比例，来改进建筑设计和能量仿真软件之间的复杂数据交换，从环境可持续性的角度采用材料和构件。通过基于 BIM 技术的全生命周期信息管理，可以使 BIM 数据由项目参与者共享并同时使用，同时确保数据的完整性。

另外，全生命周期评估（LCA）的绩效也可通过 BIM 技术来计算。通过连接 BIM 建模工具（例如 Revit 模型）和能源模拟工具（例如 Green Building Studio 和全生命周期影响评估工具 ATHENA Impact Estimator）来评价建筑物的环境性和经济性，调查使用不同的建筑材料和能源性能所产生的负面影响，能够更好地帮助设计阶段的各类决策。

10.2.4 BIM 技术在施工阶段环境可持续性的应用

利用 BIM 技术的可视化进行技术交底，把复杂节点按真实的空间比例在 BIM 模型中表达出来，并且通过文件输出及视频编辑来还原真实的空间尺寸，可以提供 360°的观察视角，让人清楚地识别复杂节点的结构构造。借助 BIM 技术的动画漫游及虚拟建造功能，可以利用不同视点、不同部位、不同工艺的制作安装动画来直观、准确地表达设计图，可大大提高读图的效率和精度，减少返工损失。

BIM 技术可综合建筑、结构、安装各专业间的信息，对土建、结构与机电专业之间的碰撞问题、结构墙预留孔洞问题、管道翻折问题进行提前模拟检测，从而及早发现问题，防患于未然，减少不必要的经济损失和工期延误。在制造阶段，BIM 技术可以与虚拟现实（AR）集成，以便可视化和促进管道组装，以提高工作的准确性。BIM 也被证明可以通过可视化更好地理解来减少客户订购的变化，从而导致业主在施工过程中更有成效的参与。同时为了确保安全性，BIM 软件产生的遗漏数据库可以向施工人员提供可视化信息，提出危险警告信号，并报告近距离信息。由于可以同步提供有关建筑质量、进度以及成本的信息，BIM 技术可以方便地提供工程量清单、概预算、各阶段材料准备等施工过程中所需信息，甚至可以帮助实现建筑构件的直接无纸化加工生产。通过建筑业和制造业的数据共享，BIM 技术将大大推动和加快建筑业的工业化和自动化程度，减少对环境的影响，促进可持续发展。

10.2.5 BIM 技术在运营阶段环境可持续性的应用

建设项目的运营阶段的能量消耗占据了全生命周期总能量消耗的主要部分。BIM 作为运行阶段管理环境绩效分析工具的评估软件提出了各种措施，这些措施包括建筑加热和冷却系统要求的分析、采光条件的分析、减少电气照明负载和热能负荷的方法分析等。以 Autodesk Green Building Studio 为例的 BIM 软件，根据先进的云计算技术来分析建筑能源使用。这些 BIM 软件可用于估算能源消耗、碳排放量和对现有建筑物中可再生能源使用潜力的评估。

在设施管理方面，基于 BIM 技术在运营管理中的应用，可以使得建设项目在运营阶段的管理效率提高。基于 BIM 的设备管理，可实现物业管理精确及时的目的，将建设项目运维管理提高到智能化的新高度，使项目变得更加节能和环保。BIM 技术有助于促进高效建设项目运营，减少建设项目运行阶段突发事件的发生，提高安全绩效，减少资源浪费。

10.2.6 BIM 技术在检修与维护阶段环境可持续性的应用

在建筑维修保养阶段，优化现有建筑有助于促进自然资源的保护，大幅度削减建筑的能源消耗有助于形成一个更安全、更清洁的居住环境。在对现有建筑的维护过程中，能源使用效率问题的关注越来越多，BIM 技术可以通过优化可持续设计属性、降低运营成本、限制环境影响等方面加强建设项目检修与维护阶段的可持续性。通过把用于数据收集或共享的 BIM 系统和用于捕获知识的基于案例的推理模块（Case-Based Reasoning，CBR）相结合，把基于 BIM 的知识共享系统用于建筑检修与维护阶段中，为设施管理人员及其维护团队提供了一个平台，从以前的经验中学习，并对建筑的完整记录进行调查，包括对建筑中不同材料和部件的维护记录。BIM 技术有助于将可持续设计的原则实施在对现有建筑的检修和维护过程中。

10.2.7 BIM 技术在拆除阶段环境可持续性的应用

随着近几十年的建设活动的增加，施工和拆除工程的环境影响日益受到关注。随着环境可持续发展意识的提高，有效地与施工和拆除相关的废物管理的发展也随之变得重要。世界各国的学者们一直在努力开发用于估算建筑拆迁工程废物垃圾的工具。比如现在有“TECOREP”系统和“削坡施工法”等先进的可持续高层建筑拆除方式对高层进行拆除，可以实现相对安全、环保、经济的拆除作业。

在建筑生命末期的拆迁阶段，通过基于 BIM 数据库的可视化工具能够识别施工和拆除中的废物垃圾。这些数据可以让实践者在进行实际的拆迁或更新之前制订更加合理和有效的物料回收计划。同时基于 BIM 技术可以建立能够提取建筑信息模型中每个选定元素的体积和材料的系统，该系统可以包含详细的废物垃圾信息。这些信息可用于预测所需运输车辆的数量、运输行程和法定废物垃圾的处理费用，同时也可以用于评估各种建筑解构方案在经济成本和环境效益方面的影响，比如最小化碳排放和能源消耗方面的影响。

10.3 BIM 技术在建筑节能方面的应用

10.3.1 建筑节能的现状

建筑业属于传统的高耗能行业。据统计，建筑业能耗在欧盟和美国的全社会总能耗中占比分别为 42% 和 48%，普遍高于这些地区的交通部门与工业部门。我国建筑业能耗大约占全社会总能耗的 1/3。随着城镇化建设的加速以及人民生活水平的不断提高，我国建筑业能耗还将持续增长。随着绿色、低碳等可持续发展理念逐渐深入人心，如何有效地提高建筑物资源和能源利用效率成为政府和行业的关注重点。2012 年，我国财政部、住房和城乡建设部共同发布的《关于加快推动我国绿色建筑发展的实施意见》（财建〔2012〕167 号）中明确指出，截止到 2020 年，我国的新建建筑中超过 30% 应为绿色节能建筑，同时建筑建造和使用过程的能源资源消耗水平应接近或达到现阶段发达国家水平。

目前在我国，将建筑节能的思想结合到设计阶段的推广仍然达不到发展的要求，建筑设计更多的还是侧重于建筑的外观和功能，而忽视建筑的能效设计——即通过被动设计的方法，在建筑设计的初始阶段，就开始进行建筑能效设计，从而选择最优化的设计方案。具体来说，目前我国建筑设计过程中对于能耗、气候条件以及效能等方面因素的研究和分析存在缺失，其基本内容可以概括为：

1）尽管国内不同地区在气候等方面有着明显的不同，然而，基本上所有的绿色建筑在进行设计的时候对于节能技术的运用区别不大，对于气候条件的分析与权衡方面没有引起足够的重视。

2）在方案设计阶段，基本上只考虑建筑的造型美观以及建筑内部布局、使用功能等方面，对其能源消耗、室内光热风舒适度的影响参数考虑不足。

3）节能设计基本上都在方案完成后期，存在滞后性，且盲目地进行各种节能材料、节能技术的堆砌，没有基于地域特征因地制宜地进行优化设计。对绿色低能耗的理论体系认知度不足，普遍认为只是采用一些新技术或者材料，缺乏系统的知识体系与设计框架。

10.3.2 低能耗建筑的相关概念

近年来被动式建筑、低能耗建筑、超低能耗建筑、近零能耗建筑等一系列相关概念被提出，例如美国的《能源安全与独立法案》将净零能耗公共建筑（Zero-Net-Energy Commercial Building）定义为：全生命周期内最大限度地降低能源需求，满足室内环境需求的前提下，不使用排放 CO_2 气体的能源，尽可能提高建筑能源效率的建筑。在我国，进行低能耗建筑发展的过程当中所制定的标准为实现 50% 的节能，如果其数值能够达到 75%，那么该建筑即为低能耗建筑。我国绿色低能耗建筑的特点主要是指在满足《绿色建筑评价标准》的前提下着重强调能耗指标，如图 10-5 所示。

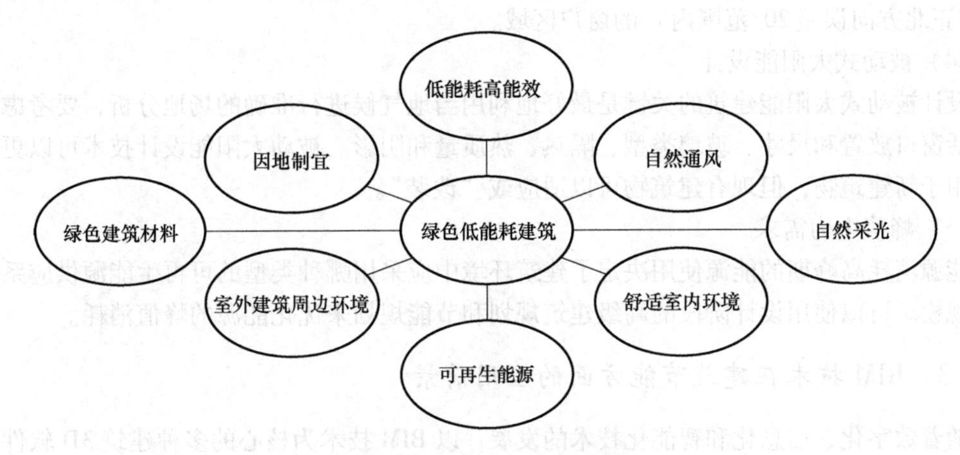

图 10-5　绿色低能耗建筑特点

我国的绿色低能耗建筑设计、近零能耗建筑设计发展目标主要强调三方面的内容，具体如下：

1）因地制宜选择绿色建筑材料。现代绿色建筑设计盲目地采用相同的节能技术及节能材料造成绿色建筑形式的一律单调化，使得在建筑建造过程中采用非本土材料越来越多。这个过程中造成大量的资源浪费与环境污染。而绿色主要强调的就是因地制宜，因此设计中不仅要考虑当地材料的选用，还需要考虑当地的自然气候、地理环境、生活水平及社会习俗等文化传统，满足建筑的综合社会需求，使建筑与本土人文历史、自然环境和谐共处，不同地区建筑呈现不同特征风貌。

2）由于环保意识不强等，导致实际进行施工建设的过程当中不注意合理利用资源，对于成本的管理和控制不够严格，只是追求短期的利润的实现。低能耗建筑强调的是在建筑从设计到使用整个时间过程中对周边的影响。

3）权衡舒适的室内环境与消耗的资源、整体投资之间的关系，整体上控制能源大消耗。因此，设计过程中并不主张因追求过高的室内新风舒适环境，带来的空调能耗的增加；不主张采用室外过高的绿地率带来的土地利用率和容积率的降低；不主张追求室外的景观水体效果而带来的水处理设施的增加。

建筑节能设计要考虑的因素有很多，其中 5 个主要因素如下：

（1）适当的系统规模

适当的系统规模是在建筑物中实现净零能量阶段的空间先决条件。为了利用可再生能源和节能，必须能够获得足够的规模。

（2）建筑围护结构

建筑围护结构是建筑物内部与外部环境之间的界面，包括墙壁、屋顶和建筑物。通过充当热障碍，建筑围护结构在引导内部温度方面起着关键作用。最大限度地减少通过建筑围护结构的热传递对于减少对空间加热和冷却的需求至关重要。

（3）建筑方向

场地的方向、布局和位置都将影响建筑物接收的太阳热量，从而影响其全年的温度和舒适度。为了获得最大的太阳能增益，建筑物将被定位、定向和设计在以最大化朝向北方（或在正北方向误差20°范围内）的窗户区域。

（4）被动式太阳能设计

设计被动式太阳能建筑的关键是最好地利用当地气候进行准确的场地分析，要考虑的因素包括窗口放置和尺寸、玻璃类型、隔热、热质量和阴影。被动太阳能设计技术可以更容易地应用于新建筑物，但现有建筑物可以适应或“改装”。

（5）峰值电力需求

能源消耗高峰期的能源使用决定了建筑环境中应采用哪种类型的可再生能源供应系统和系统规模。可以使用设计阶段的高级建筑规划和节能规划来优化能源的峰值消耗。

10.3.3 BIM 技术在建筑节能方面的应用前景

随着数字化、信息化和智能化技术的发展，以 BIM 技术为核心的多种建筑 3D 软件日趋完善和成熟。基于 BIM 的建筑节能设计软件开发为建筑节能设计的自动化、智能化提供了基础和平台，使方案设计阶段的建筑节能更方便、快捷，也更准确。建筑朝向、围护结构性能、自然通风状况、建筑体形系数、窗墙面积比等都是影响建筑能耗的重要因素。如果建筑不满足节能标准，可以对模型的修改建议反馈给建筑师，建筑师根据反馈意见修改建筑模型，如此反复，直到建筑满足节能标准要求为止。因此基于 BIM 技术的建筑节能还可以解决建筑设计和节能设计过程中数据转换的问题，提高工作效率；对建筑的太阳能利用、舒适度和空调系统的能耗进行分析，为建筑的规划设计节能设计提供可靠的科学依据。

10.3.4 基于 BIM 技术的建筑节能设计

BIM 技术对建筑节能的设计优化主要体现在两个方面，同时也对应着基于 BIM 技术的建筑节能设计的两个步骤（表10-2）：第一步，使用适当的固有 BIM 软件创建基本的建筑模型；第二步，根据需要将这些模型导出到基于 BIM 技术的建筑能源分析工具。

表 10-2 基于 BIM 技术的建筑节能设计步骤

步骤	第一步：利用 BIM 固有性能建模	第二步：基于 BIM 的分析工具
软件	Revit，ArchiCAD，Bentley 公司系列软件，Graphisoft，TriForma 等	Ecotect，IES-VE，Green Building Studio，EnergyPlus，TRACE700，eQUEST 等
可持续策略	建筑朝向、规模、荷载数据等	建筑荷载计算、能耗分析、照明设计、通风设计、耗材分析等

1）第一步，使用固有 BIM 软件（例如 Revit）的“绿色”策略功能可以选择最佳的建筑方向和适当的体量。在输入项目所在位置的基本信息以后，BIM 软件可以分析日光路径对

地形和周围建筑阴影的影响，同时分析建筑物及其窗户的朝向设置，从而使得建筑系统的能源效率和用户的舒适度达到最大化。通过最大限度地利用自然资源，可以减少对人造系统和能源使用的需求，提高设计的可持续性评级。以计算最佳建筑方向为例，在 BIM 软件中导入项目的经度和纬度之后，计算项目所在地的偏角，并将项目旋转到合适的角度。BIM 软件可以分析出建筑物相对太阳旋转前和旋转后的阴影变化、建筑物内部热量增加和日间照明的变化。

2）第二步，主要是通过基于 BIM 技术的建筑能耗分析软件来对模型进行分析。目前市场上有三种常用的基于 BIM 技术的可持续性分析软件。它们是：Autodesk ECOTECT，Autodesk Green Building Studio（GBS）和 Integrated Environmental Solutions < Virtual Environment >（IES < VE >）。

Autodesk ECOTECT 软件是一款多种功能俱全的可持续设计及分析工具，其中包含了基本的节能分析功能，应用该软件能够有效提高新建筑和已有建筑设计的性能。该软件将在线能耗、用水量以及碳排放分析功能集成于桌面工具中，能够可视化和模拟真实环境中的建筑性能。用户可以在页面选择器的不同视图间切换，以模拟建筑模型日照、阴影、热工和采光等因素对环境的影响。此外，它本身提供简单易操作的建模工具、友好的三维建模设计界面，并且与 AutoCAD、SketchUp、Revit Architecture 等软件有较好的互操作性。综上，ECOTECT 具有整体的易用性、适应不同设计深度的灵活性以及色彩丰富的图示化结果，因而被广泛应用于我国的建筑设计领域。

Green Building Studio（GBS）是 Autodesk 公司的一款云端计算建筑整体能耗、水资源和碳排放的节能工具。在该网站上登录并创建基本项目信息后，用户可以用插件将 Revit 等 BIM 软件中的模型导出 gbXML 格式的文件并上传到 GBS 的服务器上，计算结果快速完成后，可以将其导出和比较。GBS 使用 DOE-2 计算引擎进行建筑的能耗模拟。采用 GBS 进行节能分析可以得到的结果有：建筑整体能耗数据、碳排放结果、水资源利用和支出评估、针对 LEED 进行自然采光评价、光伏用电潜力、Energy STAR 评分、方案比较等。在云端计算技术的支持下，GBS 最大的优势体现在其数据处理能力和效率上，此外，它还提供了信息共享和多方协作的可能。最后，它还有着强大的文件格式转换器，有效地解决了 BIM 与专业的能源模拟软件之间的对接问题。

Integrated Environmental Solutions < Virtual Environment >（IES < VE >）是一种强大的能量分析工具，可提供与 BIM 的高度准确性和互操作性。该应用程序可以运行于建筑环境分析的全部范围，从能源到采光，再到研究机械系统气流的计算流体动力学。

10.3.5 建筑节能标准

依据 GB 50180—2018《城市居住区规划设计标准》住宅建筑的间距应符合表 10-3 的规定，对特定情况，还应符合下列规定：

1）老年人居住建筑日照标准不应低于冬至日日照 2h；

2）在原设计建筑外增加任何设施不应使相邻住宅原有日照标准降低，既有住宅建筑进行无障碍改造加装电梯除外；

3）旧区改建项目内新建住宅建筑日照标准不应低于大寒日日照时数 1h。

表 10-3 住宅建筑日照标准

建筑气候区划	Ⅰ、Ⅱ、Ⅲ、Ⅶ气候区		Ⅳ气候区		Ⅴ、Ⅵ气候区
城区常住人口（万人）	≥50	<50	≥50	<50	无限定
日照标准日	大寒日			冬至日	
日照时数/h	≥2	≥3		≥1	
有效日照时间带（当地真太阳时）	8～16 时			9～15 时	
计算起点	底层窗台面				

注：底层窗台面是指距室内地坪 0.9m 高的外墙位置。

10.4 BIM 技术与建筑物碳排放

10.4.1 建筑的碳排放问题

近年来，温室效应已成为 21 世纪人类社会所面临的最严重的环境污染问题之一，直接关系到人类的生存与发展。2010 年 7 月发表的《建筑与气候变化：决策者摘要》一文中明确提到，全球温室气体排放比例最大的三大行业之一是建筑行业，约占全球每年温室气体排放比例的 30%。建筑全生命周期的全过程包括材料生产、设计规划、建造运输、运行维护以及拆除处理等阶段，温室气体的产生在建筑全生命周期的过程中有着不同的特征，针对不同时期的碳排放状况，采取不同的有效措施减少建筑全生命周期的碳排放总量，是发展绿色建筑十分重要的课题。

我国城镇化正在高速发展中，建筑事业正是成长的高峰期，每年建成的房屋大约有 18 亿 m^2，其中大部分建成的房屋都是高能耗建筑，到 2020 年之后，预计建成的高能耗建筑面积将会达到大约 700 亿 m^2。这些建筑的建成过程中会引起大量的温室气体产生，会迅速加剧温室效应。可想而知，在未来的 30 年里按照这样的趋势发展，建筑碳排放量会在如今的基准上加倍，环境承受能力将达到饱和的程度。根据我国国家发改委能源所的研究，建筑行业相比于其他行业来说减少碳排放的潜力更大，而且降低碳排放难度较小，通过各种新型降碳技术，可以比较轻松地实现减碳 40%～50% 的目标。因此，建筑业中关于低碳建筑的研究逐年受到重视，然而建筑是否低碳环保是通过从建筑的整个生命周期内降低化石能源的使用量来实现的，因此对建筑全生命周期碳排放的进一步研究有利于全方位地节约资源，保护环境。

《绿色建筑评价标准》的创新项得分中，在设计阶段及运营阶段有独立条文关于建筑碳排放计算及其碳足迹分析，其中设计阶段的碳排放计算分析报告主要分析建筑的固有碳排放量，运营阶段主要分析在标准工况下建筑的资源消耗碳排放量。

10.4.2 建筑碳排放计量方法

碳排放因子是建筑物碳排放计量的重要基础数据，它包括两个方面：一是材料、构件、部品、设备的碳排放因子，即单位数量材料、构件、部品、设备所固化的碳排放量；二是各种能源所对应的碳排放因子。针对材料、构件、部品、设备的碳排放因子选用，应当注意因子边界的统一。

传统的建筑物碳排放计量方法包括清单统计法和信息模型法。清单统计法是依据每个碳排放的单元过程编制相关的碳排放数据，从而得到整个建筑全生命周期的碳足迹。同时使用单位质量/体积来表达相关建筑材料及构配件，使用单位质量/能量来表示能源。在数据采集过程中，首先界定建筑碳排放的单元过程，再对具体碳排放单元过程中的活动水平数据以及相应的碳排放因子进行收集，且这些数据均能代表相应的单元过程中的能源、资源和材料消耗特征。在数据核算过程中，建筑全生命周期的碳排放量应为材料生产阶段、施工建造阶段、运行维护阶段、拆解阶段、回收阶段中各单元过程碳排放量的总和。而每个碳排放单元过程的排放量应为碳排放单元活动水平数据与碳排放因子的乘积。信息模型法是在合适的软硬件平台条件下，建立、管理信息模型，将信息从建筑材料、构件、部品、设备生产线传递到建设、管理全过程，从开发、竣工、管理阶段信息模型中，采集生产阶段、施工建造阶段、运行维护阶段、拆解阶段、回收阶段信息并核算，最后对核算结果进行发布。

10.4.3 BIM技术在建筑物碳排放控制中的应用

可以说，BIM技术为建筑物碳排放计算的信息模型法提供了更先进的工具支撑。通过运用BIM技术对建筑物施工过程中的低碳信息进行集成管理，可以实现碳排放的可视化测算、低碳成本和碳排放分析。运用BIM技术的建筑物低碳信息集成管理的实质是利用BIM技术，在三维建筑模型的基础上融入一维进度信息、一维成本信息和一维低碳信息，形成六维的BIM技术模型。BIM技术使得三维建筑模型更具包容性、和易性，它根据建筑工程各参与方的不同目标需求，将更多的工程信息融入其中，并实现信息的实时跟踪、提取和调用。BIM技术在建筑物碳排放控制中的应用可由图10-6表示，具体如下：

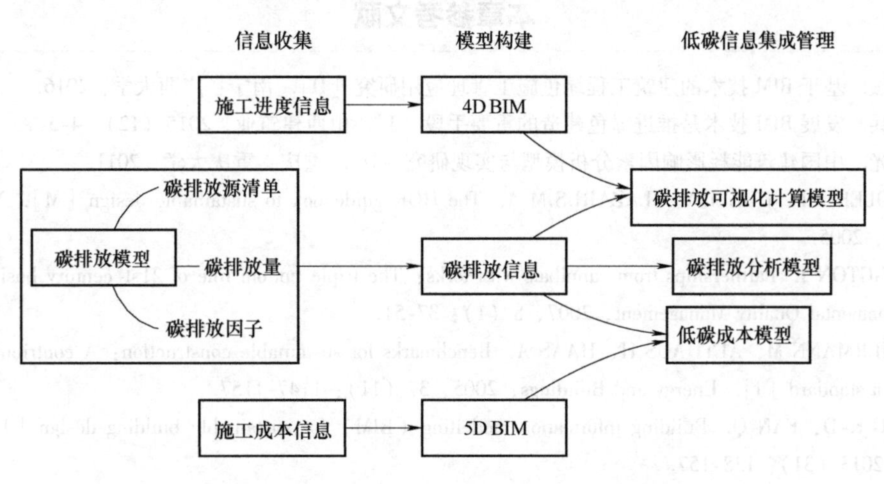

图10-6 BIM技术在建筑物碳排放控制中的应用

1. 构建碳排放可视化测算模型

可视化测算模型是将收集到的低碳信息中的碳排放量以资源消耗量形式反映到施工进度计划的资源（人、材、机、施工技术及排碳量等资源）消耗量曲线图中，即在4D BIM基础上增加碳排放量这一资源消耗量曲线。将碳作为一种资源，其进度计划表下方的资源消耗量曲线直接可反映碳排放量变化趋势，实现低碳信息（碳排放量）与进度计划的同步，即实现碳排放可视化测算。

2. 构建低碳成本模型

低碳成本模型是将低碳信息（碳排放量）融入 5D BIM 模型而成。采用工程量清单计价模式，对相应构件进行清单编码，利用 BIM 相关软件进行分部分项工程量计算汇总的同时，计算相应分部分项工程量清单的碳排放量，统计出碳排放量后，与单位碳排放价格相乘进行计算，即为碳排放成本。因为 5D BIM 模型已经实现了工程量、成本与施工进度及建筑模型的同步，因此，在此基础上增加碳排放成本信息已是可行方案。

3. 构建碳排放分析模型

碳排放分析模型需要碳排放清单、碳排放量和碳排放因子等后台数据的支持。作为碳排放可视化测算模型和低碳成本模型的组成部分，碳排放分析模型是低碳信息集成管理的核心。其模型构建的关键在于碳排放量与碳排放因子的集成计算。

4. 构建低碳信息集成管理模型

低碳信息集成管理模型是指上述三种模型的集成，即碳排放可视化测算模型、低碳成本模型和碳排放分析模型，是低碳信息集成管理模型的子模型。这三种子模型之间具有关联性，碳排放分析模型是碳排放可视化测算模型和低碳成本模型的支柱。

思 考 题

1. BIM 技术如何促进建设项目在环境、社会和经济等方面的可持续发展？
2. 简述基于 BIM 技术进行建筑节能设计的主要步骤和相关软件。
3. 如何利用 BIM 技术控制建筑的碳排放？

本章参考文献

[1] 麻荣敏. 基于 BIM 技术的建筑工程绿色施工管理应用研究 [D]. 南宁：广西大学，2016.
[2] 毛志兵. 发展 BIM 技术是推进绿色建造的重要手段 [J]. 山西建筑业，2015 (12)：4-5.
[3] 蔡伟光. 中国建筑能耗影响因素分析模型与实现研究 [D]. 重庆：重庆大学，2011.
[4] MENDLER S F, ODELL W, LAZARUS M A. The HOK guidebook to sustainable design [M]. New York: Wiley, 2005.
[5] ELKINGTON J. Partnerships from cannibals with forks: The triple bottom line of 21st-century business [J]. Environmental Quality Management, 2007, 8 (1): 37-51.
[6] ZIMMERMANN M, ALTHAUS H, HAAS A. Benchmarks for sustainable construction: A contribution to develop a standard [J]. Energy and Buildings, 2005, 37 (11): 1147-1157.
[7] WONG K-D, FAN Q. Building information modelling (BIM) for sustainable building design [J]. Facilities, 2013 (31): 138-157.
[8] 孙陈俊妍，周根，葛宇佳，等. BIM 技术在可持续绿色建筑全寿命周期中的应用研究 [J]. 项目管理技术，2017，15 (2)：65-69.
[9] 刘秀杰. 基于全寿命周期成本理论的绿色建筑环境效益分析 [D]. 北京：北京交通大学，2012.
[10] FOWLER K M, RAUCH E M. Sustainable building rating systems summery [R]. U. S. Department of Energy, 2006.
[11] KRYGIEL E, NIES B. Green BIM: Successful sustainable design with building information modeling [M]. Indianapolis, Indiana: Wiley Publishing, Inc., 2008.

[12] 崔芳芳. 基于 BIM 技术绿色低能耗建筑集成设计方法与优化研究 [D]. 昆明：云南农业大学，2017.
[13] 沈琳. 基于 BIM 技术的建设项目全生命周期环境影响评价研究 [D]. 南京：南京林业大学，2015.
[14] 武慧君. 基于生命周期评价的建筑物环境影响分析 [D]. 大连：大连理工大学，2006.
[15] 曾旭东，秦媛媛. 设计初期实现低碳建筑设计方法的探索 [J]. 新建筑，2010 (4)：114-117.
[16] 谢伟双，杨琦辉，赵晖. 基于 BIM 的建筑全生命周期环境可持续性增强研究 [J]. 建筑节能，2018，46 (5)：47-52.
[17] 王立. 建筑工程可持续性评价信息系统研究 [D]. 北京：清华大学，2015.
[18] 王建. 基于 BIM 云平台在建筑节能全生命周期的应用研究 [D]. 合肥：安徽建筑大学，2016.
[19] 郝赤彪，苏楠. 建筑拆除过程中的可持续措施初探 [J]. 中外建筑，2015 (2)：114-116.
[20] 丁建华. 公共建筑绿色改造方案设计评价研究 [D]. 哈尔滨：哈尔滨工业大学，2013.
[21] 杨彩霞，李晓萍，尹波，等. 中国建筑低碳发展战略路径及对策研究 [J]. 建筑节能，2015 (7)：107-111.
[22] 财政部，住房和城乡建设部. 关于加快推动我国绿色建筑发展的实施意见：财建〔2012〕167 号 [Z/OL]. http：//www. mohurd. gov. cn/fgjs/xgbwgz/201205/t20120510_209831. html.
[23] 杨悦悦. 基于 BIM 的句容某别墅项目建筑节能分析与方案优化 [D]. 南京：东南大学，2016.
[24] VORA S R，RAJGOR M B，PITRODA J. Analysis of factor influencing net zero energy building construction by RII method [J]. International Education & Research Journal，2017，3 (5)：693-696.
[25] 杨鹏. 基于 BIM 技术的建筑生命周期碳排放研究 [D]. 武汉：武汉工程大学，2016.
[26] 阴世超. 建筑全生命周期碳排放核算分析 [D]. 哈尔滨：哈尔滨工业大学，2012.
[27] 许嘉桢，季亮，乔正珺. 建筑全生命周期碳排放量的计算研究 [J]. 生态城市与绿色建筑，2014 (8)：13-17.
[28] 杨云英，权长青，金仁和，等. 建筑施工过程低碳信息集成管理技术 [J]. 土木工程与管理学报，2018，35 (3)：140-144.

第11章

几何建模原理

建筑物的三维几何形状是建筑信息模型的重要先决条件。本章介绍了使用计算机表示几何体所涉及的原则及基本原理。本章主要分为两大部分，分别介绍的是计算机图形学相关的基本内容和在 BIM 背景下几何建模的各种不同的方式。其中包括了描述模型的显式和隐式方法，用于创建具有灵活适应性模型的参数化建模方法以及对自由曲线和曲面建模方法的一些探索和研究。

11.1 计算机图形学简述

当今社会计算机已经成为快速、经济生成图片的强大工具。所有领域都从使用图形显示中获益。虽然图形显示在早期的工程和科学的应用必须依赖昂贵而笨重的设备，但计算机技术的发展已经将交互式计算机图形学变成一种实用工具，而计算机图形学的其中一项与 BIM 相关的应用被称为计算机辅助设计。

11.1.1 计算机辅助设计

现今几乎所有的产品都已经使用计算机进行设计，但是计算机图形学的主要应用还是在设计过程中，尤其是在工程和建筑系统中。简称为 CAD 的计算机辅助设计（Computer-Aided Design）或简称为 CADD 的计算机辅助绘图和设计（Computer-Aided Drafting and Design）方法，现已经广泛应用于大楼、汽车、飞机、计算机、家具和其他许多产品的设计中。

建筑设计师使用交互式图形技术来设计平面布局，且通过一系列的设计操作，建筑设计师与客户可一起研究建筑的三维外貌模型。除了大楼外貌的真实显示外，建筑 CAD 软件包还可以提供三维的室内布局和光照的功能。通过 CAD 软件的应用，计算机在工程与建筑设计的各个方面辅助设计师、工程师们的设计工作。

11.1.2 坐标表示

使用程序设计软件生成图形时，首先需要给出显示对象的几何描述。该描述用来确定对象的位置和形状。例如，一个立方体由它的顶点位置来描述，一个球由其中心位置和半径来定义。除极少数的例外情况，一般要求在标准右手笛卡儿坐标参考系统中给出几何描述。如果一个图形的坐标值是在某个其他参照系（球面坐标、双曲坐标等）中指定的，那它们必须通过特定的方式转换为笛卡儿坐标再进行输入。

通常，在构造和显示一个场景的过程中会使用几个不同的笛卡儿参照系。首先构建对象形状的参照系，这种参照系被称为建模坐标系（Modeling Coordinate），也称局部坐标系（Local Coordinate）或主坐标系（Master Coordinate）。而一旦指定了单个物体的形状，可将对象放到称为世界坐标系（World Coordinate）的场景参照系中的适当位置。这一步涉及从单独的建模坐标系到世界坐标系指定位置和方向的变换。举个例子，在各自独立的建模坐标系中定义一辆轿车的零件（如轮胎、车架、底盘、座位等），然后将这些零件在世界坐标系中装配起来；如果车轮的尺寸相同，那么只需在局部坐标系中定义一个车轮，将该车轮装配到世界坐标系不同的 4 个位置处。如果场景不是很复杂，对象的各部分可以直接在世界坐标系中建立，从而跳过建模坐标和建模变换两步。

在描述好场景的所有部分之后，要将该场景的世界坐标描述经各种处理变换到一个或者多个输出设备参照系来显示。这个过程称为观察流水线（Viewing Pipeline）。世界坐标系的位置首先转换到与要进行观察的场景所对应的观察坐标系（Viewing Coordinate），该转换依据假想照相机的位置和方向来进行。然后，对象位置变换到该场景的一个二维投影，该投影对应于在输出屏幕上看到的结果，接着将该场景存入规范化坐标系（Normalized Coordinate）。最后，图形经扫描转换到光栅系统的刷新缓存中进行显示。显示设备的坐标系统称为设备坐标系（Device Coordinate），或对视频监视器而言称为屏幕坐标系（Screen Coordinate）。规范化坐标系和屏幕坐标系都是左手系，即离开 xy 平面（屏幕，或观察平面）的正距离增加方向可解释为远离观察位置而去。

11.1.3 二维几何变换

1. 二维平移

通过将位移量加到一个点的坐标上生成一个新的坐标位置，可以实现一次平移（Translation）。类似地，对于使用多个坐标位置定义的一个对象（如四边形），可以通过对所有坐标位置使用相同的位移量沿平行路径重定位来实现平移，然后在新的位置显示完整的对象。

将平移距离（Translation Distance）t_x 和 t_y 加到原始坐标（x, y）上获得一个新的坐标位置（x', y'），可以实现一个二维位置的平移：

$$x' = x + t_x \quad y' = y + t_y \tag{11-1}$$

一对平移距离（t_x, t_y）称为平移向量（Translation Vector）或位移向量（Shift Vector）。

可以使用下列的列向量来表示坐标位置和平移向量，然后将式（11-1）表示成单个矩阵等式：

$$\boldsymbol{P} = \begin{pmatrix} x \\ y \end{pmatrix}, \quad \boldsymbol{P}' = \begin{pmatrix} x' \\ y' \end{pmatrix}, \quad \boldsymbol{T} = \begin{pmatrix} t_x \\ t_y \end{pmatrix} \tag{11-2}$$

这样就可以使用矩阵形式来表示二维平移方程：

$$\boldsymbol{P}' = \boldsymbol{P} + \boldsymbol{T} \tag{11-3}$$

2. 二维旋转

通过指定一个旋转轴（Rotation Axis）和一个旋转角度（Rotation Angle），可以进行一次旋转（Rotation）变换。在将对象的所有顶点按指定角度绕指定旋转轴旋转后，该对象的所有点都旋转到新位置。

对象的二维旋转通过在 xy 平面上沿圆路径将对象重定位来实现。此时，将对象绕与 xy 平面垂直的旋转轴（与 z 轴平行）旋转。二维旋转的参数有旋转角 θ 和基准点（Rotation Point 或 Pivot Point）的位置（x_r，y_r），对象绕该点旋转（图 11-1）。基准点是旋转轴与 xy 平面的交点。正角度 θ 定义为绕基准点的逆时针旋转（图 11-1），而负角度将表示对象沿顺时针方向旋转。

为了简化该基本方法的叙述，首先确定当基准点为坐标原点时点位置 P 进行旋转的变换方程。原始点和变换后点位置的角度和坐标关系如图 11-2 所示。其中，r 是点到原点的固定距离，角 ϕ 是点的原始角度位置与水平线的夹角，θ 是旋转角。应用标准的三角等式，可以利用角度 θ 和 ϕ 将转换后的坐标表示如下：

$$\begin{aligned} x' &= r\cos(\phi+\theta) = r\cos\phi\cos\theta - r\sin\phi\sin\theta \\ y' &= r\sin(\phi+\theta) = r\cos\phi\sin\theta - r\sin\phi\cos\theta \end{aligned} \quad (11\text{-}4)$$

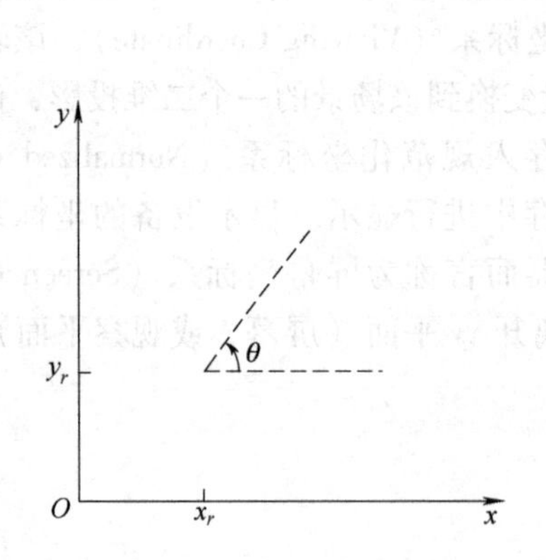

图 11-1　绕基准点（x_r，y_r）将对象旋转 θ 角

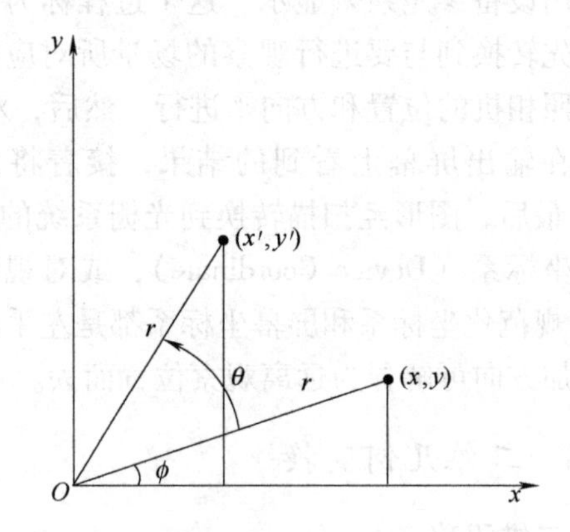

图 11-2　位置（x，y）旋转到（x'，y'）

在极坐标系中，点的原始坐标为

$$\begin{cases} x = r\cos\phi \\ y = r\sin\phi \end{cases} \quad (11\text{-}5)$$

将式（11-5）代入式（11-4）中，可得到相对于原点将位置（x，y）的点旋转 θ 角的变换方程：

$$\begin{cases} x' = x\cos\theta - y\sin\theta \\ y' = x\sin\theta + y\cos\theta \end{cases} \quad (11\text{-}6)$$

使用列向量表达式（11-2）表示坐标位置，那么旋转方程的矩阵形式表达如下：

$$\boldsymbol{P'} = \boldsymbol{R} \cdot \boldsymbol{P} \quad (11\text{-}7)$$

其中，旋转矩阵如下：

$$\boldsymbol{R} = \begin{pmatrix} \cos\theta & -\sin\theta \\ \sin\theta & \cos\theta \end{pmatrix} \quad (11\text{-}8)$$

3. 二维缩放

改变一个对象的大小，可使用缩放（Scaling）变换。一个简单的二维缩放操作可通过将缩放系数（Scaling Factor）s_x和s_y与对象位置（x，y）相乘而得：

$$x' = x \cdot s_x, \quad y' = y \cdot s_y \tag{11-9}$$

缩放系数s_x在x方向对对象进行缩放，而s_y在y方向对对象进行缩放。基本的二维缩放公式（11-9）也可以写成矩阵形式：

$$\begin{pmatrix} x' \\ y' \end{pmatrix} = \begin{pmatrix} s_x & 0 \\ 0 & s_y \end{pmatrix} \cdot \begin{pmatrix} x \\ y \end{pmatrix} \tag{11-10}$$

或

$$\boldsymbol{P}' = \boldsymbol{S} \cdot \boldsymbol{P} \tag{11-11}$$

其中，$\boldsymbol{S}$是方程（11-10）中的2×2缩放矩阵。

可以赋值给缩放系数s_x和s_y任何正数值。值小于1将缩小对象的尺寸，值大于1则放大对象。如果将s_x和s_y都指定为1，那么对象尺寸就不会改变。当赋给s_x和s_y相同的值时，就会产生保持对象比例的一致缩放（Uniform Scaling）。s_x和s_y的值不等时将产生设计应用中常见的差值缩放（Differential Scaling），其中的图形由少数形状经缩放和定位来构造。在有些系统中，也可为缩放参数指定负值。这不仅改变对象的尺寸，还相对于一个或多个坐标轴反射。

11.1.4 三维几何变换

三维几何变换的方法是在二维方法的基础上扩充了z坐标而得到的。多数情况下，该扩充比较直接。但也有一些情况，如旋转变化，就较为不同。

1. 三维平移

在三维齐次坐标表示中，任意点$P=$（x，y，z）通过平移距离t_x、t_y和t_z加到P的坐标上而平移到位置$P'=$（x'、y'、z'）：

$$x' = x + t_x, \quad y' = y + t_y, \quad z' = z + t_z \tag{11-12}$$

还可以用矩阵形式来表达平移操作。但现在坐标位置P和P'用四元列向量齐次坐标表示，并且变换操作T是4×4矩阵：

$$\begin{pmatrix} x' \\ y' \\ z' \\ 1 \end{pmatrix} = \begin{pmatrix} 1 & 0 & 0 & t_x \\ 0 & 1 & 0 & t_y \\ 0 & 0 & 1 & t_z \\ 0 & 0 & 0 & 1 \end{pmatrix} \cdot \begin{pmatrix} x \\ y \\ z \\ 1 \end{pmatrix} \tag{11-13}$$

或

$$\boldsymbol{P}' = \boldsymbol{T} \cdot \boldsymbol{P} \tag{11-14}$$

在三维空间中，对象的平移通过平移定位该对象的各个点，然后在新位置重建该对象来实现。对于使用一组多边形表面来表示的对象，可以将各个表面的顶点进行平移，然后重新显示新位置的面。

2. 三维坐标轴旋转

围绕空间任意轴均可以旋转一个对象，但绕平行于坐标轴的轴的旋转是最容易处理的。因此可以利用围绕坐标轴旋转（结合适当的平移）的复合结果来表示任意的一种旋转。本书仅对绕坐标轴的三维旋转进行简单的介绍，如想要具体了解一般三维旋转原理，可参考计算机图形学的相关教材。

通常，如果沿着坐标轴的正半轴观察原点，那么绕坐标轴的逆时针旋转为正方向旋转。这与之前在二维中讨论的旋转是一致的。在二维视角下，xy 平面上的正向旋转方向是绕基准点进行逆时针旋转。

三维坐标轴旋转，绕 z 轴的二维旋转很容易推广到三维：

$$\begin{cases} x' = x\cos\theta - y\sin\theta \\ y' = x\sin\theta + y\cos\theta \\ z' = z \end{cases} \tag{11-15}$$

参数 θ 表示指定的绕 z 轴旋转的角度，而 z 坐标值在该变换中不改变。三维 z 轴旋转方程可以用齐次坐标形式表示如下：

$$\begin{pmatrix} x' \\ y' \\ z' \\ 1 \end{pmatrix} = \begin{pmatrix} \cos\theta & -\sin\theta & 0 & 0 \\ \sin\theta & \cos\theta & 0 & 0 \\ 0 & 0 & 1 & 0 \\ 0 & 0 & 0 & 1 \end{pmatrix} \cdot \begin{pmatrix} x \\ y \\ z \\ 1 \end{pmatrix} \tag{11-16}$$

更简洁的形式是

$$\boldsymbol{P}' = \boldsymbol{R}_z(\theta) \cdot \boldsymbol{P} \tag{11-17}$$

绕另外两个坐标轴的旋转变换公式，可以由下式中的坐标参数 x、y、z 循环替换而得到：

$$x \to y \to z \to x \tag{11-18}$$

因此，在式（11-15）中利用式（11-18）进行替换，可以得到绕 x 轴旋转的变换公式：

$$\begin{cases} y' = y\cos\theta - z\sin\theta \\ z' = y\sin\theta + z\cos\theta \\ x' = x \end{cases} \tag{11-19}$$

同理可得绕 y 轴旋转的变换公式：

$$\begin{cases} z' = z\cos\theta - x\sin\theta \\ x' = z\sin\theta + x\cos\theta \\ y' = y \end{cases} \tag{11-20}$$

3. 三维缩放

点 $P=(x, y, z)$ 相对于坐标原点的三维缩放是二维缩放的简单扩充。只要在变换矩阵中引入 z 坐标缩放参数：

$$\begin{pmatrix} x' \\ y' \\ z' \\ 1 \end{pmatrix} = \begin{pmatrix} s_x & 0 & 0 & 0 \\ 0 & s_y & 0 & 0 \\ 0 & 0 & s_z & 0 \\ 0 & 0 & 0 & 1 \end{pmatrix} \cdot \begin{pmatrix} x \\ y \\ z \\ 1 \end{pmatrix} \tag{11-21}$$

一个点的三维缩放变换矩阵可以表示如下：

$$\boldsymbol{P}' = \boldsymbol{S} \cdot \boldsymbol{P} \tag{11-22}$$

其中，缩放参数 s_x、s_y 和 s_z 为指定的任意正值。相对于原点的比例缩放变换的显式表示如下

$$x' = x \cdot s_x, \quad y' = y \cdot s_y, \quad z' = z \cdot s_z \tag{11-23}$$

利用变换式（11-21）对一个对象进行缩放，使得对象大小和相对于坐标原点的对象位置发生变化。大于 1 的参数值将该点沿原点到该点坐标方向而向远处移动。类似地，小于 1 的参数值将该点沿其到原点的方向移近原点。同样，如果缩放变换参数不相同，则对象的相关尺寸也发生变化。可以使用统一的缩放参数来保持对象的原有形状。

11.2 BIM 背景下的几何建模

建筑信息模型包含建筑物规划、建造和运营所需的所有相关信息。建筑物几何形状的三维描述是最重要的方面之一，如果无法做到形状的三维描述，许多 BIM 应用是不可能的。三维模型的可用性与传统绘制相比具有以下明显的优势：

1）建筑物的规划和建造可以使用 3D 模型整体修改而不是在单独的部分进行改动。从 3D 模型生成设计图，可以确保单独的图始终对应并保持彼此一致。特别是在对计划进行更改时，这几乎完全避免发生最常见的不对应的错误。但是，三维几何模型本身并不足以产生符合现行标准的信息。还需要提供进一步的语义信息，例如表示构造类型或材料，因为建筑平面图通常以符号或简化形式表示，这些不能仅从 3D 几何形状生成。

2）利用 3D 模型，可以进行碰撞分析，以确定模型中的部分或建筑元素是否重叠。在大多数情况下，这可以显示出计划中有可能出现的错误或疏忽。检测这种碰撞对于协调不同行业的工作尤其重要，例如在规划管道或其他技术装置的墙壁开口和穿透深度时。

3）3D 模型有助于轻松取量，因为可以直接从模型元素的体积和表面积计算数量。通常仍需要进一步的特殊规则以符合标准。

4）3D 建筑物几何形状的可用性对于相关的计算和模拟方法至关重要。通常可以直接从几何模型生成必要的机械或物理模型，从而避免了在并行系统中费力地重新输入几何数据的需要以及相关的错误风险。然而，许多模拟方法需要简化模型或模型转换才能有效运行。例如，结构分析通常使用尺寸减小的模型来计算。

5）3D 模型可以做到计算建筑设计（渲染）照片般逼真的可视化，包括阴影和表面反射（图 11-3）。这将方便与客户的沟通，并帮助建筑师评估其设计的空间质量和照明条件。对于照片般逼真的可视化，除了 3D 几何外，还需要有关材料及其表面质量的信息。

图 11-3　3D 模型作为渲染的基础

因此，建筑设计的三维几何数字表示是建筑信息建模的最基本方面之一。要正确理解建模工具和交换格式的功能，需要了解计算机辅助几何建模的基本原理，如本章所述。此外，本章还介绍了参数化建模，作为创建几何的一种方法，可以轻松调整以适应新的边界条件。本章最后简述了自由曲线和曲面的建模，这些曲线和曲面在建筑结构中越来越重要。

11.3 实体建模

对三维物体的几何建模有显式和隐式两种根本不同的方法。显式建模，根据其表面描述体积，因此通常也称为边界表示（BRep）。隐式建模，采用一系列构造步骤来描述体积，因此通常称为程序方法。这两种方法都用于 BIM 软件和相应的数据交换格式，两者都是 IFC 规范的一部分。以下依次描述每个部分。

11.3.1 显式建模

1. 三维边界表示方法

三维边界表示是使用计算机描述三维物体的最常见和最普遍的方法。基本原则涉及定义边界元素的层次结构。通常，此层次结构包含元素 Body（体），Face（面），Edge（线）和 Vertex（点）。每个元素由来自下层的元素描述，即体由其面描述，每个面由其边描述，每个边由起点和终点描述。这种关系系统定义了建模体的拓扑结构，并且可以借助于图形（图 11-4）来描述，该图形被称为顶点-边-面图或 vef 图。实体、面、边、点、坐标的关系见表 11-1。

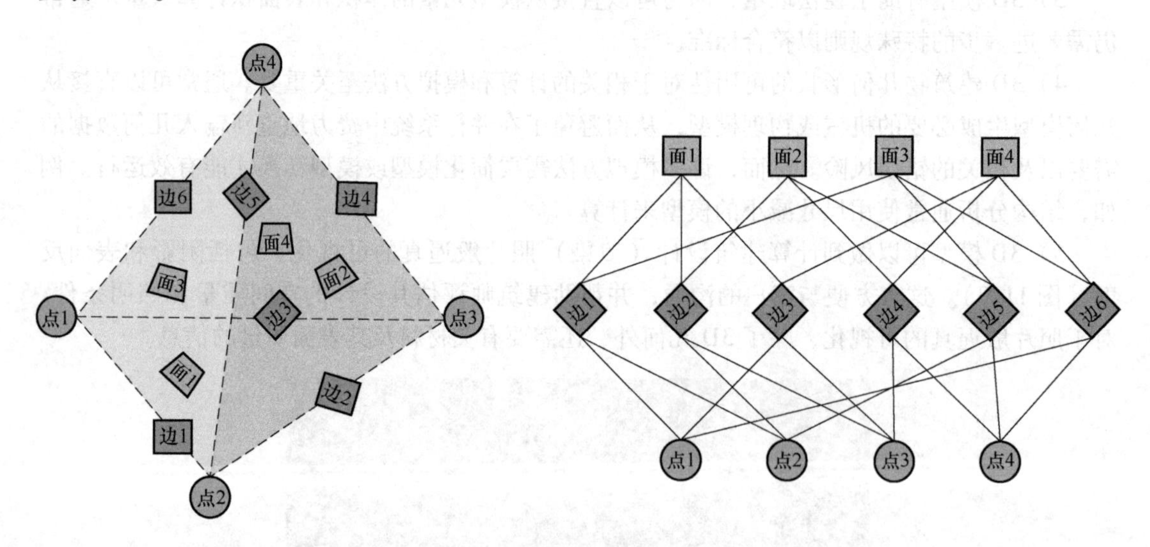

图 11-4　三维边界表示法

然后必须使用几何尺寸来增加该拓扑信息以完全描述整体。如果几何体仅具有直边和平面，则仅需要节点的几何信息，即顶点的坐标。如果几何体允许弯曲的边缘和表面，则还需要描述其形状或曲率的几何信息。

用于描述拓扑信息的数据结构通常采用可变长度列表的形式。主体参照包围它的面，而每个面参照形成面的边界，每条边参照它的起点和终点。

表 11-1　实体、面、边、点、坐标的关系

实体	面
1	1，2，3，4

面	边
1	1，2，3
2	2，4，5
3	1，5，6
4	3，4，6

边	点
1	1，2
2	2，3
3	3，1
4	3，4
5	2，4
6	1，4

点	坐标
1	2，0，0
2	0，0，0
3	0，3，0
4	1，1，3

采用这种分列的表来表示多面体，可以避免重复地表示某些点、边、面，因此一般来说存贮量比较节省，对图形显示更有好处。例如，由于使用了边表，可以立即显示出该多面体的线条画，也不会使同一条边重复地画上两次。可以想象，如果表中仅有多边形表而省却了边表，两个多边形的公共边不仅在表示上要重复，而且很可能会画上两次。类似地，如果省略了顶点表，那么作为一些边的公共顶点的坐标值就可能反复地写很多次。

2. 三角形曲面建模

边界表示的一种非常简化的变体是将主体表面描述为三角形网格。虽然不能精确描述曲面，但可以通过选择更精细的网格尺寸来近似，以达到所需的精度。三角曲面建模通常用于可视化软件，用于描述地形表面（图 11-5），或作为数值计算和模拟的输入。将曲面描述为多个面需要比分析描述更多的存储容量。

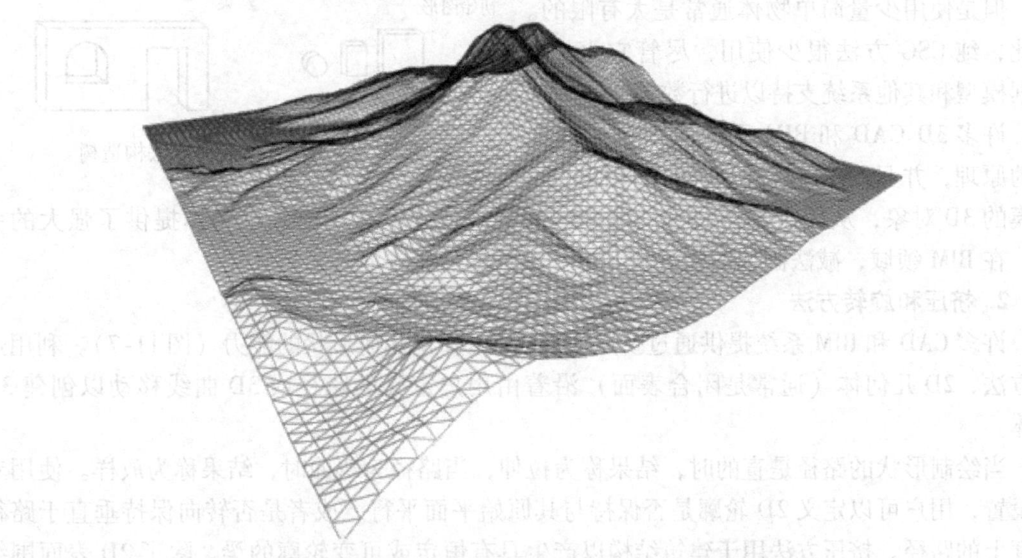

图 11-5　数字地形模型通常被建模为三角形表面网格

底层数据结构通常采用所谓的索引面集的形式。这里顶点的坐标存储为有序和编号（索引）列表。然后由点列表中的索引定义三角面。该方法避免了点坐标的重复（冗余）存

储以及由于不精确而导致的可能的结果几何误差（间隙，重叠）。

索引面集是一种简单的数据结构，因此可靠且处理快速。它用于多种几何数据格式，如VRML，X3D和JT，以及BIM IFC数据结构。常用的STL几何格式同样基于对体的三角剖分描述，但与索引面集不同，STL几何数据格式存储每个单独三角形的显式坐标。这将导致需要更大的数据集，并且STL格式中缺少拓扑信息意味着导出的几何可能会包含错误，例如面的间隙或各个三角形的重叠部分。

11.3.2 隐式建模

几何建模的隐式建模储存了搭建一个3D模型实体的历史。因此，它们被称为程序方法。它们代表了上述显式方法的替代方法，显式方法只存储漫长而复杂的建模过程的最终结果。

在CAD和BIM系统中，经常使用混合方法，为用户记录构造历史的各个建模步骤，同时系统对所得到的几何的显式描述进行快照以减少计算负荷并改善显示时间。

1. 结构实体几何

三维几何的程序描述的经典方法是结构实体几何（CSG）方法，这是一种使用最基本的图形（如立方体、球体、圆柱体和圆锥体）来构造较为复杂几何体的方法，这些复杂几何体被普遍应用于各种应用程序的图形图像处理中。这种组合过程产生了一个描述3D体生成的构造树（图11-6）。基本体的尺寸通常是参数化的，以便它们可以容易地适应相应的应用。

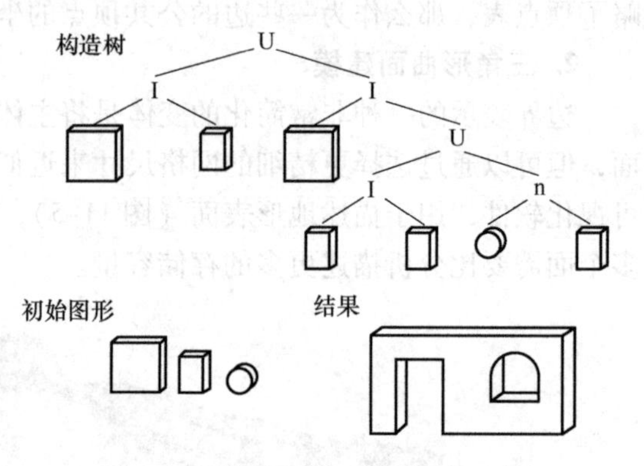

图 11-6 结构实体几何方法构造树

虽然可以使用CSG构建相对大范围的物体，但是使用少量简单物体通常是太有限的。因此，纯CSG方法很少使用，尽管它由IFC数据模型和其他系统支持以进行数据交换。

许多3D CAD和BIM系统采用布尔运算符的原理，并且可以将它们应用于任何先前建模的3D对象，从而显著扩展其功能。这为直观地建模复杂的三维物体提供了强大的手段。在BIM领域，减法固体的定义在开口和穿透的建模中起着重要作用。

2. 挤压和旋转方法

许多CAD和BIM系统提供通过挤压或旋转生成3D几何形状的能力（图11-7）。利用这些方法，2D几何体（通常是闭合表面）沿着由用户定义的路径或3D曲线移动以创建3D实体。

当绘制形状的路径是直的时，结果称为拉伸，当路径为弯曲时，结果称为放样。使用专用设置，用户可以定义2D轮廓是否保持与其原始平面平行，或者是否转向保持垂直于路径长度上的路径。挤压方法用于建筑结构以产生具有恒定或可变轮廓的梁。除了2D表面围绕由用户定义的轴旋转之外，旋转体积类似于拉伸。

放样、融合是上述的变形，其中限定了几个横截面并且在空间中一个接一个地定位。横截面的尺寸和形状可以彼此不同。CAD或BIM系统从这些横截面中生成一个主体，在它们

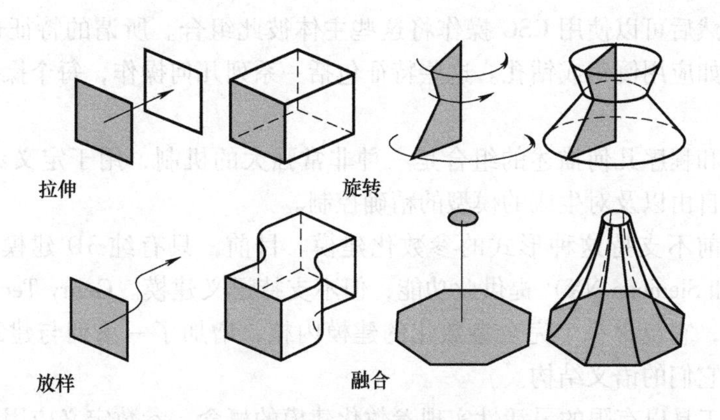

图 11-7 用于创建实体的挤压和旋转方法

之间插入部分。

许多 BIM 工具提供了用于生成 3D 主体的挤出和旋转功能，并且包含在 IFC 数据格式中。

11.3.3 显式和隐式方法的比较

关于数据交换，隐式方法与显式表示相比具有若干优点，最显著的是跟踪建模步骤的能力，通过编辑构造步骤容易地修改传输的几何的能力以及要传输的数量少得多的数据。然而，隐式模型描述的数据交换的主要条件是目标系统必须支持并能够精确地再现用于在源系统中生成模型几何的所有操作。这使得软件生产者的数据交换接口的实现变得相当复杂。

在隐式建模几何中编辑构造步骤的能力需要建筑元素的自动重建。虽然这很少需要用户的任何手动交互，但对于复杂的元素来说，它可能是计算密集型的。

在明确建模的几何图形的情况下，只能进行直接编辑。人们可以操纵特定的控制点以确保表面的连续性或调整表面的形状以匹配相应的要求。

11.4 参数化建模

建筑行业中一个非常重要的趋势是参数化建模，利用它可以使用依赖关系和约束来定义模型。结果是一个灵活的模型，可以快速、轻松地适应，以满足新的或不断变化的条件。

参数可以像几何尺寸一样简单，例如长方体的高度、宽度、长度、位置和方向。参数之间的关系，即所谓的依赖关系，可以用用户可定义的方程定义。例如，这可以用于确保一组中的所有墙壁都具有与组别高度相同的高度。如果设定的高度发生变化，则所有墙高都会相应变化。

参数化 CAD 系统的概念起源于机械工程领域，自 20 世纪 90 年代以来一直在使用。这些系统使用基于参数化草图的方法。用户将创建 2D 绘图（草图），其包括大致对应于最终对象的比例的所有期望的几何元素。然后，这些几何元素将以几何约束或尺寸约束的形式分配约束。例如，几何约束可以定义两条线必须在它们的端部相交，两条线彼此垂直或彼此平行。另一方面，尺寸约束仅定义尺寸值，例如长度、距离或角度。可以定义方程来定义不同参数之间的关系。然后，该参数化草图将在下一步中用作生成最终参数化三维体的挤出或旋转操作的基础。然后可以使用 CSG 操作将这些主体彼此组合。所谓的特征也可以添加到最终的主体中，例如应用倒角或钻孔。这些特征包括一系列几何操作，每个操作可通过其自身参数控制。

参数化草图和程序几何描述的组合是一种非常强大的机制，用于定义灵活的 3D 模型，为用户提供高度自由以及对生成的模型的精确控制。

BIM 产品目前不支持这种形式的参数化建模。目前，只有纯 3D 建模工具（如 SolidWorks，CATIA 和 Siemens NX）提供此功能，但不支持语义建模。Gehry Technologies 的数字项目是一个例外，它包含一个完全参数化的建模内核，增加了一系列与建筑相关的构造元素，详细描述了它们的语义结构。

目前，BIM 工具以有限的灵活性实现参数化建模的概念。参数定义应用于两个不同的级别：参数化建筑元素类型的创建级别以及特定建筑模型中建筑元素的方向和位置级别。

要创建参数化对象类型（通常称为“族”），首先定义参考平面和/或轴，并在距离参数的帮助下指定它们的位置。在这里，参数之间的关系也可以在方程的帮助下定义。然后可以生成所得到的物体，其边缘或面相对于参考平面对齐。

在创建建筑模型本身时，用户无法生成新参数，只能指定已在族中或相应项目中定义的值。但是，在对齐构造元素时，可以定义以下约束：

1）方向：构造元素必须相互水平或垂直或与参考平面水平或垂直。

2）正交性：构造元素保持彼此垂直。

3）并行性：构造元素保持彼此平行。

4）连接：始终连接两个结构元素。

5）距离：两个构造元素之间的距离保持不变。

6）相同尺寸：用户指定的两个尺寸必须大小相同。

虽然与定义建筑物几何形状相比，参数化系统的实施更受限制，但它仍然可以提供足够高的灵活性，同时保持模型依赖性可管理。

支持这种参数化建模的 BIM 产品包括 Autodesk Revit（图 11-8），Nemetschek Allplan，Graphisoft ArchiCAD 和 Tekla Structure。

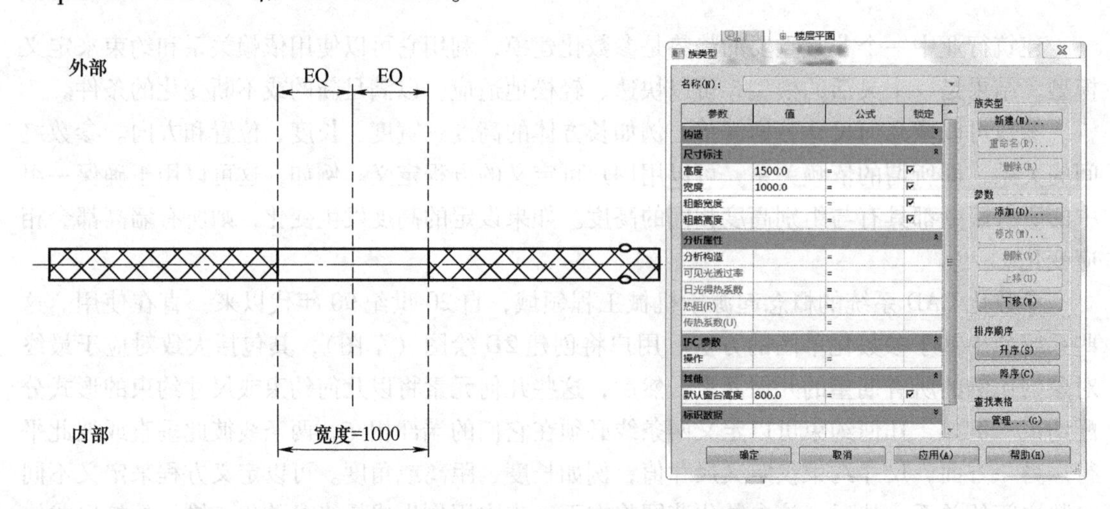

图 11-8　Revit 中构造族时显示尺寸与参数相关联

11.5 自由曲线和曲面

具有笔直的边缘和表面的实体可以使用边界表示法（BRep 方法）轻松表示。然而，更复杂和复杂的建筑设计的概念设计也需要对任意弯曲的边缘和表面进行建模。这些弯曲的几何形状称为自由曲线和曲面，借助于参数化表示来描述自由形状的几何形状，与近似方法（例如多边形三角测量）相比，可以以绝对精度对曲线或曲面建模。自由形状的几何参数化描述所需的数据量也远小于近似方法所需的数据量。

以下部分概述了描述曲面的原理方法，以及这些曲面的表示方式。

11.5.1　自由曲线

自由曲线也称为样条曲线。这些曲线由一系列多项式组成。为确保整体曲线平滑，曲线段之间的连接必须满足给定的连续性条件。有 3 个不同的连续阶段，分别为：0 阶参数连续性，记为 C^0 连续性；一阶参数连续性，记为 C^1 连续性；二阶参数连续性，记为 C^2 连续性。

1）C^0 连续性（0 阶参数连续性）代表点连续性，意味着两条曲线在它们之间没有间断地连接。

2）C^1 连续性（一阶参数连续性）代表切线连续性，意味着两条曲线在一个点处连接，并在连接点处共享一个切线方向。

3）C^2 连续性（二阶参数连续性）意味着曲率连续性，意味着两条曲线在一个点处连接，在连接点处共享同一个切线方向和同一个曲率。

自由曲线在数学上被描述为参数曲线。术语“参数”源于这样的事实：空间中的 3 个坐标是公共参数（通常称为 u）的函数。这些参数跨越给定的值范围（通常为 0 ~ 1），并且 3 个函数的评估产生空间中曲线的路径。

最常见的自由曲线类型是 Bézier 曲线、B 样条曲线和 NURBS 曲线。三种曲线类型都由一系列控制点定义：第一个和最后一个控制点位于曲线上，而中间的控制点仅由曲线近似。移动控制点会改变曲线的弧度，从而可以在计算机界面中直观地调整曲线。控制点形成一个特征多边形，其第一段和最后一段确定曲线起点和终点的切线。

在数学上，3 种曲线类型都是控制点与基函数相乘的总和。对于 3 种曲线类型中的每一种，这些基函数是不同的。因此，它们是确定不同曲线形状的基础，并描述如下：

（1）Bézier 曲线

Bézier 曲线的基函数（图 11-9）由 Bernstein 多项式组成。得到的曲线的度数 p 由控制点的数量 n 确定，其中 $p=n-1$。然而，这意味着具有大量控制点的曲线会导致得到一个很高次数的多项式。此外，控制点不是相互隔离的，因此改变一个控制点的位置，对整个曲线具有全局影响。

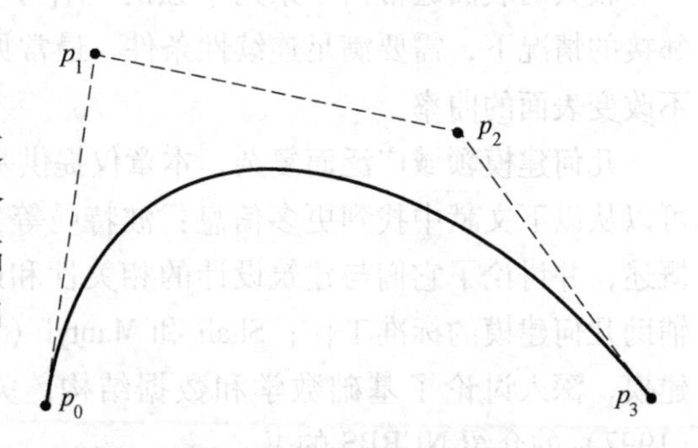

图 11-9　由 4 个控制点描述的 Bézier 曲线

（2）B 样条曲线

B 样条曲线被开发出来用以克服 Bézier 曲

线的局限性。主要优点是可以在很大程度上独立于控制点的数量来定义曲线的程度。它只需要保持在控制点数量之下（$p<n$）。这样，可以将低次多项式（通常 $p=3$）的平滑度与更多数量的控制点组合。为了实现这一点，B 样条曲线由所选择程度的分段多项式组成，其中连接点处的连续性 $c=p-1$。其基础是递归定义的分层基函数。

（3）NURBS 曲线

非均匀有理 B 样条曲线，即 NURBS 曲线基于 B 样条曲线，但另外可以为每个控制点分配权重（Piegl 和 Tiller，1997），这样可以进一步影响曲线的走向，这对于精确地表示规则的锥形截面（圆形，椭圆形，双曲线）是必要的。因此，NURBS 曲线是描述曲线的标准方法，由许多 BIM 系统和几何建模内核实现。

11.5.2 自由曲面

自由曲面为自由曲线的描述添加了额外的维度。为此，引入第二个参数，通常以 v 表示，它同时也跨越预定义的值范围。u 的所有指定值和 v 的所有指定值的组合产生所需的自由曲面。

与曲线描述一样，还可以区分 Bézier 曲面、B 样条曲面和 NURBS 曲面。这些曲线类型的各自优点和缺点同样适用于相应的表面。因此，NURBS 曲面是迄今为止最灵活的自由曲面类型，可用于精确模拟球面和圆柱曲面。图 11-10 显示了 NURBS 曲面及其相应的控制点网络。

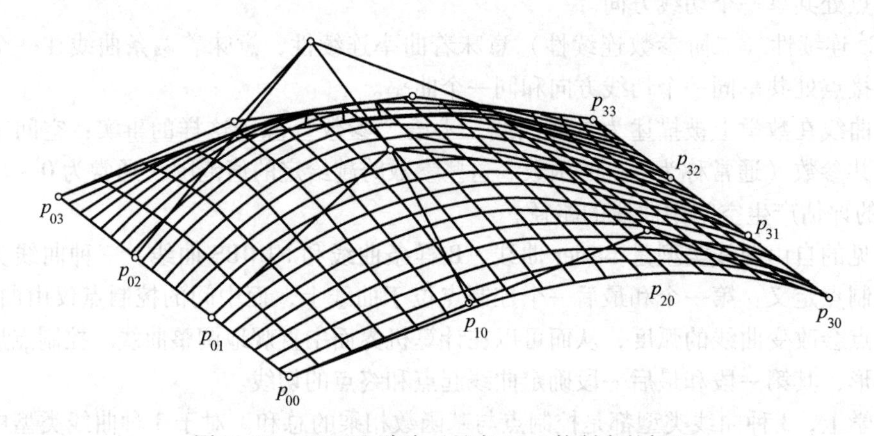

图 11-10 NURBS 贴片（具有 4×4 控制点的场）

较大的表面通常由一系列单独的“补丁”组装而成，具有一组数学描述。在贴片彼此邻接的情况下，需要满足连续性条件。最常见的连续性条件是 C^2 连续，即贴片表面相遇而不改变表面的曲率。

几何建模领域广泛而复杂，本章仅提供基本概述。对几何建模更详细方面感兴趣的读者可以从以下文献中找到更多信息：波特曼等人（2007）提供了不同形式的几何建模的良好概述，并讨论了它们与建筑设计的相关性和影响；Mortenson（2006）的著作已成为计算机辅助几何建模的标准工作；Shah 和 Mantyl（1995）也撰写了一篇标准著作，侧重于参数化建模，深入讨论了基础数学和数据结构；关于自由曲面的数学描述，推荐 Piegl 和 Tiller（1997）的介绍 NURBS 的书。

计算机图形学是一切建模的基础，计算机辅助设计的发展推动着建筑行业的发展，其中的二维变换和三维变换是能够实现方便快捷的建筑建模的基本。

几何建模是数字化建筑物的重要基础。将建筑物表示为3D体积模型使得可以导出一致的计划和部分，以确定构造元素之间可能的碰撞，并将数据传递到计算和模拟系统。几何建模有两种主要方法。模型表面的显式描述称为边界表示，其由主体、面、边和顶点之间的边界关系的层次建模。其特殊变体是模型表面的三角形描述。相反，隐式方法是一种程序方法，描述了建模体的创建历史。典型的构造几何实体的方法包括挤出和旋转。由于显式和隐式几何描述方法都有特定的优点和缺点，因此许多 BIM 系统采用混合方法，其中用户使用隐式过程方法对主体建模，并且系统内部在每个点处对所得到的显式描述进行快照。其中用户使用隐式过程方法对主体建模，与此同时系统在其描述的历史中的每个点上对生成的显式描述进行快照。这两种方法也用于 BIM 数据交换格式。

参数化建模可以为几何模型创建参数、依赖关系和约束。这导致灵活的模型可以快速、轻松地满足不断变化的边界条件。参数方法总是基于描述几何的隐式方法。

自由曲线在数学上被描述为参数曲线。空间中的三个坐标被在预定义值范围内定义的公共参数的函数所确定。3 个函数的计算产生曲线的路径，控制点可用于直观地控制自由曲线的形状。根据基础基函数的定义，可以区分 Bézier 曲线、B 样条曲线和 NURBS 曲线。同样的差异也扩展到自由曲面，产生 Bézier 曲面、B 样条曲面和 NURBS 曲面。可以通过组装一系列所谓的补丁来创建复杂曲面，确保它们在连接处满足给定的连续性条件。

思考题

1. 试说出 3 个在构造和显示一个场景的过程中会使用的不同参照系的名称。

（参考答案：建模坐标系、世界坐标系、规范化坐标系、设备坐标系、屏幕坐标系）

2. 本章中提到的 3 种二维坐标变换分别是什么？查阅相关资料，还有哪些二维变换？

（参考答案：二维平移、二维旋转、二维缩放。二维复合变换、二维反射、二维错切）

3. 自由曲线有几种不同的连续阶段？分别代表什么？

（参考答案：C^0（0 阶参数连续性）代表点连续性，意味着两条曲线在它们之间没有间断地连接。C^1（一阶参数连续性）代表切线连续性，意味着两条曲线在一个点处连接，并在连接点处共享同一个切线方向。C^2（二阶参数连续性）代表曲率连续性，意味着两条曲线在一个点处连接，在连接点处共享一个切线方向和同一个曲率）

4. 本章中提到的现阶段 BIM 背景下的几何建模方式有哪几种？

（参考答案：实体建模（显式 + 隐式），参数化建模和自由曲线、曲面建模）

本章参考文献

[1] HEAM D，BAKER M P，CARITHERS W R. 计算机图形学［M］. 4 版. 蔡士杰，杨若瑜，译. 北京：电子工业出版社，2014.

[2] 苏惠明. 构造性实体几何法的 BSP 算法及实现［J］. 才智，2010（10）：76.

[3] 张宏鑫，王国瑾. 保持几何连续性的曲线形状调配［J］. 高校应用数学学报 A 辑（中文版），2001（2）：187-194.

第 12 章 BIM相关软件使用实例

12.1 Revit 软件基本介绍

Autodesk Revit 软件专为建筑信息模型（BIM）而构建。BIM 是以从设计、施工到运营的协调、可靠的项目信息为基础而构建的集成流程。通过采用 BIM，建筑公司可以在整个流程中使用一致的信息来设计和绘制创新项目，并且还可以通过精确实现建筑外观的可视化来支持更好的沟通，模拟真实性能以便让项目各方了解成本、工期与环境影响。

Autodesk Revit Architecture 软件能够帮助在项目设计流程前期探究最新颖的设计概念和外观，并能在整个施工文档中忠实传达使用者的设计理念。Autodesk Revit Architecture 面向建筑信息模型（BIM）而构建，支持可持续设计、碰撞检测、施工规划和建造，同时帮助使用者与工程师、承包商与业主更好地沟通协作。设计过程中的所有变更都会在相关设计与文档中自动更新，实现更加协调一致的流程，获得更加可靠的设计文档。

12.2 标高与轴网

12.2.1 创建标高

1）打开 Revit 软件，双击项目浏览器界面“立面（建筑立面）”中“东”立面，如图 12-1 所示，右侧绘图区域切换成“东立面”视图。

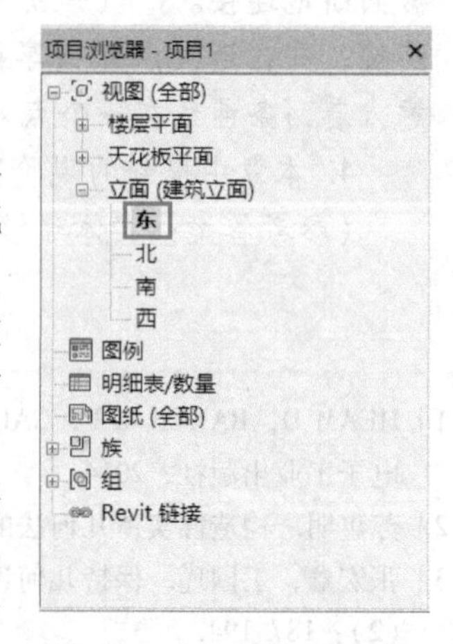

图 12-1　项目浏览器界面

在“东立面”视图中可见标高符号与国标不符，所以在“插入”选项卡下单击“载入族”，在“/Autodesk/RVT 2017/Libraries/China/注释/符号/建筑”下选中“标高标头_上 . rfa”“标高标头_下 . rfa”，单击“打开”，如图 12-2 所示。选中“标高 1”，单击“编辑类型”，选择符号中的“标高标头_上”，然后应用，如图 12-3 所示，将标高标头切换成国内常用标高符号。

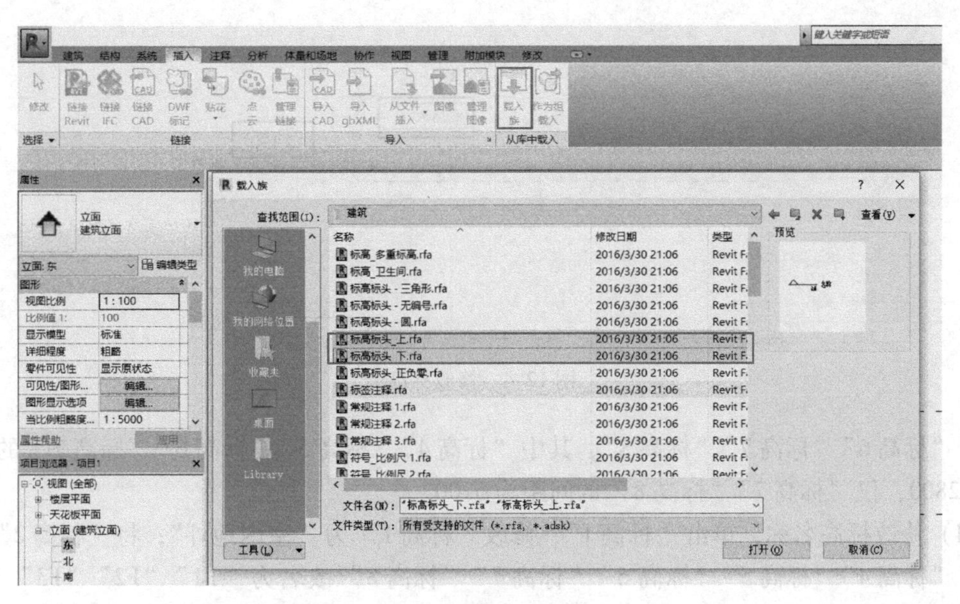

图 12-2　插入族界面

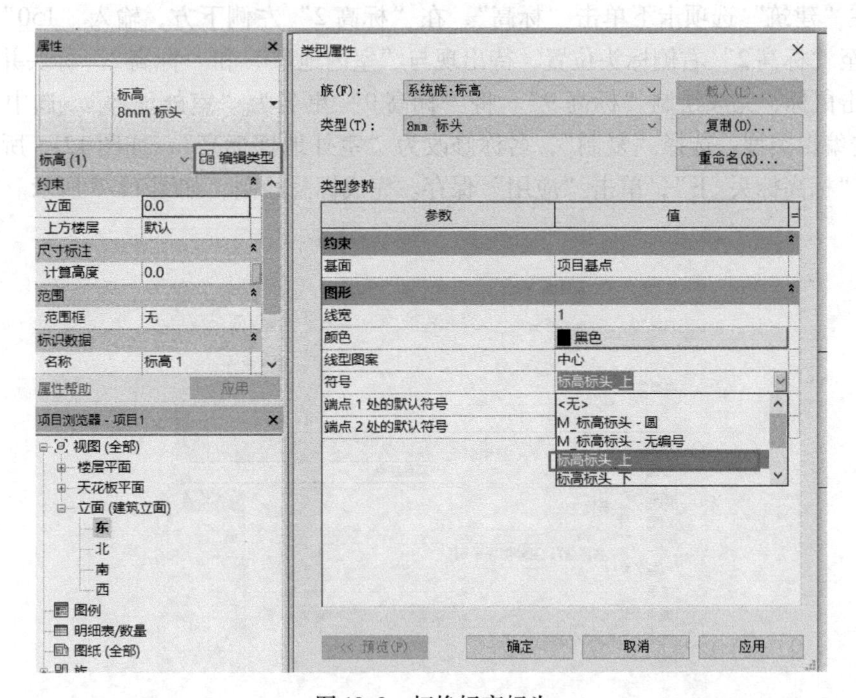

图 12-3　切换标高标头

2）如图 12-4 所示，将“标高 2”标高“4000. 0”修改为“2190. 0”；在“建筑”选项卡下单击“标高”，在“标高 2”左侧上方，输入“2800”，将鼠标向右平移至“标高 2”右侧标头位置，待出现与“室内地坪”和“标高 2”标头并齐的辅助线时，单击鼠标，完成绘制“标高 3”。

3）选中“标高 3”，单击“修改”选项卡中的复制，选中“标高 3”的左端点，鼠标向上移一些，键盘输入“2800”，单击鼠标，完成绘制“标高 4”。重复本步操作，绘制“标

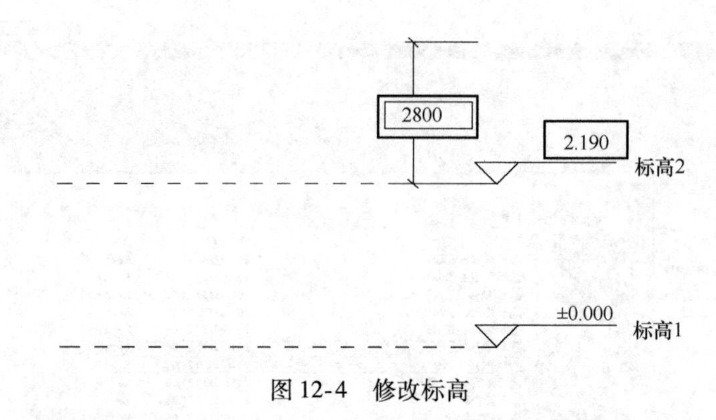

图 12-4　修改标高

高 5”“标高 6”“标高 7”“标高 8”，其中“标高 4”“标高 5”“标高 6”“标高 7”的间距均为 2800，仅“标高 7”“标高 8”的间距为 3200。

4）修改标高名称，单击“标高 1”，修改“标高 1”为“室内地坪”；将“标高 2”“标高 3”“标高 4”“标高 5”“标高 6”“标高 7”“标高 8”改名为“F1”“F2”“F3”“F4”“F5”“F6”“屋顶标高”。

5）在“建筑”选项卡下单击“标高”，在“标高 2”左侧下方，输入“150”，将鼠标向右平移至“标高 2”右侧标头位置，待出现与“室内地坪”和“标高 2”标头并齐的辅助线时，单击鼠标，完成绘制“标高 9”。将“标高 9”更名为“室外地坪”。选中“室外地坪”，单击编辑类型，选择“复制”，名称修改为“室外地坪标高”，如图 12-5 所示，将符号修改为“标高标头_下”，单击“应用”保存。完成标高绘制，如图 12-6 所示。

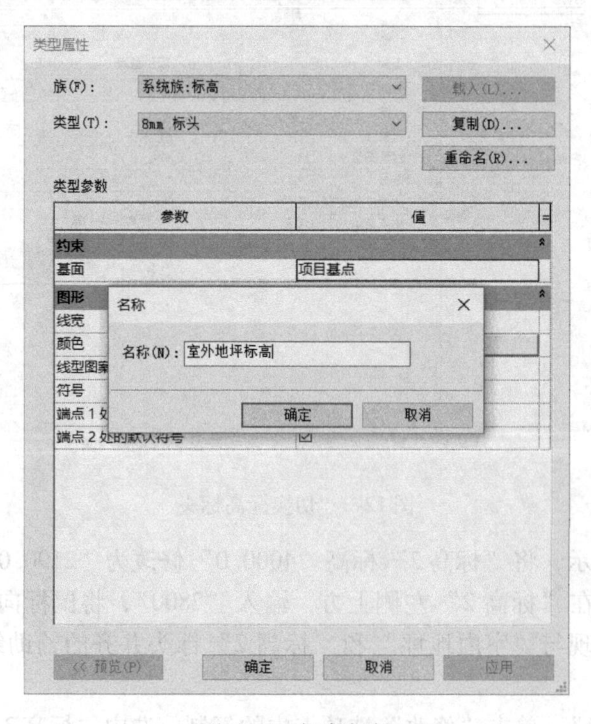

图 12-5　标高复制

图 12-6　绘制标高

12.2.2　绘制轴网

1）选择“视图”选项卡下“平面视图”中的“楼层平面”，在弹出的对话框中选中所有标高，单击“确定”，添加 F3 至屋顶标高的楼层平面视图，如图 12-7 所示。

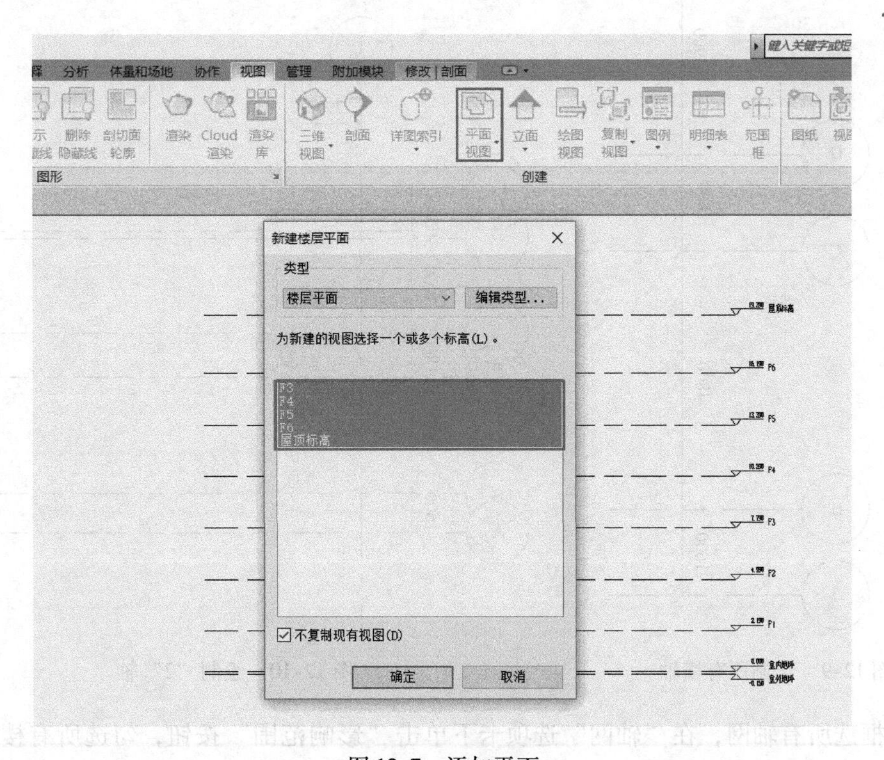

图 12-7　添加平面

2）双击项目浏览器界面“楼层平面”中“室内地坪”立面，右侧绘图区域切换成“楼层平面”视图。选择“建筑”选项卡下“轴网”按钮，在绘图区左下方合理区域绘制第一条横轴，将横轴命名为“A”，并勾选左侧小方块，使横轴左右两侧都出现横轴符号，可以根据需求隐藏轴网符号。可以使用复制操作，操作与标高复制操作类似，不做赘述。按照图 12-9 绘制所有横轴，其中 E、F 轴线较为靠近，可以单击图 12-8 中圈中倾斜的“N”，使轴网符号可以更改位置，点住随后出现的圆圈，调整轴网符号位置。

图 12-8　绘制横轴 A

3）选择“建筑”选项卡下“轴网”按钮，在绘图区左侧合理区域绘制第一条纵轴，将纵轴命名为“1”。如图 12-10 所示，绘制“2”轴时可以点住下方圆圈上下拖动，调整“2”纵轴长度。随后如图 12-11 所示绘制所有纵轴。

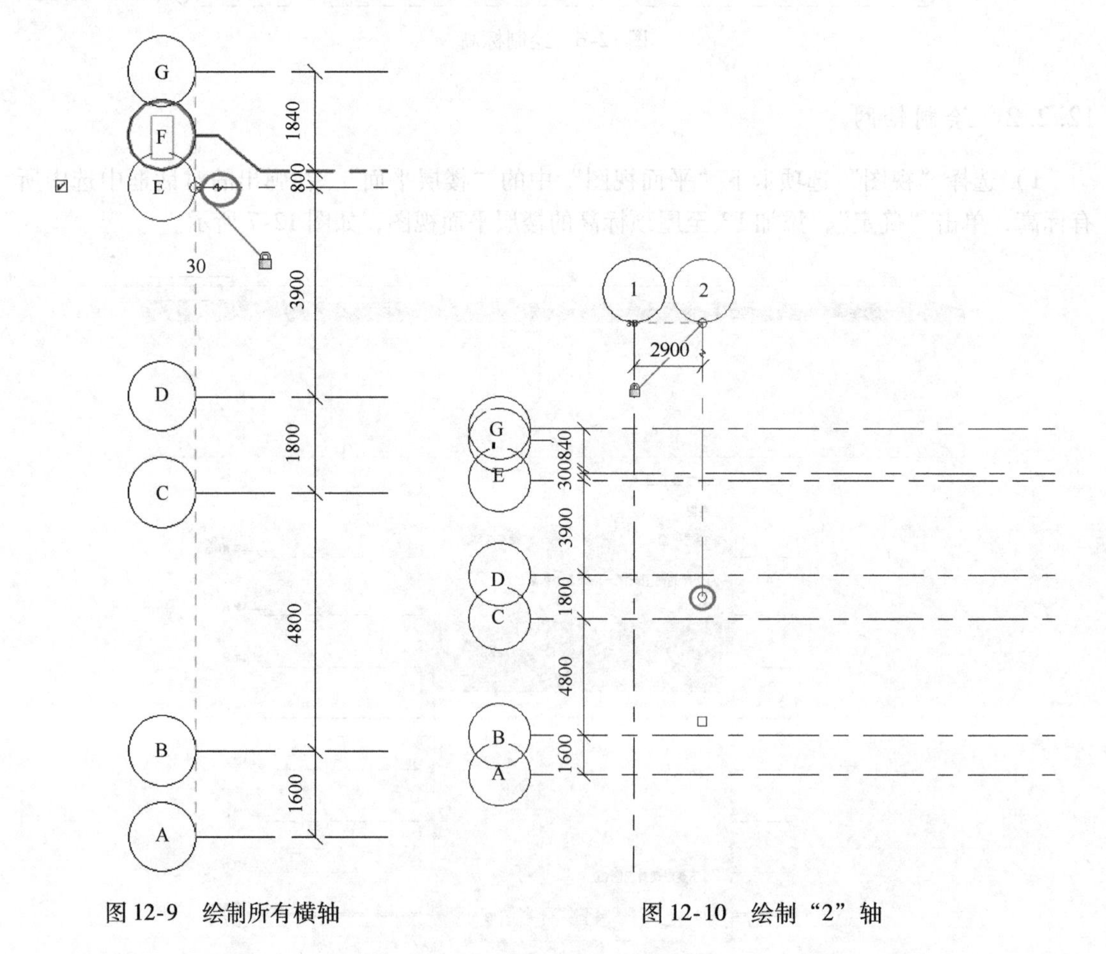

图 12-9　绘制所有横轴　　　　图 12-10　绘制“2”轴

4）框选所有轴网，在“轴网”选项卡下单击“影响范围”按钮，勾选所有楼层平面，单击“确定”，使轴网适用于所有楼层平面，如图 12-12 所示。

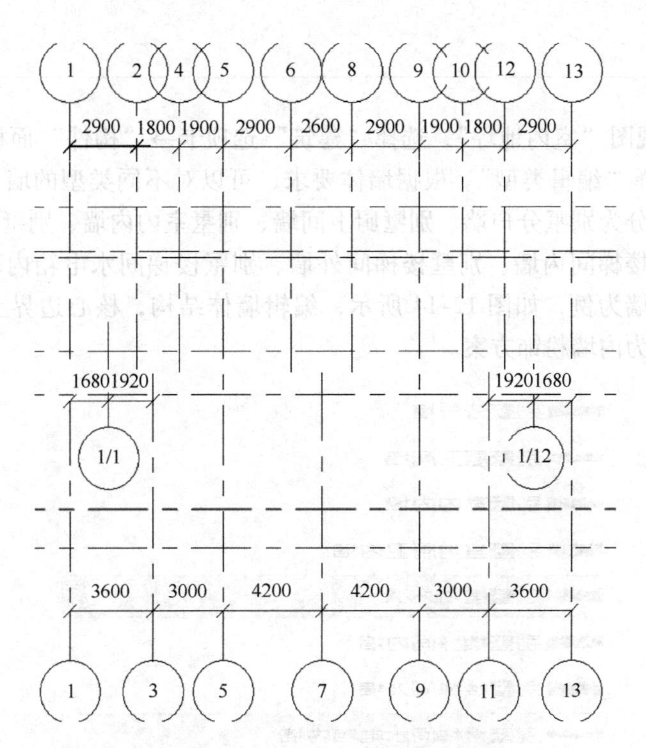

图 12-11 绘制所有纵轴

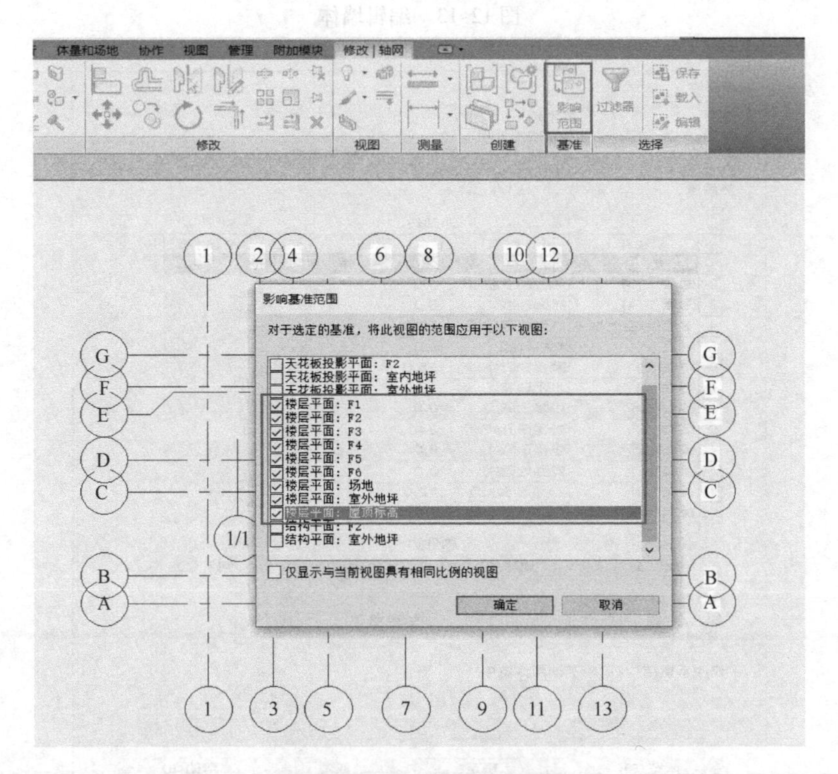

图 12-12 调整轴网影响范围

12.3 绘制墙体

1）打开楼层视图“室内地坪”，选择“建筑”选项卡→“构件”面板→“墙”下拉菜单“墙建筑”，选择“编辑类型”。根据墙体要求，可以对不同类型的墙进行编辑部件。本例对墙进行分类，分为别墅分户墙、别墅厨卫间墙、别墅室内内墙、别墅室内厨卫内墙、别墅室内外墙、别墅楼梯间内墙、别墅楼梯间外墙、别墅楼梯间水电箱内墙，如图 12-13 所示。以别墅室内外墙为例，如图 12-14 所示，编辑墙体结构，核心边界上层为外墙粉饰方案，核心边界下层为内墙粉饰方案。

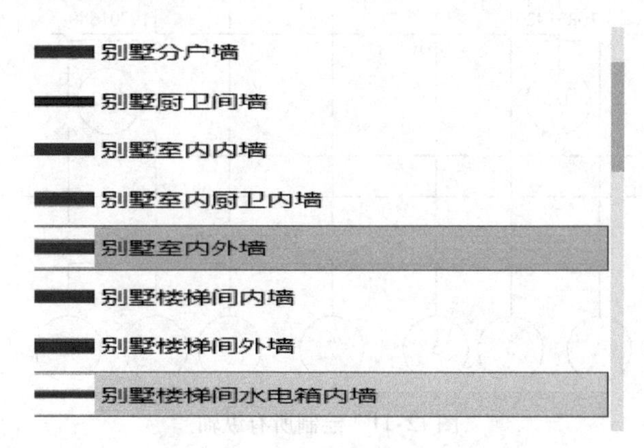

图 12-13 编辑墙体

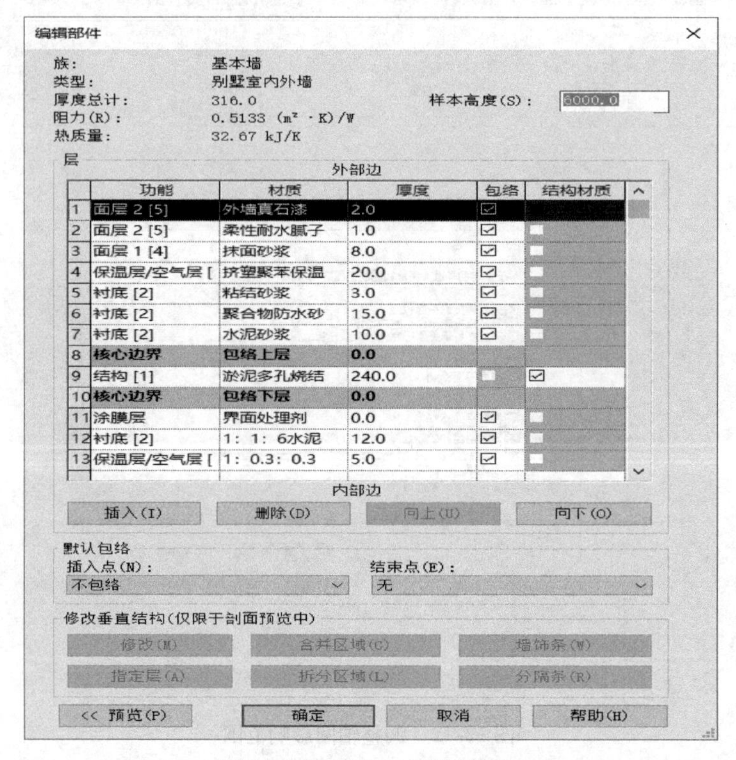

图 12-14 别墅室内外墙构造

2）选中“放置墙”，因本例中墙体内外粉刷条件不同，所以绘制墙体时要注意墙体内外侧的朝向，如图 12-15 所示，将定位线改为“核心层中心线”，在左侧输入墙的标高与约束条件，选择直线绘制，根据施工图和先前制定的轴网，用直线绘制墙。绘制结果如图 12-16 所示。

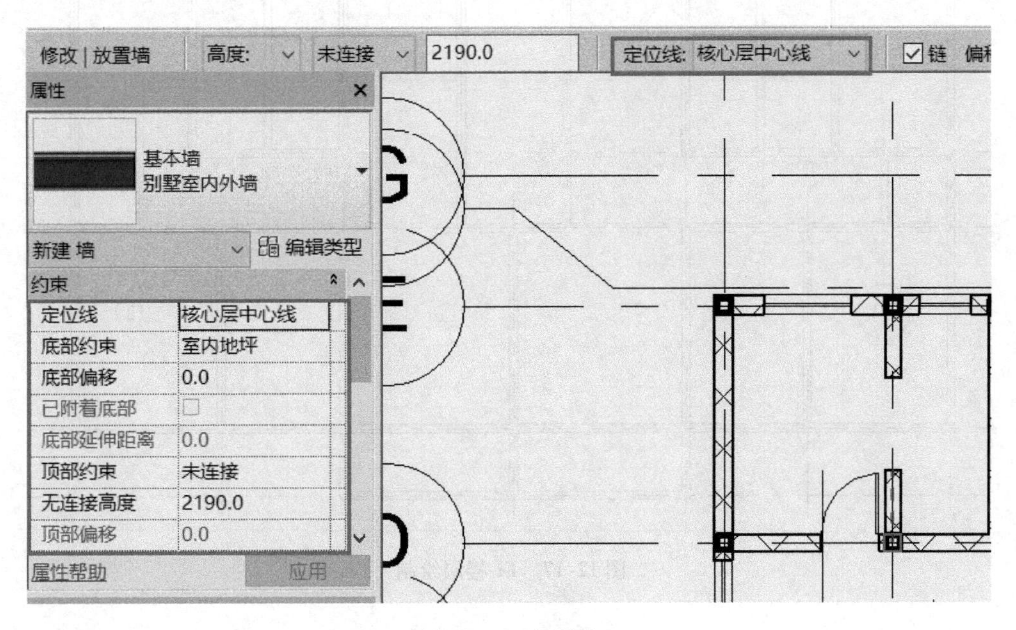

图 12-15 绘制墙

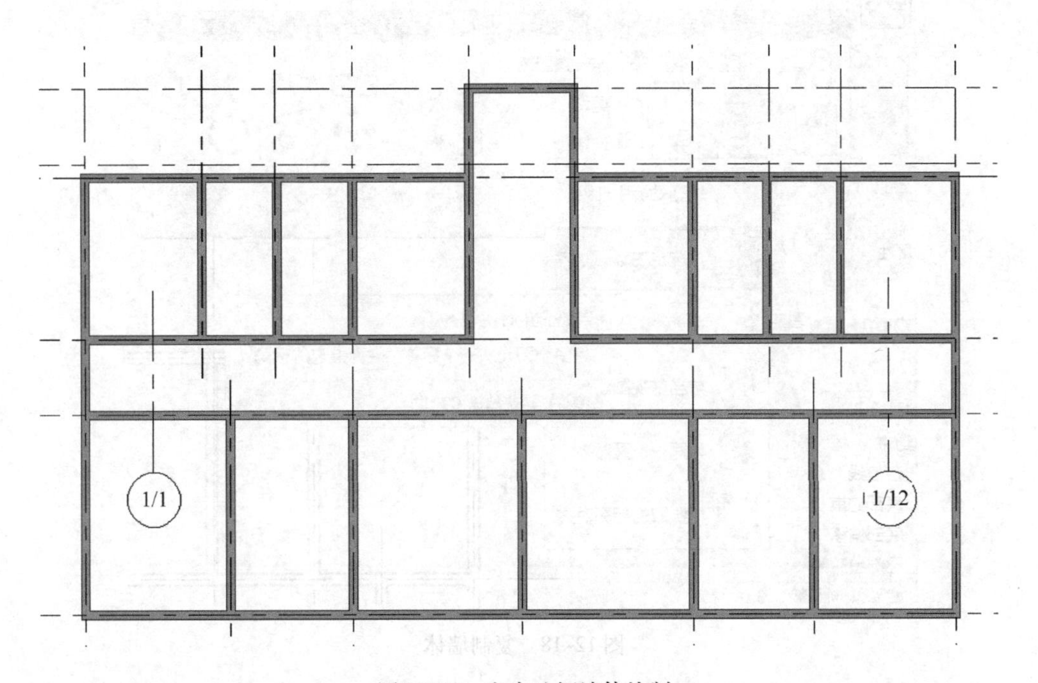

图 12-16 室内地坪墙体绘制

3）打开楼层视图“F1”，将墙高度设置为 2800，如图 12-17 所示，绘制 F1 楼层墙体，并框选所有墙体，单击“过滤器”按钮，选中墙体。如图 12-18 所示，先单击“复制”按钮，然后选择“与选定的标高对齐”，选择 F2 ~ F6，单击确定。

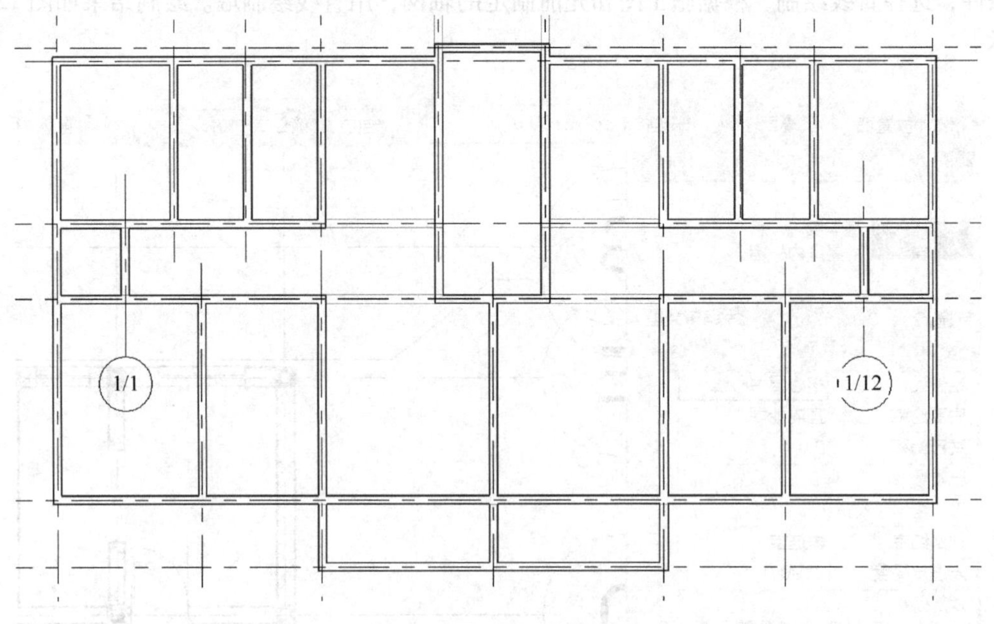

图 12-17　F1 楼层绘制

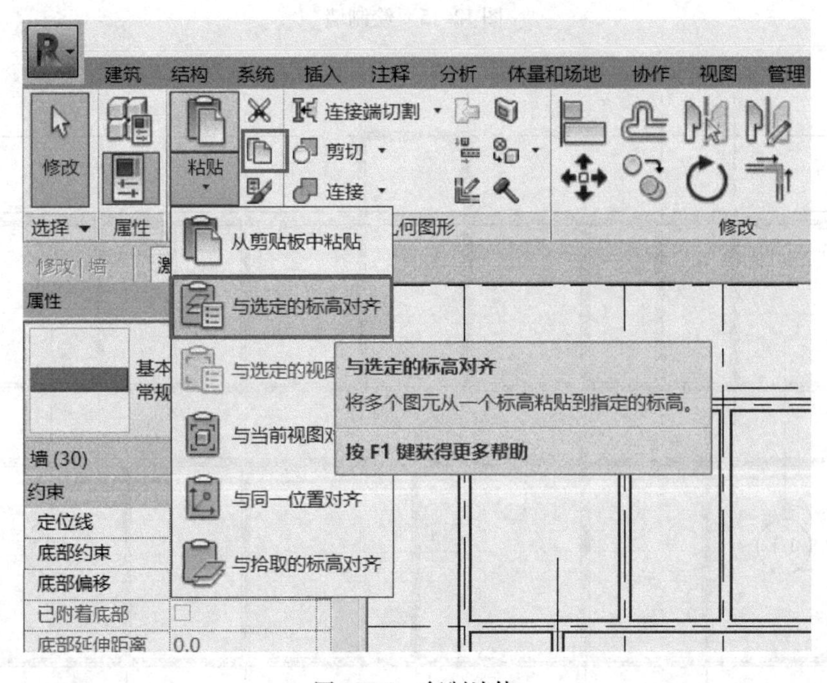

图 12-18　复制墙体

4）选择“视图”选项卡下的“三维视图”→“默认三维视图”，添加三维视图，可以立体查看别墅建模，如图 12-19 所示。

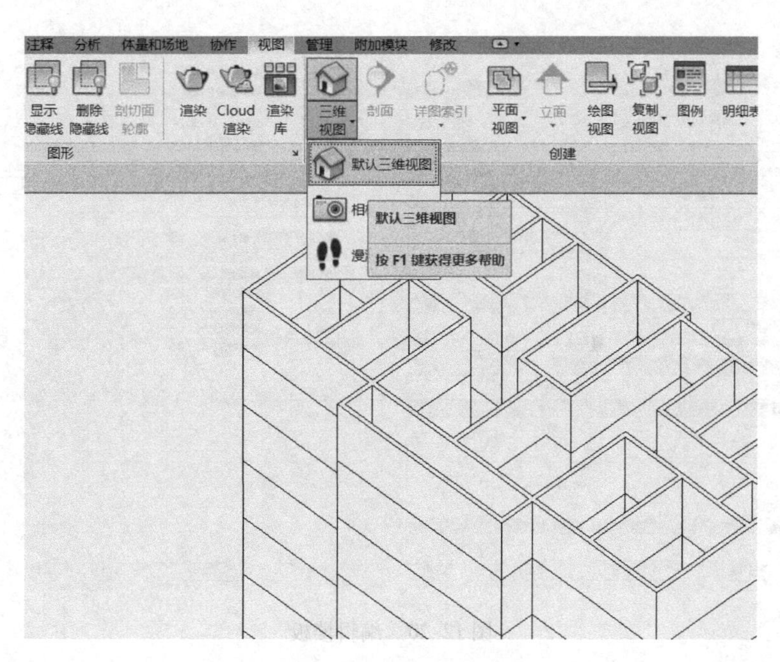

图 12-19 添加三维视图

12.4 绘制楼板

1）打开楼层视图 F1，与墙类似，也根据楼板要求，可以对不同类型的楼板进行编辑部件。本例对楼板进行分类，根据楼板上下面层不同分为储藏室-分户楼板、储藏室-厨卫楼板、楼梯间楼板、户-户楼板、户-户厨卫楼板，各楼板做法近似，仅添加面层部分不同，故以下仅介绍储藏室-分户楼板制作过程。选择“建筑”选项卡→“构件”面板-“楼板”下拉菜单“楼板建筑”，选择“编辑类型”。首先在编辑类型界面中对默认楼板进行复制，名称命名为储藏室-分户楼板。

2）单击“结构”一栏中的“编辑”，插入 6 个功能层，其中 2 个功能层通过“向上”调整在“包络上层”以上，4 个功能层通过“向下”调整在“包络下层”以下，材质和厚度根据需求调整。编辑完成后单击“确定”及“应用”，如图 12-20 所示。

3）楼板有几种常用画法，可以采用矩形边际线或直线边际线绘制，F1 楼板统一用矩形边际线绘制，其余楼层采用直线边际线绘制，如图 12-21 所示。对储藏室-分户楼板编辑完成后，选择“绘制”→“ ”，选取所需画房间墙内部的 2 个对角，即可绘制完成，因边际线不能重合，起居室不能由一个矩形包括，故分 2 次完成。完成后选择“模式”→“ ”，退出编辑模式。

4）对户-户楼板编辑完成后，选择“绘制”→“ ”，选取所需画房间墙内部的 2 个点，沿着房间的墙边绘制，直至闭合，则绘制完成，如图 12-22 所示。完成后选择“模式”→“ ”，退出编辑模式。

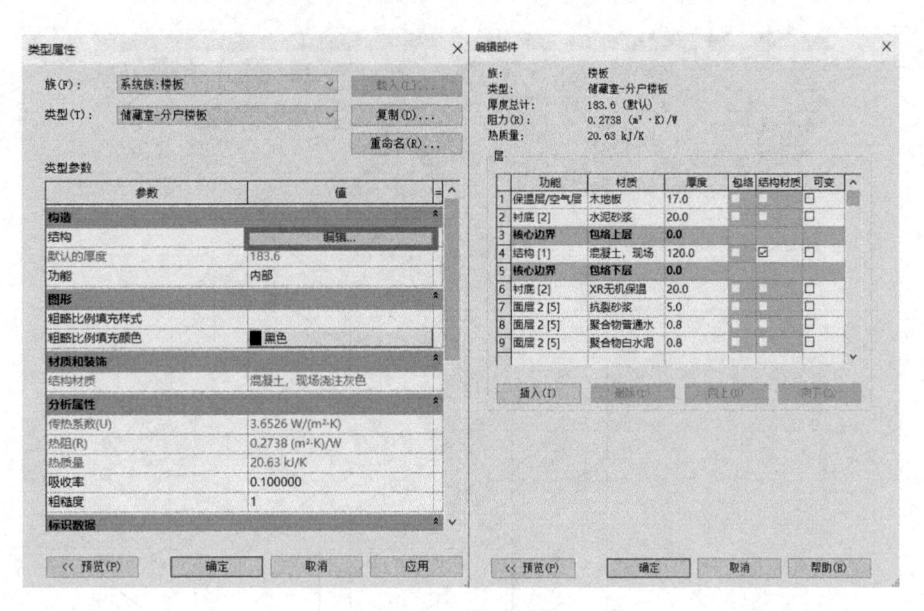

图 12-20　编辑楼板

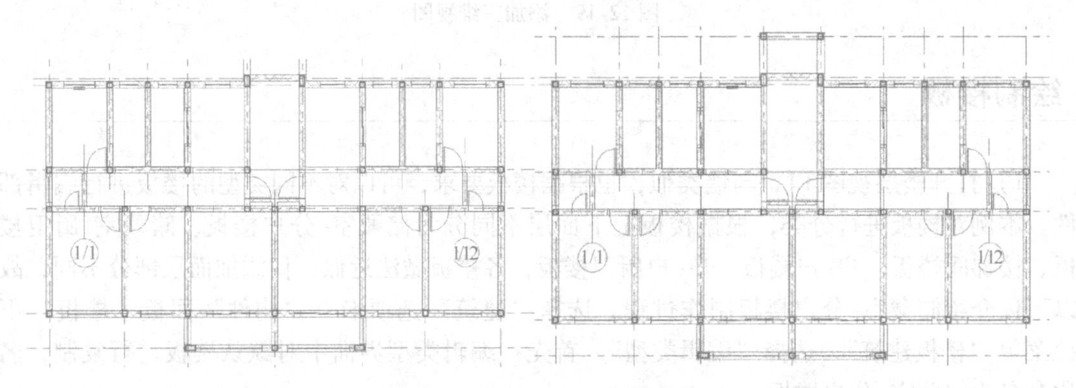

图 12-21　矩形边际线绘制楼板

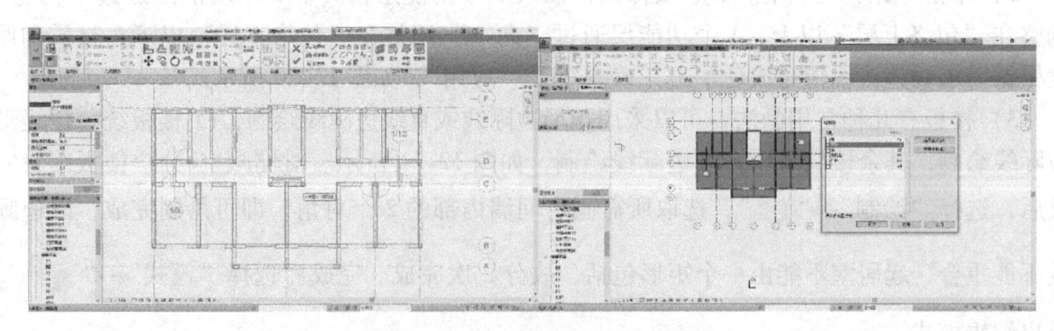

图 12-22　直线边际线绘制楼板

5）绘制完成后选中视图中所有内容，单击“过滤器”，只选择“楼板”，单击“复制”，然后单击“与选定的标高对齐”，同时选中 F3、F4、F5、F6 标高，单击确定，如图 12-23所示。

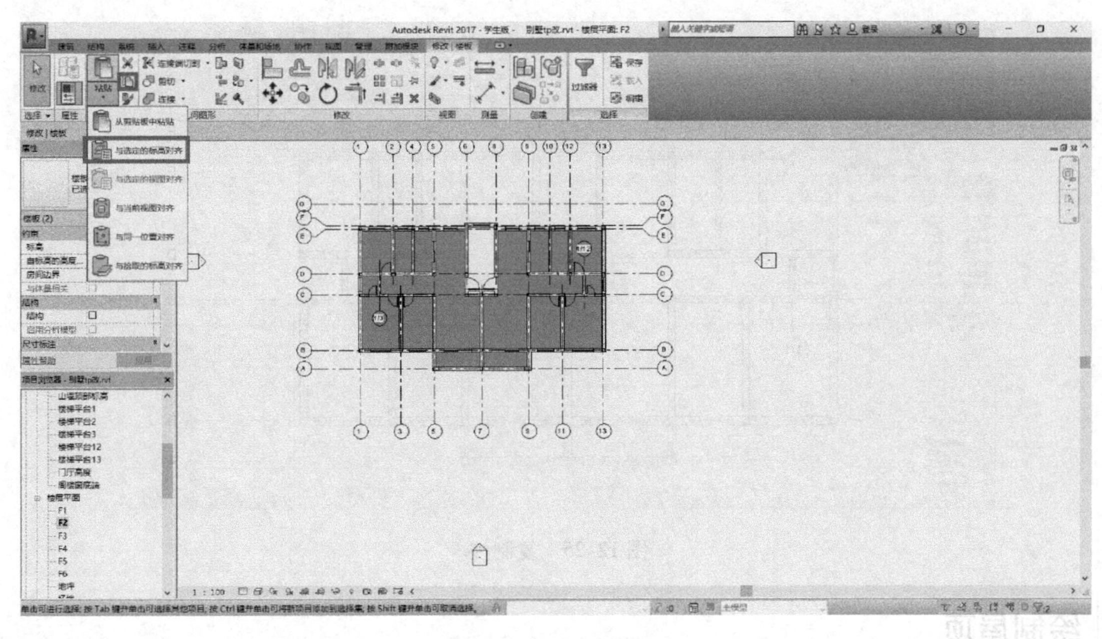

图 12-23　复制楼板

12.5 绘制柱

1）假设柱为钢筋混凝土柱，尺寸分别为 240mm×240mm，240mm×480mm，480mm×240mm 矩形柱。打开楼层视图室内地面，选择“建筑”选项卡→“构件”面板→“柱”，选择“编辑类型”。载入“钢管混凝土柱-矩形”族，在尺寸标注中对 b、h 进行修改，分别进行保存。

2）绘制柱之前先将柱“深度”改为“高度”，“高度”选为“F1”，如图 12-24 所示，然后按设计图进行绘制。选择楼层平面 F1，绘制柱时高度选为“F2”，按照设计图进行绘制。选中此图层所有绘制柱，进行复制，复制到 F2、F3、F4、F5、F6 标高，如图 12-25 所示。

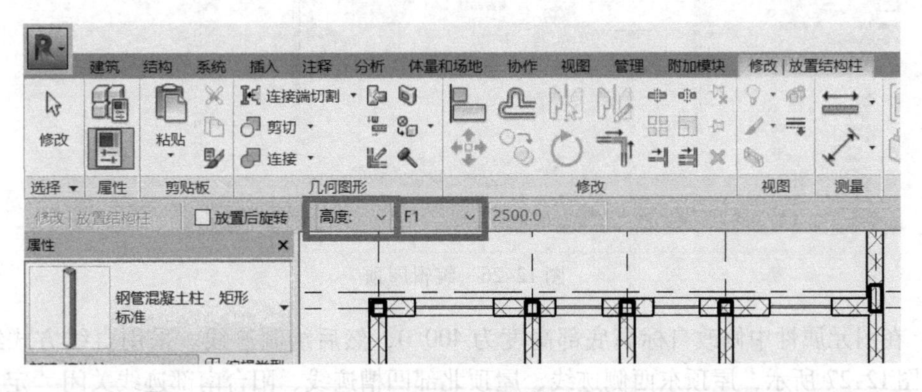

图 12-24　编辑柱

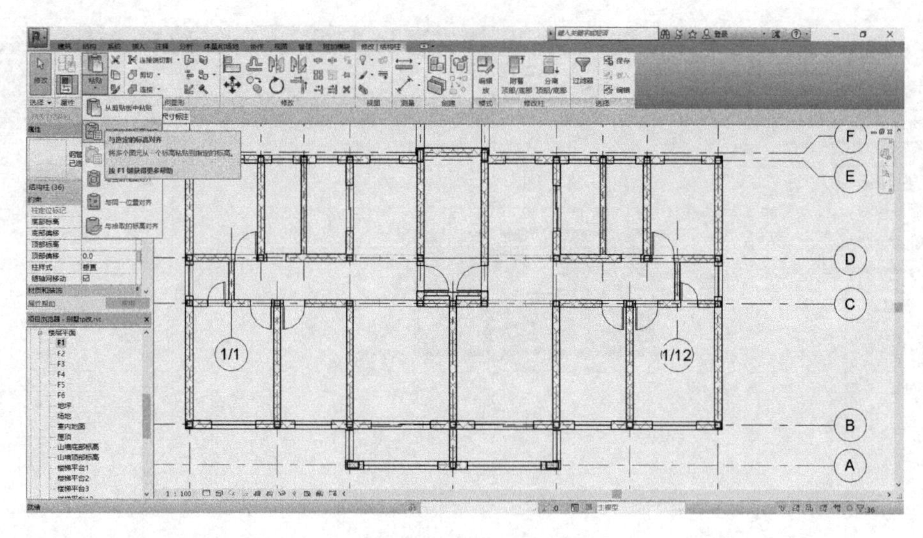

图 12-25　复制柱

12.6 绘制屋顶

12.6.1　绘制普通屋顶

1）选择楼层平面 F6。选择“建筑”选项卡→“构件”面板→“屋顶”，选择“编辑类型”。根据要求对屋顶进行编辑，如图 12-26 所示。

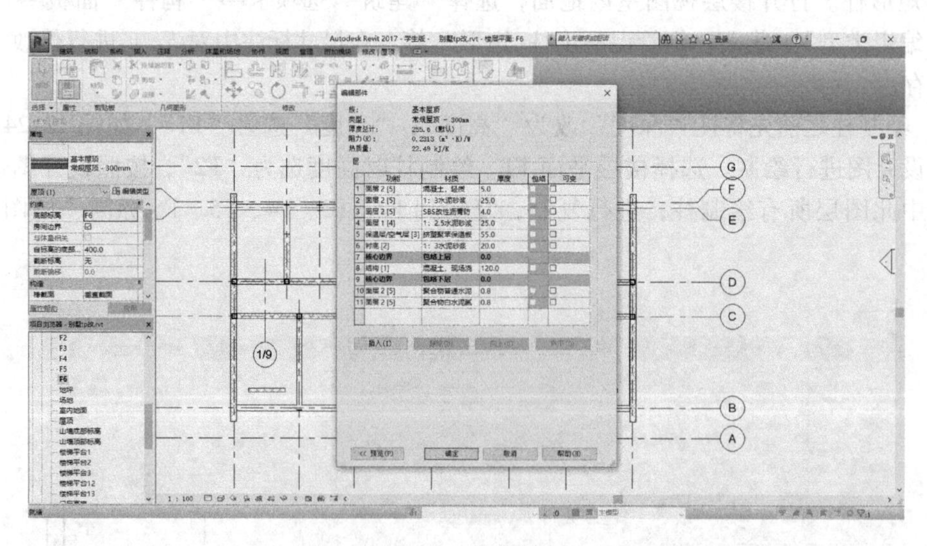

图 12-26　编辑屋顶

2）在图元属性中修改自标高底部高度为 400.0，然后绘制迹线。采用直线方式绘制迹线，如图 12-27 所示，屋顶东西侧迹线、屋顶北部凹槽迹线、阳台南部迹线关闭“定义屋顶坡度”，坡度可以自己设置，此处将其余的屋顶北部迹线坡度修改为 26.86°，屋顶南部迹线坡度修改为 23. 16°，屋顶南部阳台处东西侧迹线坡度都改为 24. 78°。

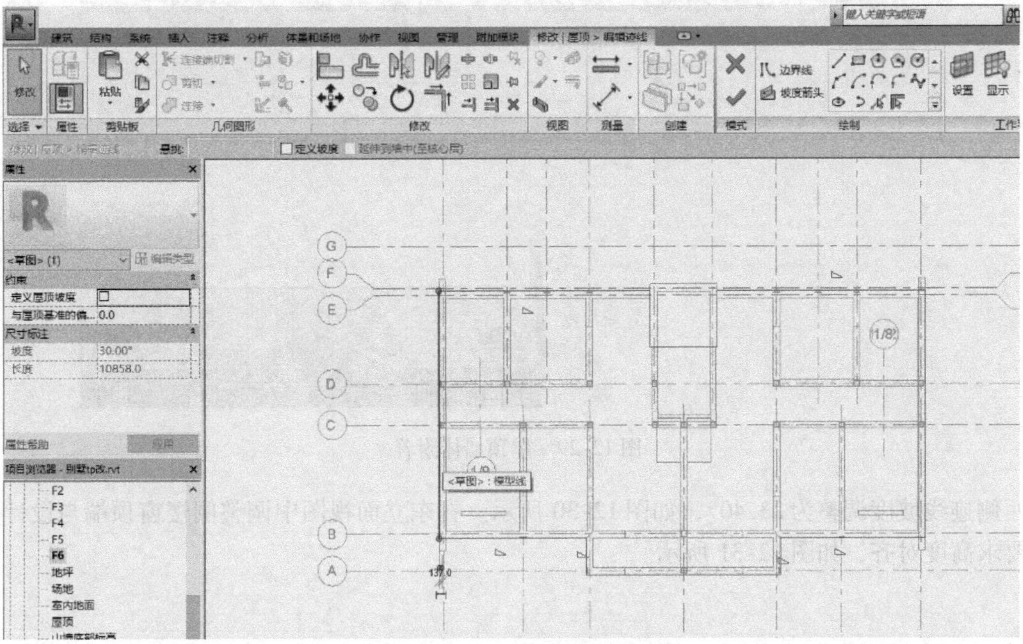

图 12-27 编辑屋顶迹线

3）选择东立面视图，绘制参照平面，使其高度等于屋顶阳台处三角阁楼高度，使用对齐命令，如图 12-28 所示，对屋顶进行微调，让其顶端高度与屋顶标高相同，屋顶阳台处三角阁楼高度与参照平面相同。调整完毕后在 3D 视图中选择屋顶中突出墙体，选中这些墙体并选择“附着顶部”，然后选择“屋顶”，如图 12-29 所示。

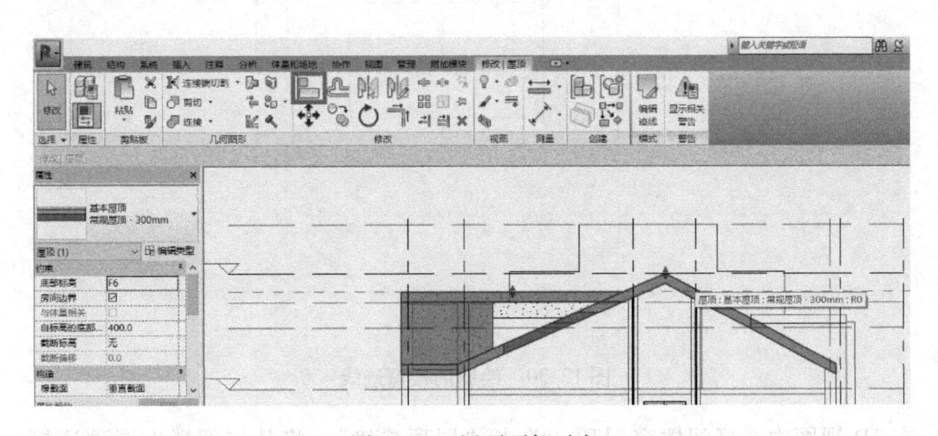

图 12-28 屋顶顶部对齐

12. 6. 2 绘制老虎窗

1）在东立面 17. 870 高度建立阁楼窗底部标高。选择阁楼窗底端标高视图，选择“绘制屋顶”命令，迹线根据设计图中位置进行定位。阁楼窗南北迹线关闭“定义屋顶坡度”，

图 12-29　屋顶墙体附着

东西侧迹线坡度调整为 23. 40°，如图 12-30 所示。在东立面视图中调整阁楼窗顶端与设计图中要求高度对齐，如图 12-31 所示。

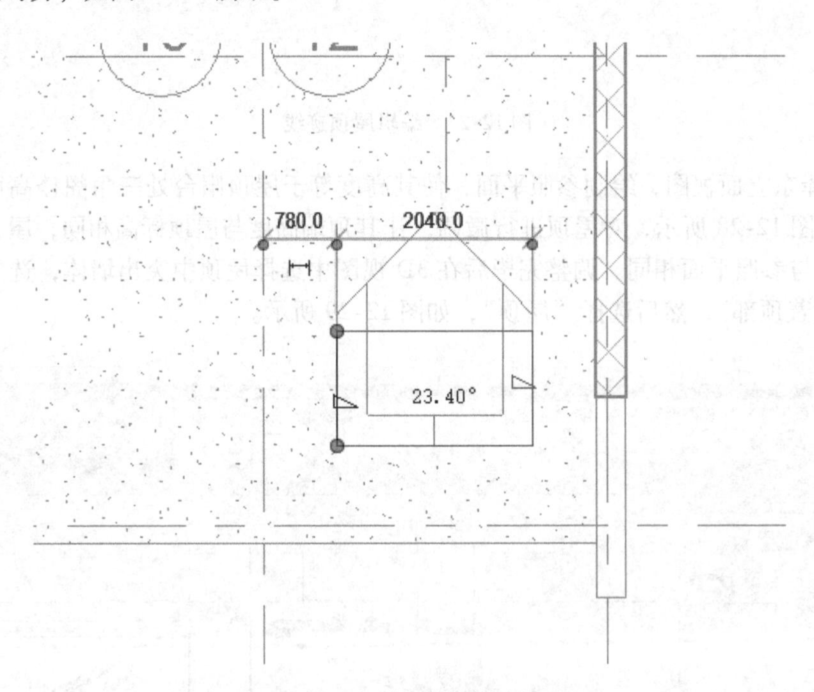

图 12-30　绘制阁楼窗迹线

2）在 3D 视图中选择阁楼窗屋顶，单击“屋顶连接”，将其与阁楼大屋顶连接。在 3D 视图中选择上视图，绘制墙体使阁楼窗和屋顶闭合，然后选择“墙体”，使其顶端附着于阁楼窗屋顶，底端附着于别墅屋顶，如图 12-32 所示。然后选择“建筑”选项卡-“洞口”面板→“老虎窗”，然后单击别墅大屋顶，将视图样式选成线框样式，选择墙内侧与大屋顶的交线，形成闭合后单击完成，如图 12-33 所示。选中此阁楼窗屋顶以及绘制辅助用的墙，以别墅 7 轴线为对称轴做镜像对称，然后重复老虎窗洞口操作。

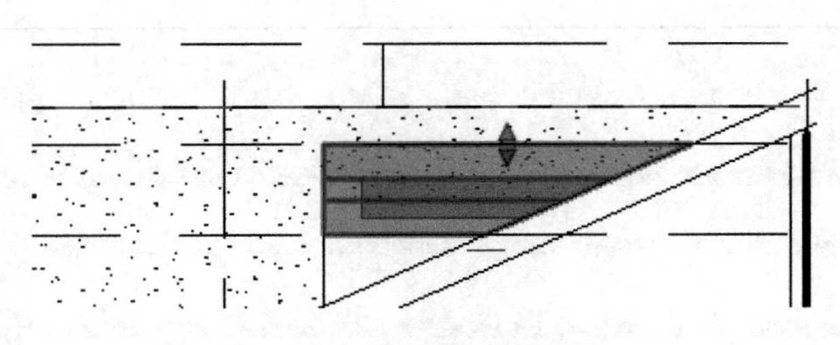

图 12-31 调整阁楼窗高度

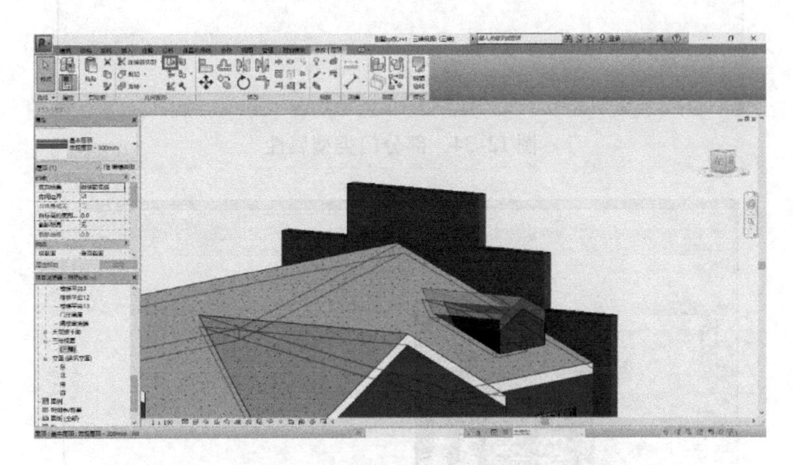

图 12-32 阁楼窗屋顶与大屋顶连接

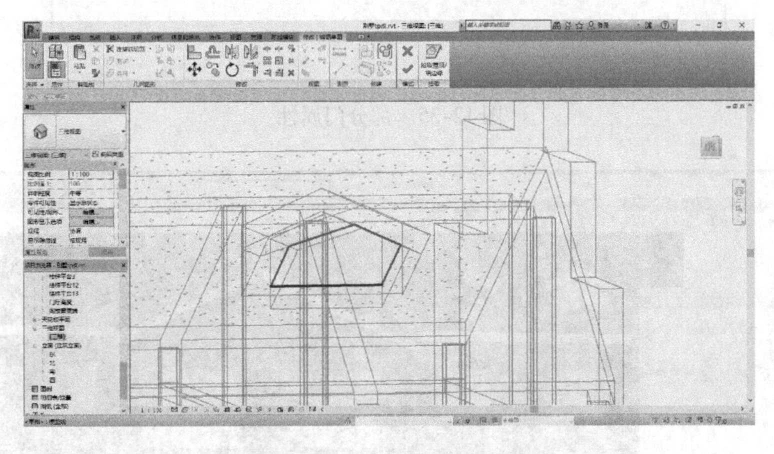

图 12-33 选择老虎窗迹线

12.7 别墅门窗设计

1）打开“1F”视图，单击设计栏“建筑”→“门”命令，在类型选择器中按 CAD 门窗表选择推拉门或者平开门，并调整门窗属性。

部分门属性如图 12-34、图 12-35 所示。

窗户属性的调整也类似，部分窗户属性如图 12-36 所示。

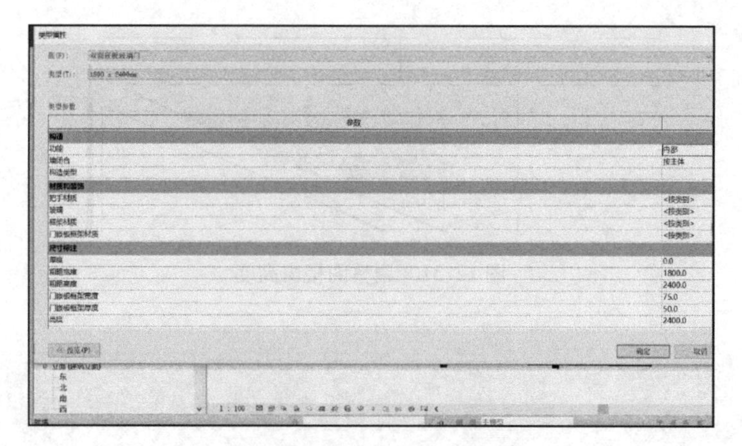

图 12-34　部分门类型属性

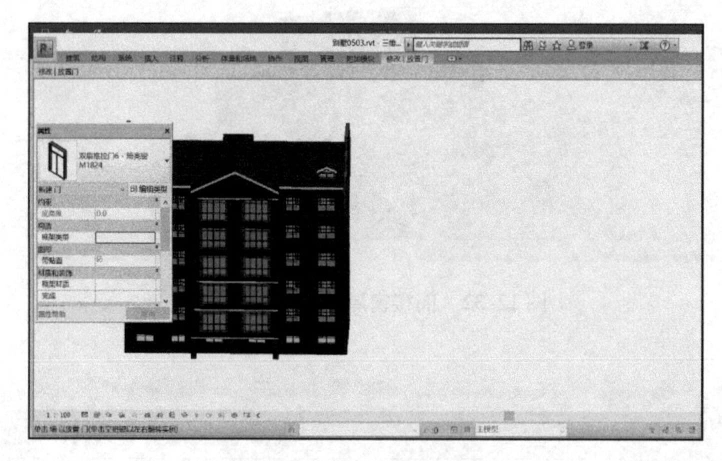

图 12-35　部分门属性

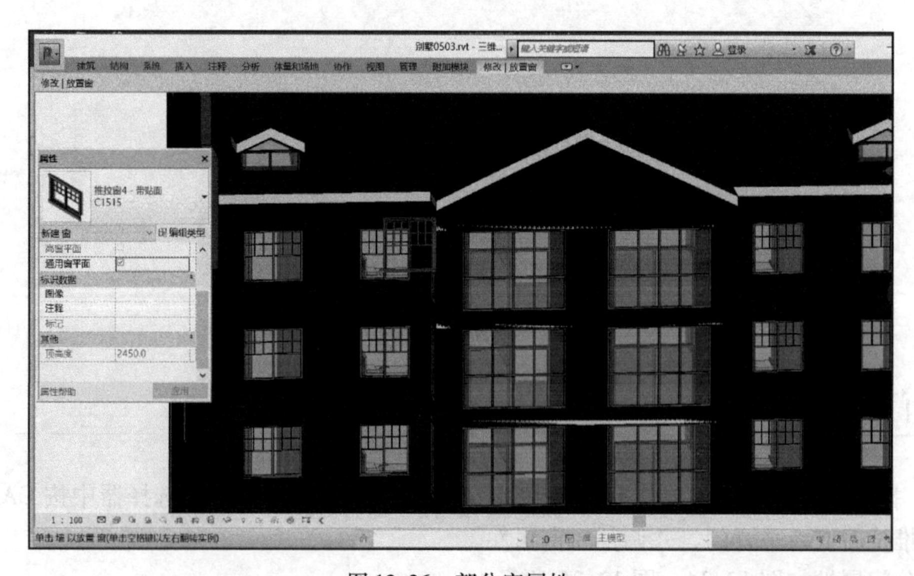

图 12-36　部分窗属性

2）将光标移到墙上，此时会出现与周围墙体距离的灰色相对尺寸，这样可以通过相对尺寸大致捕捉门的位置。按空格键可以控制门的左右开启方向。

3）放置好一层的门窗后，可选中所有门，再通过复制粘贴（图 12-37）到其他楼层即可。

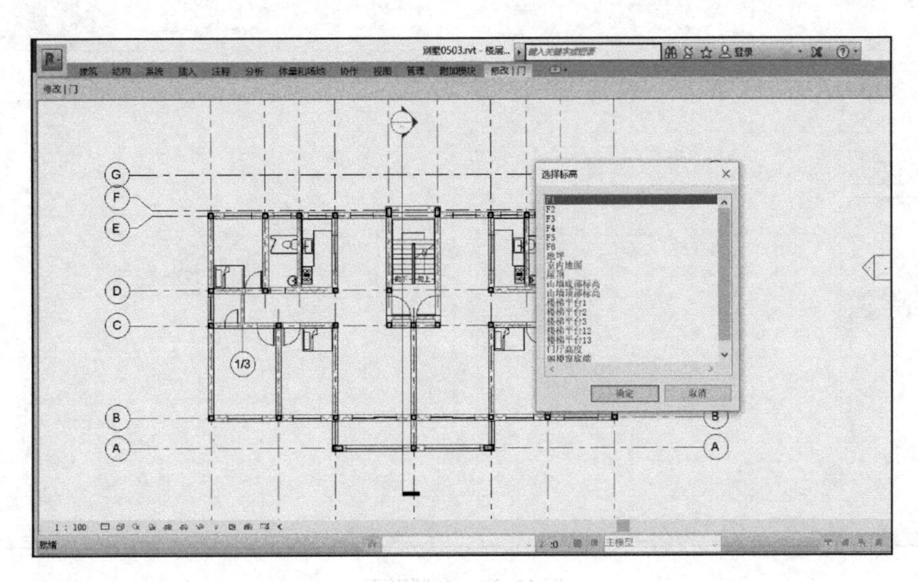

图 12-37　复制门

12.8 别墅楼道设计

1）选择室内地面。选择“建筑”选项卡→“楼梯”面板，选择“楼梯（按草图）”，如图 12-38 所示。根据要求对楼梯进行编辑。

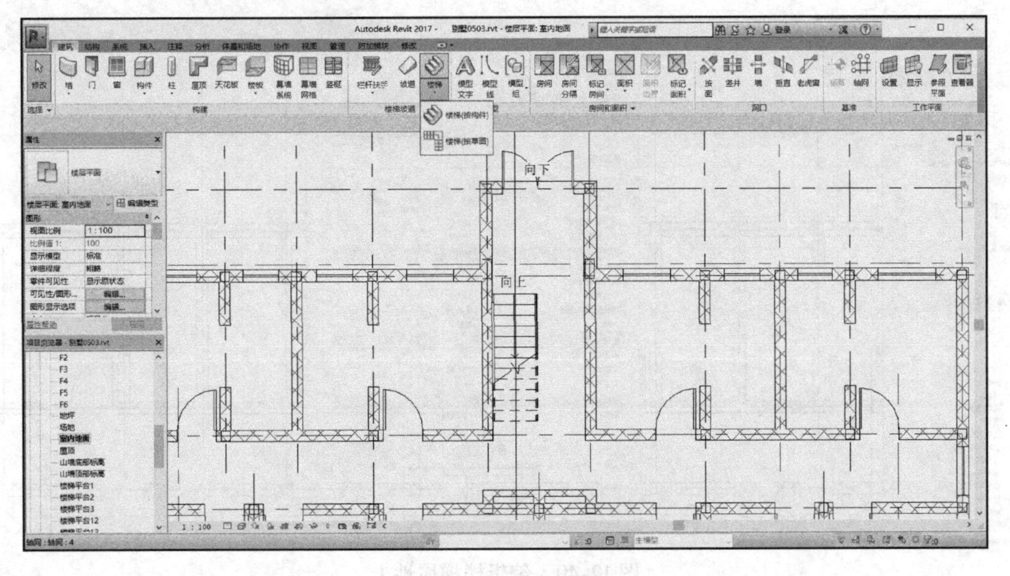

图 12-38　编辑楼梯

2）在菜单栏中单击“参照平面”，如图 12-39 所示，然后绘制参照线，竖向的参照线标定楼梯中轴线，横向的参照线标定楼梯梯段的起始和结尾。

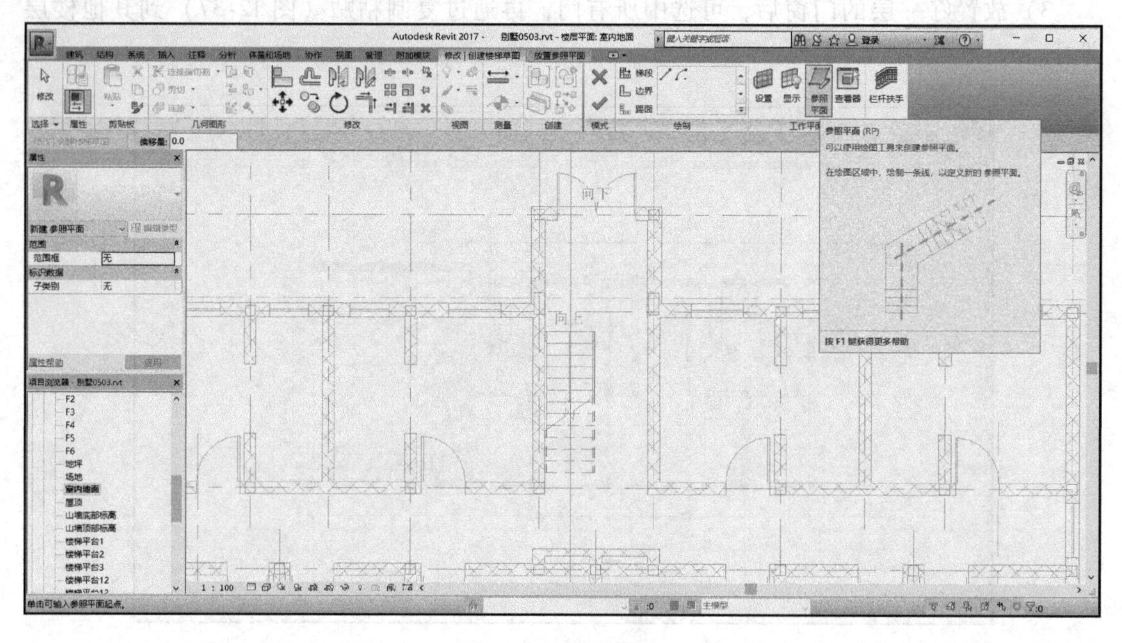

图 12-39　参照平面

3）在图元属性面板中更改底部标高、顶部标高、楼梯宽度、所需梯面数、梯面高度、踏板深度等参数。然后单击“编辑类型”，在“类型属性”面板中勾选“整体浇筑楼梯”，并选择楼梯所用材质为“混凝土-现场浇筑混凝土”，如图 12-40 所示。

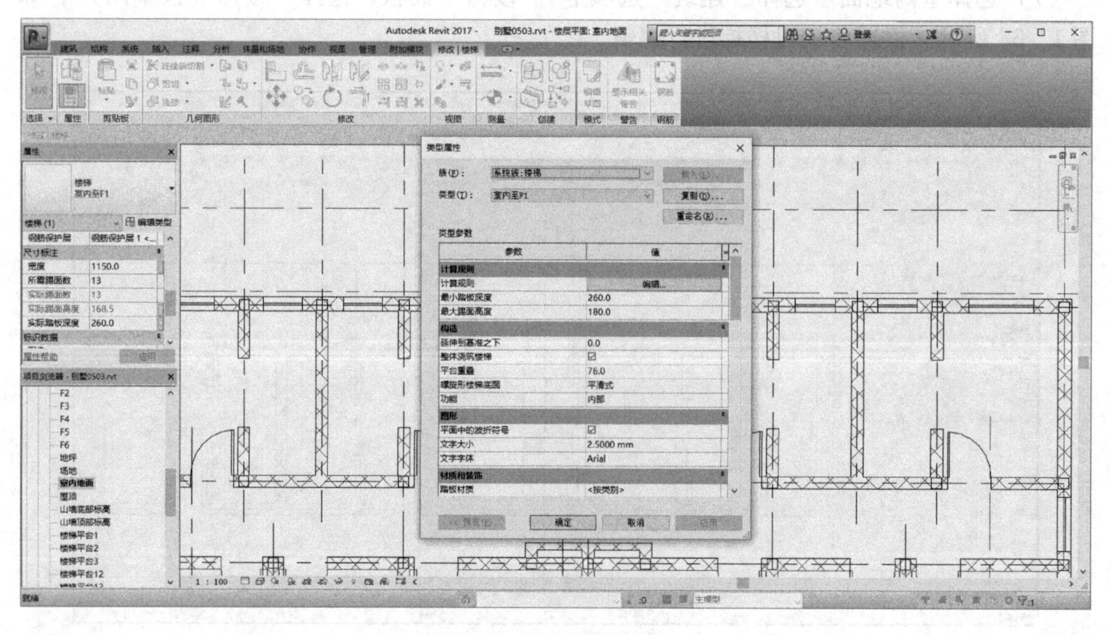

图 12-40　编辑楼梯属性 1

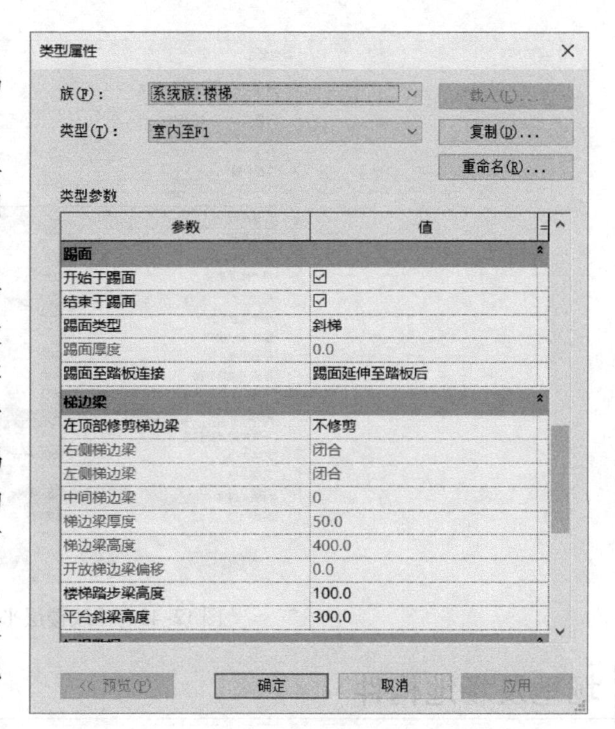

图 12-41　编辑楼梯属性 2

4）还是在“类型属性”面板中，注意“踢面”一栏下勾选“开始于踢面”以及“结束于踢面”，如图 12-41 所示，否则楼梯与楼板将不会相连。单击“确定”后在菜单栏单击绿色√，则一段楼梯完成。

5）选择楼层平面 F1，重复上述步骤，注意图元属性面板中底部标高修改为 F1，顶部标高修改为 F2，并勾选多层顶部标高 F5，如图 12-42 所示。此时需注意按照设计图要求更改踢面数、踢面高度、踏板深度等选项。需要注意的是，类型属性面板中“构造”一栏下“延伸到基准之下”后填写“－260.0”，如图 12-43 所示，这是为了使得每一段楼梯底部能与楼板完全连接，避免出现钢筋外露等现象。

6）修改栏杆。选择 F5。选择“建筑”选项卡→“栏杆扶手”面板，选择“绘制路径”。绘制完成 5 楼的封口栏杆后单击绿色“√”，完成楼梯整体栏杆扶手绘制。

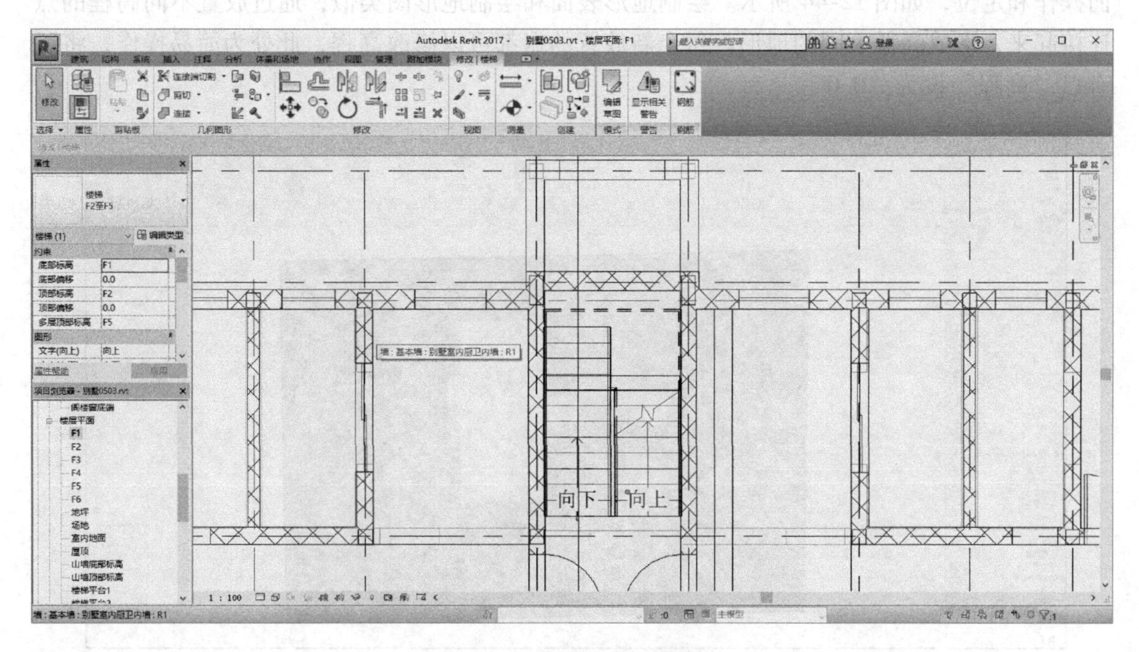

图 12-42　楼层平面标高修改

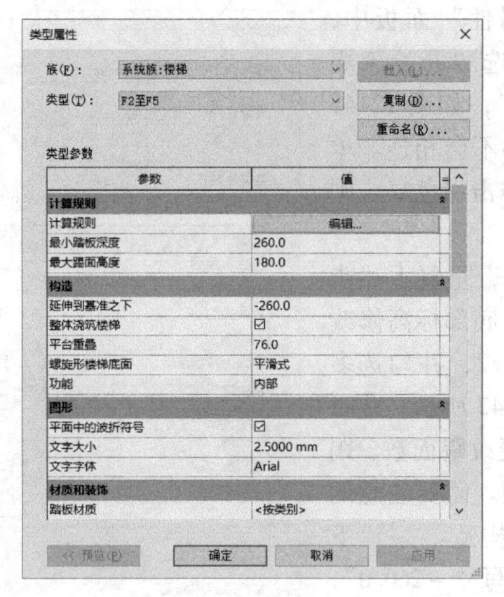

图 12-43　修改楼层平面属性

12.9 场地及场地构件

12.9.1　绘制场地

在“体量和场地”选项卡下选择“地形表面”按钮，选择三维视图的上视角，可以方面操作和定位，如图 12-44 所示。绘制地形表面和绘制地形图类似，通过放置不同高程的点连接起来，形成高低不同的地形。每个新放置的点都可以修改高程，此处为简易操作，将所有点“高程”设为“0.0”。

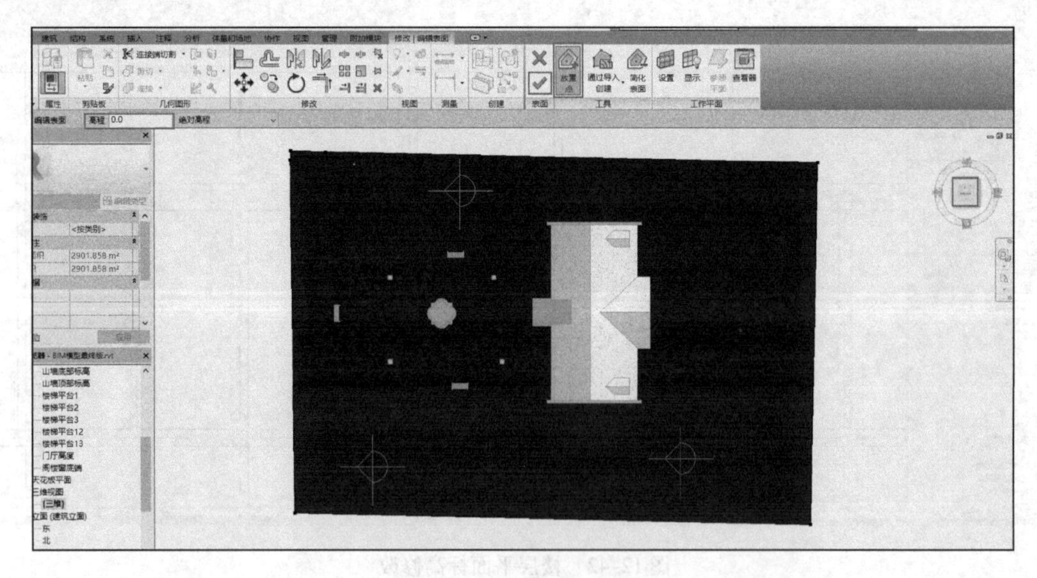

图 12-44　三维视图上视角

12.9.2 添加场地构件

在“体量和场地”选项卡下选择“场地构件”按钮，进入场地构件的放置界面，此处可以选择“属性”选项卡中的“编辑类型”，对场地构件进行编辑，可以修改参数，也可以选择载入族，在“China/建筑/场地”中载入需要的族，在场地上进行放置，按空格可以切换场地构件的方向，如图 12-45 所示。

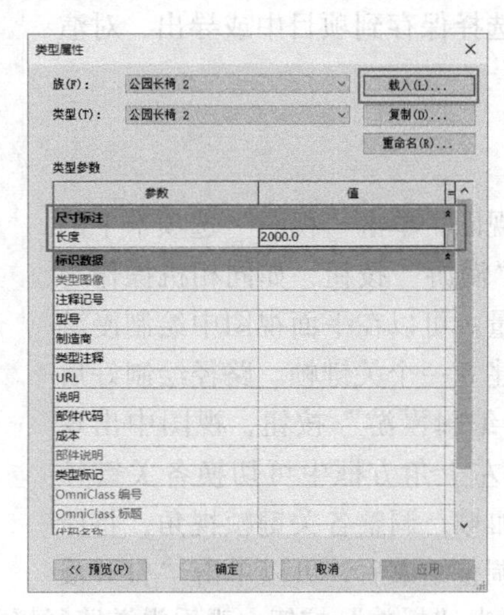

图 12-45 场地构件编辑

2.10 渲染和漫游

12.10.1 相机

选择“视图”选项卡下“三维视图”下拉菜单中的“相机”选项，在选项栏中可以调整“偏移量”的数值，决定相机的高度。在平面视图中合适位置布置相机，确定相机的投射方向。

图 12-46 右侧图鼠标点住圈中的控制点，可以调整相机的视野。

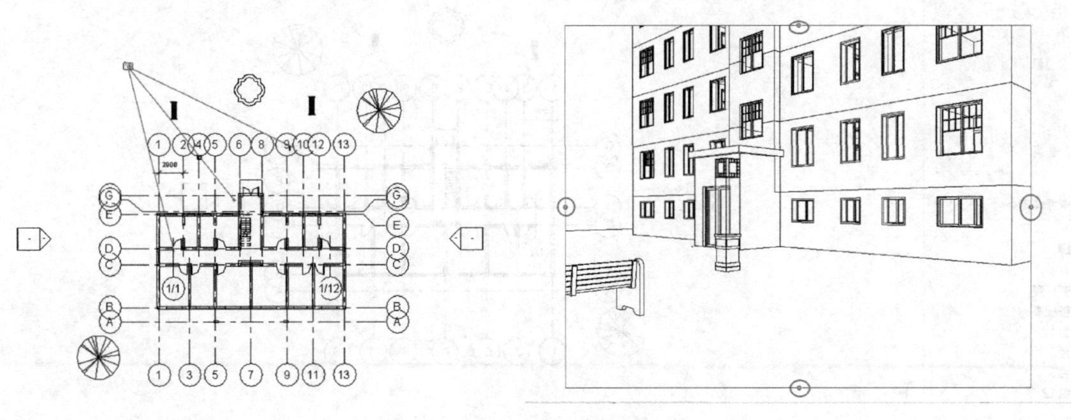

图 12-46 布置相机

12.10.2 渲染

选择“视图”选项卡下的“渲染”按钮，在弹出的“渲染”对话框中可以对渲染的质量、分辨率、照明、背景、调整曝光进行设置。勾选“区域”可以自定义渲染区域，如图 12-47 所示。设置完成后可以单击“渲染”开始进行渲染，待进度条完成后，可以选择保存到项目中或导出，对渲染结果进行保存。

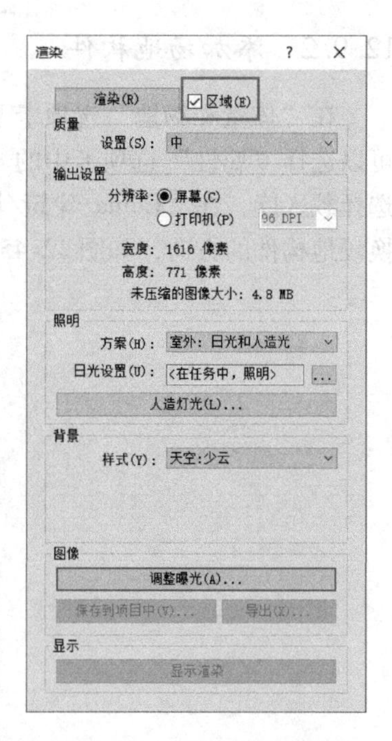

图 12-47 自定义渲染区域

12.10.3 漫游

将视图切换成室内地坪视图，单击“视图”选项卡下的“三维视图”下拉菜单中的“漫游”按钮，如同相机操作一样，也可以修改漫游的偏移量。可以在平面视图中绘制漫游路径，其中每次单击鼠标即建立一个关键帧。路径绘制好后单击“完成”按钮，单击“编辑漫游”按钮，视图中出现若干红色点，即关键帧，在左上角方框中可切换各关键帧（图 12-48），鼠标点住圈中加号，调整各关键帧视角，将所有关键帧视角对准建筑物。调整结束后，可以单击“打开漫游”，切换成第一关键帧，单击“播放”按钮，观看漫游路径播放。

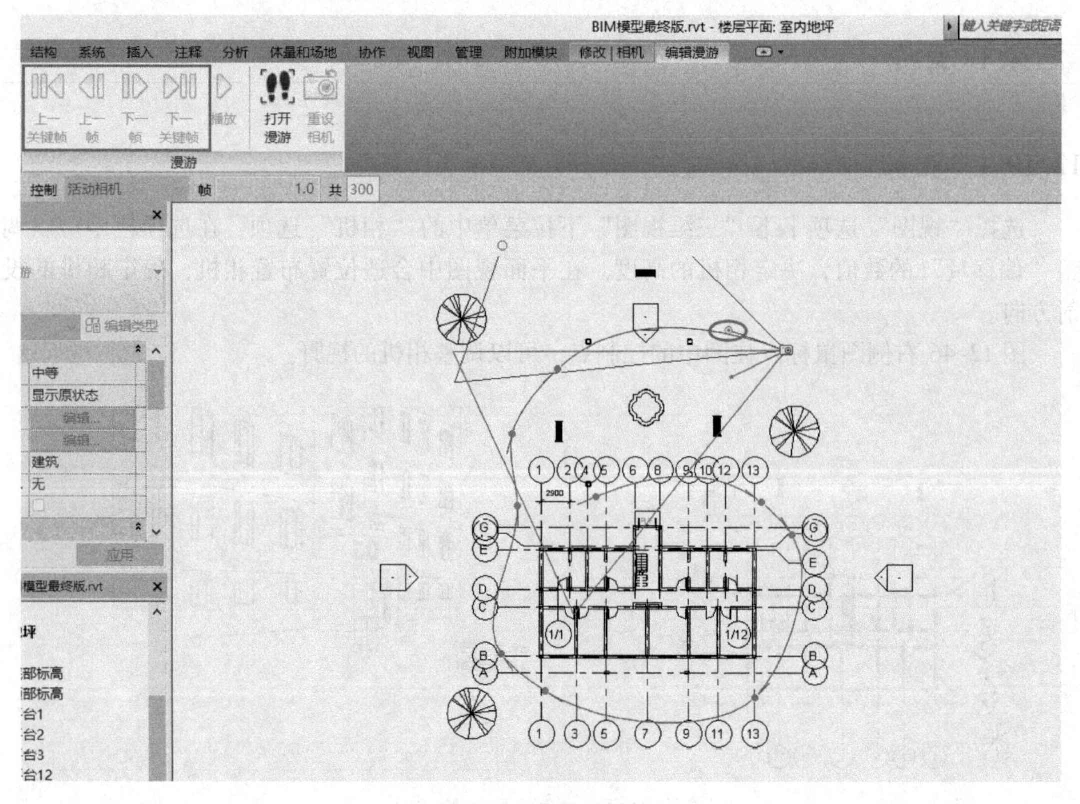

图 12-48 切换关键帧

需要导出漫游视频时，在漫游视图下，单击应用程序菜单按钮→导出→图像和动画→漫游，在“长度/格式”对话框中可以调整帧的范围以及尺寸，将“尺寸标注”改为“1024”，如图 12-49 所示，单击“确定”按钮，弹出“导出漫游”对话框，选择视频保存位置后，单击“保存”按钮，弹出“视频输出”对话框，直接单击确定，漫游结束后漫游视频即被保存。

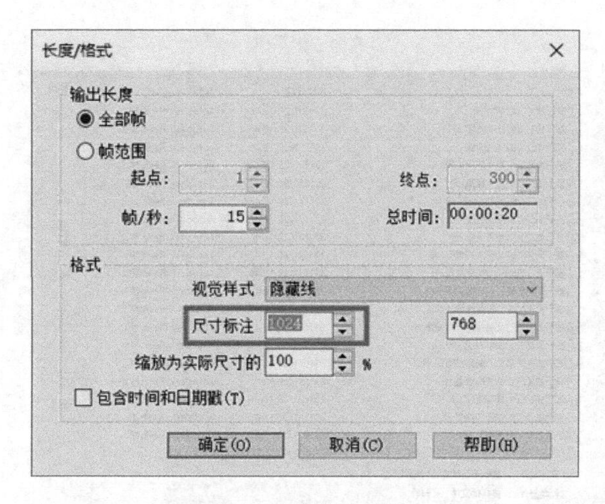

图 12-49 修改尺寸标注

2. 11 吊顶灯的参数化建模

12. 11. 1 主体思路

所谓参数化建模，也就是利用基本特征来进行参数化设计，如利用长方体、圆柱体、圆锥体和球体等基本几何元素作为主特征，通过旋转、拉伸等操作，完成整个建模过程。在 Revit 软件中，如果想要对房屋内部进行更加细致的装潢，如添加家具、电器等，那需要通过载入家具族、电器族来完成，而这些族大都是通过参数化建模得到的。

以吊顶灯作为参数化建模的示例。吊顶灯设计图如图 12-50 所示，根据吊顶灯的外形特点，可以规划建模的主要思路：将主灯（中央部分）与副灯（四周部分）分别进行建模，

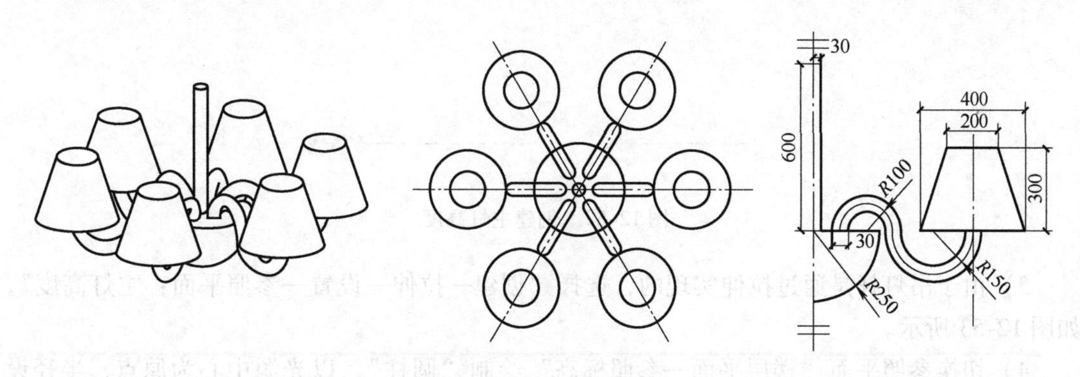

图 12-50 吊顶灯图样

之后采用“共享参数”的方法将主灯与副灯进行组合。而基于吊顶灯的组合特征，则可以采用阵列的方式来完成整个灯的构建。

12.11.2　设计步骤

1）新建族，选择样板“基于天花板的公制照明设备”，如图 12-51 所示。

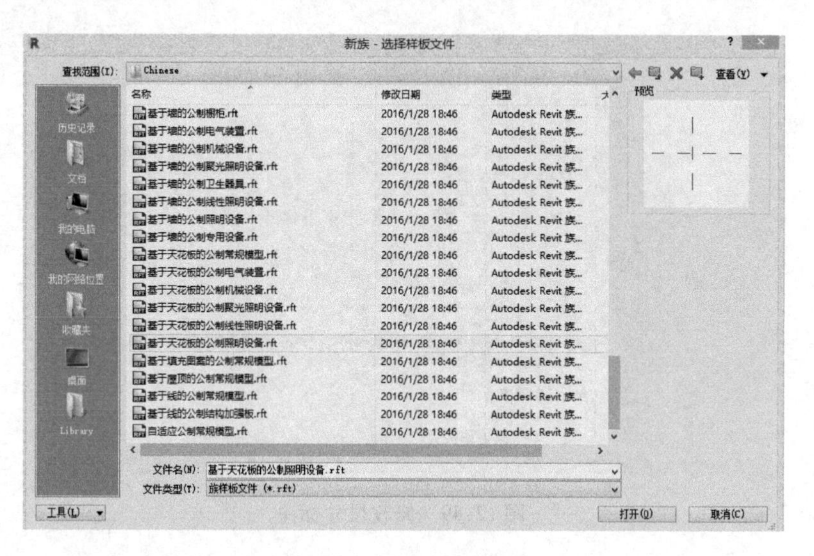

图 12-51　新建族

2）选择前立面视图，考虑到灯具模型不要挡住光源，在“天花板标高”和“光源标高”之间新建一个参照标高：创建—选择参照平面—命名“主灯高度”，如图 12-52 所示。

图 12-52　创建主灯高度

3）由于吊灯杆是通过拉伸实现的，选择“创建—拉伸—设置—参照平面：主灯高度”，如图 12-53 所示。

4）切换参照平面“楼层平面—参照标高”绘制“圆柱”，以光源中心为原点，半径设置为 30.0，如图 12-54 所示。

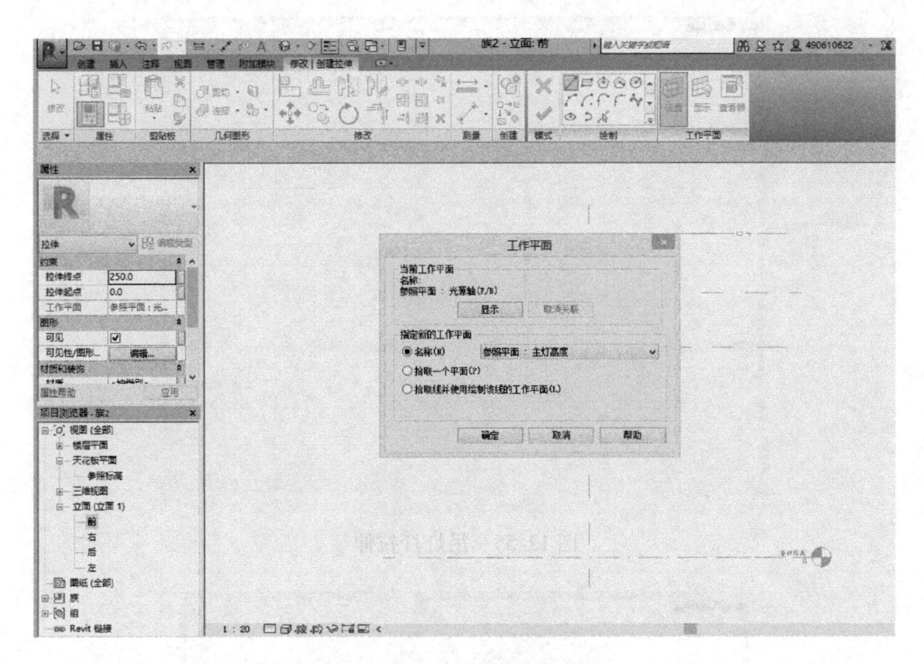

图 12-53　参照面主灯高度

图 12-54　绘制“圆柱”

5）将吊灯杆拉伸，锁定到天花板，如图 12-55 所示。

6）标注尺寸，设置参数，分别设置主灯杆和光源高度的共享参数，如图 12-56 ~ 图 12-58 所示。

7）绘制主灯，“创建-旋转-1/4 圆（半径为 250）”，如图 12-59 所示，加入旋转轴线，完成边景模式，如图 12-60 所示。

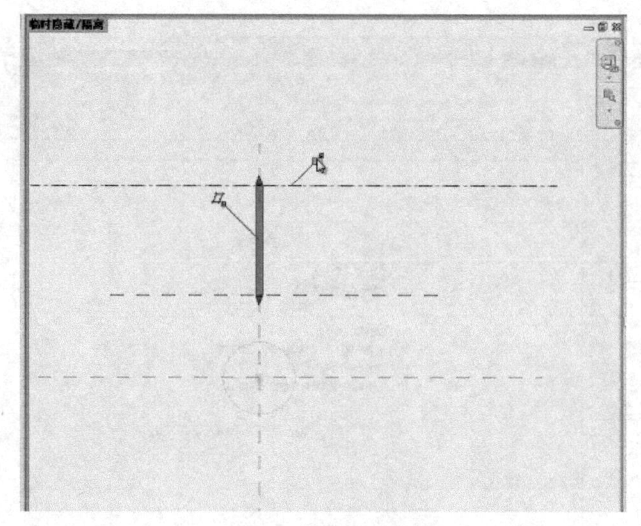

图 12-55　吊灯杆拉伸

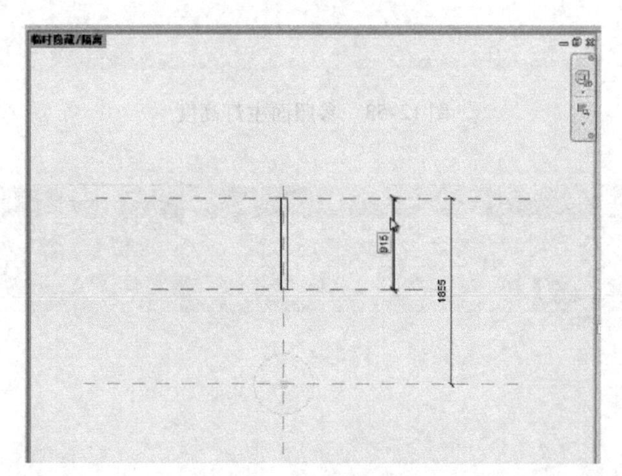

图 12-56　参数设置

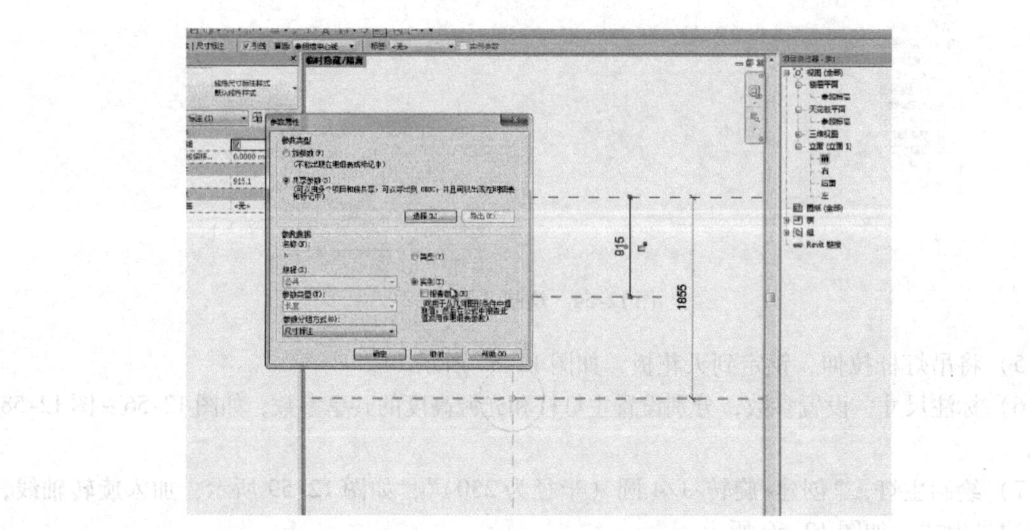

图 12-57　设置主灯杆共享参数

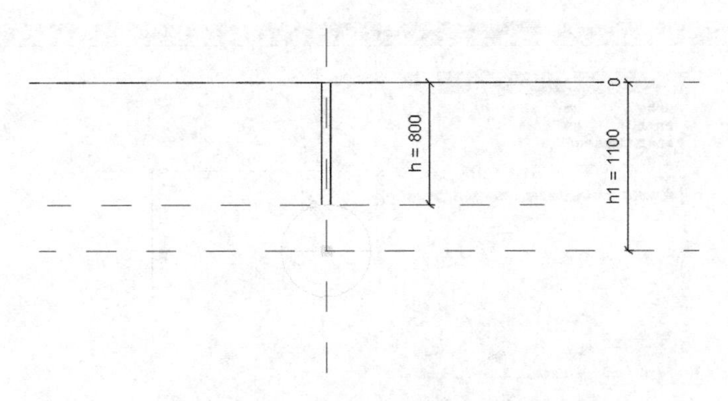

图 12-58 设置光源高度共享参数

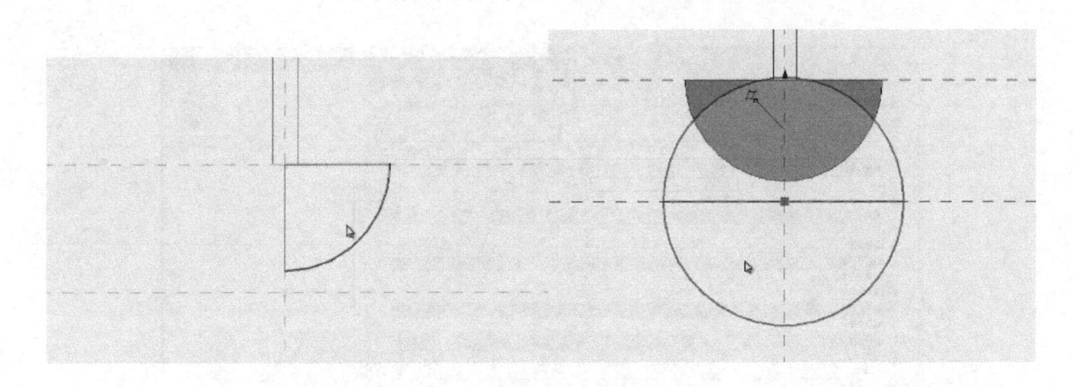

图 12-59 创建-旋转-1/4 圆

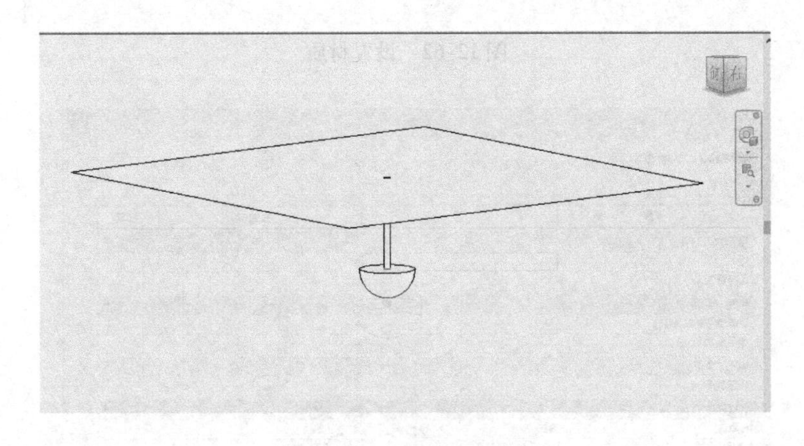

图 12-60 完成边景模式

8）关联族（主灯、主灯杆）参数，设置材质如图 12-61、图 12-62 所示。

9）创建一个新族，选择样板“基于天花板的公制照明设备”，制作副灯和副灯杆。同前述步骤一样，设置尺寸标注，关联参数，如图 12-63 所示。

10）绘制副灯杆，添加参照平面，距离分别为 100，100，100，150，150，如图 12-64 所示。

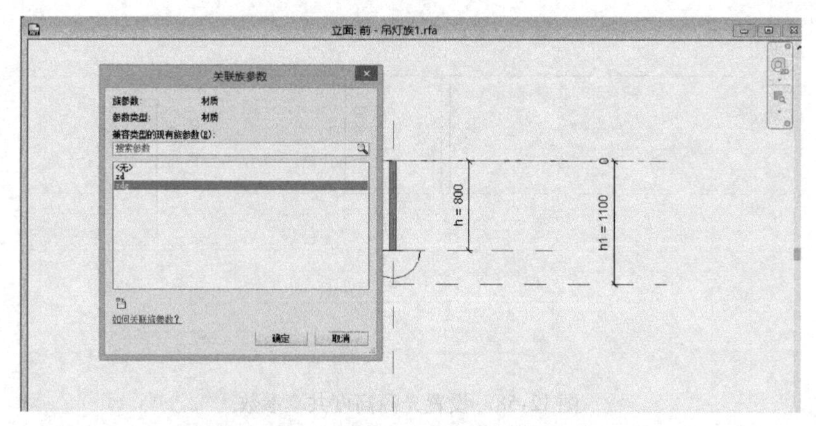

图 12-61　关联族（主灯、主灯杆）参数

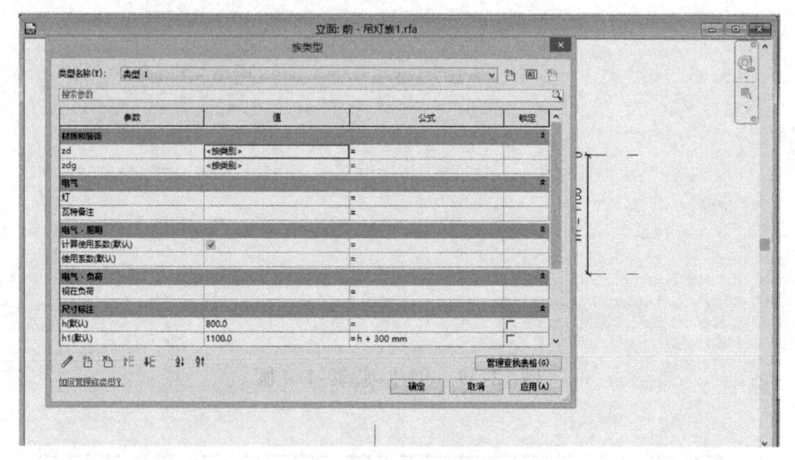

图 12-62　设置材质

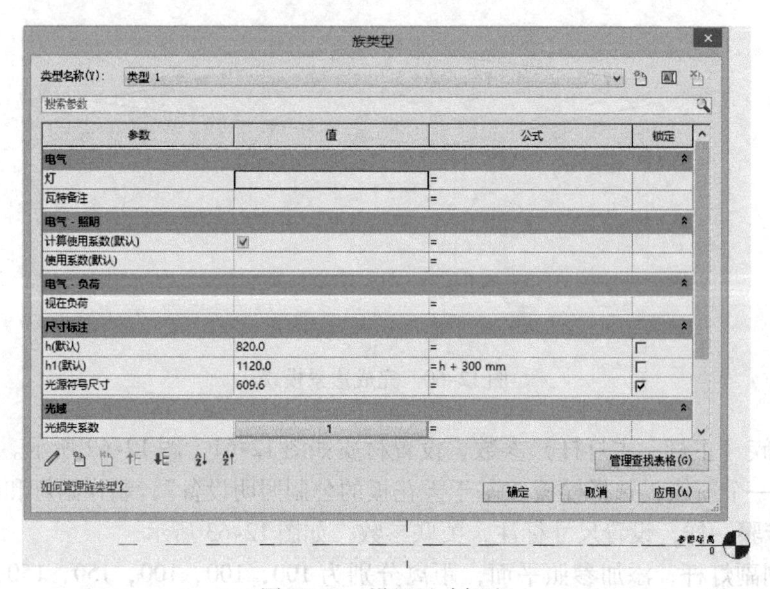

图 12-63　设置尺寸标注

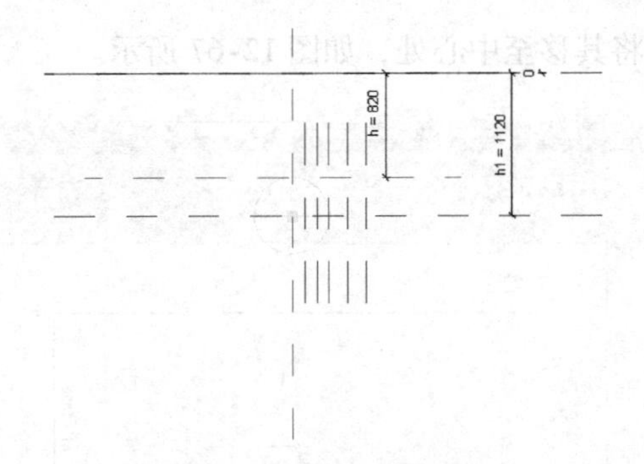

图 12-64　绘制副灯杆

11）选择放样，点取绘制路径，在 1、3 号参照直线间使用绘制路径的圆心-端点弧，绘制第一个圆弧。用同样的方式，在 3、5 号直线间绘制第二个圆弧，如图 12-65 所示。

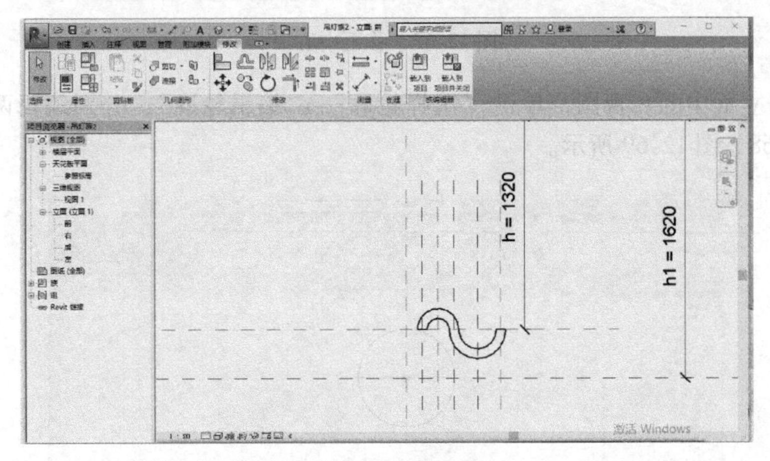

图 12-65　绘制圆弧

12）选择旋转，点取绘制路径，在 5 号参照直线与第 1 条水平参照线相交处使用绘制路径的直线，向左绘制 200，再在同一点处向右绘制 200。之后用同样的方式，交点处往上量取 300，向左绘制 100，再向右绘制 100。最后，将上下直线连接、闭合，如图 12-66 所示。

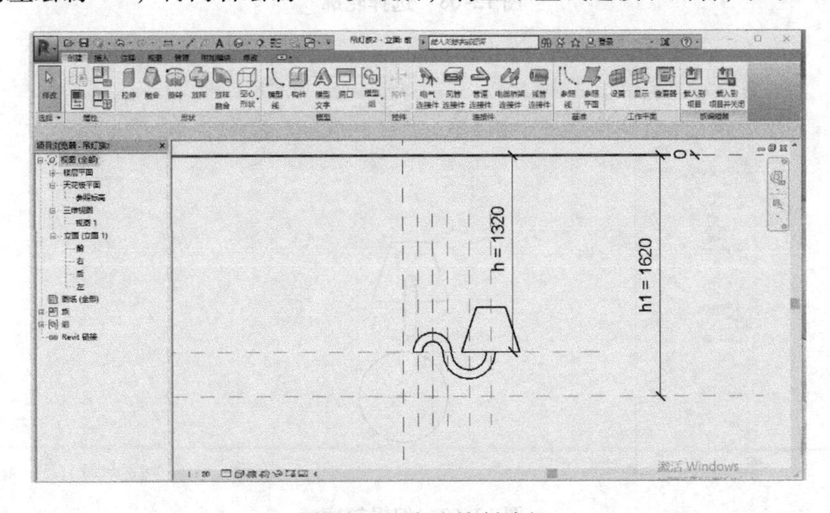

图 12-66　点取绘制路径

13）选择两个图形，将其移至中心处，如图 12-67 所示。

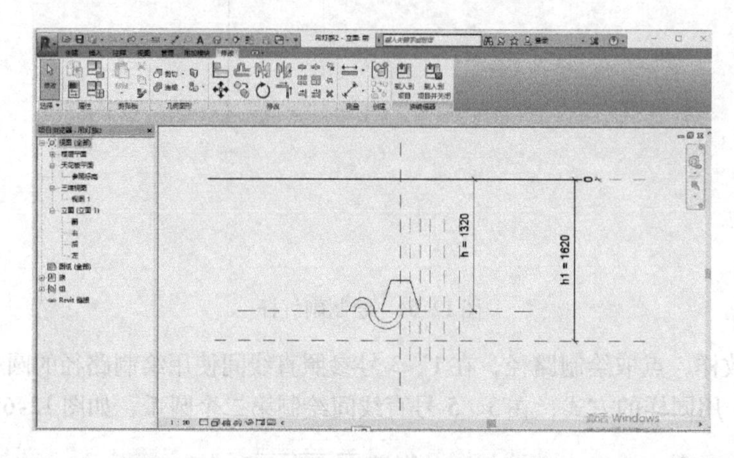

图 12-67　移至中心 1

14）单击立面中的右视图，单击“选择轮廓”→“编辑轮廓”，分别编辑两个图形的轮廓，如图 12-68、图 12-69 所示。

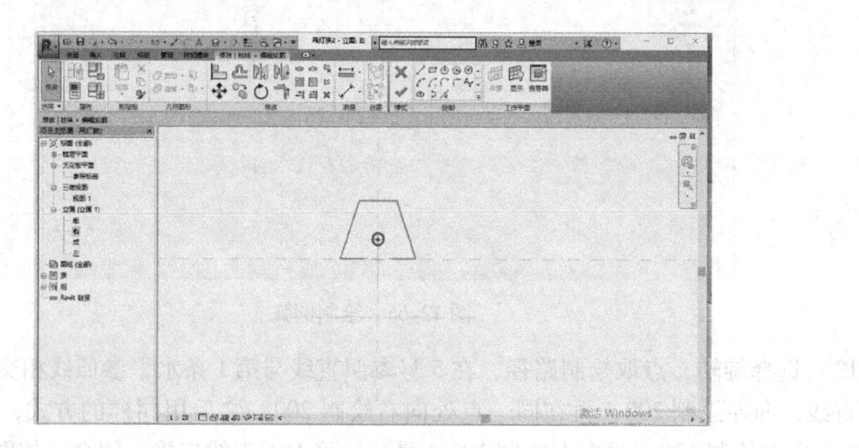

图 12-68　选择轮廓

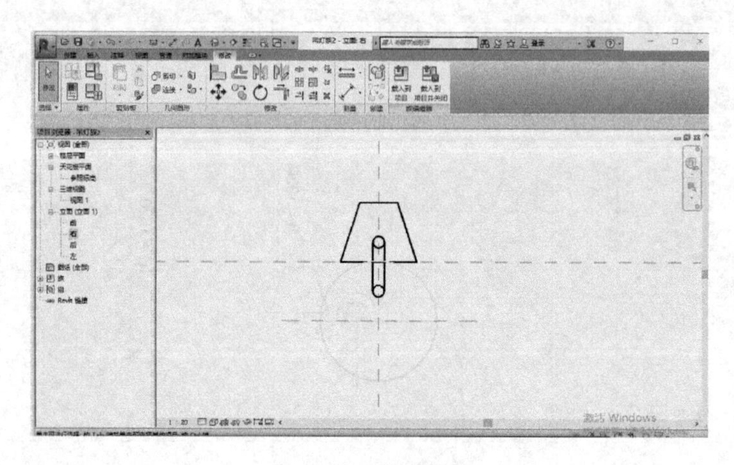

图 12-69　编辑轮廓

15）设置族类型，按之前的操作步骤，将材质和高度关联，如图 12-70 所示。

族类型

类型名称(Y)：类型 1

搜索参数

参数	值	公式	锁定
材质和装饰			
fd	<按类别>	=	
fdg	<按类别>	=	
电气			
灯		=	
瓦特备注		=	
电气 - 照明			
计算使用系数(默认)	☑	=	
使用系数(默认)		=	
电气 - 负荷			
视在	使用系数(默认)	=	
尺寸标注			
h(默认)	1320.0	=	☐
h1(默认)	1620.0	=h + 300 mm	☐

管理查找表格(G)

如何管理族类型?　确定　取消　应用(A)

图 12-70　将材质和高度关联

16）新建族，选择“基于天花板的公制常规模型”，命名“完整灯”，单击参照标高视图，如图 12-71 所示。

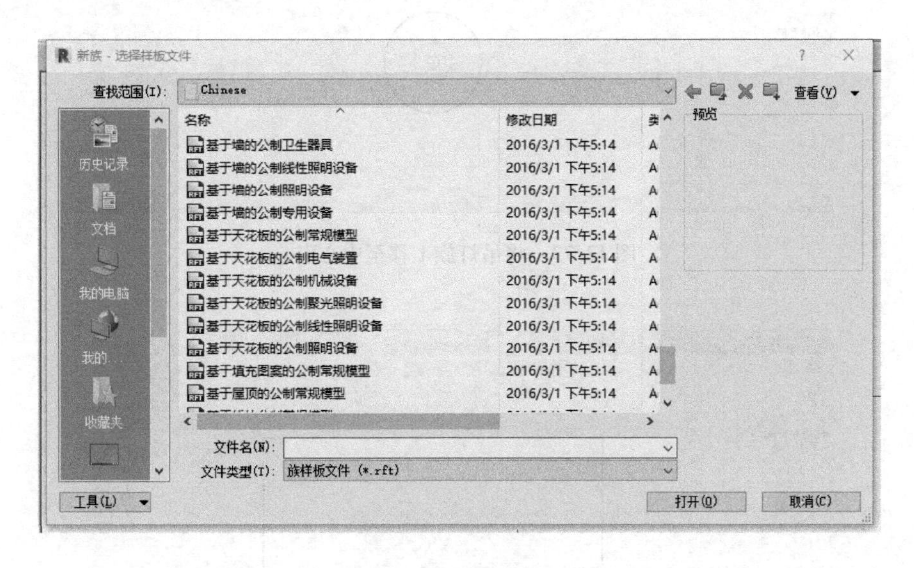

图 12-71　新建族

17）打开“吊灯族 1”，选择载入项目中，勾选“完整灯”后确认，如图 12-72 所示。

18）将吊灯族 1 移至中心点处，如图 12-73 所示。

19）以同样的方式，将吊灯族 2 也载入完整灯族中，通过绘制参照线和移动，将其移至图 12-74 所示位置。选择右视图，将两个吊灯族的高度关联。

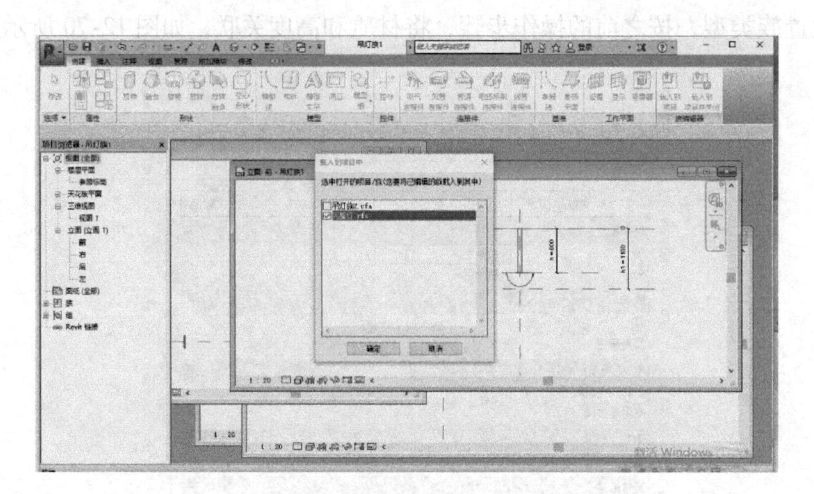

图 12-72　载入项目中

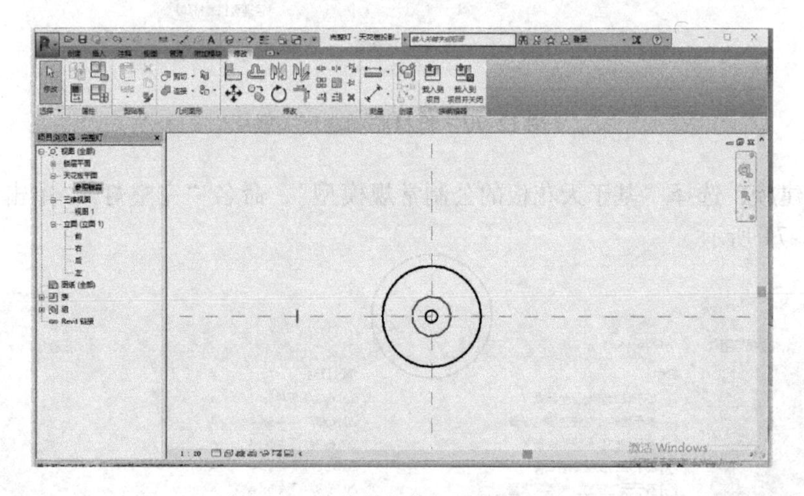

图 12-73　将吊灯族 1 移至中心点

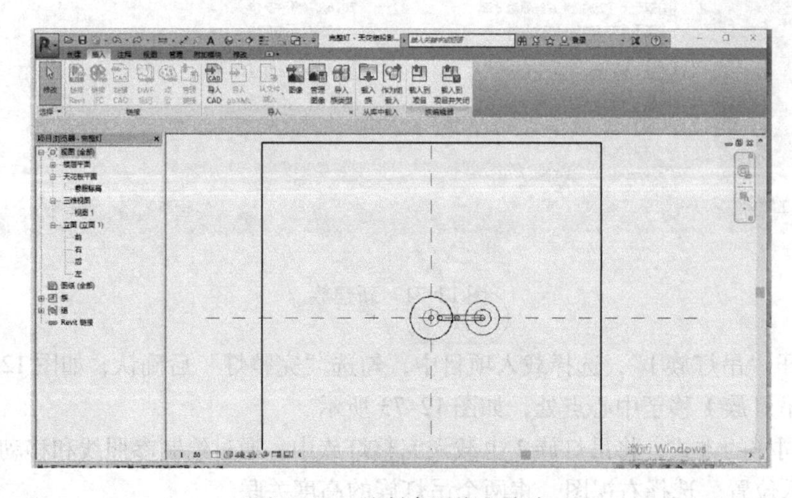

图 12-74　绘制参照线和移动

20）选定吊灯族 2，选择阵列操作，设定项目数为 6，度数为 360，选择中心点为阵列中心。之后得到图 12-75 所示内容。

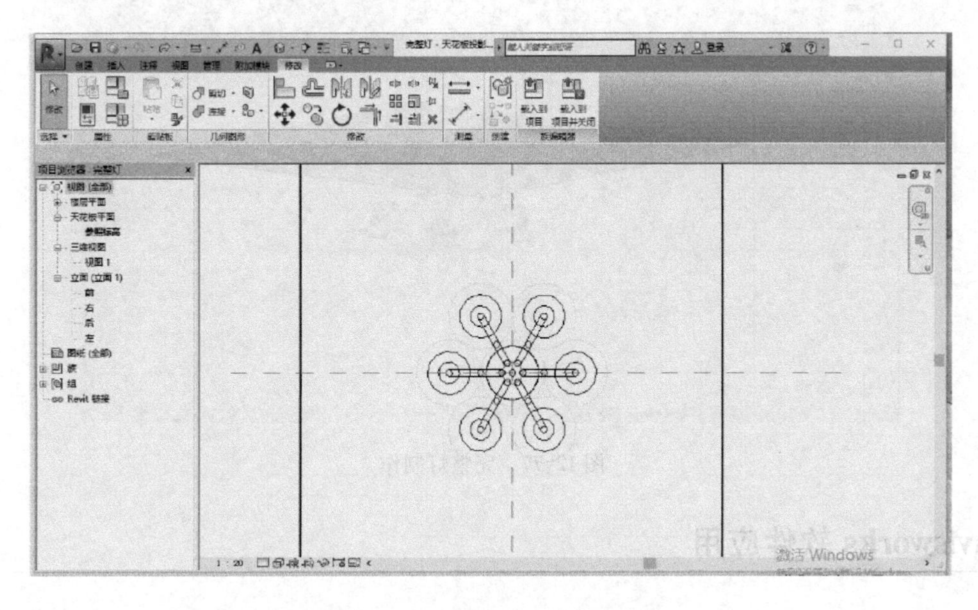

图 12-75　选择中心点为阵列中心

21）设置族类型，按之前的操作步骤，将材质、高度关联，新建其他选项，且将阵列个数关联，如图 12-76 所示。

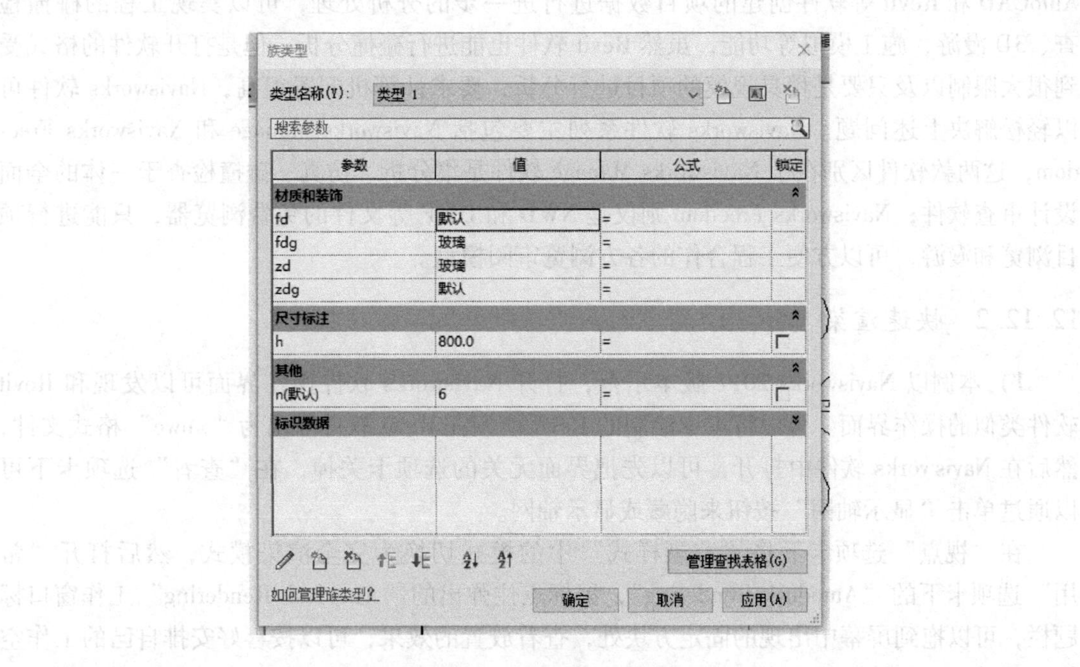

图 12-76　将阵列个数关联

22）单击三维视图，完整灯制作完成，如图 12-77 效果。

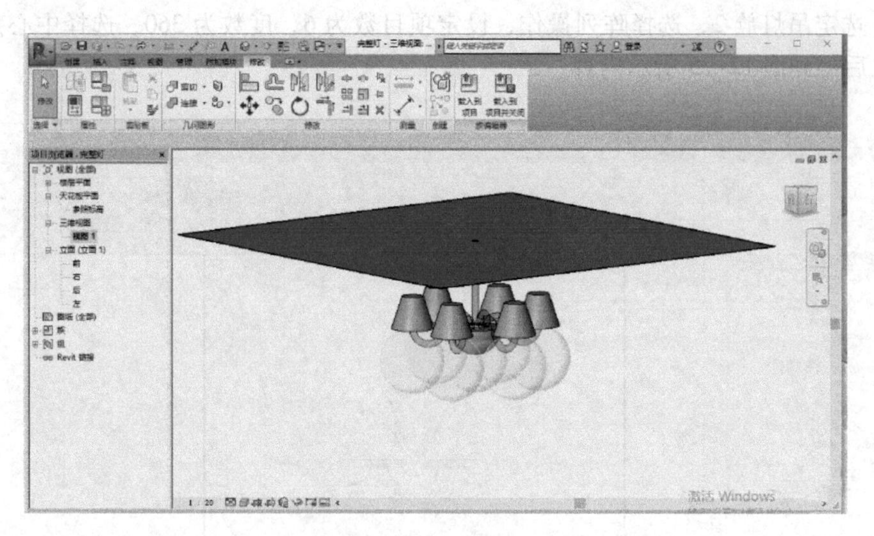

图 12-77　完整灯制作

12.12 Navisworks 软件应用

12.12.1　Navisworks 软件简介

Navisworks 软件是 Autodesk 公司的一系列建筑工程管理软件产品之一，主要是能够将 AutoCAD 和 Revit 等软件创建的项目数据进行进一步的分析处理，可以实现工程的碰撞检查、3D 漫游、施工模拟等功能，虽然 Revit 软件也能进行碰撞分析，但是打开软件的格式受到很大限制以及只要是稍具规模的项目进行分析，要求计算机配置很高，Navisworks 软件可以轻松解决上述问题。Navisworks 软件系列主要包括 Navisworks Manage 和 Navisworks Freedom，这两款软件区别在于 Navisworks Manage 软件是集分析、仿真、碰撞检查于一体的全面设计审查软件；Navisworks Freedom 则仅是 NWD 和 DWF 等文件的免费浏览器，只能进行项目浏览和漫游，可以方便工程合作的各方浏览审阅模型。

12.12.2　快速渲染

1）本例以 Navisworks 2017 版本示范，打开 Navisworks 软件操作界面可以发现和 Revit 软件类似的操作界面。可以将本章绘制的 Revit 模型在 Revit 软件导出为“. nwc”格式文件，然后在 Navisworks 软件中打开，可以先把界面无关的选项卡关掉，在“查看”选项卡下可以通过单击“显示轴网”按钮来隐藏或显示轴网。

在“视点”选项卡下将“渲染样式”中的模式切换为完全渲染模式，然后打开“常用”选项卡下的“Autodesk Rendering”，鼠标点住弹出的“Autodesk Rendering”工作窗口标题栏，可以拖到屏幕中出现的固定方块处，查看放置的效果，可以按喜好安排自己的工作空间。此处为方便将次工作窗口放置在最左处，如图 12-78 所示。

2）如图 12-79 所示，在“Autodesk Rendering”工作窗口“材质”选项卡下左侧上方红框区域是项目中所拥有的材质，下方红框区域是 Autodesk 库中材质。首先需要将需要渲染

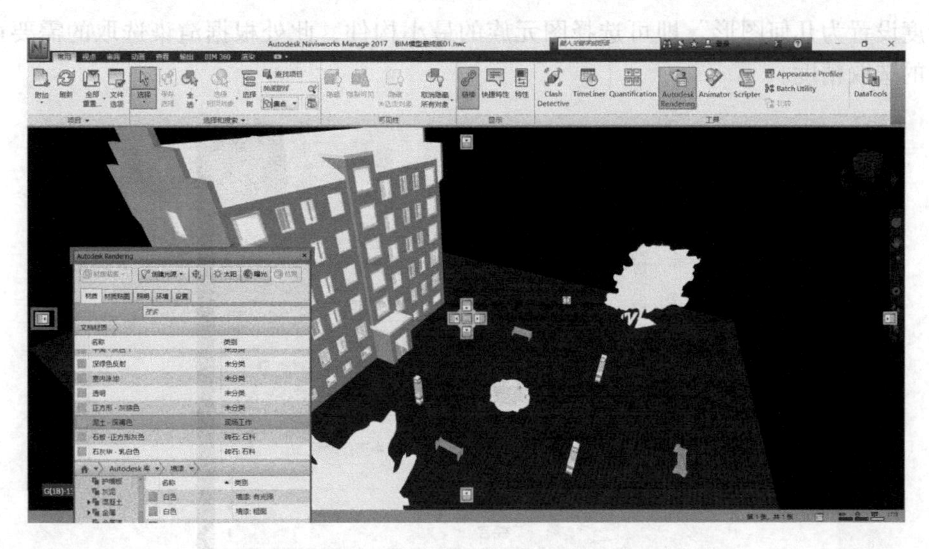

图 12-78 “Autodesk Rendering”工作窗口

的材质添加到文档材质中，双击 Autodesk 库中需要的材质，弹出图 12-79 右侧的“材质编辑器”，单击“添加到文档并编辑”，或者直接在材质上单击鼠标右键，添加到文档材质中。

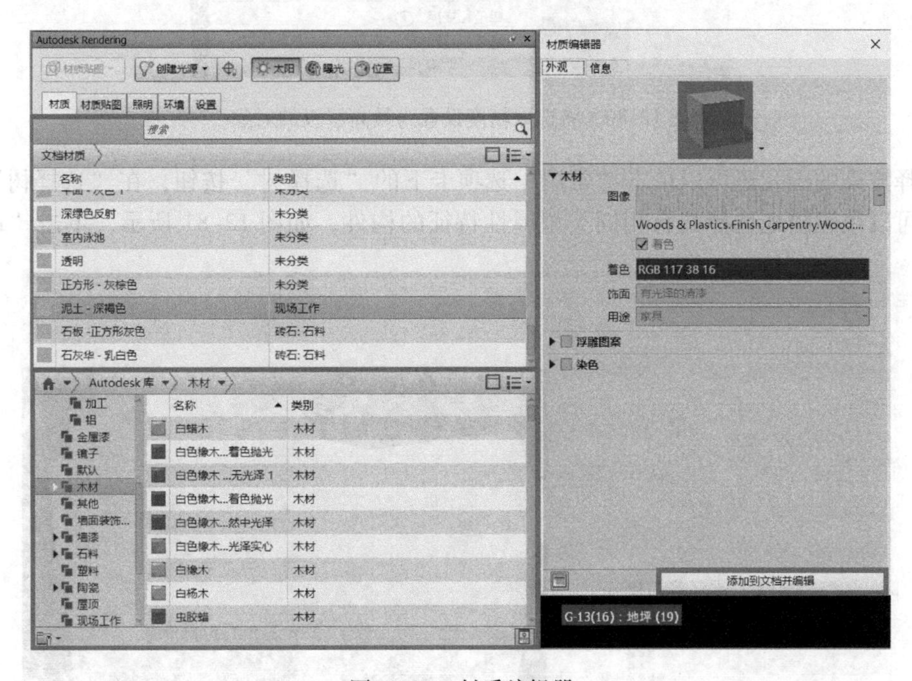

图 12-79 材质编辑器

3）选择三维视图窗口中的任意一个构件，单击鼠标右键，在弹出的窗口中选择“将选取精度设置为最高层级的对象”。“将选取精度设置为文件”即鼠标一次就选中整个文件，“将选取精度设置为图层”即鼠标选取为整个图层，本例中即选中整个楼层所有构件，“将选取精度设置为最高层级的对象”即鼠标选取为一个构件，“将选取精度设置为最后一个对象”在大多数情况下与“将选取精度设置为最高层级的对象”相同，如图 12-80 所示，“将选取精度设置为几何图形”即可选择图元族的最小构件，此处根据渲染选取的需要可以选择适合的选取精度。

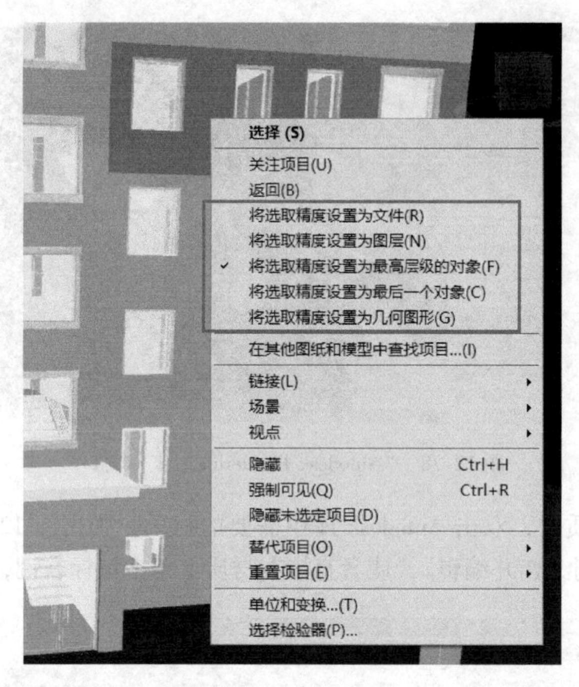

图 12-80　将选取精度设置为最高层级的对象

选择渲染的图元还可以单击“常用”选项卡下的“选择树”按钮，在“选择树”工作窗口中可以很轻松地选择具有相同类型属性特征的构件，如图 12-81 所示，单击“F4”标

图 12-81　选择具有相同类型属性特征的构件

高下的外墙即选中所有 F4 楼层中需要进行渲染的外墙图元。

4）选中需要进行贴图的图元构件，单击左侧的“文档材质”窗口中适合的材质，即完成对图元的贴图操作，如图 12-82 所示。

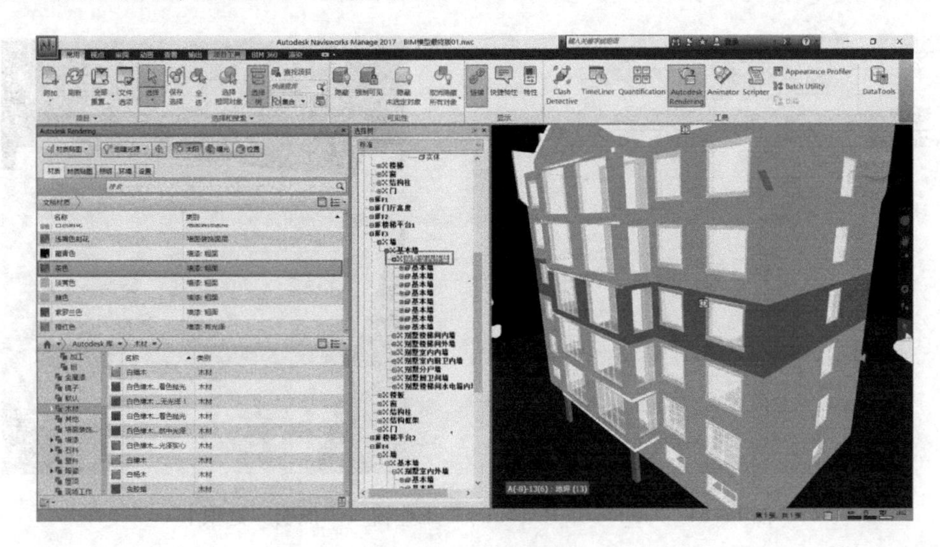

图 12-82 贴图操作

5）在“Autodesk Rendering”工作窗口“材质贴图”选项卡中必须将选取精度设置为几何图形，才能对选取的材质贴图进行编辑。在此选项卡可以对贴图的偏移量、缩放程度、旋转角度、区域的最大最小值进行适当修改，如图 12-83 所示。

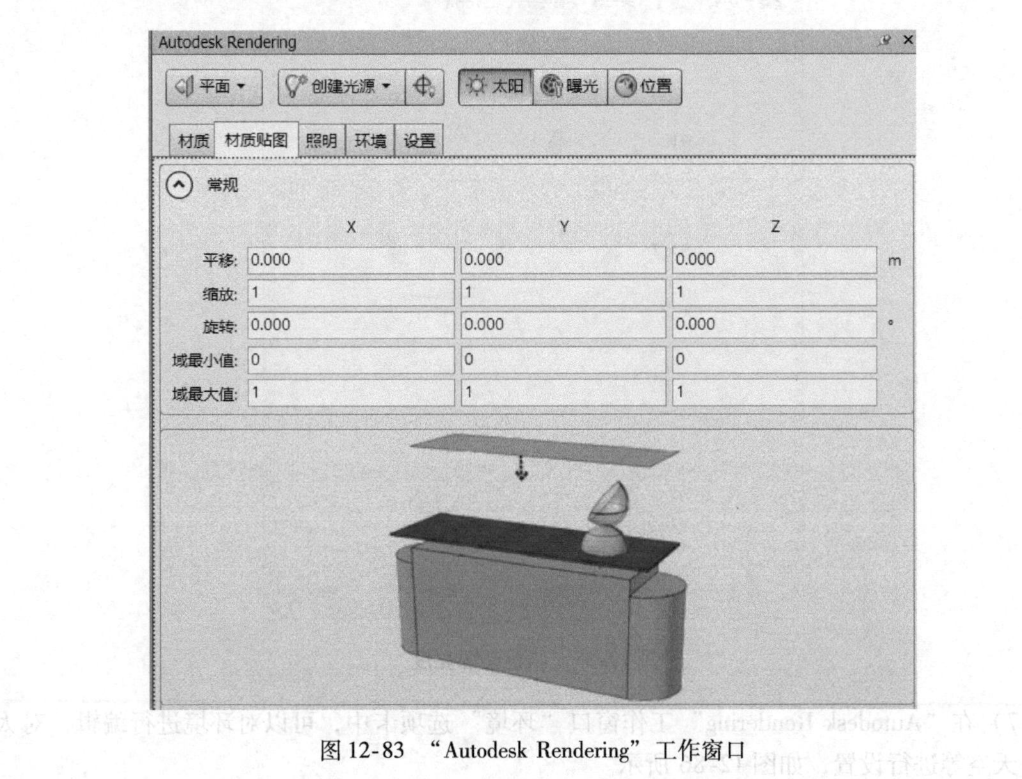

图 12-83 “Autodesk Rendering”工作窗口

6）在“Autodesk Rendering”工作窗口“照明”选项卡中，可以创建光源，并对光源进行编辑，可以调整灯光强度、颜色、开关状态等，单击图 12-84 中红框处，可以显示光源位置，在三维视图中点住 x、y、z 其中一轴拖动，即可调整光源位置。

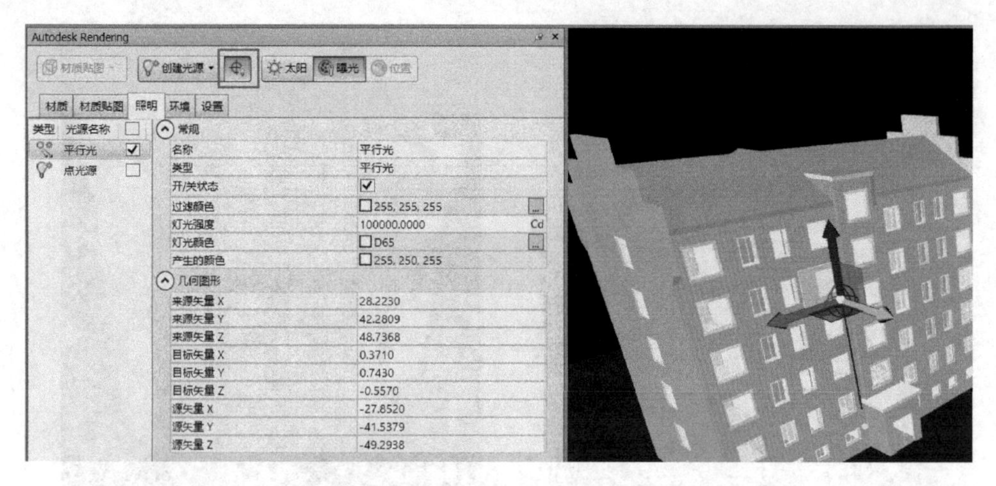

图 12-84 “Autodesk Rendering”工作窗口“照明”选项卡

在三维视图中单击鼠标右键菜单中“文件选项”，在“头光源”和“场景光源”中可以调整光源亮度，如图 12-85 所示。

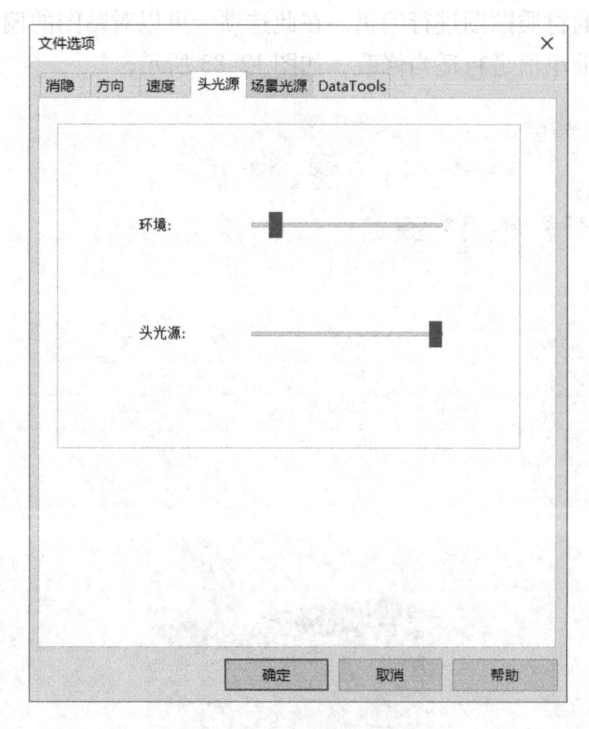

图 12-85 调整光源亮度

7）在“Autodesk Rendering”工作窗口“环境”选项卡中，可以对环境进行编辑，对太阳、天空等进行设置，如图 12-86 所示。

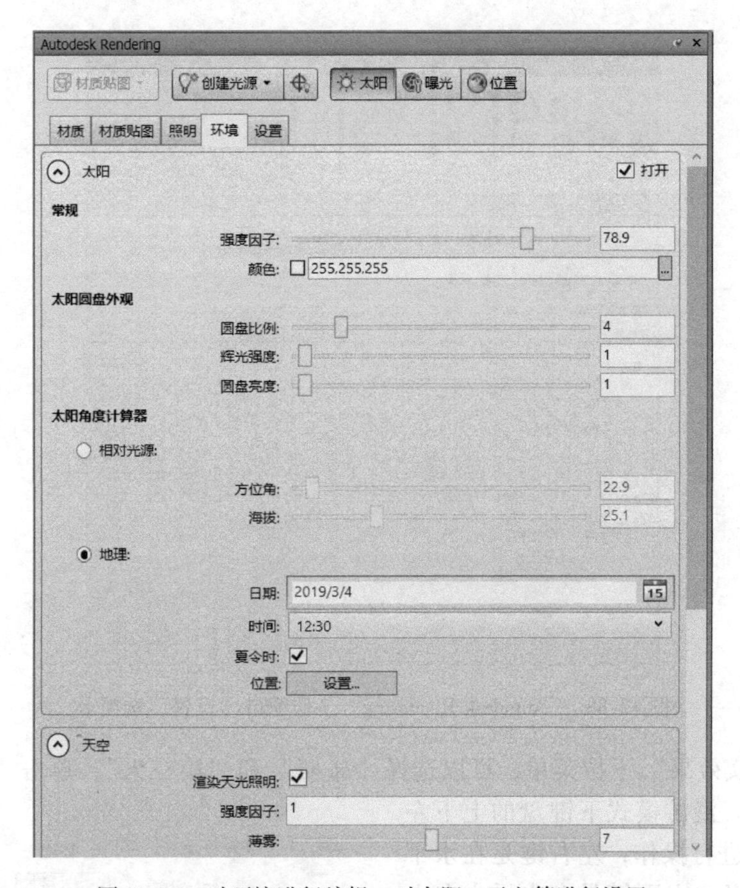

图 12-86 对环境进行编辑，对太阳、天空等进行设置

在三维视图中单击鼠标右键菜单中“背景”，可以调整背景选项，需要注意的是当在环境中已设置太阳，背景是处于地平线状态。可以通过调整太阳的相对光源的方位角和海拔调整背景，如图 12-87 所示。

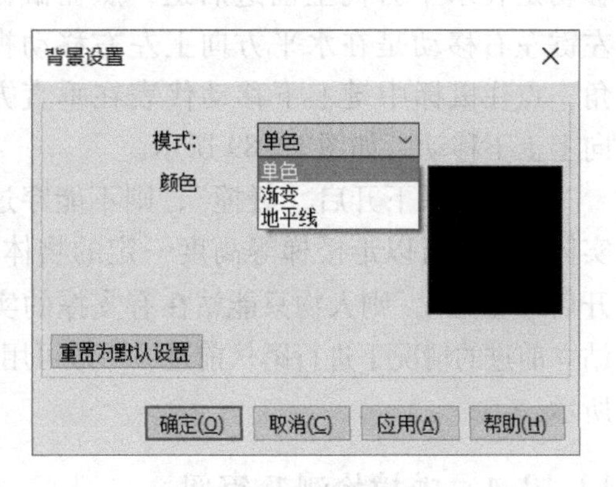

图 12-87 调整背景选项

8）在“Autodesk Rendering”工作窗口“设置”选项卡中可以对渲染的质量进行设置，渲染级别越高，渲染质量越好。一切都调整好后可以选择一个合适的角度，单击“渲染”选项卡下的“光线跟踪”按钮，进行光线渲染，渲染好以后，在一个合适的角度可以单击“视点”选项卡中的“保存视点”按钮，保存此视点，需要导出图片时直接单击“渲染”选项卡下的“图像”按钮即可，如图 12-88 所示。

12.12.3 漫游

在“视点”选项卡下单击导航面板上的小三角，可以修改漫游行动下的线速度和角速

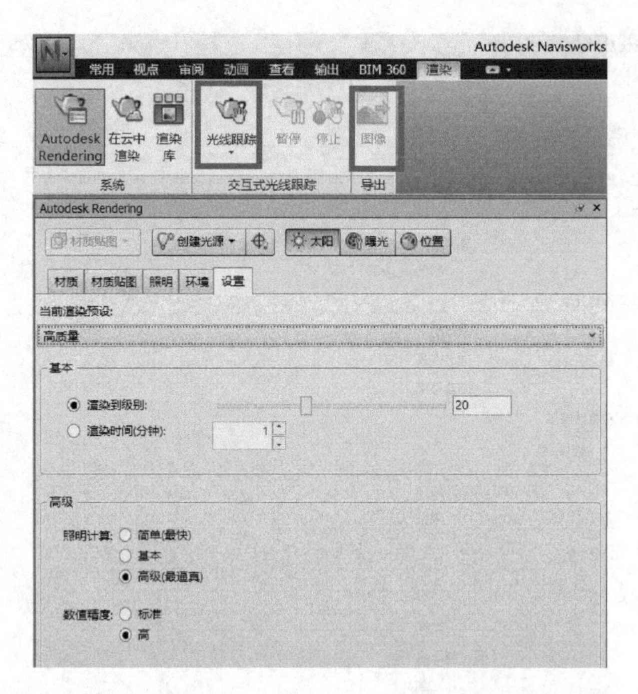

图 12-88 “Autodesk Rendering”工作窗口“设置”选项卡

度。单击“真实效果”下拉菜单，可以选择“碰撞”和“第三人”，单击“漫游”按钮，即可开始漫游。漫游模式下键盘的上下左右方向键可以进行操作，左右键是在水平方向上移动视角，上下键是在水平方向上前进后退；鼠标操作：点住鼠标左键上下移动是在水平方向上前进后退，点住鼠标左键左右移动是在水平方向上左右移动视角，点住鼠标中键上下移动代表在垂直方向上上下移动，如图 12-89 所示。

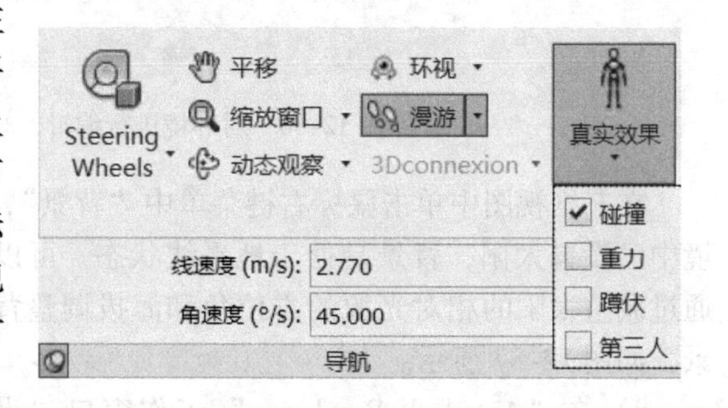

图 12-89 “视点”选项卡

真实效果下开启“碰撞”，则不能穿过实体，但是可以走楼梯等高度一定的物体；开启“重力”，则人物只能站在有支撑的实体表面；开启“蹲伏”，则可以在高度不够无法站立前进的情况下进行蹲伏前进，一般可用于检查模型中管道检修空间是否足够，如图 12-90 所示。

12.12.4 碰撞检测及审阅

1）打开“常用”选项卡“Clash Detective”按钮，如图 12-91 所示，添加测试，在下方“选择 A”和“选择 B”的窗口中选择要进行碰撞检测的模型，一般用来检测土建与机电模型之间的碰撞。在“规则”选项卡中是所选进行碰撞模型可用的规则，也可以根据需要添加规则；在“选择”选项卡下方的“设置”中可以选择“类型”和“公差”，“类型”中包括“硬碰撞”“硬碰撞（保守）”“间隙”“重复项”。硬碰撞是根据模型间距离为负时进行

图 12-90 真实效果

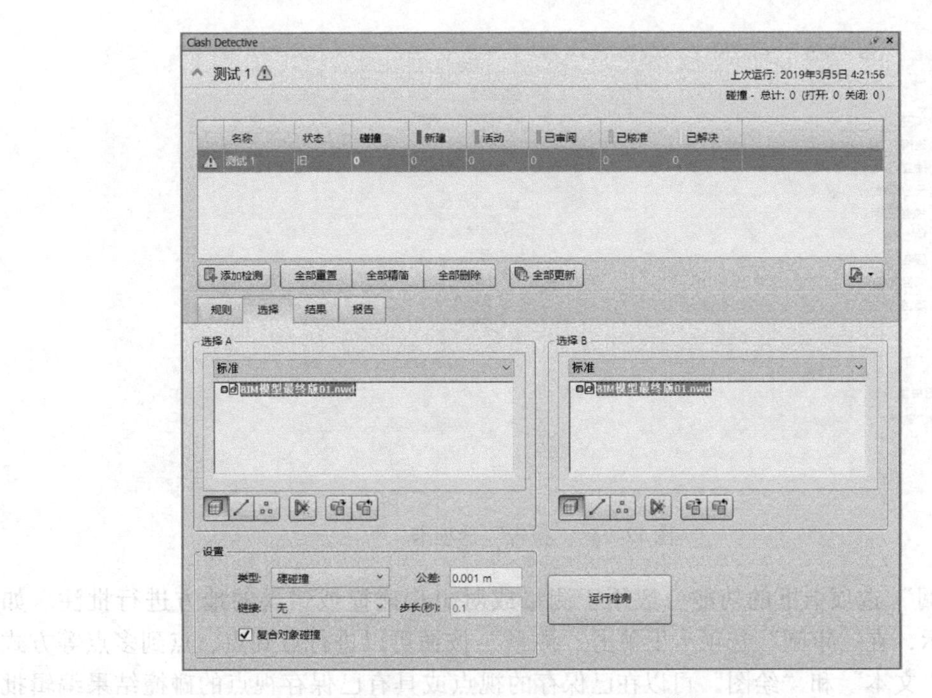

图 12-91 “Clash Detective”按钮

记录，负数的绝对值越大，碰撞越严重，其中因为 Navisworks 几何图形均由三角形构成，硬碰撞检测可能会错过没有三角形相交的项目之间的碰撞，“硬碰撞（保守）”能解决这个问题，“公差”可以将碰撞一定范围内可容许的误差去除掉；“间隙”则是 2 个构件间距小于一定距离，也会被检查出来；“重复项”则是检查出现重叠的构件。规则和项目确定后，在

“选择”选项卡下单击“运行检测”按钮。

“结果”选项卡中则可以显示各项错误的具体信息，还可以对“项目 1”和“项目 2”的错误进行筛选，分组分类别整理，如图 12-92 所示。“报告”选项卡则可以将发生碰撞部位的信息导出，如图 12-93 所示。

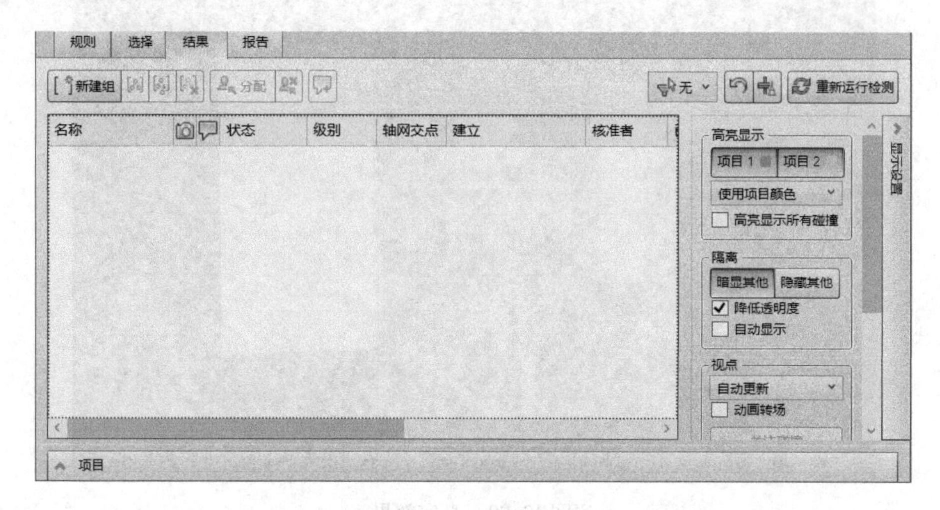

图 12-92 “结果”选项卡

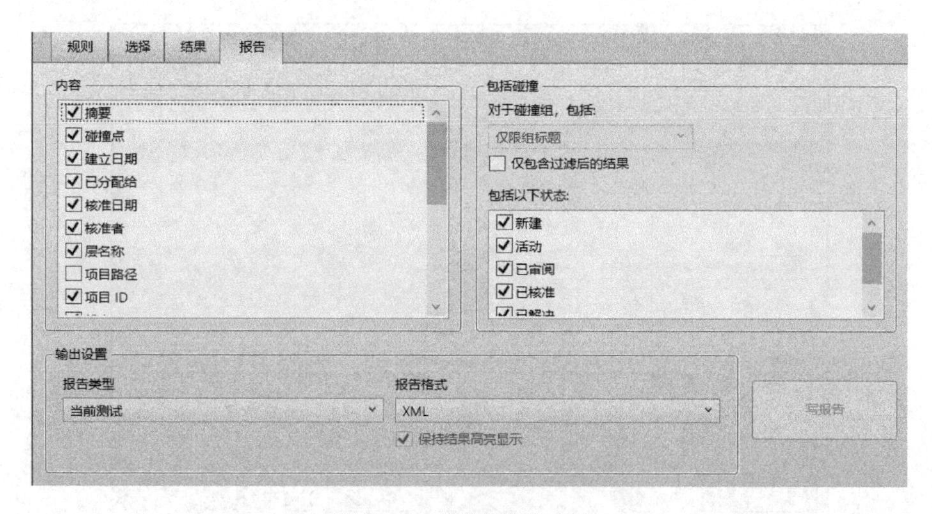

图 12-93 “报告”选项卡

2）“审阅”选项卡下的功能一般用于测量或对出现碰撞或错误的地方进行批注。如图 12-94 所示，在“审阅”选项卡下单击“测量”按钮可以进行点到点、点到多点等方式测量，单击“文本”和“绘图”可以在已保存的视点或具有已保存视点的碰撞结果编辑批注文字，如果没有已保存的视点，可以单击“添加标记”按钮，创建新的视点并保存。

12.12.5 动画制作

1）Navisworks 可以创建视点动画，单击“视点”选项卡“保存视点”下拉菜单中“录制”按钮，然后合适地移动建筑模型，当认为动画可以结束时单击“停止”按钮，即可完

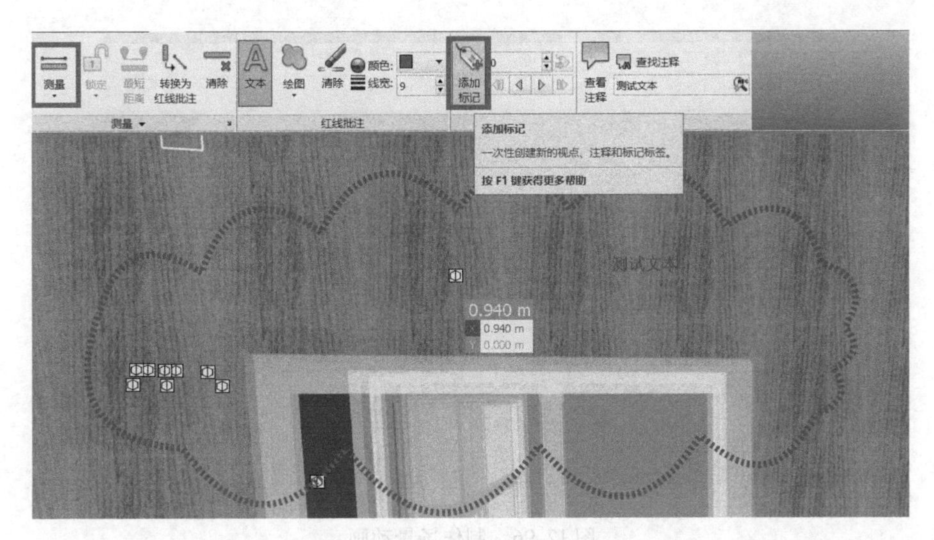

图 12-94 “审阅”选项卡

成录制，单击“播放”按钮即可观看动画效果，如图 12-95 所示。需要保存或导出动画时先在视点列表中选中该动画，单击“输出”选项卡下“动画”按钮，调整动画尺寸、帧数、格式，单击“确定”，等待导出结束即可完成。

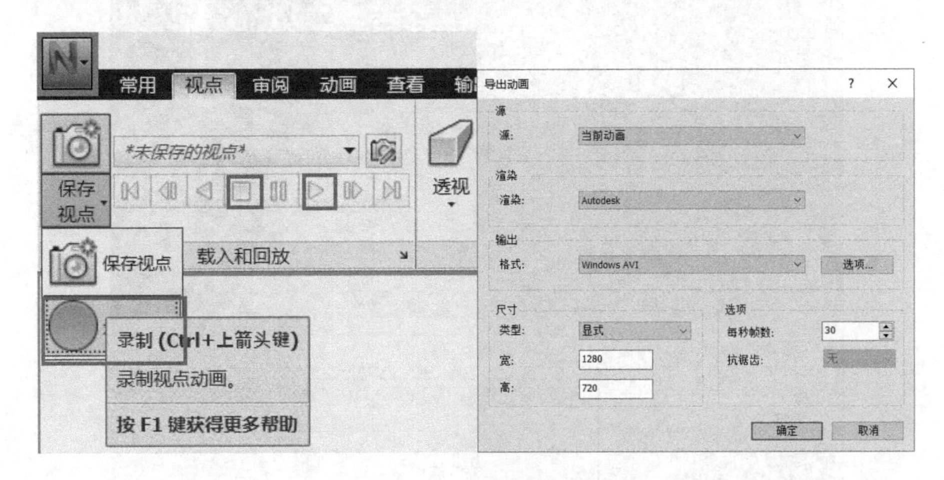

图 12-95 创建视点动画

2）Navisworks 也可以制作场景动画。如图 12-96 单击“常用”选项卡下“Animator”，可以对某一层的单扇门进行编辑，选中门，单击左下角的小加号，添加场景，鼠标指向所添加场景单击右键，“添加动画集”→“从当前选择”，此时可以对门添加平移、旋转、缩放动画集。单击旋转动画集，将时间调整到 0：02.00，将门上的旋转小控件移动到门轴上，鼠标点住 xy 平面进行拖动，将门拖动 90°时单击添加关键帧，单击停止即可完成门的旋转动画，如图 12-97 所示。

还可以添加脚本动画，重复上述操作，打开“Scripter”，新建脚本，在“事件”选框中“条件”选择“热点触发”，如图 12-98 所示对触发条件进行编辑，“热点类型”单击拾取，在视图中单击门即可。编辑结束后单击“播放动画”按钮，动画选择为动画集 1，其他不

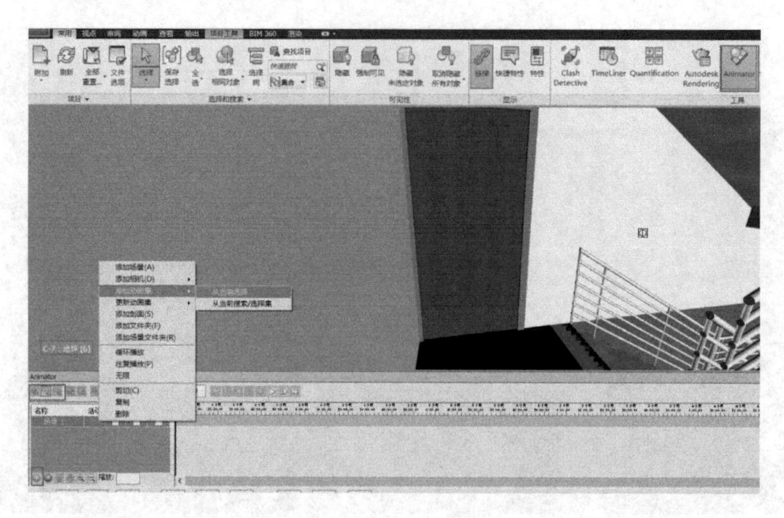

图 12-96　制作场景动画

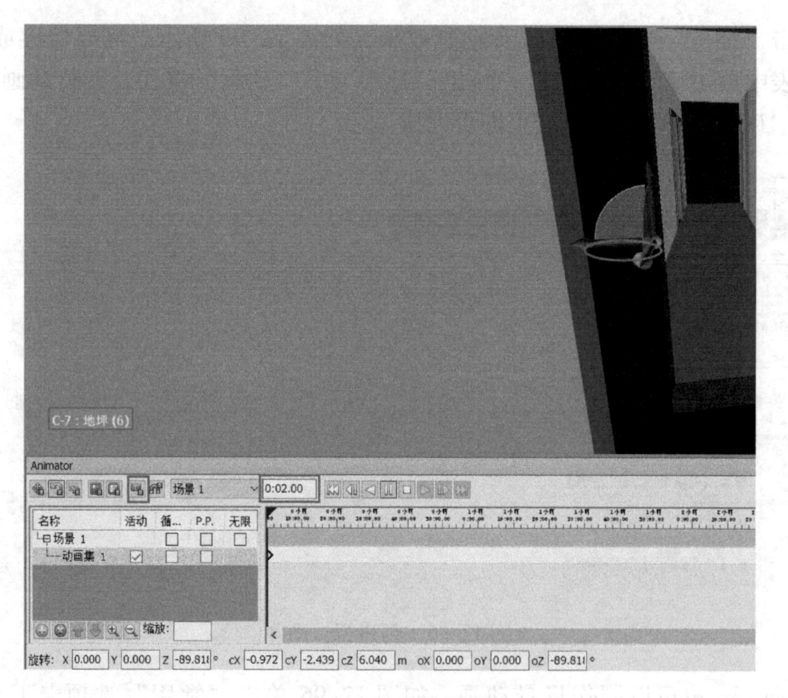

图 12-97　门的旋转动画

变。然后新建脚本 2，重复上述步骤，最后特性调整为图 12-99 所示，“开始时间”选择“结束”，“结束时间”选择“开始”。播放动画时，首先打开“动画”选项卡中的“启用脚本”，打开漫游，在场景视图中向门靠近或远离，门就会在相应距离时自动开启或关闭。

12.12.6　施工模拟

1）绘制与工程相关联的 Project 进度计划，导入 Navisworks，如图 12-100 所示。

2）单击“常用”选项卡下的“TimeLiner”按钮，在“TimeLiner”下单击“数据源”

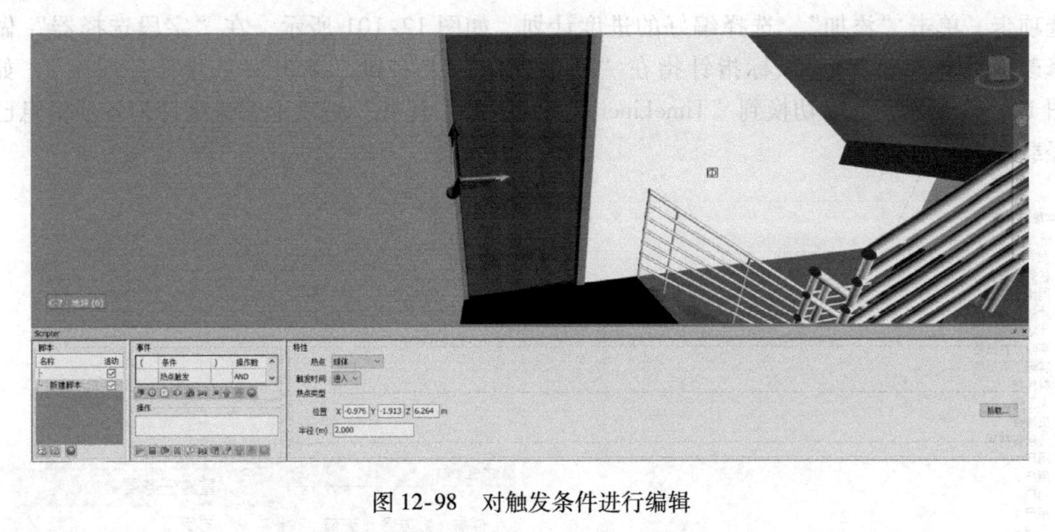

图 12-98　对触发条件进行编辑

特性

动画	动画集 1
结束时暂停	☑
开始时间	结束
结束时间	开始
特定的开始时间 (秒)	0
特定的结束时间 (秒)	0

图 12-99　特性调整

	任务模式	任务名称	工期	开始时间	完成时间	前置任务
		基础	40 个工作日	2016年1月3E	2016年2月25	
		主体施工	**70 个工作日**	**2016年2月26**	**2016年6月2E**	**2**
		一层板柱	7 个工作日	2016年2月26	2016年3月7E	
		二层板柱	7 个工作日	2016年3月8E	2016年3月16	4
		三层板柱	7 个工作日	2016年3月17	2016年3月25	5
		四层板柱	7 个工作日	2016年3月28	2016年4月5E	6
		五层板柱	7 个工作日	2016年4月6E	2016年4月14	7
		六层板柱	7 个工作日	2016年4月15	2016年4月25	8
		屋顶	10 个工作日	2016年4月26	2016年5月9E	9
		二次结构施工	**42 个工作日**	**2016年4月6日**	**2016年6月2日**	
		一层砖墙	7 个工作日	2016年4月6E	2016年4月14	7
		二层砖墙	7 个工作日	2016年4月15	2016年4月25	12
		三层砖墙	7 个工作日	2016年4月26	2016年5月4E	13
		四层砖墙	7 个工作日	2016年5月5E	2016年5月13	14
		五层砖墙	7 个工作日	2016年5月16	2016年5月24	15
		六层砖墙	7 个工作日	2016年5月25	2016年6月2E	16
		门窗安装	**18 个工作日**	**2016年6月3E**	**2016年6月28**	
		一层门窗	3 个工作日	2016年6月3E	2016年6月7E	11
		二层门窗	3 个工作日	2016年6月8E	2016年6月10	19
		三层门窗	3 个工作日	2016年6月13	2016年6月15	20
		四层门窗	3 个工作日	2016年6月16	2016年6月20	21
		五层门窗	3 个工作日	2016年6月21	2016年6月23	22
		六层门窗	3 个工作日	2016年6月24	2016年6月28	23
		装饰装修	30 个工作日	2016年6月3E	2016年7月14	11
		机电安装	30 个工作日	2016年6月3E	2016年7月14	11

图 12-100　Project 进度计划

选项卡，单击“添加”，选择编好的进度计划，如图 12-101 所示，在“字段选择器”做修改后单击“确定”，鼠标指针指在“新数据源”上右键，单击“重建任务层次”，如图 12-102 所示。此时切换到“TimeLiner”窗口下的“任务”选项卡，进度计划各项信息已经载入。

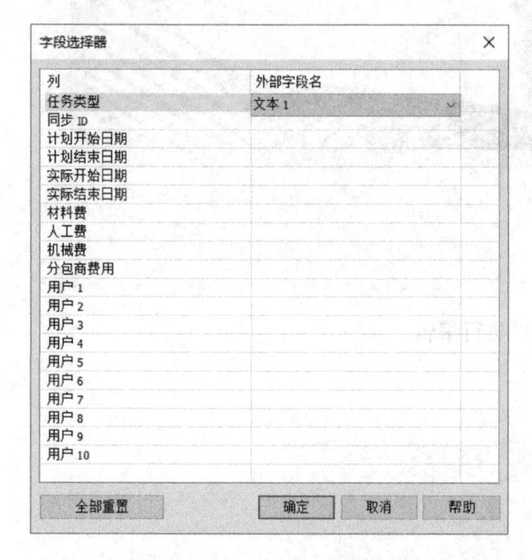

图 12-101　字段选择器

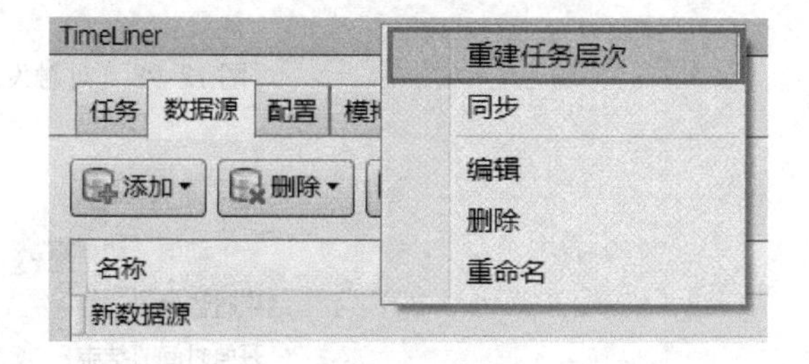

图 12-102　重建任务层次

打开“选择树”，将对应的构件附着在对应的进度计划中，将“任务类型”选成“构造”（图 12-103），将各项任务附着之后，在“模拟”选项卡中单击“播放”，即可播放施工模拟动画，如图 12-104 所示。

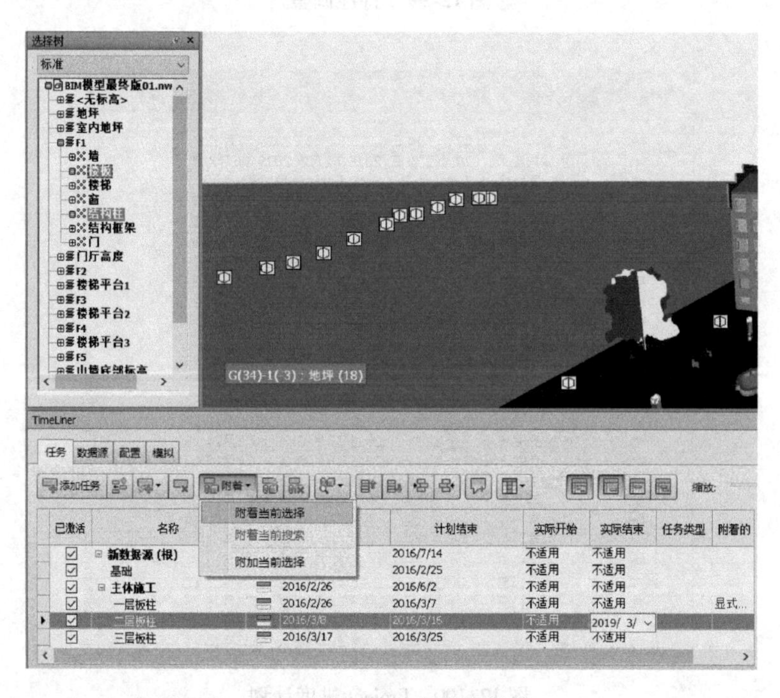

图 12-103　将各项任务附着

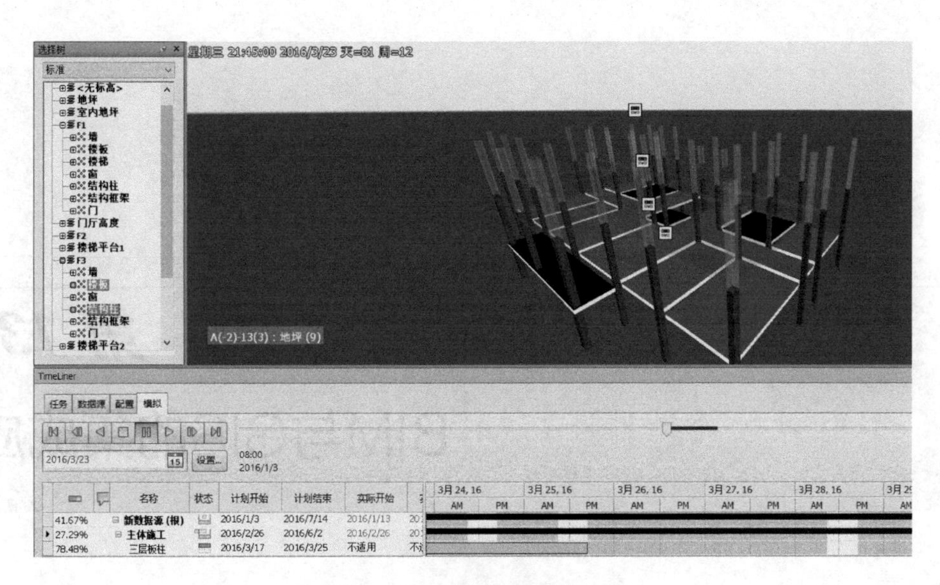

图 12-104　播放施工模拟动画

思　考　题

1. Revit 如何创建子类别及子类别的应用?

(参考答案：族创建过程中，选择合适的样板软件会将其指定给某个类别，将族载入项目时，其类别决定着族的默认显示（族几何图形的线宽、线颜色、线型图案和材质指定)。那么，族的不同几何构件指定的这些不同属性，就需要在该类别中创建子类别)

2. 如何把不需要显示的部件隐藏以更好地满足出图要求?

(参考答案：族制作过程中，为了能更好地满足出图要求，需要对族的部分组件进行“可见性/图形替换”设置)

3. 如何为图元设置颜色?

(参考答案：方法一，单击“编辑类型”进入“类型属性”对话框，找到“图形替换”进入编辑；方法二，在属性栏中找到“材质”选项，定义该材质的颜色及其他参数（注：材质浏览器中“图形”对应到图元在着色模式下的显示，而“外观”对应到图元在真实模式下的显示)；方法三，使用“过滤器”；方法四，使用“分析”选项卡下的颜色填充栏找到“颜色填充图例”)

4. 请列举 5 款不同的 BIM 建模软件，并说明它们在建模操作方面的优劣势。

本章参考文献

[1] 张学辉，陈建伟. Revit 建筑设计基础操作培训教程［M］. 北京：中国建筑工业出版社，2017.

[2] 黄平，洪映泽. BIM 技术应用：Navisworks 教程［M］. 武汉：武汉大学出版社，2018.

[3] 华筑建筑科学研究院. Navisworks 基础及应用［M］. 北京：中国建筑工业出版社，2017.

13

第 13 章 BIM与GIS的集成应用

13.1 概述

当前城市的体量不断增长，各种复杂的建筑施工技术层出不穷，建设项目参与方信息交流更加密切，与建筑物相关的数据量呈指数增长。面对如此复杂的建筑信息，传统的二维平面数据难以满足实际应用的需求。在这种背景下，建筑信息模型（Building Information Model，BIM）作为一种先进的管理工具，提供了新的解决思路。2011 年住建部发布的《建筑业“十二五”发展规划》明确提出要在我国推进 BIM 技术的应用。自此之后，BIM 在我国工程建设领域就备受重视，被称为自 CAD 技术应用之后的又一次重要的技术变革。相比传统二维平面数据，BIM 在建筑设计阶段直接通过三维建模完成建筑物的设计与校核，各方共享同一个建筑模型，还能够实现建筑图自动化出图、项目施工的分布流程化管理和项目进度的实时管控。通过 BIM，可以更直观地看到各个构件和建筑物的整体情况，从而对建筑物进行贯穿于整个建筑物生命周期的管理。技术的根本理念就是建立一个建筑物全生命周期数据库，既能提供建筑物本身物理信息和功能信息，又能提供与建筑物全生命周期相关的信息资源，实现利益相关者各方的信息交互与共享。

BIM 是一种管理分析大量建筑信息的工具，是建筑管理功能的集成者。虽然 BIM 有其独特优势，但也存在一定局限性。BIM 所要解决的问题是建筑物全生命周期的管理问题，要彻底解决这个问题，不仅需要对建筑物本身信息进行分析，而且要分析建筑物周边环境的信息。BIM 所包含的对象往往是单体建筑物本身，想要对周边环境进行分析，还需要别的工具介入。

地理信息系统（Geographic Information System，GIS）是对整个或部分地球表层空间的地理空间数据进行获取、存储、管理、计算、分析和可视化的计算机信息系统。BIM 一般针对单体建筑物，其模型通过参数化构件和大量包含建筑信息的语义信息来实现对建筑物信息的完整表述。GIS 的应用基础是数字化的地表要素，着重表现对象的空间位置和几何信息，同时包含属性信息，服务于宏观尺度上的空间分析、数据管理与应用。GIS 中的三维模型大多数为表面模型，不包含内部信息，也不能进入建筑物内部进行信息查询和数据分析。要建立真正的三维建筑模型，需要获得该建筑物的详细空间信息。这些信息通过全站仪等常规测量手段可以获得，但工作量较大。

BIM 随着应用范围的扩展，也需要跳出建筑内部，引入一些建筑外部信息来支持多种类型的应用分析。例如，地基设计过程需要参考周边地质环境，墙体节能材料选用需要气候、地形等资料信息，这些与地理空间分布有关的信息都可以通过 GIS 获取。因此如果将 BIM 与 GIS 集成，对于 GIS 来说能够减少测量工作量，降低空间数据的采集成本。结合 GIS 宏观地形分析的功能，BIM 技术可以应用在长距离线性施工的铁路、公路、隧道等工程领域应用，改善区域跨度较大的工程的施工管理。BIM 与 GIS 的集成应用，可以进一步优化二者的原有功能。以目前 GIS 中应用较多的路径规划功能为例，二者集成后，根据 BIM 所提供的室内环境，GIS 的路径规划可从室外延伸到室内，通过 BIM 和 GIS 的共同运算，给出最合理的行走路径。在城市建设规划的过程中将 BIM 与 GIS 集成应用，充分利用宏观领域的 GIS 信息和微观领域的 BIM 信息，可通过空间信息的查询与分析来提高城市建设规划的效率。

BIM 和 GIS 的集成应用是必然趋势。把 BIM 中海量的建筑数据应用于 GIS 中城市地理信息的管理和分析，符合智慧城市的发展理念。BIM 侧重于建筑物全生命周期的单体精细化模型，而 GIS 侧重于宏观地理范围内的空间查询和数据分析。

随着智能建筑、智慧城市的发展，物联网（Internet Of Things，IOT）与 BIM 的结合日渐密切。物联网在施工阶段可以用来管理预制构件，在设施的安装与运维阶段也有应用的前景。BIM、GIS 和物联网的结合，为智慧城市的发展提供了思路。科技的进步导致每天都会产生大量的数据，以城市为尺度对数据进行度量，智慧城市的管理已进入大数据的时代。海量的数据存储在 BIM 与 GIS 的集成平台，给数据存储和空间分析提出了很大考验。在大数据时代，将集成平台产生的大数据上传到云端，与云计算相结合，充分利用大规模云端处理器的计算能力和信息决策能力，是未来发展的趋势。云平台框架的基本形式如图 13-1 所示。

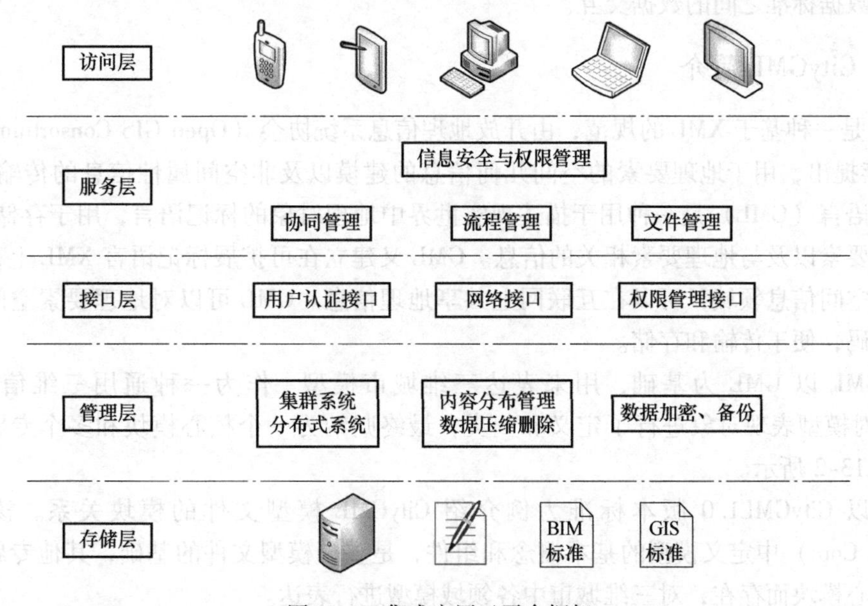

图 13-1 集成应用云平台框架

BIM 和 GIS 将海量的信息管理和强大的空间分析结合，把微观领域的 BIM 信息和宏观领域的 GIS 信息进行交换和互操作，满足分析空间信息的功能，才能真正实现智慧城市从室外到室内的一体化管理。

13.2 GIS 领域的通用数据交互标准——CityGML

数据可相互转换是 BIM 和 GIS 集成应用的基础。在 BIM 领域，常用的 BIM 软件有很多种。这些软件有的偏向于建筑物三维建模，有的偏向于数字化建造与预制件加工，各个软件有不同的优点。如果能够提供一种数据转换方式，使各个软件之间能实现数据互通，就能充分利用各个软件的优点，打消数据格式的限制，提高建模过程的工作效率。基于以上思路，国际组织 IAI（International Alliance For Interoperability，国际交互联盟）制定了 IFC（Industry Foundation Classes）标准。IFC 标准是开放的建筑产品表达与交换的国际标准，可被应用在建设项目从勘察、设计、施工到运营的建设项目全生命周期中。目前主流 BIM 软件都支持 IFC 标准，并提供 IFC 标准的数据转换接口，可以将本软件特定数据格式的 BIM 数据导出成 IFC 标准数据文件，以实现软件之间的信息共享。

与 IFC 标准类似，GIS 领域为解决不同软件平台之间数据交互的问题，提出了城市地理标记语言（City Geography Markup Language，CityGML）标准。CityGML 是地理标记语言（Geography Markup Language，GML）在城市领域的应用模式，基于可拓展标记语言（Extensible Markup Language，XML）来实现城市虚拟三维模型的数据存储与交换。CityGML 主要作为不同应用之间的共享模型，定义了城市实体模型的几何、拓扑、语义之间的关系。CityGML 在一定程度上减少了城市三维模型的建模及维护成本，使得同一个 CityGML 模型能够应用于不同的城市领域。IFC 标准和 CityGML 标准在 BIM 领域和 GIS 领域之中各自实现了软件平台之间的数据交互，而 BIM 与 GIS 的集成应用还需要在两种标准之间寻找方法，以实现两种数据标准之间的数据交互。

13.2.1 CityGML 简介

GML 是一种基于 XML 的规范，由开放地理信息系统协会（Open GIS Consortium，OGC）在 1999 年提出，用于地理要素的空间几何信息的建模以及非空间属性信息的传输及存储。地理标记语言（GML）是一种用于描述现实世界中地理对象的标记语言，用于存储、转换、传输地理要素以及与地理要素相关的信息。GML 又建立在可扩展标记语言 XML 上，主要应用于地理空间信息领域，可以在互联网上共享地理信息。GML 可以对地理要素空间几何信息进行编码，便于传输和存储。

CityGML 以 GML 为基础，用来表达三维城市模型。作为一种通用三维信息模型，CityGML 对模型表现对象进行了定义和归类，最终归纳为一个核心模块和多个专题拓展模块，如图 13-2 所示。

以下以 CityGML1.0 版本标准为例介绍 CityGML 模型文件的模块关系。核心模块（CityGML Core）中定义模型的基本概念和组件，是整个模型文件的基础，其他专题拓展模块依附核心模块而存在，对三维城市中各领域模型进行表达。

外观（Appearance）：外观模型，用于定义有关表面的纹理和材料信息，提供了定义 CityGML 对象属性外观的方法。

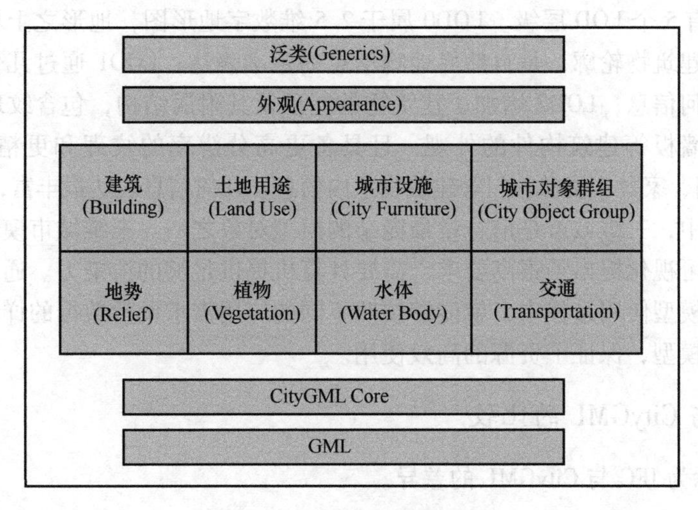

图 13-2 CityGML 模块关系

建筑（Building）：建筑模型，用于从 5 个细节加载层级（Levels Of Detail，LOD）对建筑物、建筑物组成部分、建筑物附属设施、建筑物内部结构进行语义表达和空间几何表达，以适应不同建筑物模型的几何和语义复杂程度。基于此，建筑物模型既可以表示为只有一个建筑构件的简单建筑，也可以表示为具有复杂空间关系的复杂建筑。

城市设施（CityFurniture）：城市设施模型，用于展示城市中常见的设施对象。这类模型特指不可移动，且用于城市交通的可视化的对象，例如红绿灯、交通信号牌、长椅和公交站牌等。

土地用途（LandUse）：土地用途模型，用于反映地表划分的部分土地的使用属性。该属性对应部分土地的特定用途有特定的类型属性，例如居民区、工业用地、农业用地等。

交通（Transportation）：交通模型，用于展示城市中常见的交通对象，例如道路、轨道、铁路等。

城市对象群组（CityObjectGroup）：城市对象群组模型，用于以群组形式展示对象。同一群组中的对象应具有相同的具体属性。

地势（Relief）：地势模型，用于表现城市地形，支持栅格、格网、TIN（不规则三角网）、断线和多点等数据类型。

植物（Vegetation）：植物模型，用于展示植物对象，提供了不同的植物主题分类用以描述植物的分布类型和多样性，可用于森林火灾模拟或城市空气流通模拟。

水体（WaterBody）：水体模型，用于展示城市相关的河流、人工水体、湖泊等对象。

泛类（Generics）：泛类模型，用于展示以上类型中未明确覆盖的其他类型对象。没有被定义的城市对象及其属性可以在泛类模块中进行对象建模和数据交互。

13.2.2 多细节层次（LOD）

LOD（Levels Of Detail）技术是通过搭建同一场景不同精度的模型，根据视点和物体模型之间的相对位置和重要程度，在满足视觉需求的前提下，尽可能加载精度较低的模型甚至不加载模型，降低次要对象的精细度，从而提高渲染效率。

CityGML 具有 5 个 LOD 层级。LOD0 属于 2.5 维数字地形图，地形之上覆盖遥感影像来表现地形轮廓和建筑物轮廓，是自然界地物信息的基本表达；LOD1 通过几何块体表示建筑物模型的空间几何信息；LOD2 增加了建筑物的屋顶及其附属结构，包含纹理和植被；LOD3 增加了门、窗、墙板等建筑构件的外观，且具备更高分辨率的纹理和更精细的植被模型；LOD4 增加了房间、家具、楼梯、门等建筑物室内信息，几何信息表达最丰富，描述最详细。

在地理信息中，三维城市是信息量最庞杂的模型对象之一。三维城市模型中巨大的数据量给三维城市的可视化提出了很高要求，需要计算机提供足够的渲染力。通过搭建不同细节层次的模型，在模型使用过程中，就能够按照不同的应用需求调整数据的详细程度，提供不同的细节层次的模型，保证了资源的高效使用。

13.2.3 IFC 与 CityGML 的比较

表 13-1 所示为 IFC 与 CityGML 的差异。

表 13-1 IFC 与 CityGML 的差异

差异分析角度	IFC	CityGML
几何表达	边界描述（B-rep） 构造实体几何（CSG） 扫描体（Sweep）	边界描述（B-rep）
语义信息	城市语义信息	建筑语义信息
外观表达	材质信息	纹理贴图 材质信息
表现尺度	以建筑物为尺度	以整个地球为尺度
LOD 层级	无 LOD 层级	LOD0 ~ LOD4
坐标系统	局部坐标系	全局坐标系

（1）几何表达方面

CityGML 采用边界描述（Boundary Representation，B-rep）来表达对象，表现形式较单一；IFC 主要是实体建模，通常有三类表达方式：边界描述（B-rep）、扫描体（Sweep）和构造实体几何（Constructive Solid Geometry，CSG）。边界描述是通过多个边界面片组合的形式来构造实体。扫描体是规定好扫描拉伸的路径，再通过线性拉伸或者旋转拉伸形成对象。CSG 是对复杂空间实体的抽象表示，由多个基础几何体如长方体、正方体、球体、圆柱、圆锥经过布尔运算生成对象。

（2）语义信息方面

CityGML 语义信息以城市为尺度，对地形、建筑、设施、植被进行表达，建筑物内部语义信息较少；IFC 标准包含大量建筑领域语义信息，包括建筑类型定义、建筑实体定义以及建筑构件之间的连接关系。以 BIM 常用软件 Revit 为例，其包含建筑、结构、暖通、电气、给水排水、消防等数个可选择的模块；建筑物构件中包含丰富的语义信息，包括材质、结构、类型、功能、尺寸等详细信息。

（3）外观表达方面

CityGML 通过纹理贴图和材质信息两方面对模型外观进行表达；IFC 模型常用材质信

息，较少使用纹理贴图。

(4) 表现尺度方面

CityGML以整个地球为尺度，依托GIS表现大范围的三维场景，模型结构相对简单；IFC模型针对单个或数个建筑物模型进行表达，模型数据复杂，数据量较大。

(5) LOD层级方面

CityGML有5个LOD层级，体现了GIS模型由粗略到详细的层级，在渲染调度过程中，若视点较近则调用层级较高、尺度精细、语义丰富的模型，若视点较远则调用层级较低、尺度粗糙、语义简单的模型，可根据实际需求调用不同精度的模型；IFC则不具备LOD层级。

(6) 坐标系统方面

CityGML展示数据的坐标系是以三维地球球心作为原点的全局坐标系，而IFC模型中的构件模型的坐标系是局部坐标系。IFC以建筑物为中心，一般不存在GIS中地理坐标系统和投影系统的概念。

13.3 BIM和GIS集成应用的难点

根据前述的内容可以知道，IFC和CityGML作为BIM和GIS两种不同领域范畴的通用标准，它们在各自的应用领域中打通了软件数据格式之间信息交互的壁垒。但是BIM和GIS是两个不同的领域，BIM应用于建筑领域，GIS应用于地理空间数据分析。还存在因不同领域之间的差距给二者的集成应用造成了很多难点。

(1) 应用领域不同带来的功能性差异

GIS体系发展较早，目前整个体系相对成熟，数据格式、通用标准、数据库都围绕地理空间信息的特点构建，形成一个地理空间数据的管理平台。BIM相比GIS发展较晚，近些年发展迅速，应用领域主要是建筑设计和后期的建筑施工和建筑运营管理，且逐渐向建设项目全生命周期进行覆盖。相比GIS大尺度的室外空间数据管理和应用，BIM体系中几乎不涉及空间信息的分析管理。不同的应用领域和发展思路给二者在集成应用的过程中造成了思想和功能上的障碍。

(2) 数据格式不同导致信息无法共用

目前智慧城市的发展理念和GIS、BIM未来的发展方向都是室内外一体化管理，充分利用BIM建筑物信息管理和GIS室外地理空间信息管理的优势。但由于二者设计之初的出发点和功能需求的不同，导致在发展的过程中演化出差异明显的多种数据格式。虽然IFC和CityGML作为各自领域的通用标准，一定程度上解决了领域内部数据交互的问题，但BIM和GIS之间还存在数据格式的壁垒，缺少一套能实现数据格式相互转换的体系。

(3) 功能侧重点不同导致的数据信息差异

GIS侧重于大尺度的地理空间信息的分析管理，为了保证浏览过程中计算机的渲染能力能满足要求，设置了多个LOD层级保证渲染调度的效率。BIM涉及室外信息较少，但对建筑物内部构件的信息表达非常详细，其模型中包含了每个建筑构件对应的几何信息和属性信息。丰富的建筑物构件信息在BIM和GIS集成的过程中带来以下两个问题：

1）由于 BIM 对建筑物构件表达非常精细，很多 GIS 模型中用贴图解决的部分，在 BIM 中可能对应的是成千上万的几何点、面构成的构件细节和丰富的属性信息。GIS 在信息浏览过程中，一次图形绘制指令可能对应数百个建筑物模型，如果对每个建筑物模型都按照 BIM 的精细程度进行加载，会给计算机的图形渲染和场景调度带来极大压力。

2）由于 BIM 和 GIS 应用领域的差异，GIS 的语义信息范围广但对应种类较少，而 BIM 的语义信息范围窄但对应种类较多，这给集成过程中的语义映射带来了很大问题。以建筑物中某基本墙为例，在 BIM 表达中，一面基本墙的结构对应多个层次，包括结构、核心边界、涂膜层、面层、保温层、衬底，各个层次又对应其材质和厚度，除此之外还包括该基本墙的结构材质、热质量、传热系数、热阻、吸收率、粗糙度等墙体类型属性；而在 GIS 中，该基本墙通常仅有墙体的长、宽、高等基本信息，多个层级会统一成一个层级，大部分属性信息都不保留。这说明在 BIM 和 GIS 集成应用的过程中，属性信息和几何信息的丢失以及语义信息的映射是必须面对的问题。

13.4 BIM 和 GIS 集成应用的关键技术

13.4.1 几何数据转换

在 BIM 数据到 GIS 数据的几何数据转换过程中，关键部分是要完成扫描体和构造实体几何所生成的数据向边界描述形式转换。由前述内容可知，在 CityGML 中，物体的几何数据由边界表达方式生成，而 IFC 数据支持三种几何数据表现方式，除边界描述外还包括扫描体和构造实体几何。扫描体多用于墙体、楼板之类的板块类几何体的表达，构造几何实体常用于较复杂形状的几何表达。以上两种几何表达方式在 BIM 和 GIS 的集成过程中必须转化成边界描述的表达方式。另外 IFC 包含丰富的建筑领域信息，相比 GIS 的信息描述要更加丰富，IFC 中定义的很多实体在 CityGML 中缺少对应的实体，在数据转换过程中不可避免地会出现数据丢失的问题。由于 CityGML 中可能缺少某类型实体的定义，因此该类型的实体就不能映射到 CityGML 的实体上。

13.4.2 坐标系统转换

IFC 模型中的构件模型的坐标系是局部坐标系，而 CityGML 是世界坐标系，因此 IFC 到 GIS 的几何信息转换包括对坐标系的变换。GIS 框架所使用的三维数字地球对应的是全局笛卡儿坐标系统，地心位于坐标原点。在具体展示模型的过程中，模型自身所在的坐标系是局部笛卡儿坐标系统。一般坐标原点在椭球体表面，对应高程为零。两坐标系之间的转换矩阵 $\boldsymbol{T}_{\mathrm{t}}$ 计算方法如下：

$$\boldsymbol{T}_{\mathrm{t}} = \boldsymbol{R}_x \boldsymbol{R}_y \boldsymbol{R}_z \boldsymbol{T} \tag{13-1}$$

式中

$$\boldsymbol{R}_x = \begin{pmatrix} 1 & 0 & 0 & 0 \\ 0 & \cos\theta_x & \sin\theta_x & 0 \\ 0 & -\sin\theta_x & \cos\theta_x & 0 \\ 0 & 0 & 0 & 1 \end{pmatrix} \tag{13-2}$$

$$
\boldsymbol{R}_y = \begin{pmatrix} \cos\theta_y & 0 & -\sin\theta_y & 0 \\ 0 & 1 & 0 & 0 \\ \sin\theta_y & 0 & \cos\theta_y & 0 \\ 0 & 0 & 0 & 1 \end{pmatrix} \tag{13-3}
$$

$$
\boldsymbol{R}_z = \begin{pmatrix} 1 & 0 & 0 & 0 \\ 0 & \cos\theta_z & \sin\theta_z & 0 \\ 0 & -\sin\theta_z & \cos\theta_z & 0 \\ 0 & 0 & 0 & 1 \end{pmatrix} \tag{13-4}
$$

$$
\boldsymbol{T} = \begin{pmatrix} 1 & 0 & 0 & 0 \\ 0 & 1 & 0 & 0 \\ 0 & 0 & 1 & 0 \\ x_1 & y_1 & z_1 & 1 \end{pmatrix} \tag{13-5}
$$

假设 IFC 模型中局部坐标系原点在 3D Tiles 中世界坐标系的坐标为（x_1，y_1，z_1），该局部坐标系 z 轴垂直地面向上，y 轴指向正北，各坐标轴对应的旋转矩阵是 $\boldsymbol{R}_x$、$\boldsymbol{R}_y$、$\boldsymbol{R}_z$；θ_x、θ_y、θ_z是旋转矢量与 x 轴、y 轴、z 轴的夹角。

13.4.3 属性信息转换

IFC 模型中针对建筑构件设定了丰富的属性信息，但 CityGML 中对其中的很多属性信息并没有对应的定义，因此在信息映射的过程中，必须面对属性信息丢失的问题，对该部分属性信息进行合理的取舍。不必要的数据可适当舍弃，必要的数据可以调用 CityGML 应用程序域扩展（Application Domain Extension，ADE）模式，对 CityGML 文件进行信息扩展，以减少数据的丢失，使转化后的数据能够满足需求。通过定义 ADE，每个 CityGML 类的属性和关系集都可以扩展，并且可以指定与 CityGML 类相关的新类。CityGML 有 5 个 LOD 细节加载层级，可以提供不同精细度的模型加载选项，以适应数据存储和渲染性能，而 IFC 模型不具备 LOD 层级，因此在属性信息的转换过程中需要完成 IFC 属性信息到多个 LOD 层级的映射。目前并没有系统的转换框架可供参考。

13.5 IFC 到 CityGML 的转换工具

目前有一些转换工具能够部分实现 CityGML 和 IFC 之间的数据交互，但交互结果在几何数据、语义信息以及多细节层次等方面都存在很大不足。

13.5.1 BIMserver

BIMserver 由荷兰应用科学组织（TNO）发起并进行构建。它是基于 BIM 的开源服务器管理平台，可获得进行二次开发的 API。BIMserver 的输出格式包括 CityGML。该平台使用面向对象方式集中管理 BIM，可通过浏览器上传 BIM，对其进行读取和操作，能同时支持 C/S 架构和 B/S 架构。该服务器平台的架构包括 IFC 的 EMF 模型、Berkeley DB 数据库和几个通信接口（REST、SOAP、Webuser）。EMF 模型是 BIMserver 的核心，用来创建 Java 对象。BIMserver 的基础功能是合并和查询 IFC 模型信息，为了使 BIMserver 能够编辑和调整 IFC 的复杂几何体并转换为 CityGML 格式的几何体，需要将 IFC Engine DLL 库（IFC Engine Series）连接到 EMF 接口。默认情况下，只能完成几何数据的转化，无法将 IFC 模型中的语义信息集成到 CityGML 中，因此需要使用 CityGML 的 ADE 拓展机制。该扩展机制可用于创建 IFC 数据中的语义信息和属性信息。最终数据转换为 CityGML 需要用到 Java 库 CityGML4j。CityGML4j 库提供了一系列已被定义好的 CityGML 文件模式的 Java 对象模型，能够将数据按照 CityGML 文件的内容和组织结构将数据转化为 Java 对象树。将 IFC 数据转换为 CityGML 数据需要以下几个步骤：

1）通过 BIMserver 从 IFC 数据中获取目标对象。

2）调用 IFC Engine DLL 库对目标对象进行编辑。

3）从目标对象获取三角面片（IFC Engine DLL 库到 BIMserver EMF 接口）。

4）通过 BIMserver EMF 核心获取目标对象的 IFC 属性信息。

5）获取下一个目标对象，直到处理完所有数据。

6）调用 Java 库 CityGML4j 将数据转换为 CityGML 文件。

在这个数据转化的过程中，完成 IFC 到 CityGML 中数据类型的匹配（例如 IFC 中的 IFC-Door 和 CityGML 中的 Door 相匹配）。CityGML 中的对象获取 IFC 中对应对象的几何数据，并添加相应属性信息。

目前已经发布的 GeoBIM 拓展就是运用以上原理在 BIMserver 中将 IFC 数据向 CityGML 进行整合。IFC 中有 900 多个不同的类型，这些类型中的大部分用于几何表达、关联关系和拓扑。关于 IFC 类型在 GIS 中使用的理论研究表明，可以将 60 ~ 70 个 IFC 类型转换为 Geo-BIM 扩展。未在 CityGML 中使用的 IFC 类型是一些差异较大的类，比如用于建筑物结构计算的 IFCStructuralPointAction。按照目前已有的研究成果，虽然以上路径已被证实能够用于 IFC 和 BIM 的集成应用，但仍然存在很多问题。LOD 加载层级方面，BIMserver 仅支持从 IFC 数据导出到 CityGML LOD4 层级。几何数据方面，IFC 数据转化至 CityGML 数据之后，文件大小是原文件的 11 ~38 倍。IFC 标准可以用于几何体、关联关系和拓扑的表达，但是容易产生数据冗余。数据冗余的原因是 IFC 中扫描体和构造实体几何生成的几何数据需要转变为边界描述方式进行表达，在以上转换过程中几何实体被拆分为三角面片，丧失了 IFC 通过优化表达几何实体的优势。由于 IFC 数据主要被用于 AEC（Architecture，Engineering & Construction）行业内部各部门之间进行数据交互，在建模过程中表面信息通过材质属性进行表现，较少使用纹理，因此在完成 IFC 到 CityGML 的转化之后，CityGML 模型表面没有纹理。

13.5.2 IfcExplorer

IfcExplorer 是用于集成、分析、三维可视化和空间参考数据转换的原型软件。该软件最初设计用于探索 BIM 通用标准 IFC，现在支持不同的基于 GML 的 GIS 数据格式（具有不同 ADE 扩展的 CityGML 数据、XPlanGML 数据、基本 GeoSciML 数据）和 DXF 数据。对于基于 GML 的信息，属于不同 GML 应用模式的不同源数据可以合并在一个内部数据模型中。在某些条件下，可以从 CAD 数据模型转换为 GIS 模型。通过几何概括，IFC 模型可以映射到 LOD1 CityGML 模型。如果 DXF 文件具有指定的层结构，则可以将 DXF 数据转换为 CityGML LOD2 层级的 Building、WallSurface 和 RoofSurface 对象。使用 IFCExplorer 可以实现 IFC 模型和 CityGML 模型的交互，这种交互是双向的，既可以从 IFC 到 CityGML，也可以从 CityGML

到 IFC。由 IFC 到 CityGML，需要选择详细程度和导出的几何元素并输入全局偏移和高程。导出选项中，支持对详细程度、建筑元素、集合类型、全球坐标和海拔进行选择。导出后，IFC 建筑元素将转换为对应的 CityGML 实体，IFC 属性集转换为 CityGML 通用属性，IFC 建筑结构转换为一组 CityObjectGroups。由 CityGML 到 IFC，目前支持 LOD1 和 LOD2。对于 LOD1，CityGML 中的建筑物会被转化为相应的具有几何形状的 IFC 建筑物，但属性无法转化。对于 LOD2，CityGML 建筑物转化为对应的 IFC 建筑物，其几何形状或墙壁和屋顶会被直接连接到建筑物，且所有建筑元素都只是表面模型。同样，该过程中属性无法转化。

13.5.3 FME

FME（Feature Manipulate Engine）软件由加拿大 Safe Software 公司研发，是 GIS 数据的格式转换平台，支持数百种不同数据格式之间的相互转换。利用 FME Workbench 模块，能够可视化地定义原数据与目标数据之间的对应关系，同时还可以调用其中的功能对不同来源的数据进行拆分和合并。为了实现 IFC、CityGML 之间的转换，需要在 FME Workbench 中编译并调整两种数据之间的生成转换算法。IFC 模型在 FME Data Inspector 中可视化并插入 FME Workbench。与 CityGML LOD3 规范相比，IFC 模型几何数据的一个关键特征是，大部分几何表面都通过实体来构建。也就是说，必须提取建筑物的内部结构和外部结构并对模型的几何形状进行调整，以适应 GML 绘制几何数据的 B-rep 形式。因此在导入 IFC 模型后，首先要对模型的几何结构进行调整，使生成的几何图形符合 MultiSurface 几何规范，以便能够与 CityGML 规范中 LOD3 层级中的建筑相兼容。在此过程中需要对所有几何数据进行解聚和重构，利用 Deaggrefator 将几何数据分解后组成单元，再根据几何数据的法线信息进行三角剖分，形成不规则三角网（TIN），再由 TIN 数据重新组合成对应几何数据并存储在 FME 中，使几何数据能够通过符合 CityGML 标准的边界描述方法进行几何重构。接着添加基于 CityGML 标准的语义信息，按照 CityGML 标准定义的类型对模型属性信息进行描述。例如，IFC WallStandardCase 表示具有某些约束的墙，这些约束是垂直挤出的，在 CityGML 用 WallSurface 表示；IFC Slab 是一个垂直包围空间的组件，它在 CityGML 由 GroundSurface 和 RoofSurface 来表示。最终在模型浏览器（FZK Viewer）中对模型数据进行浏览，FME Workbench 中的转换是一个手动过程，必须根据项目的需要进行更改。在算法设置合理的情况下，使用 FME 能够解决 IFC 模型和 CityGML 的几何一致性问题，完成语义映射和模型属性信息的扩展。

虽然以上三种格式转换工具能够部分完成 IFC 到 CityGML 格式的转化，但目前没有一个成熟的转换工具能够完整地生成符合 CityGML 标准的、多 LOD 细节层次的几何信息，同时语义映射和属性信息的保留方面也都有很多不足。目前已有的转换工具均不考虑多 LOD 层级的映射问题，生成的 CityGML 模型只能和某一 LOD 层级相对应；其次，在数据映射过程中，转换工具大多只能从 IFC 模型中选取 CityGML 模型中具备对应类型的数据，但 IFC 模型中大部分属性信息在 CityGML 中并没有与之对应的信息类型，造成建筑语义信息数据的大量丢失。BIM 与 GIS 集成应用的关键价值在于将 BIM 模型中与建筑构件相关的丰富信息提取出来，并在 GIS 中集成，充分拓宽二者的应用价值。这种数据大量丢失的数据格式的简单转换，只是在表层完成了部分数据转换，无法实现真正的 BIM 与 GIS 的集成应用。

13.6 IFC 到 CityGML 的转化思路

IFC 到 CityGML 的转化思路如图 13-3 所示。

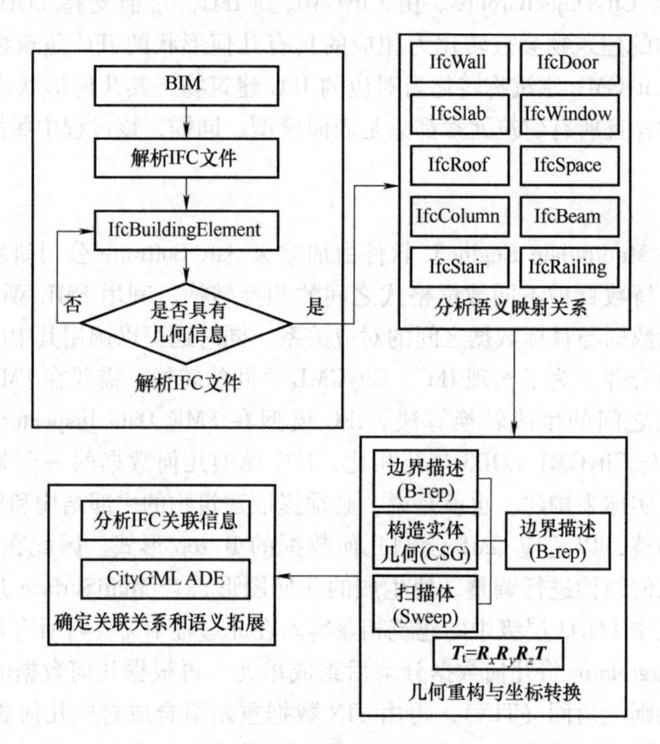

图 13-3　转化思路

1. 解析 IFC 文件

IFC 模型中很多数据类型并不包含几何信息，例如 IfcApplication 用来表示关联关系。因此在转化过程中，需要对 IFC 模型数据进行解析，以判断该建筑要素是否具有几何信息。如果不具有几何信息，就删除该部分数据。IfcOpenshell 开源库能够对 IFC 文件进行解析。在解析过程中，该开源库能分析各个建筑构件的几何坐标，并对从 IFC 数据中得到的几何信息、语义信息进行分类存储。调用该开源库对整个 IFC 文件进行解析，判断实体要素是否具备几何信息。具备，则保留；不具备，则对下一实体要素进行判断，直到完成 IFC 文件中所有实体要素的解析。

2. 分析语义映射关系

得到 IFC 数据中的几何信息和语义信息后，为了将信息正确地对应到 CityGML 标准框架中，需要明确 IFC 和 CityGML 之间的语义映射关系以及该部分数据对应的 LOD 加载层级。

3. 几何重构

在获取 IFC 文件的几何信息后，为了保证几何信息在 CityGML 中得到同样的展示效果，需要对 IFC 建筑物的几何数据进行几何重构，也就是将 IFC 数据中通过扫描体和构造实体几何表达的几何要素转而使用边界描述的方式进行重新表达，以适应 CityGML 标准。在几何数据进行重构之后，得到的文件数据量很大，其中包含大量隐藏在模型不可见部分的几何信息。这部分几何信息对于 CityGML 来说是无用的，而且导致了数据的冗余，因此还需要按照 CityGML 各个 LOD 层级标准对得到的几何信息进行筛选，按照各实体要素的建筑特点进行调整。

4. 坐标转换

IFC 采用相对坐标系表达建筑物和建筑构件，CityGML 采用世界坐标系表达地理信息数据，因此在数据转换过程中，需要完成由相对坐标系到世界坐标系的坐标转换。

5. 确定对象间的关联关系

在获取 IFC 文件中的几何信息和语义信息之后，由于各个对象经过几何拆分之后相互独立，且在几何重构过程中删去了表达几何对象之间关联关系的属性信息，因此相互之间缺少关联信息，无法按照 CityGML 标准输出文件。为此，还需要对 IFC 文件中表达对象关联信息的实体类型数据（IfcRelFillsElement、IfcRelVoidsElement 等）进行分析，以获取各对象间的关联关系并输入 CityGML 文件中。

6. 语义信息扩展

对于建筑物模型而言，IFC 文件所包含的建筑物信息和建筑构件属性信息要远多于 CityGML 文件。由于 IFC 文件中很多属性信息类型在 CityGML 标准中都没有对应的信息类型，因此直接通过几何重构和语义映射得到的 CityGML 文件存在大量属性信息丢失的情况。CityGML ADE 是为了添加附加信息，以实现不同应用之间数据交换和共享的一种拓展机制。ADE 模块与 CityGML 定义的模块是一一对应的，一个应用领域可以拓展多个 ADE，一个 ADE 也可以集成到一个或多个 CityGML 对象中，这为附加信息的添加提供了足够的灵活性。为了减少数据转换过程中属性信息的丢失，尽可能保留 IFC 文件中的建筑信息，需要调用 CityGML ADE 拓展机制，对 CityGML 缺少的语义信息进行扩展，实现 BIM 和 GIS 真正意义上的集成应用。

13.7 BIM 与 GIS 在 Web 端的集成应用

目前 BIM 和 GIS 技术在建筑物模型和城市场景的实时渲染显示还存在很多问题。一方面，BIM 数据在向 GIS 方向转化的过程中，模型文件会变大很多，包含很多不需要的冗余数据，给模型数据的存储、传输和渲染都带来很多问题。另一方面，现有的主流的处理 BIM 数据的软件（Revit、Bentley 等）和处理 GIS 数据的软件（ArcGIS、SuperMap 等）都是基于客户端的软件。这些软件体积庞大、功能复杂，且针对专业从业人员设计，使用者在使用之初，必须花费大量时间安装软件，学习软件的功能和操作流程，且要求具备一定的建筑行业和地理信息系统行业的知识储备。这些现状都大大增加了使用者的学习成本。在当前智慧城市的发展大背景下，BIM 与 GIS 集成应用的使用场景已不仅仅局限于 PC 端。随着网络传输技术和平板电脑、手机等移动终端设备的技术发展，多设备、多场景地使用 BIM 与 GIS 技术已经成为新的时代需求。在 Web 端对 BIM 与 GIS 进行集成应用，既可以抛弃繁杂的软件应用，以降低入门门槛，也可以很好地解决多平台共同联动使用的技术需求，符合时代的发展方向。

在 WebGL 出现之前，实现三维 WebGIS 的技术方案主要是通过研制操作系统插件或为浏览器增加插件，借助组件和插件调用 OpenGL 渲染接口，使用计算机显卡对三维模型数据进行渲染展示。WebGL（Web Graphics Library）是 Khronos 工作组公司于 2009 年推出的支持浏览器实现三维图形绘制的底层 API。使用 WebGL 的网页结构如图 13-4 所示。它提供了一种新的 3D 绘图标准，该标准结合了 JavaScript 和 OpenGL ES 2.0，通过 HTML5 Canvas 提供硬件 3D 加速渲染，并借助计算机显卡来进行硬件加速以实现在浏览器中更好地浏览模型和三维场景。图形渲染过程中，首先顶点着色器将缓冲区对象的顶点位置数据载入到图形加载区。当三角面片的三个顶点载入完成后，就根据 gl. TRIANGLES 绘制模式对图形进行处理。三角面片经过光栅化得到片元表示的图形，片元着色器会参考纹理数据给片元赋予颜色值，所有片元颜色计算完成后，图形就被绘制在浏览器上。WebGL 通过 HTML 来控制交互式三维动画，不需要安装浏览器插件，安全性高，渲染速度快，易于开发。目前大多数浏览器已经支持 WebGL 的图形渲染，由于 WebGL 依托于浏览器而不依赖于计算机软硬件，因此如手机、平板电脑等能够使用 WebGL 的移动平台，也能支持 WebGL 的使用。随着 WebGL 的发展，已经有一批基于 WebGL 的开源三维开发引擎可用于三维场景的可视化开发，例如 three. js、cesium. js、webglearth、Wish3D Earth 等。下一节以三维开发引擎 Cesium 为例进行说明。

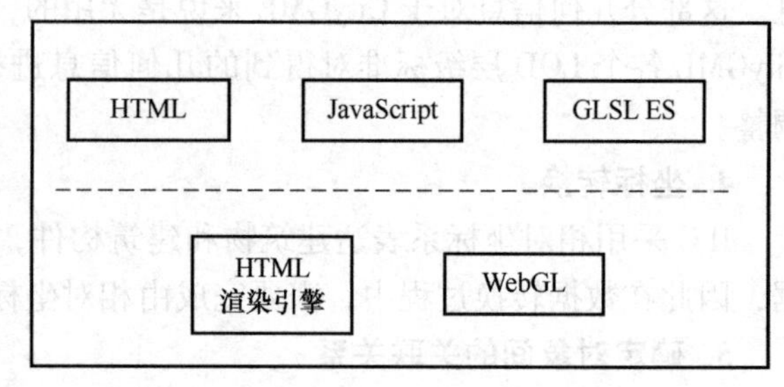

图 13-4 WebGL 网页的基本结构

13.8 Web 端的三维地球框架 Cesium

Cesium 三维地球框架是用于地球可视化的 3D 平台，由 AGI 公司发起并组成研发团队完成的，其愿景是通过构建数字地球以连接世界地理空间数据。Cesium 是建立在 WebGL 的渲染机制基础之上的，因此不需要系统组件或浏览器插件。WebGL 标准的出现避免了网页插件的开发，Cesium 集成了 WebGL 技术和 HTML 技术，在渲染速度和渲染质量之间实现了较好的平衡。Cesium 的逻辑架构分为 4 个层级，分别是核心层、渲染层、场景层、动态场景层。

（1）核心层

核心层是 Cesium 逻辑架构的最底层，提供矩阵计算、向量计算、坐标转换、地图投影等基础功能。

（2）渲染层

渲染层封装了 WebGL 提供的渲染功能，为开发者调用 WebGL 的渲染功能提供了更简单快捷的思路。

（3）场景层

场景层用于提供数字地球表面的地图功能，包含三维数字地球、二维平面地图、2.5 维地图三种模式。除此之外，还能对不同来源的影像图层进行处理、控制视角相机的属性、创建几何要素标签。

（4）动态场景层

动态场景层通过内嵌 CZML 语言以支持三维数据的动态可视化。该层能够解析 KML、

GeoJSON 格式的数据并创建动态对象，并在每一帧场景渲染中实现实时渲染，进而对整个场景进行渲染。

目前，对于 CityGML 数据的 Web 端可视化，并没有现成的可视化方案。glTF 是 OpenGL 提供的官方三维模型数据格式，通过数据结构的优化以适应网络环境下的数据传输，适合在网络环境中使用。可以将 CityGML 数据转换为 glTF 格式，即可在 Cesium 框架下实现 Web 端的三维数据可视化展示。

为了实现 BIM 与 GIS 在 Web 端的集成，需要将 IFC 数据在充分保留属性信息的基础上转化为 CityGML 格式，最终在 Web 端进行数据的渲染和使用。在实际验证过程中，由于 GIS 以整个地球为尺度，涉及大尺度的地形和数量庞大的建筑模型，大量的数据对计算机渲染力形成了巨大的压力。为了保证数据在渲染速度和渲染质量之间达到平衡，提供高效的场景渲染，可从视域剔除入手减少数据量，提高渲染效率。

三维数据所占存储空间大，以有限的网络带宽、内存容量、计算性能和渲染性能遍历所有节点加载数据势必影响数据渲染速度和帧率。在浏览数据时，用户观察到的数据只是一部分，其余数据对最终显示并不产生影响。因此在搭建 LOD 索引层级的基础上，通过视域剔除减少渲染模型数据量可进一步提高数据调度的效率。

（1）屏幕空间误差 SSE（Screen Space Error）

视点的可视空间是一个锥体（视锥体），LOD 层级为数据索引提供了结构，数据渲染过程中需要判断合适的 LOD 层级进行加载。根据视点的位置和视锥体的距方向，靠近视点的瓦片数据需要更高的分辨率；反之，则可以加载分辨率较低的瓦片。屏幕空间误差（SSE）是确定具体加载层级的指标。

在展示渲染模型的过程中，通过视点决定显示区域绘制的内容，如图 13-5 所示。SSE 可由几何误差（Geometric Error）和视锥体情况确定，如图 13-6 所示，r 是瓦片数据的几何误差，可从索引文件中得到；d 是视点到远截面的距离（AE）；fov 是视锥体的角度；h 是屏幕高度（BC）；e 是屏幕空间误差。

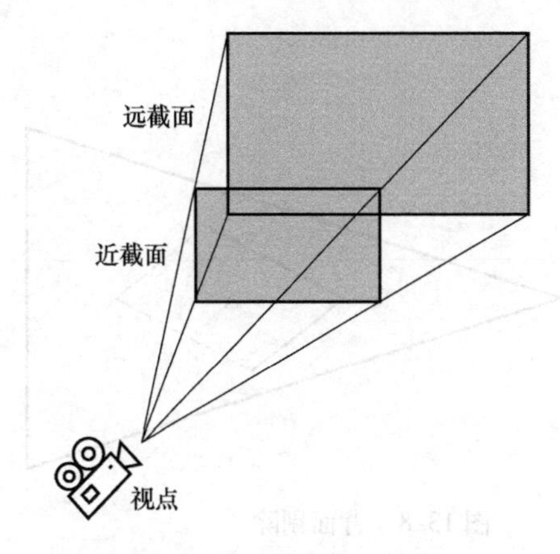

图 13-5 视锥体透视图

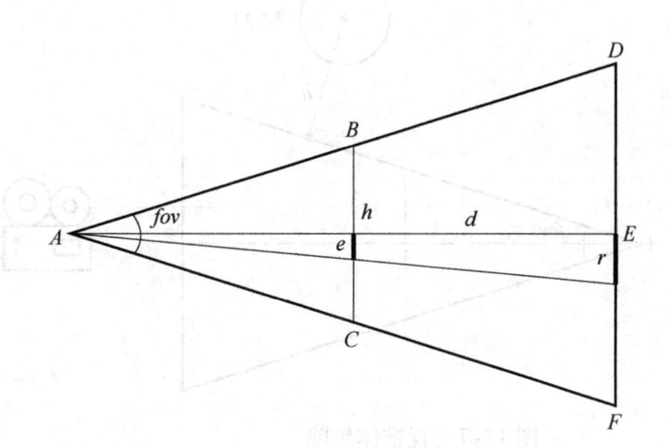

图 13-6 视锥体侧视图

根据透视投影几何关系，可得到下式：

$$\frac{e}{r}=\frac{h}{2d\times\tan\left(\frac{fov}{2}\right)} \tag{13-6}$$

从而得到屏幕空间误差的计算公式如下：

$$e = \frac{h}{2d \times \tan\left(\frac{fov}{2}\right)} \times r \tag{13-7}$$

通过上式得到 SSE 之后，将其与阈值 ε 进行比较，以确定是否加载下一级节点：

$$\begin{cases} e < \varepsilon, \text{不加载下一级节点} \\ e > \varepsilon, \text{加载下一级节点} \end{cases} \tag{13-8}$$

（2）视锥体剔除

视锥体剔除是指剔除不在视锥体视域范围内的三维物体，在具体实践中，即不加载包围盒与视锥体不存在交集的瓦片数据。其实现原理如图 13-7 所示。

图示为球形（Sphere）包围盒和视锥体。点 O 为包围盒的球心，（x，y）为该点在视锥投影坐标系中的坐标，fov 为视锥体的角度。由几何关系可得到 h 的计算公式：

$$h = \left(y - x \times \tan\frac{fov}{2}\right) \times \cot\frac{fov}{2} \tag{13-9}$$

通过上式得到 h 之后，将其与包围盒半径 r 进行比较以确定是否加载该节点，即：

$$\begin{cases} h < r, \text{不加载该节点} \\ h > r, \text{加载该节点} \end{cases} \tag{13-10}$$

（3）背面剔除

背面剔除原理如图 13-8 所示。对于视点的观察者而言，物体 A 实线面可见，虚线面不可见。在数据渲染前可对瓦片要素的面片进行可见性判断，剔除不可见的面片，最终只对可见面的瓦片要素进行渲染显示，以提高整体的渲染速率。Cesium 基于 WebGL 实现瓦片数据渲染显示，WebGL 本身提供了背面剔除的接口函数，直接调用 WebGL 的 gl. cullFace 函数即可在光栅化阶段完成背面剔除。

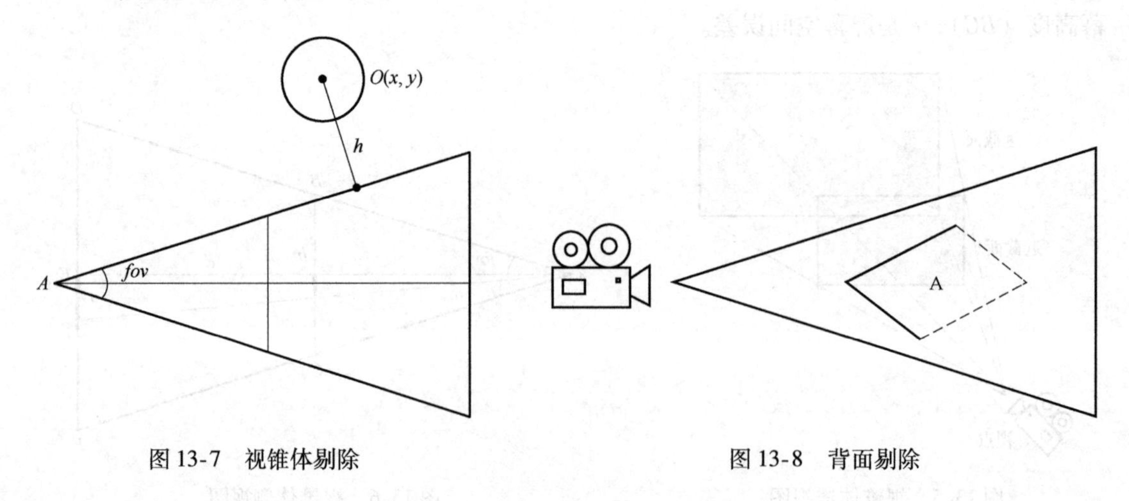

图 13-7　视锥体剔除　　　　图 13-8　背面剔除

思考题

1. BIM 与 GIS 集成的云平台框架中，一般包含哪几个层级？

（参考答案：访问层、服务层、接口层、管理层、存储层）

2. BIM 和 GIS 各自领域下最常见的通用数据标准是什么？
（参考答案：IFC 和 CityGML）
3. CityGML 数据中有几个 LOD 层级？
（参考答案：5 个层级，LOD0 ~ LOD4）
4. 目前常见的 IFC 到 CityGML 的转换工具有哪些？
（参考答案：BIMserver、IfcExplorer、FME）

本章参考文献

[1] ANDERSEN M T，FINDSEN A. Exploring the benefits of structured information with the use of virtual design and construction principles in a BIM life-cycle approach [J]. Architectural Engineering and Design Management，2019，15 (2)：83-100.

[2] 国艳，韩绍欣，钱军. 基于 GIS 的强震震例信息管理系统的研制与应用 [J]. 东北地震研究，2003 (2)：68-72.

[3] VAN DEN BRINK L，STOTER J，ZLATANOVA S. Establishing a national standard for 3D topographic data compliant to CityGML [J]. International Journal of Geographical Information Science，2013，27 (1)：92-113.

[4] DONKERS S，LEDOUX H，ZHAO J，et al. Automatic conversion of IFC datasets to geometrically and semantically correct CityGML LOD3 buildings [J]. Transactions in GIS，2016，20 (4)：547-569.

[5] SACKS R，GUREVICH U，SHRESTHA P. A review of building information modeling protocols，guides and standards for large construction clients [J]. Journal of Information Technology in Construction，2016，21：479-503.

[6] CHEN Y，SHOORAJ E，RAJABIFARD A，et al. From IFC to 3D Tiles：An integrated open-source solution for visualising BIMs on cesium [J]. ISPRS International Journal of GEO-Information，2018，7 (10)：393-404.

[7] VAN BERLO L，DE LAAT R. Integration of BIM and GIS：the development of the CityGML GeoBIM extension [M]//. KOLBE T H，KONIG G，NAGEL C. Advances in 3D Geo-Information Sciences. Berlin：Springer，2011.

[8] 刘晶，李爱君，于雨. BIMserver 在水利水电工程中的应用 [J]. 水利规划与设计，2018 (2)：45-47.

[9] WU B，ZHANG S. Integration of GIS and BIM for indoor geovisual analytics [J]. International Archives of the Photogrammetry Remote Sensing and Spatial Information Sciences，2016，XLI-B2：455-458.

[10] EL MEKAWY M，OSTMAN A，SHAHZAD K. TOWARDS INTEROPERATING CITYGML AND IFC BUILDING MODELS：A UNIFIED MODEL BASED APPROACH [M]//. KOLBE T H，KONIG G，NAGEL C. Advances in 3D Geo-Information Sciences. Berlin：Springer，2011.

[11] OHORI K A，DIAKITE A，KRIJNEN T，et al. Processing BIM and GIS models in practice：experiences and recommendations from a GeoBIM project in the netherlands [J]. ISPRS International Journal of GEO-Information，2018，7 (8)：311-332.

[12] 李佩瑶. 从 BIM 实体模型自动提取多细节层次 GIS 表面模型的方法 [D]. 成都：西南交通大学，2017.

[13] 高喆. 基于 WebGL 的建筑信息模型展示系统研究 [D]. 北京：北京建筑大学，2018.

第 14 章 BIM与新兴信息化技术

14.1 云计算的概念及背景

21 世纪初期，Web2.0 广泛应用，网络发展迎来了新的高峰。网站等业务系统所需要处理的数据量飞速增长，例如在线视频、信息共享等，网站需要为用户存储处理大量的数据。因此，这类系统需要在用户数量飞速增长的同时快速扩展。随着智能化移动终端及无线网络的广泛应用，越来越多的移动设备不断接入互联网，这就需要移动终端接入的 IT 系统承担更多的负载，同时还需要处理更多的数据。由于网络资源的有限，电力成本、空间成本及设施的维护成本等不断提高，导致数据中心的成本不断上升，如何高效地利用这些资源、如何用更少的设备等资源处理更多的数据，这些问题亟待解决。由于计算能力和资源利用效率需要不断提高，数据资源的集中化及其技术不断进步，云计算技术应运而生。

美国谷歌公司于 2006 年提出“云计算”概念以来，得到国内外 IT 业等相关专业领域的极大关注。随着云计算的研究及应用越来越多，其他领域的许多研究机构及公司也逐渐开始尝试将云计算引入本专业领域内。目前，作为信息专业前沿领域的云计算模式，具有经济、便捷及灵活等特点，因此得到人们的广泛的关注。云计算（Cloud Computing），它的最基本概念是通过网络将复杂巨大的计算应用程序拆分成无数个较小的子程序，再交由云端大量服务器所组成的庞大系统进行搜寻、计算分析之后将信息处理结果回传给用户。通过这项技术，网络云计算服务提供者可以在数秒之内完成处理数以千万计甚至亿计的信息，达到和“超级计算机”同样强大功能的网络服务。

“云”在开始时是业内对网络、互联网的一种比喻象征说法，信息技术业内常常用“云”来表示互联网及底层基础设施的抽象。云计算是一种新式的共享基础架构的方法，把资源等从本地设备转移至计算机网络中的一种新的表现形式，就像是从单台发电机转向电厂集中供电的形式。云计算将网络内的计算机、存储设备等作为信息服务的基础设施，运用各种操作系统、应用平台及网络服务等作为基础架构，实现将计算能力作为一种商品进行流通，让用户通过网络租用各种计算资源，而不再需要对各种软硬件设备进行投资。

目前信息技术界及其他各个相关领域对云计算还没有一个完全一致的定义，由于云计算涉及专业领域广泛，因此各领域研究人员对云计算都有着自己的理解和不同的定义。百度百科中对其定义为：云计算通过网络来提供动态的易扩展的虚拟化资源。它是基于互联网的相关服务，并且根据个人需要来对服务增加、使用和交付。维基百科对它的定义为：一种基于互联网的新型计算方式，共享的软硬件资源和信息可以按需提供给计算机或其他设备。美国国家标准与技术研究院（NIST）的定义是：云计算是一种提供可用的、便捷的、按需的网络访问并且按使用量付费的模式，可以获取可配置的计算资源（资源包括网络、服务器、存储、应用软件、服务）。只需投入很少的管理工作，或与服务供应商进行很少的交互，这些资源能就够被快速提供。

目前被普遍接受的云计算特点有以下几点：

1）超大规模。云计算拥有的服务器数量十分庞大。

2）虚拟化。用户不需要相关的实体基础设备，只需获取计算服务。

3）高可靠性。云计算技术使用户的应用和数据存储在不同的云端服务器中，即使单点服务器出现问题，仍然能够从其他服务器提取资源和计算能力，以保证应用和数据的正常调用。

4）通用性。云计算可以同时支持不同的应用运行，数据可以传输给不同的终端。

5）高拓展性。可以通过拓展服务满足用户的不同需求。

6）按需服务。用户可以自主选择所需服务内容及使用量。

7）高性价比。由于用户所需的设备及应用全部由云计算提供，节省用户对设备的投资。根据以上研究者定义及云计算特点，本文将云计算的定义总结为：云计算提供的是一种计算服务，它将大量的设备、存储等资源进行统一的管理，并将这些资源虚拟化，形成一个巨大的虚拟化资源库，用户可以根据自己的需求选择所需的计算服务，而不需要对各种软硬件资源进行投资管理。

云计算由于具有超大规模、高可靠性、高可扩展性、按需服务等优点，能够较好地解决BIM应用存在的一些共性问题，目前BIM技术和云计算的结合正在引起行业内的重视。

14.1.1　BIM与云计算技术

现场数据采集并提取特征点、BIM建模模拟、云计算技术，它们互相协同、互相支承形成一个理论体系。BIM模型的建立以及施工模拟是主要背景和主线，点云数据采集处理可以实现施工现场与BIM的动态关联，而云计算技术是施工现场数据与BIM连接的桥梁。它们之间的关系如图14-1所示。

（1）RFID数据采集与BIM模型、云计算技术的关系

如图14-1所示，RFID数据采集将施工现场的实体和BIM之间连接在一起，通过RFID数据的采集来获取施工现场各构件的物理信息、施工进度等相关信息，并对数据处理分析，最终通过云计算技术将信息传递给BIM。RFID数据的采集与处理作为施工

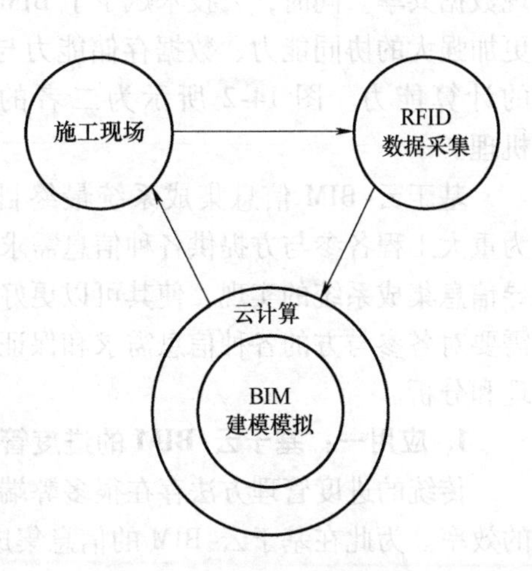

图14-1　BIM、点云数据和云计算技术的关系图

现场实际情况信息提取的第一道工序，其准确度和适用性显得十分重要，有效信息的获取可以为之后模型的建立打下坚实的基础。

（2）云计算技术与 BIM 的关系

云计算作为施工现场信息与 BIM 模型交互的桥梁，云端信息传递让各参与方随时随地获取项目相关信息，用户只要接通网络，可以无限制地下载这些信息。这意味着项目管理者能够无需在固定的地点使用固定设备，而在项目现场通过任意移动设备来访问云端 BIM 模型。另一方面，云计算与 BIM 模型联系在一起，可以让各参与方的协同得到空前的提升。模型数据信息等储存在云端，可以通过任何网络链接进行访问。例如，设计出来的项目模型或者变更后的模型可以在任何施工参与方的计算机及移动终端上打开，几乎不需要下载或交换变化后模型的时间。此外，对模型进行修改后，云端模型还能够自动更新，而不用重新上传新模型。同时，BIM 在本地服务器上的数据量大，需要占有大量的设备资源，而云端存储提供了一种新的数据存储方法，将这些大量的数据存储至云端服务器，不仅方便提取，还节省了本地资源。

14.1.2 BIM 与云计算的集成应用

作为新一代的计算方式，云计算技术为 BIM 技术深入与扩展应用提供了全新的工具和策略。将 BIM 技术与云计算技术进行集成应用，指的是利用云计算技术在数据存储和大数据计算等方面的优势，通过将 BIM 应用转化成为 BIM 云服务，从而提升了 BIM 技术的应用效率，BIM 应用形式也随之创新，并且 BIM 应用范围也得以扩展。基于云计算技术强大的存储能力，设计师等建筑行业人员可将 BIM 模型和其他相关的文档信息及时地同步到云端，这种工作方式大大提高了建筑行业人员的协同工作效率。BIM 技术与云计算技术的集成应用能够使二者优势互补，有效推动 BIM 技术在建筑工程中的应用。BIM 技术与云技术的集成应用使得建筑产品的数据信息全部储存于云端，并且能够与所有的 BIM 类相关软件实现数据共享。同时，云技术赋予了 BIM 技术更加强大的协同能力、数据存储能力与复杂的计算能力。图 14-2 所示为二者的集成机理。

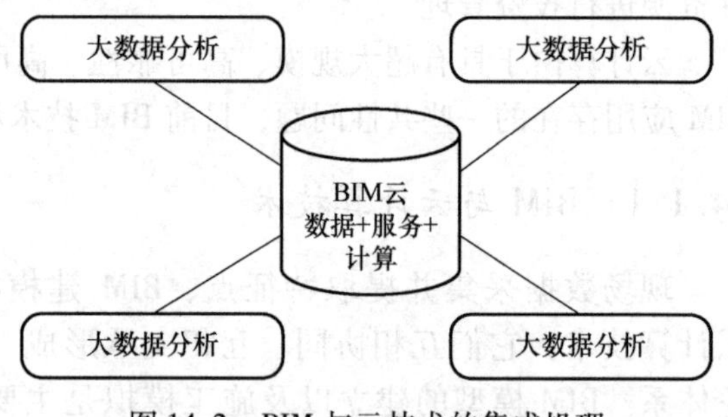

图 14-2　BIM 与云技术的集成机理

基于云-BIM 信息集成系统最终目的是为重大工程各参与方提供各种信息需求服务，进而保障重大工程的顺利实施。为了更好地指导信息集成系统的实现，使其可以更好地为重大工程各参与方提供全面、高效的信息服务，需要对各参与方的各种信息需求和保证信息集成系统正常运行所需的基本需求进行详细的梳理和分析。

1. 应用一：基于云-BIM 的进度管理方法

传统的进度管理方法存在很多弊端，因此需要对其进一步研究，提高重大工程进度管理的效率。为此在基于云-BIM 的信息集成系统基础之上，结合传统进度管理方法的优点，提出了基于云-BIM 的进度管理方法。其核心是基于云-BIM 的信息集成系统，为整个进度管理提供技术支撑，包括制定进度计划、4D 动态模拟、进度计划对比、分析原因和采取措施等。

其实现流程如下：

1）了解业主需求和实际条件，使用 WBS 对工程项目进行施工任务分解，并为每个施工任务设定合理的工期；使用基于云-BIM 的信息集成系统制定合理的进度计划。

2）使用基于云-BIM 的信息集成系统实时对施工进度进行跟踪，构建实时进度的甘特图、直方图等，然后进行 4D 动态模拟，对实时进度和计划进度进行比较。

3）根据对比结果进行下一步的决策，如果结果一致，则继续施工，如果结果出现偏差，则分析原因，采取相应措施，包括使用基于云-BIM 的信息集成系统对进度计划进行修改；使用基于云-BIM 的信息集成系统对施工现场的各种进行调度，调整实时施工进度等。

2. 应用二：建筑产品管理与应用平台

基于云计算技术的 BIM 应用平台以实现项目实施及运营过程中的各个专业以及各参与单元的 BIM 模型的集成交互及协同管理为目标。在建筑项目实施的过程中，业主方、设计单元、施工单元以及运维单元都可以通过基于云的 BIM 平台实时地对 BIM 模型及相应产品厂商进行查看、下载等应用。这种应用方式使得各参与单元协同工作的机制得以形成，加快了项目管理组织结构扁平化的进程，各单元在云平台上可以对同一个 BIM 产品进行交流，从而减少了信息不对称以及信息断层所造成的损失。基于云计算技术的 BIM 应用平台是一个数据共享和管理平台，它发挥了云平台高效的计算能力、信息共享的准确能力以及数据信息传输的快速性等特点，使得 BIM 技术在工程项目中的应用更加全面而高效。比如，设计模型和模型的更新维护只需在本地端的个人计算机上完成即可，然后将 BIM 模型存储在云端实现共享，而非设计模型的用户无需安装相关的设计软件，只需用普通的终端设备通过网络访问到该平台，即可在云端查看 BIM 模型等相关工作。这种应用模式极大地发挥了 BIM 在协同工作和数据集成方面的特点（图 14-3）。

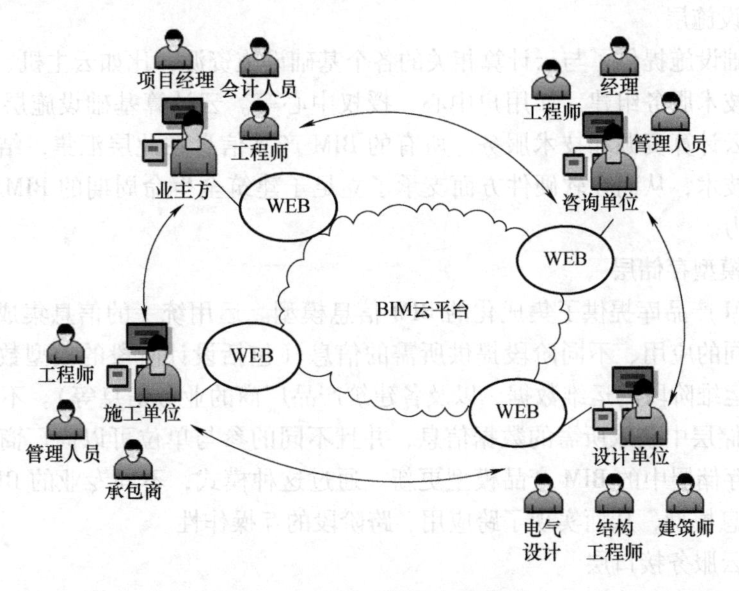

图 14-3 BIM 云技术应用模型

基于云计算技术的 BIM 产品库打破了不同 BIM 应用在建筑产品形态、数据类型等方面存在的障碍，实现了不同厂商、不同产品以及不同阶段之间的 BIM 应用链条，形成了面向建设项目全生命周期的云-BIM 系统。实现跨组织、跨软件、跨阶段协同工作的 BIM 与云的集成应用框架如图 14-4 所示，使得 BIM 应用能够共享建筑产品 BIM 模型，实现协同工作。

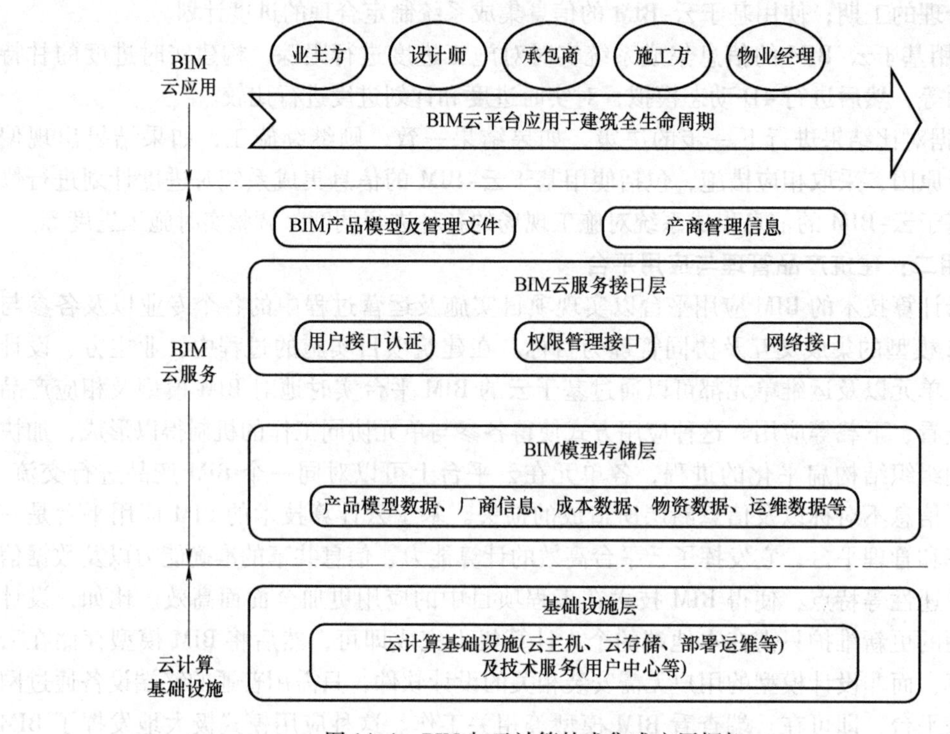

图 14-4 BIM 与云计算技术集成应用框架

(1) 基础设施层

云计算基础设施提供了与云计算相关的各个基础设施资源，比如云主机、云存储及部署运维等，以及技术服务组建，如用户中心、授权中心等。云计算基础设施层为 BIM 产品库提供了基础的云计算资源和技术服务。所有的 BIM 产品信息在此层汇集，结合网络计算和分布式系统等技术，从而在软硬件方面支承了立足于建筑全生命周期的 BIM 云服务的信息存储与处理能力。

(2) BIM 模型存储层

该层为 BIM 产品库提供了集成化的 BIM 信息模型。运用统一的信息集成机制，BIM 模型存储层为不同的应用、不同阶段提供所需的信息（包括设计阶段的模型数据，施工阶段的成本信息，运维阶段的运维数据，以及各建筑产品厂商的业务信息等）。不同的 BIM 应用从 BIM 模型存储层中获取所需的数据信息，并且不同的参与单位可以向厂商反馈并经厂商再次处理后将存储层中的 BIM 产品模型更新。通过这种模式，不同专业的 BIM 应用能够共享 BIM 产品信息模型，从而实现了跨应用、跨阶段的互操作性。

(3) BIM 云服务接口层

BIM 云服务接口层是基于建筑全生命周期的 BIM 产品库中最灵活多变的部分。包括用户认证接口、权限管理接口及网络接入接口等内容。同时，与 BIM 云应用相关的开发单位可根据实际的不同业务进行扩展，从而可以开发出不同的应用服务接口，以提供不同的 BIM 应用服务。

（4）BIM 云应用层

该层指的是通过共享工程项目协同工作环境以及集成化的BIM产品信息模型，和不同类型的BIM技术应用（如通过网络访问）实现用户和产品数据的互通。与此同时，在功能上能够实现动态交互，以此形成的基于BIM技术和云计算技术的协同解决方案适用于建筑工程全生命周期。

如图14-4所示，云环境下BIM产品库的云-BIM集成应用主要分为了三大模块：云计算基础设施、BIM云服务以及BIM云应用。云计算基础设施层为云环境下的BIM产品库提供了运行环境，BIM模型等数据信息存储于云设施，通过用户认证、权限管理等接口实现BIM模型及文件、厂商信息等管理，而后建筑全生命周期的各参与单元便可通过网络的形式访问本产品库并实现相应的功能。

3. 应用三：动态资源管理模型

基于BIM和云计算的建设项目安全管理模型以BIM构建为信息基础，以RFID技术实时收集施工现场的状态信息以及BIM案例库为数据信息来源，应用云计算存储及处理技术，对建设项目进行动态、可视化的动态资源管理，从而优化施工项目的进度及成本管理，确保建设项目有序地开展。

4. 其他新型应用

随着BIM技术应用范围越来越广泛，BIM+云计算+其他概念的集成模式使得BIM应用可以更为广泛地支持建筑相关领域，因此这也成为应用层研究的一个热点。相关研究介绍如下：

（1）BIM+云计算+LEED（绿色能源与环境设计）

在云-BIM架构下，构建模块化的子云，为绿色能源与环境设计领域的SaaS（Software-as-a-Service；软件即服务）提供了解决方案。

（2）BIM+云计算+电子采购体系

将云-BIM技术应用在AEC部门，提出模型导向型和服务导向型两种电子采购的体系构架。

（3）BIM+云计算+BSNS（商业社交网络服务）

在云计算技术的支撑下，通过紧密地结合BIM和BSNS概念，用一个动态的通用列表来解决复杂的建筑文件版本化问题，使个人和项目成员能够在建筑全生命期内以一致和可持续的方式来进行数据共享。

（4）BIM+云计算+建筑健康与安全

将建筑的健康与安全概念整合在基于云计算的BIM应用中，要求在建筑全生命期过程中始终考虑建筑的健康与安全。

14.2 BIM技术与VR/AR

14.2.1 VR/AR的概念及其应用

1. 概念

二维的世界一般包括虚拟现实、增强虚拟、现实世界和增强现实世界。虚拟现实是把抽象的、庞大的空间数据通过数字图像处理、计算机、传感器等技术转化为可感知和可直视的模型及虚拟实物，虽然构造的是一个局部虚拟的世界，但其带来的视觉、触觉等感知体验与真实世界大致相同，体验者仿佛置身另一个现实世界内。增强现实世界（Augmented Reality，简称 AR）是在真实的世界内，通过计算机技术增加虚拟的场景事物，在一定视角上使虚拟世界和现实世界相融合的技术。

虚拟现实技术（VR，Virtual Reality）是现实世界的对立面，它是通过计算机技术构建一种纯虚拟的环境。三维世界一般可以分为四个部分：真实世界、增强现实的世界、增强虚拟的世界和虚拟世界。AR 就是所谓的在现实的基础上，增加一部分虚拟的信息，通过一定的视角，并根据识别特定的标记，通过三维注册算法，实现真实环境和虚拟信息的融合。

AR 技术是一种新兴计算机应用和人机交互技术。通常所说的增强现实，指的是用虚拟内容来做视觉上的增强，通过屏幕或投影设备来显示。它的本质是通过计算机技术将生成的虚拟物体、场景、视频、音频、动画及提示信息等叠加到真实世界，通过混合技术给用户呈现一个信息增强的现实世界与虚拟世界的混合体，可以增强用户对真实世界的感知能力指导应用，AR 技术也可以应用于建筑施工中。早在 1996 年，Webster 就将 AR 技术应用于建筑施工、检查和维修中，展示了其教学指导作用，后来也有研究尝试应用 AR 技术实现设计图三维可视化、施工模拟可视化等。

近年来增强现实技术（AR）越来越受到重视。增强现实技术是将计算机产生的文本、图像以及虚拟 3D 模型、视频或场景等信息实时准确地叠加到用户所感知到的真实世界中的一种技术，用这种方式将虚拟环境和真实环境连接起来，从而提高使用者对现实世界信息的感知能力。在建筑信息发展上，AR 较 VR 更具有优势，因为 AR 没有将使用者与真实世界分开，而是利用附加的文字或图片等信息对周围的真实场景进行动态增强。事实上，施工现场的工人需要进行的是操作性的工作，若能将教学内容与真实环境相对比和结合无疑更利于工人对教学内容的吸收和理解。

AR 技术是在 VR 技术基础上发展起来的一种新兴计算机应用和人机交互技术，也是一个多学科交叉的新兴研究领域。与 VR 让用户完全沉浸在完全虚构的数字环境中不同，AR 技术是借助显示技术、交互技术、多种传感技术和计算机图形与多媒体技术将计算机生成的虚拟物体、场景或系统提示信息无缝地融合到用户所看到的真实环境中，通过显示设备对现实世界进行景象增强的技术，提高系统使用者对真实世界的感知能力。目前 AR 技术的研究主要是集中在视觉上，但其实 AR 技术还可以针对听觉、触觉和味觉等感官，呈现一个感官效果真实的新环境。AR 系统包括三个内容：虚实融合、实时交互、三维跟踪注册。其中，三维跟踪注册是 AR 系统开发的难点所在，在成熟地应用基于自然特征的三维跟踪注册技术之前，基于标识的三维跟踪注册仍然是 AR 系统中的主要注册方法。一个完整的 AR 系统是由一组紧密联结、实时工作的硬件软件协同实现的。作为实验室的 AR 系统研究者，采用较多的仍然是基于计算机显示器的 AR 实现方案，通过摄像机摄取的真实世界图像输入到计算机中，与计算机产生的虚拟场景合成，并输出到屏幕显示器，呈现给用户最终的增强现实场景。

2. 应用

AR 不仅继承了 VR 优点，同时又具有虚实融合和实时交互的特点，因此在医疗、军事演习、工业设计、影视娱乐、制造与维修、旅游展览及教育培训等领域都有着广泛的应用前景。以下列出几个主要的应用领域：

（1）医疗领域

医疗领域是AR系统最振奋人心的应用领域之一，可应用于虚拟人体解剖、远程手术、手术模拟、微创外科手术导航等方面，现在已经被用于可视化的手术辅助工具在医疗领域发挥着重要作用。

（2）军事领域

部队利用增强现实技术，能够对方位进行识别，获得所在地的地理数据等重要军事数据，还可应用于虚拟战场、军事训练等方面。

（3）工业领域

用户透过头盔显示器在真实环境中查看叠加的多种虚拟辅助信息，包括虚拟仪表的操作面板、被维修设备的内部结构和零件图等。

（4）生活和娱乐领域

可用于游戏、体育比赛的转播、试穿衣服、旅行翻译等，把真实场景与虚拟场景融合，形成全新的视觉效果。

（5）古建筑遗迹展示领域

在旅游开发、文物保护和古建筑遗迹恢复等领域有很大的贡献，应用前景广阔。在古建筑原有的真实信息基础上，通过AR技术叠加虚拟的三维场景，形成一个逼真的虚实融合场景，恢复古建筑的原有风貌。

（6）教育培训

增强现实可以提供多元化的教育方式，培训时可以为用户提供实时反馈和模拟真实场景学习的机会，所犯下的错误不会给现实带来后果。

（7）其他领域

增强现实还广泛应用于广告、家居、商业与贸易、交通运输和市政规划等领域。

14.2.2 BIM技术与VR技术的使用

1. VR在设计过程中的应用

基于BIM模型的VR可视化技术通过在BIM中的自由漫游和实时渲染，深度地挖掘BIM模型的几何尺寸、材料属性等数据资源；通过对设计阶段BIM的沉浸式体验，业主和住户分别可以从自己的视角出发，将意见和建议以反馈的形式和建筑设计师不断地沟通，达到真正意义上的协同设计。

VR漫游存在于建筑模型建立的各个阶段，设计师、公众通过不同的入口都可以对该模型进行漫游体验。例如，设计师通过鸟瞰的方式对模型进行预览，用以查看建筑设计中存在的专业问题；将模型进行Web共享后，老年人及行动不便者可以以自己的视角去体验住宅区的建筑空间，将自己的意见和建议反馈给设计师。通过对收集的意见进行分析，设计师可以对建筑空间和家具的布置做出进一步调整。

基于BIM模型的VR技术，是将人的真实感受作为设计的出发点，将协同设计的方式作为整个设计过程的核心，在BIM的基础之上，实现多方在建筑全生命周期中的设计参与，提高设计效率，最大限度地使建筑师的设计意图得以表达。在设计初期，就可以实现设计师与业主、公众的协同交流，将业主、公众纳入到建筑模型的设计过程中来，达到建筑项目的优化设计。

2. VR 在施工过程中的应用

虚拟现实具有提高建筑设计和施工的可视化的潜力，但在建筑施工行业的实施尚未达到成熟，缺乏丰富的内容资源，使得 VR 难以表现虚拟现实的真正价值。而 BIM 技术兼具模型与数据信息，能为 VR 提供极好的内容与落地应用的真实场景。BIM + VR 除了能解决建筑行业最大的痛点“所见非所得”“工程控制难”、统筹规划、构建具象化外，系统化的 BIM + VR 平台还能将建筑施工过程信息化、三维化，同时加强建筑施工过程的项目管理能力。将 BIM 与 VR 结合起来，能加速推进建筑行业信息化进程，让建筑触手可及。目前主流的 BIM + VR 软件包括 fuzor、lumion、twinmotion 等软件。

3. VR 虚拟样板间交底

为贯彻落实项目样板先行的交底制度，BIM 工作站针对质量样板区和标准层样板户型进行了提前建模，在施工前对工程进行全方位展现，对施工难点和重点进行可视化的交底和方案论证，并利用 VR 技术对现场施工员进行交底，发现施工中存在或可能出现的问题，通过此项举措最终确立了样板展示方案，减少实际作业返工。

4. VR 在综合管线碰撞的应用

Autodesk Revit 研究了创建用于碰撞检查的 BIM 模型的关键技术，提出了建模方案、模型质量检查的方法以及保持与设计变更同步更新的方法，以保障能创建一个高质量的 BIM 模型，作为开展碰撞检查的基础；接着，基于 Autodesk Navisworks 研究了 BIM 在综合管线碰撞检查中的应用，给出了各专业 BIM 模型整合、碰撞检查规则和类型确定以及碰撞结果分析的关键要点，并通过对比传统碰撞检查的工作，证明应用 BIM 提高了工作效率，同时发现了很多在二维工作模式下无法发现的问题；将 VR 技术引入碰撞检查，选用 DVS3D（Design& Virtual Reality & Simulation，一种软件平台）作为虚拟现实平台，采用 BIM + DVS3D 的操作方法，多人协同以提高检查效率，利用沉浸式的人机交互优化综合管线空间布局以及利用施工模拟优化综合管线施工空间不足的问题，解决了人工检查 BIM 管线碰撞中的问题。

5. 项目观摩体验

项目 BIM 工作站精心筹划布置了 BIM + VR 应用展示区，获得各界好评，达到了良好的观摩效果。项目对外展示在土木行业中，受限于行业特点与技术限制，长期以来人们不得不采用抽象的概念表示非常丰富的信息，用比较抽象的图形和精练的语言来描述复杂的场景。但是这种传递方式与信息处理受到信息接收者所从事职业、知识结构以及理解能力的影响，交流起来较为困难。如何更好地展现工程信息成为目前急需解决的问题，而 VR 技术的出现为我们克服这一困难提供了极其有效的手段。

6. VR 技术在物业管理中的应用

VR 技术在物业管理中最核心的应用是物业管理前期的房地产销售，在申报、审批、设计、宣传等方面的房地产开发工作中也起着重要的作用。其中最为特殊的是可对项目周边配套、红线以内建筑和总平、内部业态分布等进行详细剖析展示，由外而内最大限度地表现项目的整体风格，并可通过鸟瞰、内部漫游、自动动画播放等方式对物业管理的项目逐一展现，有利于业主增强性地了解营销人员讲解过程的完整性和趣味性。VR 技术在物业管理中的应用的过程如下：

（1）VR在物业管理早期介入中的应用

1）工程管理。VR绿色建筑理念能强有力在房地产行业的样板间、园林规划、景区规划等项目最大化有效地利用工程现有物料，尽可能地减少因偷工减料带来的不必要问题，还可以同时展示施工绿色问题，以落实社区物业服务低碳行动。

2）营销体验管理。VR的虚拟渲染效果从一定角度促使消费者真实再现和切身体验所购买的房屋一年四季的功能需求，譬如一年中的屋内光照的天数、一年中房屋在设计中的功能体验。这些优质的体验感既解决了物业管理工程成本控制问题、资源浪费问题、美观化体验问题，又进一步促使消费者消费的舒适化。

（2）VR在前期物业管理中的应用

1）接管验收管理。VR在一定程度上减轻了工程验收的工程量，一边用VR查询建筑应该考量的环境，另一边让技术验收者采用关键部分取证方法考量和关键部位抽样方法查验（两者抽检的部位不重叠），以保证验收阶段的效率和工程量。

2）入住车辆管理。VR能以一种虚拟的视野监控物业管理园区的车辆停放以及路况信息，便于物业管理中安防管理员及时处理入住过程中园区公共秩序问题。

（3）VR在日常物业管理中的应用视综合化管理

VR可视化效果渲染物业服务企业的服务水平和管理水平，让物业服务的可视化效果增强，物业服务从台后转到台前从而增强物业服务行业对社会的影响力，也可消除人们对物业服务的误解和客户厌烦度回馈，同时改善物业服务企业在人们心中已有的形象。可以实现虚拟运营服务管理，VR在物业服务企业的商业化中可以延伸至家庭楼宇中虚拟购物，提升网上购物服务，加强网上购物虚拟体验化和扭转业主品质化管理，拓宽物业管理服务单一渠道，增加物业管理收入，使物业服务和物业管理的现代化和科技化进程加快。在社区互助教学管理方面，搭建VR社区互助教学平台，一方面解决了因年代问题、地域问题、空间问题、资源稀缺问题而导致小业主对学习过程中产生的误解和识别问题，另一方面增加了社区活动的文化氛围性，促进大业主和小业主的互动友爱性，在一定程度上从虚拟的角度帮助国家解决了一些城乡教育问题。

14.2.3　BIM技术与AR技术的使用

1. 施工现场培训

随着移动设备使用的普及和BIM的快速发展，AR和BIM的结合已不仅活跃在相关领域的研究中，而且逐渐被应用到施工现场，AR允许使用者在需要的地方查看设计、施工或者运维信息。例如，在柏克德团队的Reading Station Area项目（RSAR）中，工程人员通过在项目现场部署AR，实现了BIM数据的实时访问，他们将AR用于展示地下设施的结构，以避免电缆等管线破坏等。在国内AR与BIM结合的技术虽然还在起步阶段，但也开始在建筑行业应用，主要体现在基于BIM和AR的可视化装修等的研究及应用。

2. 构建安全管理系统

引入AR这项新兴技术，提出基于BIM与AR技术的施工现场应用模块，以期最大化BIM技术在施工现场应用中的价值。AR技术可以在真实环境中无缝融合虚拟场景，并进行实时交互，与BIM技术结合能够充分发挥两者的优势。BIM与AR技术的施工现场应用模块包含施工前计划模块、施工前教育培训模块、施工中现场指导模块、施工后检查模块四个子模块。

3. 辅助地铁维修

应用增强现实技术将大量数据信息在运营维护相关活动和任务中实现可视化、直观化，通过大量预设数据信息，将三维虚拟信息叠加到真实的世界，并根据追踪到标记的不同，不断更新虚拟信息，实现实时的展示。

（1）用于辅助维修

维修培训是一个关于设备知识和设备维修技能学习的教学过程。为操作者创设有效的训练情景，在现实环境中对操作者所需了解的技能和知识通过虚实结合的方式不断巩固、强化，是改善传统培训模式的发展趋势。增强现实技术增加了培训人员身临其境的感觉，在采用增强现实技术对操作者进行培训时，操作者既能够接触到传统培训中无法接触到的东西，可以任意进入各个培训步骤深入理解其中的要点，又可以节省培训系统硬件投资。同时，由于操作者是在虚实融合的环境中根据提示进行操作并熟悉各种复杂设备，因此避免了对贵重设备造成损失，减少了操作时危险事故的发生。目前，大量企业都要进行设备维修培训，并有改善传统培训成本高、效率低下等问题、改进现有培训模式的需求。因此，把增强现实技术应用于培训领域中就显得具有更加重要的意义。

（2）用于引导设备装配

现代机电设备制造和装配过程复杂，结构多样化，拆装涉及的工艺知识和技术较多。虽然这些资料都能够在电子手册中查询，但操作者在翻阅电子手册的同时，注意力需要在拆装设备和手册之间频繁切换，工作效率势必会被影响，容易产生错误装配。虚拟装配技术的产生就是为了克服传统产品装配过程中的缺陷。虚拟装配一般由两个部分组成，即由虚拟现实软件内容和虚拟现实外设设备，两者协同工作，缺一不可。

14.2.4 BIM 技术在 VR、AR 的联合应用

运用 VR/AR 技术可以弥补 BIM 在施工管理中缺少与实际环境结合的缺陷，实现了虚拟模型与真实环境的巧妙结合。BIM 和 VR/AR 在工程中的联合应用，不仅可使施工管理人员对即将施工的环境有“真实的参与感”，可切实体会面临的技术问题及施工状况，帮助其做出正确、合理的决策，而且现场信息的及时反馈又可使建筑模型不断优化，施工技术不断改进，对工程施工的前瞻性分析与现场问题处理均有着重要的作用。

运用 BIM + VR/AR 技术，结合工程实际状况，建立一套可视化体系十分必要。高效率、循环反馈的工程建设与管理该体系包含 3 个子模块。

1）BIM 模块：根据设计要求、工程实体属性、材料特性等将所要建设的工程信息赋予到模型内，建立起建筑、结构、机电等一体化的全信息覆盖的可视化模型，并通过环境融合模块，使模型与周围环境融合后得出反馈结果，并以此对模型进行完善、修改。

2）VR/AR 实现模块：BIM 模块建完模型后，通过 VR/AR 技术完善虚拟模型，并且通过计算机、图像处理软件、传感器等技术设备建立一个虚拟的与真实环境相结合的场景模型，再通过特定设备即可切身沉浸在模型环境里，感受到与真实世界相近的另一个虚拟世界。

3）环境融合模块：在 BIM 和 VR/AR 实现模块基础上，环境融合模块通过图形、信息采集装备等，把真实的环境及项目进展状况实时地反馈到 BIM 及 VR/AR 模型里，实现虚拟

和真实的融合，并把结果通过设备输出到可视化的屏幕上。

以上3个模块相互关联、相互作用：BIM的建立，可使VR和AR模拟的场景与模型相融合，并在融合的基础上通过环境融合模块把真实环境及项目进展状况实时地反馈到模型里，使BIM不断调整，VR/AR模型场景模拟更加完善和切实，最后实现特定设备上的输出。3个模块间的相互促进，使得工程项目的进展及管理不仅更加可视化、体系化，而且实现了可持续化和及时的交互化。

建立BIM + VR/AR工程建设与管理体系的好处包括：①施工方案实现了可视化展示；②及时反馈的工程问题通过模型模拟后，可实现有针对性地解决，为最终合理决策提供依据；③虚拟和真实环境的融合，使得施工中的具体问题可被具体对待，避免了不同外界条件采用相同施工方案的弊端。

14.3 BIM技术与3D打印

14.3.1　3D打印技术的概念及应用

1. 概念

3D打印是快速成型技术的一种，是一种以数字模型文件为基础，运用粉末状金属或塑料等可黏合材料，通过逐层打印的方式来构造物体的技术。

3D打印是近年来在世界范围内民用市场应用当中出现的一个新词。3D打印技术是一种基于3D模型数据，采用通过分层制造，逐层叠加的方式形成三维实体的技术，即增材制造技术。3D打印技术涉及信息技术、材料技术和精密机械等多个方面。与传统行业相比较，3D打印技术不仅能提高材料的利用效率，还能用更短的时间打印出比较复杂的产品。3D打印技术越来越多地被应用到工业制造、航空航天、国防军工、生物医疗等众多的领域，也逐渐渗透到建筑行业当中。目前在建筑领域多用于展示建筑模型的效果，但真正地针对建造建筑的应用还处于研发和实验阶段。虽然3D打印技术在建筑领域并不是很成熟，但从长远来看，符合未来建筑绿色环保、轻质高强、低耗高效的特点。

2. 应用

现阶段，随着3D打印技术的应用范围越发广泛，尽管在建筑行业，3D打印技术尚处于实验与摸索阶段，但也取得了一定的成果。2016年，荷兰的DUS公司，运用3D打印技术，打印了一幢面积为8m^{2}的小屋，并且具有居住功能；我国盈创建筑科技（上海）有限公司是国内3D打印建材构件较为成熟的企业，凭借其自主研发的技术，盈创建筑已经成功完成了实验性的5层3D打印建筑，并即将达成与国外大型建筑项目的合作。另外，诸如清华大学、同济大学与天津大学等也正在着力进行3D打印建筑的研究与开发。在未来，3D打印技术必将在建筑行业中取得重大成果。

14.3.2　BIM与3D打印技术的关联

单纯采用BIM技术虽然能够很好地实现各个部门间的信息沟通，建筑从规划、设计、施工到运维整体化的实施，提高了建造的效率，但是，在建筑行业中应用BIM技术仍然需要大量人力资源，这将导致建造成本随人力成本的升高而大幅度提高，仍然无法解决资源的大量浪费和造成环境破坏的难题，无法减轻建筑行业的巨大压力。单纯采用3D技术在建造规划、设计和运维等方面存在与传统建筑行业相似的特点，但是采用3D技术在施工阶段应用组装建造或直接打印建造，提高了建造精度，节省了大量的人力资源，可防止高能耗，做到保护环境。将BIM技术与3D技术相结合，可以用BIM技术负责建设项目的设计阶段管理，在施工阶段与3D技术相结合，直接打印出所需建筑构件或成型建筑，再进行组装或“打磨修理”。在此阶段，BIM技术为3D技术提供建筑模型，经过数据处理系统生成3D技术打印路径与步骤，3D技术打印设备按照此路径进行相应的打印，最后进行项目的运维阶段管理。将BIM技术与3D打印技术相结合，不仅能很好发挥出各自技术的优势，而且可保证建筑建造过程的低能耗、高效率，能够实现绿色环保并获得高收益。

1. 设计方面

使用传统的建筑土建施工设计软件，如AutoCAD等，难以精确表达设计图与使用技术，具体的设计参数与异形建筑形体等构件更是无法通过平面化的设计图有效展现，而BIM技术的应用解决了这一问题，可以对建筑设计更加清晰地展现。同时，随着BIM技术与3D打印技术的结合，以及可打印材料种类的不断增加，能够打印的材料体量逐渐增加，打印成本逐渐降低，现在已经逐步实现了直接以3D打印技术打印建筑构件。所打印出来的建筑构件，完全是按照BIM技术的具体设计参数为基准，在打印出成品之后运输到施工现场进行安装与拼接。

2. 施工方面

BIM技术在细节体现立体化效果上有较大优势，有助于施工人员对于复杂体型、环境和工艺的理解。而结合3D打印技术，可以投影出竣工后的实体模型，对于现场施工员来说，可以较容易将设计图转化为现实，3D打印机可快速成型，将模型具象化，可供多人从不同角度进行确认和技术结合。3D打印技术在施工进度、模拟方面有一定的优势，通过建立竣工后的模型并将模型进行快速成型，可以直观模拟出施工的进度。较以往的二维平面图介绍，更直观地组合不同模型来讨论工期和建筑的未来景象等，甚至还可以为确认复杂的钢筋施工顺序，用3D打印机制造钢筋模型，方便地在办公桌面上组装，并与业主讨论交换意见。因为利用一个BIM模型，可同时制造建筑物的平面模型、截面模型和比例各异的模型，进行展示说明的范围可扩大。

3. 装饰工程

在建筑装饰工程中，通过BIM技术，很多造型复杂构件与多曲面构造设计方案效果得以在三维信息模型中展现。加之与3D打印技术相结合，可通过打印实体构件模型，更加直观、快速地表达设计方案与复杂造型，在传统表达方式基础上进行了丰富和优化。BIM与3D打印技术在建筑装饰工程中的应用，目前主要是利用桌面级3D打印机进行施工方案的实体模拟、建筑装饰构件的实体效果展示、施工部署的实体展示以及沙盘制作等。

14.3.3 BIM-3D技术平台的构建和应用

3D打印模型源文件一般为特定格式的STL文件，现开发人员引入开源Web GL语言实现了HTML5页面无需安装插件即可实现3D打印模型的在线浏览，无需任何浏览器插件支持，同时引入二维码编译脚本能实现手机端扫描二维码进行模型预览和源文件下载。BIM模型Web嵌入应用借助3ds Max开放式插件，将Revit模型导入3ds Max，3ds Max安装开放式模型上传插件实现一键生成 HTML5 可直接打开的三维模型并附带渲染的纹理模型。浏览器终端支持旋转、放大、漫游及简易交互功能，可深入应用，前景广阔。

BIM-3D 技术融合的运行流程如图 14-5 所示。首先，根据业主的要求应用 BIM 相关软件进行建筑项目设计，达到设计要求后进行模型合成，进而输出转换生成 STL 文件，将文件数据导入数据处理系统，经过相关数据的处理分析形成打印路径及打印构建的先后顺序，路径规划完成后能在 BIM 软件中进行显示，方便技术人员进一步对打印的进程进行修改或及时监控。在路径规划好之后输出打印程序代码，以此驱动 3D 打印设备的运行。3D 打印设备的运行由控制系统在打印程序代码的驱动下进行相应的控制。首先，将建筑材料拌合物放入建筑材料泵送装置中，输入打印程序代码，以此驱动控制系统进行对泵送装置、机械臂和喷嘴的控制运行，运行过程中将实时数据传输到 BIM 技术系统中，实现对建筑工程动态、可视化管理。

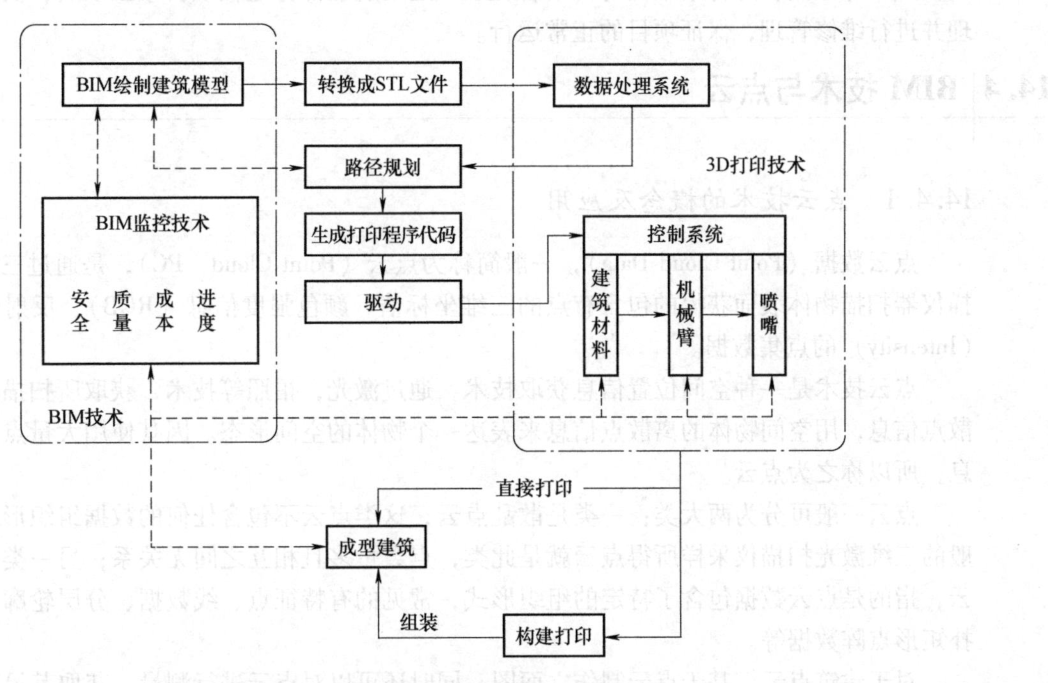

图 14-5 BIM-3D 技术融合的运行流程

针对 BIM 技术和 3D 打印技术的优势与特点，结合 BIM-3D 技术融合的流程，构建以 BIM 为基础的 3D 打印技术平台。这种平台的构建是主要包括用户访问层、功能应用层、数据处理层和云端。其中，功能应用层能以 BIM 技术在建设项目全生命周期的管理为基础，充分利用项目前期规划的信息，进行项目的设计、与 3D 打印技术结合的施工及后期的运维管理。

设计功能应用部分是由设计人员根据相关信息进行设计操作，进而运用 BIM 软件进行设计仿真模拟，通过反馈来进行设计的进一步完善。具体操作和仿真模拟流程如图 14-6 所示。

施工功能应用部分融合 BIM 技术和 3D 打印技术，通过 BIM 实时对工程进行动态、可视化的管理，及时了解工程项目的实际进展情况，主要包括施工安全、项目质量、项目进度和

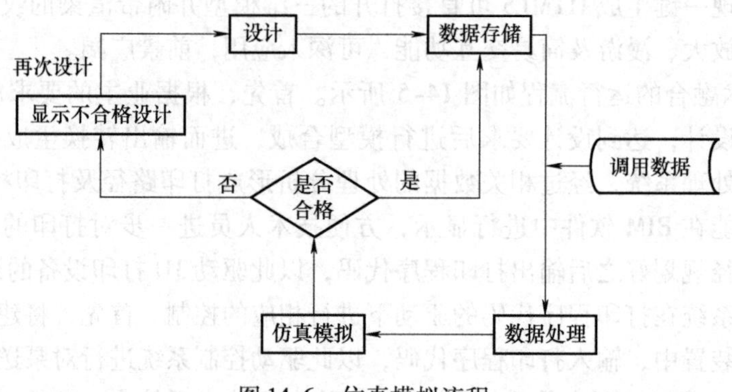

图 14-6　仿真模拟流程

项目成本等方面，并将结果及时传给管理层。运维功能部分是在项目竣工以后，及时监控管理并进行维修管理，保证项目的正常运行。

14.4　BIM 技术与点云

14.4.1　点云技术的概念及应用

点云数据（Point Cloud Data），一般简称为点云（Point Cloud，PC），是通过三维激光扫描仪器扫描物体表面获得的包含有点的三维坐标值、颜色强度信息（RGB）、反射强度信息（Intensity）的点集数据。

点云技术是一种空间位置信息获取技术，通过激光，拍照等技术，获取所扫描物体的离散点信息，用空间物体的离散点信息来表达一个物体的空间形态。因其使用大量点的位置信息，所以称之为点云。

点云一般可分为两大类：一类是散乱点云，这类点云不包含任何的数据组织形式，如一般的三维激光扫描仪采样所得点云就是此类，点数量多且相互之间无关系；另一类是有序点云，指的是点云数据包含了特定的组织形式，常见的有特征点、线数据、分层轮廓数据、拓扑矩形点阵数据等。

对于建筑点云，基于点云制作立面图，同时还可以对点云进行测量，获取其尺寸、角度等数据资料。基于建筑点云还可以构建出建筑的三维模型以及墙面平整度的检测，为之后历史建筑的保护、修复与重建提供了基础性资料，同时可以将点云数据、立面图与三维模型进行永久性存档，便于以后需要的时候随时查看这些资料，没有必要再次到现场进行重复性的测量，可以实现一次测量就能获得这些信息，传统的测量技术不能够满足这种需求。基于建筑点云，还可对建筑进行点云漫游视频制作、全景虚拟展示与虚拟漫游，便于学者不用到实地就能对建筑进行研究，也方便对建筑进行宣传，提高其知名度。

14.4.2　点云数据生成 IFC 模型的方法

结构 BIM 模型要改变脱节现状，需利用 BIM 体系建立有效的共享数据流，才能防止 BIM 体系中信息孤岛的产生。故其当务之急是建立起具有共享性的结构模型，并且从长远发展考虑，由于 IFC 标准是 BIM 信息传递的主要桥梁，所以结构 BIM 模型最终必须要符合 IFC

标准的。

在 IFC 标准中，已经将结构分析模型按结构构件分为荷载、分析、反应三大部分。这些对象对应着 IFC 中不同资源层面，调用其中的资源并结合建筑结构构件就可以完整地表达结构模型。IFC 标准数据模型是采用 EXPRESS 规范化语言来描述的。EXPRESS 语言是国际产品数据描述的规范化语言，通过一系列的说明来进行描述，这些说明主要包括实体说明（Entity）、类型说明（Type）、过程说明（Procedure）、函数说明（Function）和规则说明（Rule）等。EXPRESS 语言提供了两种描述方式：代码形式的 EXPRESS 语言描述和树图形式的 EXPRESS- G 图（一种与 EXPRESS 语言相对应的产品模型图形描述方法，在标准中称为“EXPRESS 语言的图形子集”）描述。图 14-7 为树图形式的 EXPRESS- G 图。

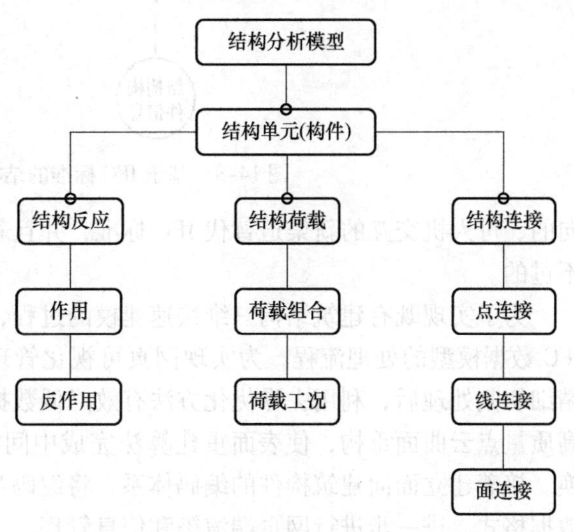

图 14-7 结构分析模型的 EXPRESS- G 图

结构 BIM 模型以 IFC 的数据体系作为标准，原因还在于结构设计中使用一种专业结构设计类软件是不够的，在处理复杂的结构模型时，需要多款专业软件同时分析进行结果比对，有时还需要使用通用有限元软件（如 ANSYS、ABAQUS、ADINA 等）协助结构分析。专业结构模型不同于通用结构有限元模型，结构模型一般为线框模型，通用结构有限元模型可以是线框模型，也可以是实体模型和表面模型，后者对模型的完整度要求更高，而 IFC 标准表达的通用性和完整性可以在设计之初就可以满足所有需求。另外，不论是专业的结构设计软件（如 MIDAS、SP2000、ETABS 等），还是通用有限元分析类软件，都是基于有限元分析原理来编写的，所以所有的结构设计类软件（专业类、通用类）的数据结构又有着相似性。而这个相似性可以作为建立和专业结构模型的双向数据接口的纽带，借此建立起结构 BIM 工程的共享数据流。从 BIM 中输出的 IFC 文件能被 IFC 结构模型服务器自动生成通用结构有限元模型，并且通用结构有限元模型可以采用 XML 语言来编写，这种语言格式语义清楚，结构简单，使得基于通用结构有限元模型建立与专业结构设计软件之间的双向数据接口较为容易。那么利用 IFC 数据标准和模型服务器，自动提取出 BIM 模型的结构信息；再基于 XML 语言建立通用有限元模型文档文件；最后通过编辑此 XML 文件，导入其他专业结构设计软件中，生成不同格式的整体模型。上述过程可以实现 IFC 标准下的结构 BIM 模型，如图 14-8 所示。

因为 IFC 标准本身也处在一个逐步发展逐步完善的阶段，对于结构节点、构件偏心等的描述并不尽如人意，还存在着大型建筑转化效率较低的问题。且上述的转化模式过于“自动化”，借助 IFC 结构建模处理器只能简单地过滤掉非结构信息，但并不能得到结构荷载信息和约束信息等。在实际设计过程中，这些信息需要结构工程师依据规范、设计经验、结构特性来提供具体的数值和型式。所以当前基于 IFC 的数据转化并非完美无缺。虽然以 BIM 的发展趋势来看，会越来越多地使用 IFC 标准的软件，但是这并不妨碍有一种可替代的、双

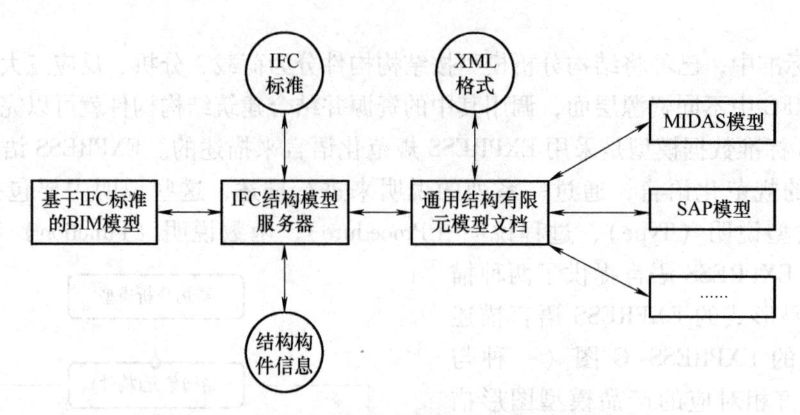

图 14-8 基于 IFC 标准的结构 BIM 模型转化框架

向的、可人机交互的新渠道替代 IFC 标准，并且新渠道的结果最后能归并到 IFC 标准是最好不过的。

为了实现既有建筑结构三维快速建模的过程，通常采用一种由原始点云数据采集到形成 IFC 数据模型的处理流程，为实现网页可视化管理提供基础。原始点云数据经过初步分离、精细切割处理后，利用去噪优化方法有效降低数据大小，优化点云空间位置关系，进而进行高质量点云曲面重构，使表面重建算法完成中间格式 OBJ 数据的生成，实现由点到面的转换。接着建立面向建筑构件的编码体系，将编码与几何信息一起扩展转换为符合 IFC 标准的数据格式，进一步进行网页端渲染和信息管理。

首先对点云数据进行初步切割处理，然后采用一种分层级（数据层面和模型层面）的点云信息处理流程。在数据层面，分析点云数据与其他数据格式之间的映射关系，将简单的仅有相对坐标（x，y，z）的点云数据通过实体化处理转换为三角面片索引的 OBJ 文件，进而拓展为更高级、信息量更大的 BIM 通用格式 IFC 数据模型，从而实现点云数据与 BIM 模型数据的关联。在模型层面，将分割处理后的建筑构件点云模型从整体点云模型中进行提取，为 IFC 数据模型的扩展、数据库开发以及 Web 端可视化平台的构建提供基础模型。

14.4.3 点云-BIM 模型的应用

点云技术的成熟，为 BIM 技术的发展提供了一条新思路。在建筑全生命周期中 BIM 技术的基础是模型。人工建模的种种不便与误差让点云技术的应用前景可观。点云技术在辅助 BIM 建模方面有着巨大潜力。进而在面对大规模工程以及批量产品的要求时，利用点云技术实体建模可促进 BIM 产品库的构建，点云技术与产品库相结合，能准确掌握产品信息，帮助建筑全生命周期中的所有相关方能够更好地利用 BIM 完成计划任务与工程目标。图 14-9 所示为基于点云技术构建 BIM 产品库的流程图。

图 14-9 基于点云技术构建 BIM 产品库的流程图

建筑三维模型在利用扫描技术可以完成很多方面的工作，例如利用扫描技术整修隧道涵洞的，还有通过扫描钢结构来获得结构变形进而进行结构安全监测等。综合这些研究，实际上都是关于点云-BIM模型在土木工程、结构工程中的一些应用，都是探求如何将点云数据转化成可利用的BIM模型。点云BIM的实质就是重建已存在建筑物的实际BIM模型，其包含的是这类建筑物的全部数字信息。此种模型之所以与结构BIM模型联系如此紧密，因为在研究这类建筑物结构BIM工程的过程中，点云-BIM模型使用高新的测量技术作为获得BIM模型的途径，满足了结构BIM技术的技术维度的要求，还满足了结构BIM技术的目标域原则。结构BIM技术的目标域原则表明：只有结构BIM模型最大限度地接近实际结构，才会对结构设计、施工有最大收益。点云-BIM模型源自于点云数据，点云数据源自于三维激光扫描，三维激光扫描技术虽名为测绘技术，实为“实景复制”技术。所以点云数据是结构的非常真实的一种数据体现，完全呈现了结构的实际状态，对于变形、破裂、偏离等问题，通过点云数据建立的模型与设计模型一比对即可发现。点云数据的误差一般非常小，排除点云噪声之外，误差在毫米级别，随着技术的不断发展，应用在结构工程的扫描仪以后将会达到微米级。这样小的误差使得点云-BIM模型无限满足目标域原则，也使得依据点云-BIM模型建立的结构BIM模型具有非常高的模型精度，为下一步的“结构虚拟仿真”等技术打下基础。也正是如此，点云-BIM模型在结构BIM领域可以作为基本的模型数据来使用。

14.4.4 BIM与点云技术建模示例

示例主要通过将无人机倾斜摄影照片作为原始数据，通过Smart3D建模软件重建生成三维地形。在这个过程中，将无人机倾斜摄影技术与软件的三维建模技术相结合。

1. 无人机倾斜摄影测量技术

(1) 技术简介

无人机倾斜摄影测量技术是目前全球测绘领域新兴的一门技术手段。其原理是将多个传感器搭载在同一架飞行平台上，对地物从多个角度进行拍摄，获取到更全面和完整的地物信息。该技术突破了传统单相机航测系统只能获取垂直角度影像的局限，能够得到更真实更符合人眼视觉的直观世界。倾斜摄影测量主要从倾斜和垂直角度进行地物航拍。其中正片有一组影像，指的是垂直地表平面拍摄的影像；斜片有四组影像，指传感器与地面水平线间形成一定角度拍摄的影像。无人机倾斜摄影测量技术可以有效提高三维模型生产效率，人工建模要1~2年才能实现一个中小城市建模任务，采用倾斜摄影三维建模技术只需3~5个月的时间便可完成任务，大大降低了获取三维建模数据的时间、人力和经济代价。

无人机倾斜摄影测量具有较高的真实性效果。倾斜摄影测量中的三维数据可以真实地反映地物的具体位置、高度以及外观情况等属性，很好地弥补了传统人工建模真实度较低的局限性。无人机倾斜摄影测量技术与传统摄影测量相比具有较高的工作效率。倾斜摄影测量技术可以借助无人机等多种载体，对影像数据的采集具有实时高速性，实现了三维建模的全自动化。

倾斜摄影系统主要由飞行平台、仪器设备和工作人员三部分构成。飞行平台目前一般为无人机；仪器设备则主要指姿态定位系统和传感器，这里的传感器是相机，多台相机用来实现多角度的拍摄效果，还有GPS可以获得三个线元素 x、y、z。拍摄航线由工作人员提前设计，航线设计软件设定的飞行计划包括了飞行的路线以及相机曝光点的位置坐标。在航拍过程中，相机会根据曝光点坐标进行相应拍摄。无人机航测系统是为了在指定范围内获取一定重叠度和比例尺的航空影像而进行的，在无人机上搭载摄影设备，从空中对地表进行的航空摄影测量。一般情况无人机航测系统获取的影像是倾斜的，即使地表达到严格水平，航摄影像上的目标地物也会因为相片的倾斜发生变形或者像点的位移。

无人机航测系统一般分为无人机飞行平台、数码相机、导航控制系统、地面站以及数据处理系统5个部分。

（2）特点分析

无人机倾斜摄影测量技术特点介绍如下：

1）无人机飞行高度低，多角度相机组能够多方位、高覆盖获取地物顶面、侧面影像数据。

2）相邻影像间航向重叠度和旁向重叠度高，影像表达内容丰富。

3）只需少量的人工干预，自动化的影像匹配、建模，主要过程由计算机完成。

4）实体侧面纹理可见。传统的数字正射影像图主要获取实体顶部纹理，而倾斜摄影技术能够同时映射侧面纹理。

5）综合成本低。无人机倾斜摄影测量技术在数据采集和城市三维模型生产方面具有更高的效率，可以减少时间和人力成本。

2. Smart3D 软件

（1）软件介绍

本次实验采用的建模系统为法国 Acute3D 公司的 Smart3D Capture 全自动三维建模系统。Smart3D 是基于图形运算单元 GPU 的快速三维场景运算软件，能够运算生成基于真实影像的超高密度点云。其优势在于全自动、快速和稳健，以及优化的数据输出格式和广泛的数据源兼容性，不需要人工的干涉便可以生成逼真的三维场景模型。

Smart3D 软件是由 Acute3D Viewer、ContextCapture Engine、ContextCapture Settings、ContextCapture Master 等模块构成的。其中，Acute3D Viewer 可以对生成的三维模型和场景进行预览；ContextCapture Engine 是引擎端，主要负责处理 Job Queue 中的任务，它可以独立打开和关闭；ContextCapture Setting 用来指向 ContextCapture Engine 的任务路径，属于中间媒介；ContextCapture Master 是人机交互页面，扮演管理者的角色，可以完成任务的创建、监视和管理等。

Smart3D 运用独特的算法进行三角网化处理，在此过程中，无法构建正常三角形的异常点将被作为粗差点进行舍弃处理。Smart3D 系统内嵌了多种高级智能算法，能够自动检测评估不规则三角网，并自动优化不合理的三角网表面，自动简化稀疏平坦表面的三角密度，并对复杂表面的三角网密度予以保留。Smart3D 能够根据 TIN 网中每个三角形的空间位置自动映射最佳视角的影像作为模型纹理。

（2）特点与优势分析

1）快速、简单、全自动。Smart3D 能无需人工干预地从简单连续影像中生成逼真的实景三维场景模型。无需依赖昂贵且低效率的激光点云扫描系统或 POS 定位系统，仅仅依靠简单连续的二位影像，就能还原出最真实的实景真三维模型。

2）身临其境的实景真三维模型。Smart3D 不同于传统技术仅仅依靠高程生成的缺少侧面等结构的 2.5 维模型，Smart3D 可运算生成基于真实影像的超高密度点云，并以此生成基于真实影像位纹理的高分辨率实景真三维模型，对真实场景在原始影像分辨率下的全要素级别的还原达到了无限接近真实的机制。

3）广泛的数据源兼容性。Smart3D 能接受各种硬件采集的各种原始数据，包括大型固定翼飞机、载人直升机、大中小型无人机、街景车、手持数码相机甚至手机，并直接把这些数据还原成连续真实的三维模型，无论大型海量城市级数据，还是考古级精细到毫米的模型，都能轻松还原出极其接近真实的模型。

4）优化的数据格式输。Smart3D 能够输出包括 obj、osg（osgb）、dae 等通用兼容格式，能够方便地导入各种主流 GIS 应用平台，而且它能生成超过 20 级金字塔级别的模型精度等级，能够流畅应对本地访问或是基于互联网的远程访问浏览。

3. Smart3D 建模

（1）过程介绍

通过无人机对某高校校医院进行倾斜摄影，从不同的角度进行拍摄，处理后得到 JPG 格式图片。在所有拍摄图片中选出含有校医院，且校医院位置相对明显清晰的图片，共 70 张，如图 14-10 所示。

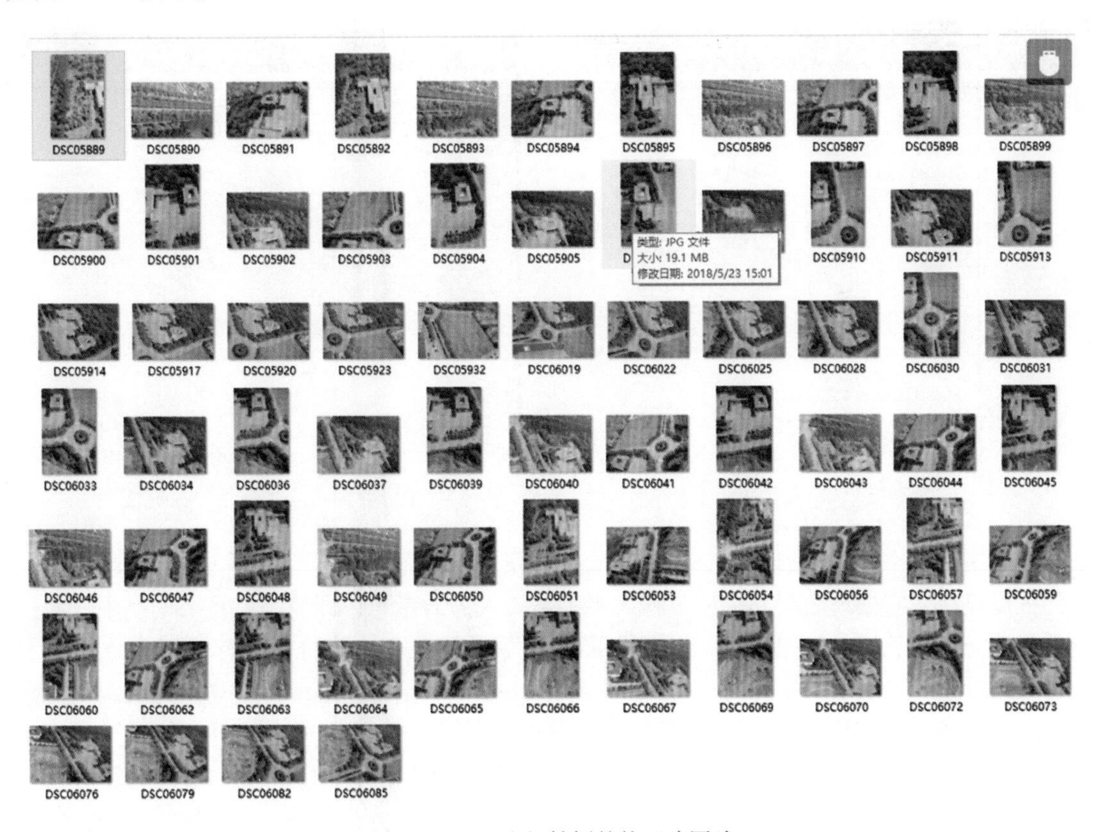

图 14-10　无人机拍摄的校医院图片

打开“Contextcapture Master”软件，首先要创建一个新的工程使用“Start a new project”按钮建立一个 New project 并进行命名，如图 14-11 所示；为其设置一个存储路径（Project Location），并保存，如图 14-12 所示。

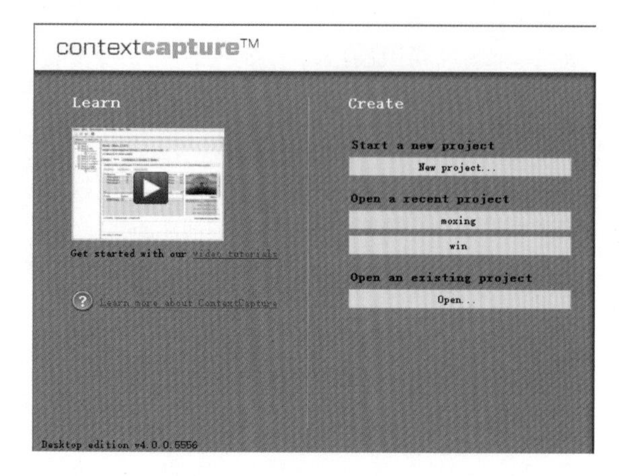

图 14-11　工程创建并命名

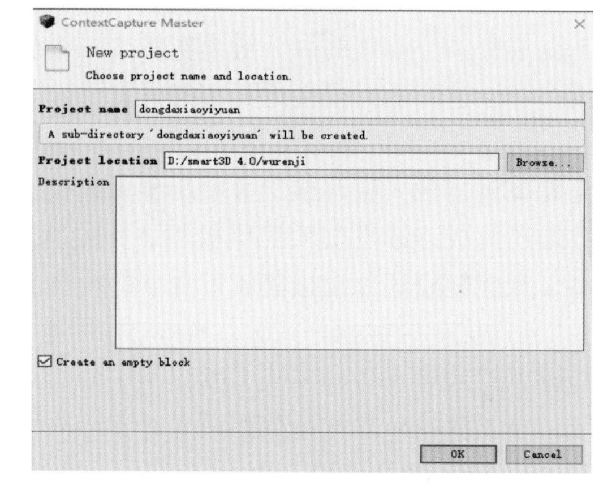

图 14-12　保存工程

然后是图片的导入，单击添加图片，导入提前选好的照片。先对照片组进行检查，检查无误便可以返回照片组再进行处理，如图 14-13、图 14-14 所示。

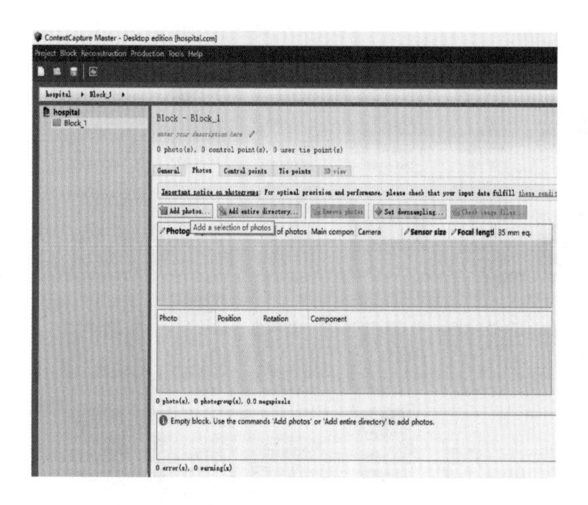

图 14-13　导入区块

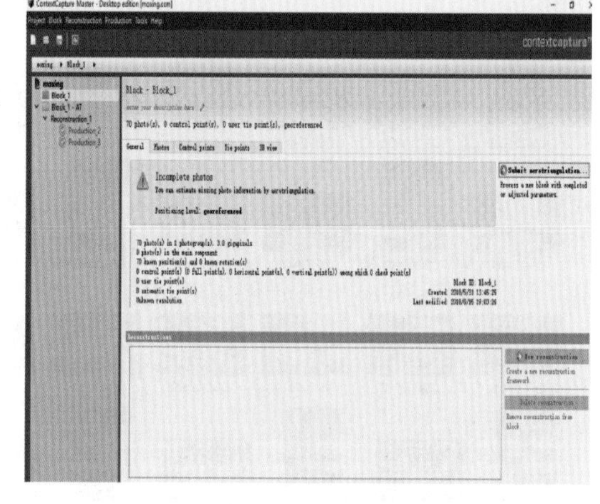

图 14-14　工作区块导入完成

随后便进行空中三角加密。空中三角加密质量的好坏关系到模型的质量。Smart3D 的自动化程度很高，它处理数据和建模过程大多不需要人为的参与，即使是最重要的空中三角加密也是不能参与编辑，只能看到最终结果的。将数据导入成功且将参数都设置完成（一般选择默认设置），回到“General”界面，选择“Submit Aerotriangulation”按钮完成空中三角测量，其中各步骤保持默认设置，开启“Engine”，等待任务的完成，便可进行重建。空中三角测量完成后查看精度报告，每张照片都被识别处理，如图 14-15、图 14-16 所示。

单击“New Reconstructioin”，进行区块重建。空中三角测量完成后得到一个新的区块，影像也都具有了精确的内外方位元素，接下来便可以进行重建。如图 14-17 所示，选择“Submit Reconstruction”；完成“Reconstruction”后，选择“Spatial framwork”，在“Region of interest”选项下对“Bounding box”来进行设置以限定重建范围，并将“Tiling”选项下的“mode”设置成“Regular planar grid”，其默认为不分块（No tiling）。然后在“Options”

选项下设置合适的“Tile size”以保证输出瓦片的大小合适，使得处理每块所需的内存控制在计算机可用内存以内，如图 14-17 所示。

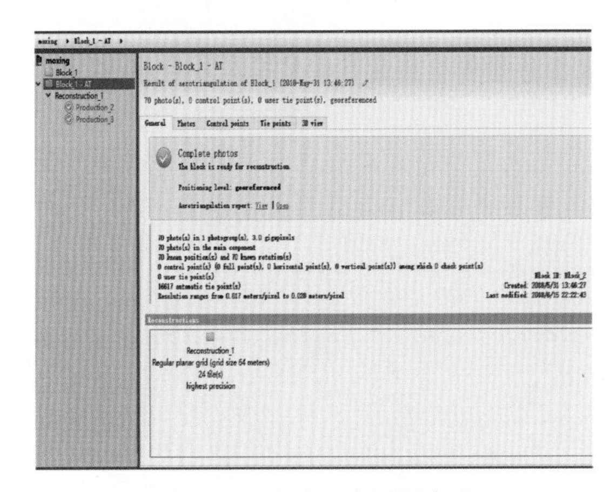

图 14-15 空中三角测量完成

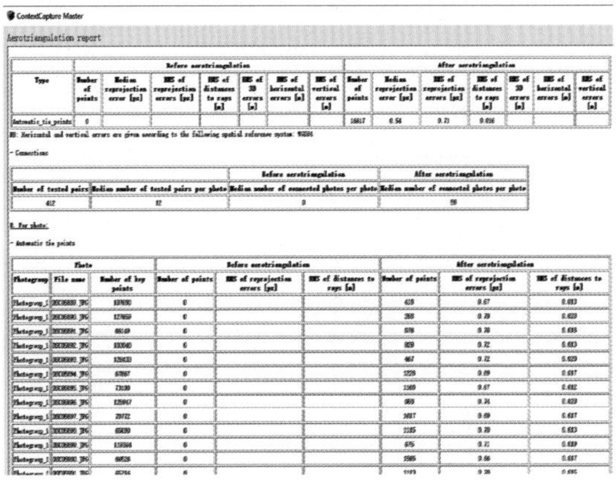

图 14-16 空中三角测量报告

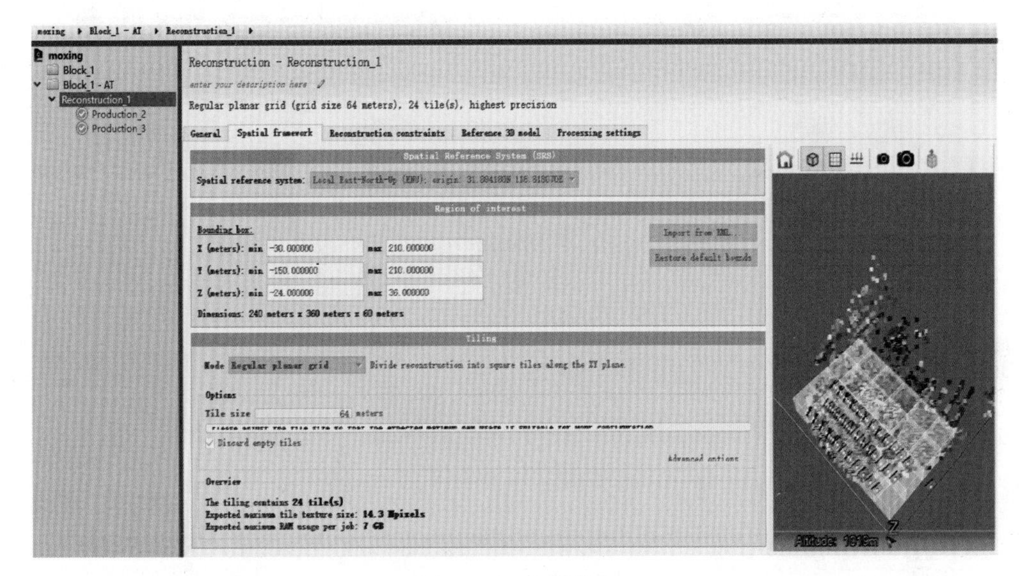

图 14-17 参数设置

最后是成果的生成：回到“Reconstruction”的“General”界面，选择“Submit new production”。输入成果名称，选择输出成果的类型，三维模型则选择“3DMesh”。在“Format/Options”选项中选择模型格式，之后保持默认即可生成成果，如图 14-18 所示。

（2）成果展示

通过将无人机倾斜扫描与 Smart3D 软件的结合，完成了对校医院进行的建模实验，具体成果如图 14-19 ~ 图 14-24 所示。

4. 地形处理及场景渲染

地形处理，即运用 ArcScene 对无人机获取的点云数据进行相关处理和 GIS 空间分析。场景渲染，就是在 SketchUp 中将地形数据和模型数据进行整合，实现二者的统一，并在此基础上进行场景渲染。

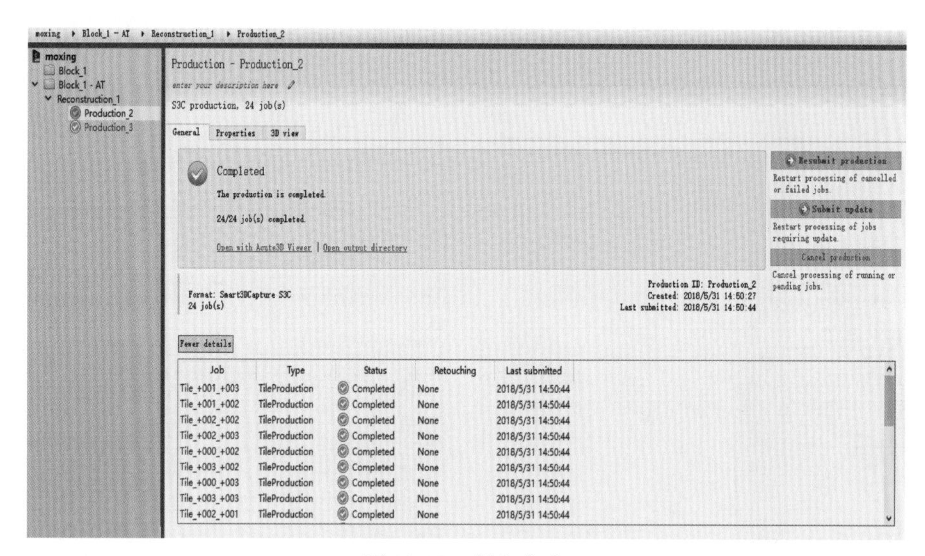

图 14-18　任务完成

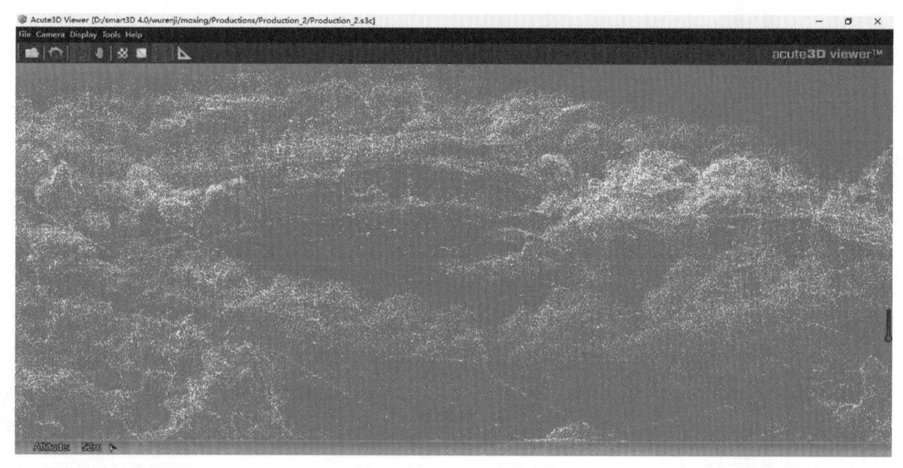

图 14-19　点云图

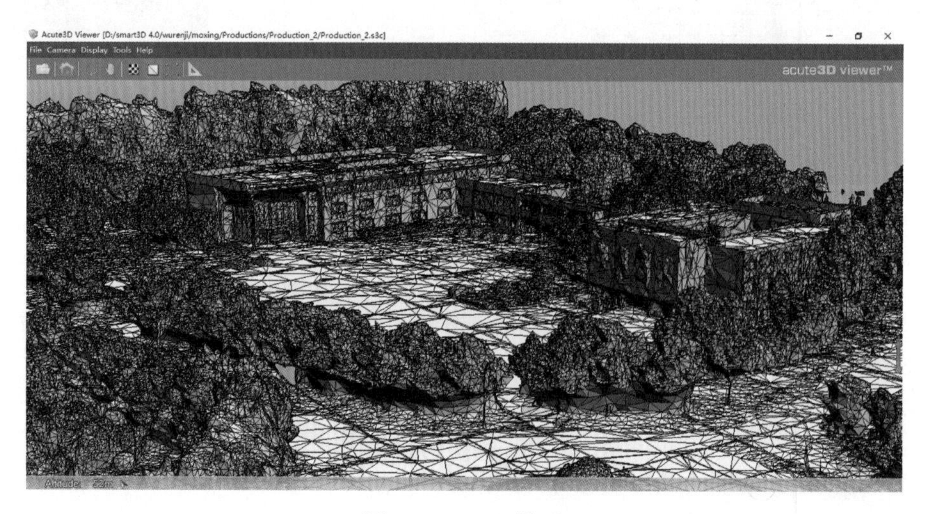

图 14-20　TIN 模型

图 14-21　三维模型

图 14-22　TIN 网与三维模型

图 14-23　空间距离与高差量测

图 14-24 实验区真实三维模型

（1）地形处理

1）ArcScene 介绍。ArcScene 是 ArcGIS Desktop 中专门用于显示和分析三维数据的独立程序。ArcScene 的功能包括浏览三维数据、创建表面、进行表面分析、三维飞行模拟等。ArcScene 可以看成 ArcGlobe 的一个子集，它们都依赖于 ArcGIS 的 3D 分析模块。ArcScene 是一个适合于展示三维透视场景的平台，可以在三维场景中漫游并与三维矢量和栅格数据进行交互，适用于小场景的 3D 显示和分析。ArcScene 基于 OpenGL，支持 TIN 数据显示。显示场景时，ArcScene 会将所有数据加载到场景中，矢量数据以矢量形式显示。

2）地形图构建。

a. 寻找高程信息。在 srtm. csi. cgiar. org 下载需要的地形数据包，输入经纬度坐标，下载附近的地形数据，如图 14-25 所示。

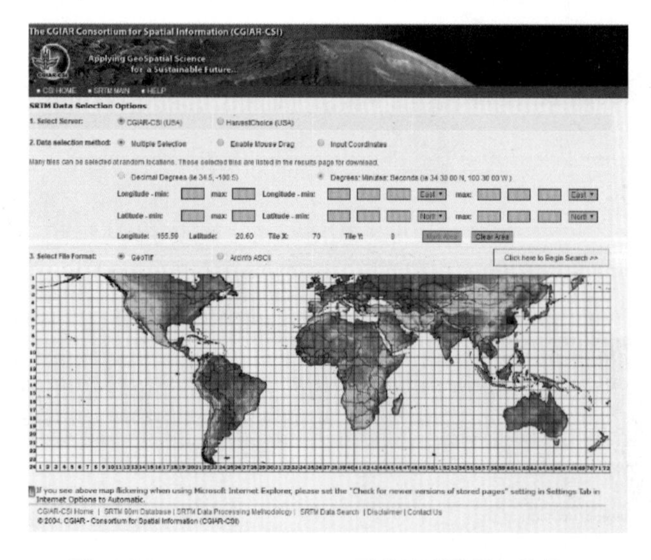

图 14-25 srtm. csi. cgiar. org 下载地形数据包的界面

b. 导入 global mapper。选取一小块地形，生成等高线，设置投影，导出 CAD 文件（dwg 格式），如图 14-26、图 14-27 所示。

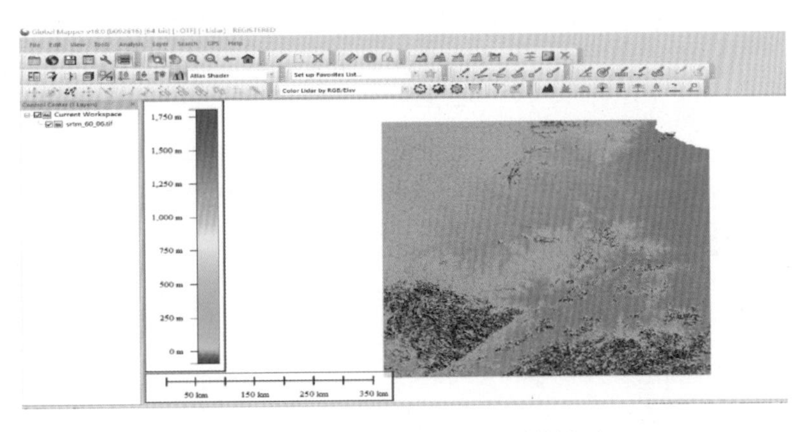

图 14-26 导入 global mapper 后的界面

c. 导入 CAD 文件，在 SketchUp 中看地形成果，如图 14-28、图 14-29 所示。

图 14-27 选取地块

图 14-28 dwg 格式的地形图

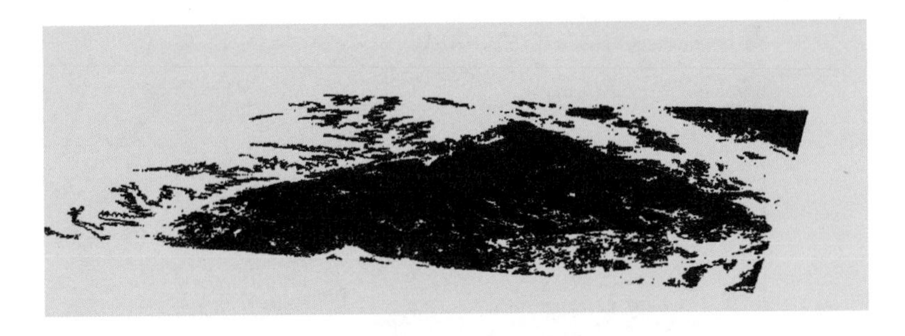

图 14-29 SketchUp 中的地形图显现

d. 将地形与 Revit 模型结合。首先，将 dwg 格式的地形图导入 Revit 中（图 14-30），再选择体量与场地，进行场地建模——地形表面（图 14-31），再通过导入创建，选择导入实例（图 14-32），将地形图导入 Revit 中。

图 14-30　将 dwg 格式地形图导入 Revit

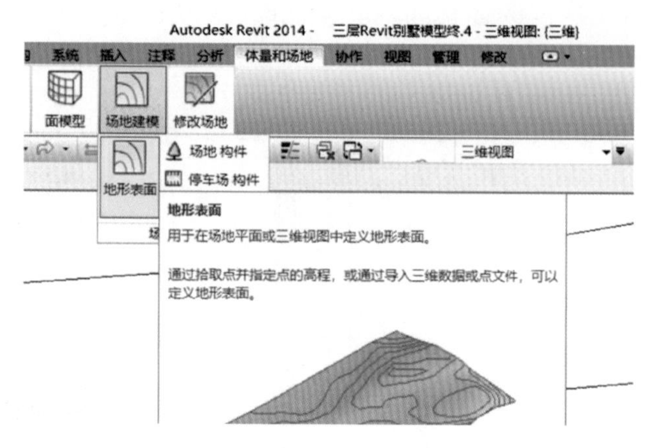

图 14-31　选择地形表面

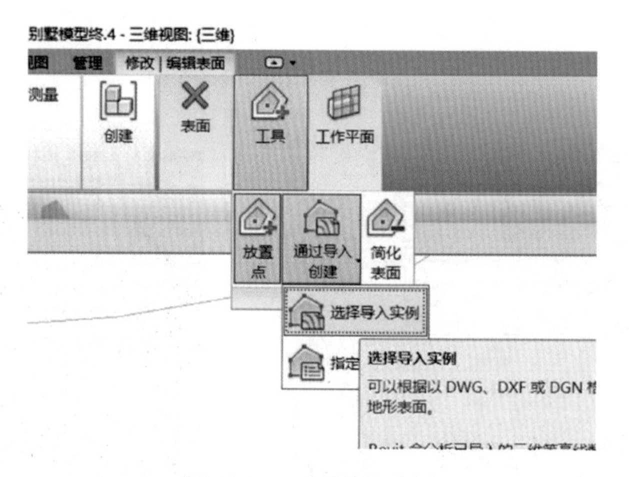

图 14-32　选择导入实例

e. 地形图与 Revit 模型结合。将导入的地形表面（图 14-33）不断放大，可以在其中寻找到建筑。

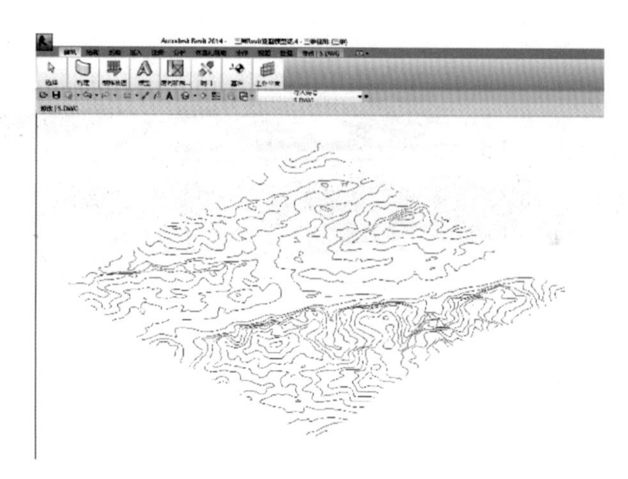

图 14-33　Revit 中地形表面

（2）数据导入与处理

1）导入。将无人机获取的点云数据导入 ArcScene 中，可进行坡向、坡度、填挖方、表面积和体积等相关分析。整体思路如图 14-34 所示。

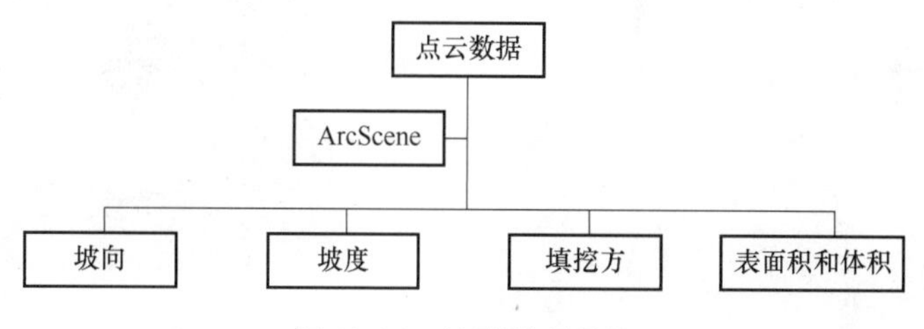

图 14-34　地形处理思路

无人机获取的点云数据为 LAS 格式。ArcGIS 通过 LAS 数据集的形式对 LiDAR 数据提供支持。在 ArcGIS 中，雷达数据是通过 LAS 数据集进行管理的，LAS 数据集提供了一种快速访问大量的激光雷达和表面数据而无需进行数据转换和导入的方法。LAS 数据集允许用户以原生格式方便快捷地检查 LAS 文件，并在 LAS 文件中提供了激光雷达数据的详细统计数据和区域 coverage。为导入 LAS 数据，首先创建 LAS 数据集，将 LAS 文件添加到 LAS 数据集，接着设置 LAS 文件和 LAS 数据集的相对路径，即可在 ArcScene 中查看 LAS 数据集的可拓展性。打开的点云数据如图 14-35、图 14-36 所示。图 14-35 为全部数据导入后的界面，可清楚看到保卫处、校医院、北门道路及北门转盘。图 14-36 为校医院细部场景。

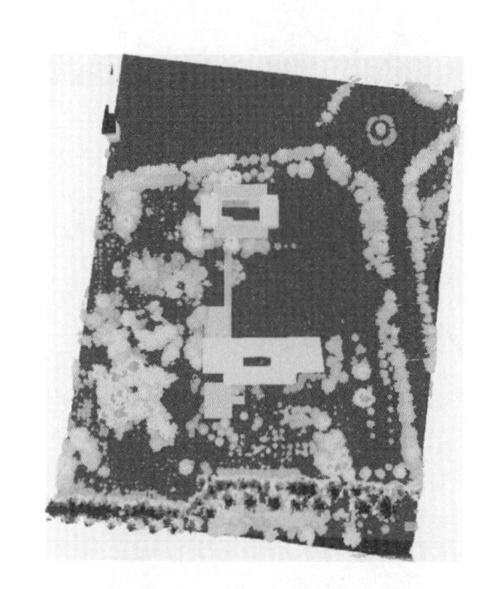

图 14-35　点云数据（全部）

图 14-36　点云数据（校医院）

LAS 文件是以激光点云格式存储的，这种格式的数据应用起来并不方便，比如渲染 LAS 数据集。这时候就需要将点云格式（LAS）数据转为栅格表面或 TIN 表面。运用“Arctoolbox”中的“LAS Dataset to Raster”和“LAS Dataset to TIN”将点云数据转换为栅格表面和 TIN 表面，如图 14-37、图 14-38 所示。

2）坡度。坡度可表明表面上某个位置的最陡下坡倾斜程度。坡度命令可提取输入表面栅格，并计算出包含各个像元坡度的输出栅格。坡度值越小，地形越平坦；坡度值越大，地势越陡峭。可使用百分比单位计算输出坡度栅格，也可以以度为单位进行计算。

在“Arctoolbox”工具箱中选择“Spatial Analyst”工具、表面分析、坡度，指定输入栅格和输出栅格，可得结果如图 14-39 所示。

图 14-37　栅格表面

图 14-38　TIN 表面

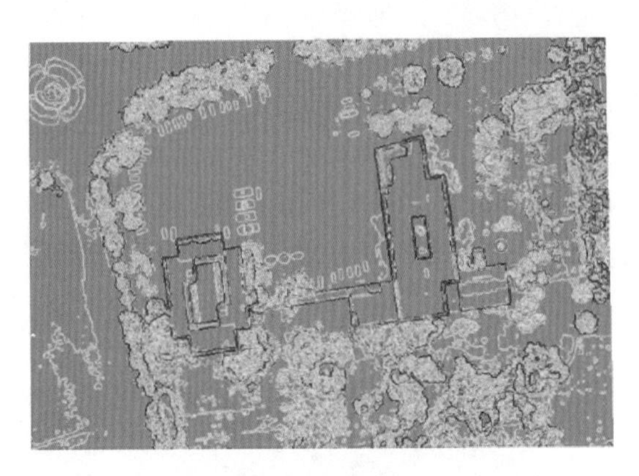

图 14-39　坡度处理结果

3）坡向。坡向定义为坡面发现在水平面上投影的方向（由高及低的方向），或者说坡度为斜面倾角的正切值。坡向可以在统计各地区生物多样性的研究中，计算某区域中各个位置的日照强度或者识别地势平坦的区域，以便从中挑选出可供飞机紧急着陆的一块区域等。

在“Arctoolbox”工具箱中选择“Spatial Analyst”工具、表面分析、坡向，指定输入栅格和输出栅格，可得结果如图 14-40 所示。

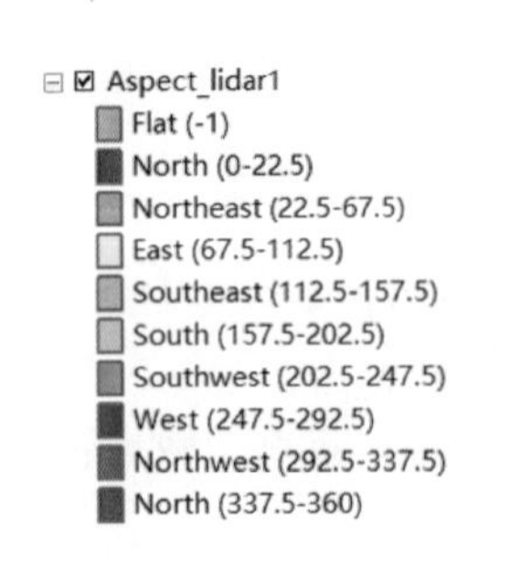

图 14-40　坡向处理结果

坡向以度为单位按逆时针方向进行测量，角度范围介于 0°～360°。坡向格网中各像元的值均表示该像元坡度所面对的方向，平坡没有方向，平坡的值被定义为 -1。

4）填挖方。填挖方是通过计算两个不同时间段给定位置的表面高程的表面高程差异，通过添加或移除表面材料来改变地表高度的过程。借助填挖方工具，可以识别河谷中出现泥沙侵蚀和沉淀物的区域；计算要移除的表面材料的体积和面积，以及为平整一块建筑用地所需填充的面积。

在“Arctoolbox”工具箱中选择“Spatial Analyst”工具、表面分析、填挖方，指定输入栅格和输出栅格，可得结果如图14-41所示。

VOLUME

Net Gain

Unchanged

Net Loss

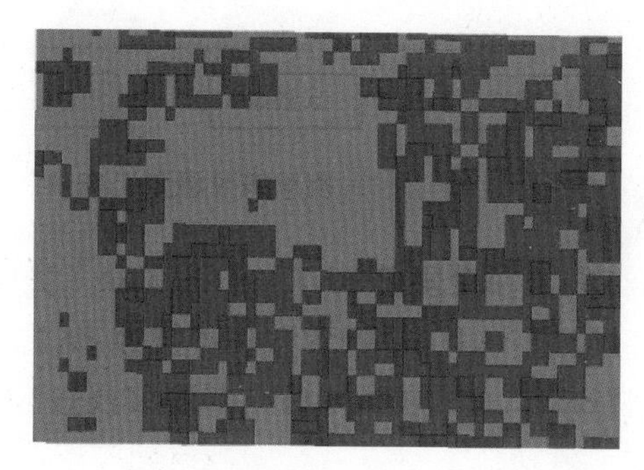

图14-41　填挖方处理结果

填挖方得到的结果图中，红色区域为填方区域，蓝色区域为挖方区域，灰色区域既不需要填方也不需要挖方。

5）表面积和体积。该功能可计算表面和参考平面之间区域的面积和体积。

不同于之前几种通过栅格数据计算信息的功能，此功能需要使用TIN表面来实现。在“Arctoolbox”工具箱中选择“3D Spatial Analyst”工具、功能性表面、表面体积，计算结果如图14-42所示。

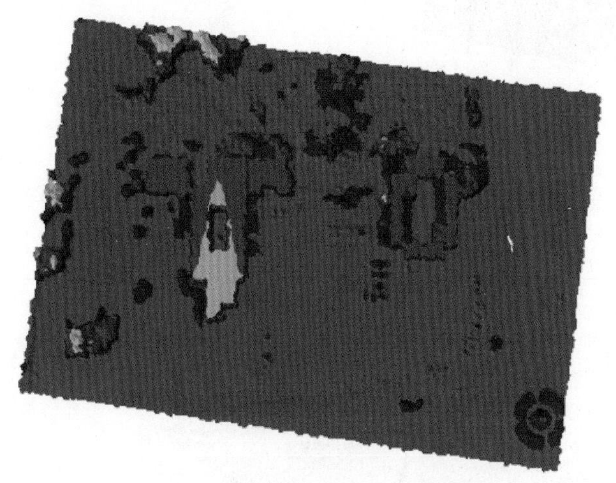

```
Area_2D,           Area_3D,           Volume
50152.689882645,   70912.038852962,   118487.92317305
```

图14-42　表面积和体积处理结果

6）场景渲染。本次场景渲染建立在地形和模型数据相互整合的基础上。在SketchUp中对二者进行整合后，运用Enscape渲染器对整体场景进行渲染。

(3) 基本思路

基本思路如图 14-43 所示。在 Smart 3D 中将无人机获取的地形数据以 dae 格式导出，在 Revit 中将模型数据以 dxf 格式导出。借助 SketchUp 极好的兼容性，将两种格式的文件在其中进行整合并重新贴材质，最终利用 Enscape 对结果进行场景渲染。

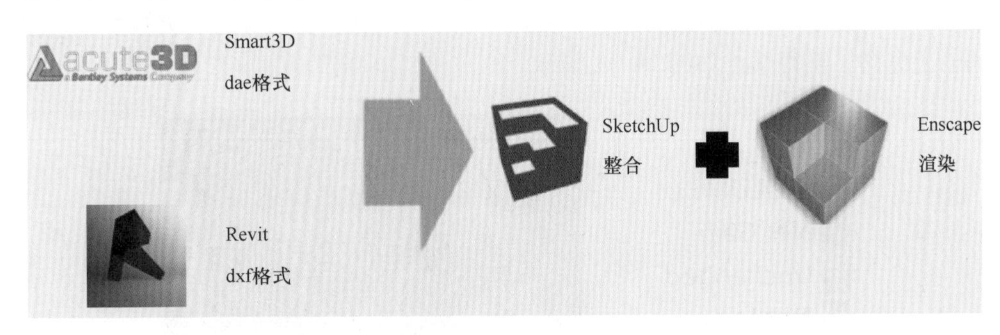

图 14-43　基本思路图

1) 模型与地形结合。在 Smart 3D 中将无人机获取的地形数据以 dae 格式导出并导入 SketchUp 中，对边线和分割线进行整理和隐藏。图 14-44 和图 14-45 为边线处理前和处理后的结果。

图 14-44　边线处理前

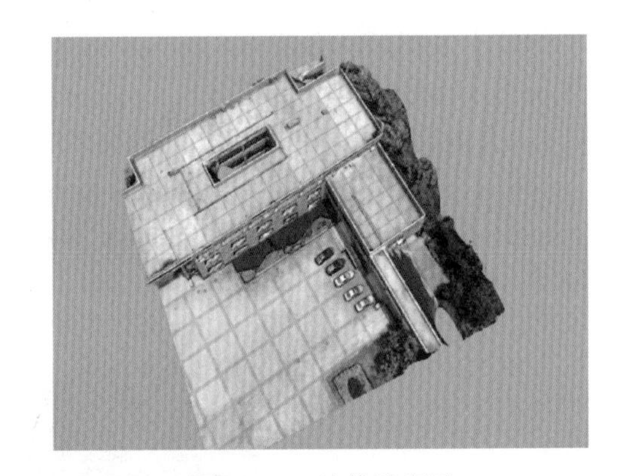

图 14-45　边线处理后

在 Revit 中将模型数据以 dxf 格式导出并导入 SketchUp 中，将模型放置在合适的位置。由于 Revit 和 SketchUp 的材质不可通用，故导入后的模型表面无材质。对模型重新贴材质（图 14-46）并布置在合适位置，如图 14-47 所示。

图 14-46　模型与地形

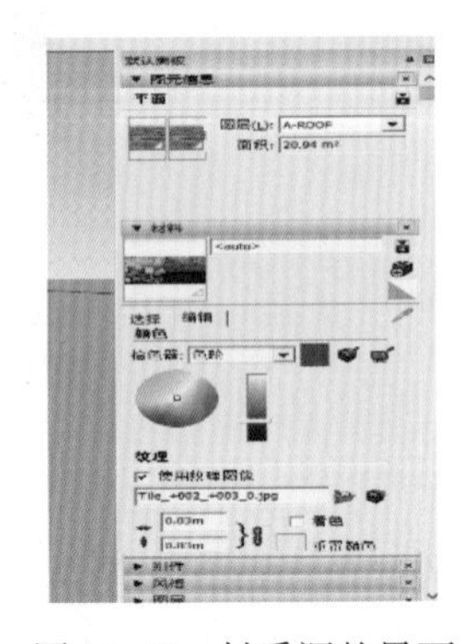

图 14-47　材质调整界面

2）渲染器选择。之前接触过的常用渲染软件包括 V-ray、Lumion、Enscape 三种。对三种渲染器做简要对比，见表 14-1。

表 14-1 三种渲染器的对比

名　称	优　点	缺　点
V-ray	可定制程度高、渲染效果好	学习成本高、非实时
Lumion	自带场景、界面友好、实时	硬件要求高
Enscape	交互性好、实时且同步、硬件要求低、可导出 exe 文件	部分材质效果差

对比以上三种软件，由于本次建模需要的场景包括 SketchUp 和 Revit 两种软件，且很多地方需根据渲染效果做对应性调整，因此 Enscape 是比较合适的选择对象。再结合软件易用性和本组成员计算机硬件配置情况，最终确定 Enscape 为本次建模的渲染软件。

3）场景渲染。将所有模型和场景导入 SketchUp 中（图 14-48），并按照图 14-49 调整好相关参数。

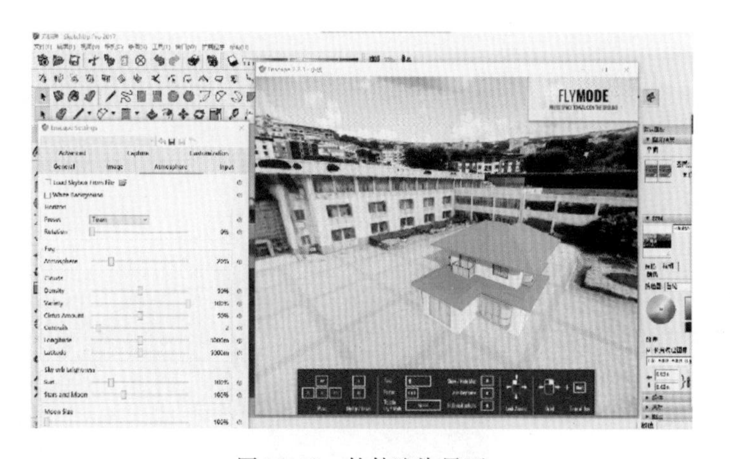

图 14-48 软件渲染界面

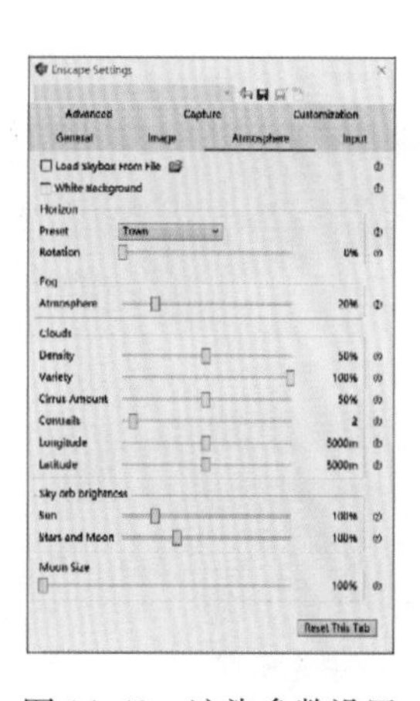

图 14-49 渲染参数设置

室外场景渲染效果如图 14-50 ~ 图 14-53 所示。

图 14-50 室外场景渲染 1

图 14-51 室外场景渲染 2

图 14-52　室外场景渲染 3

图 14-53　室外场景渲染 4

可以看到地形和模型融合效果较好，和周边环境基本无明显差异。

室内场景渲染效果如图 14-54 ~ 图 14-57 所示。

图 14-54　室内场景渲染 1

图 14-55　室内场景渲染 2

图 14-56　室内场景渲染 3

图 14-57　室内场景渲染 4

室内场景渲染中，Enscape 表现尚可。玻璃上窗外的云彩倒影、水池的金属材质、楼梯的木纹等都具备一定的表现张力。

思 考 题

1. 面向建筑工程全生命周期的“云-BIM”系统主要分哪些层？

（参考答案：①基础设施层；②BIM 存储层；③BIM 云服务接口层；④BIM 云应用层）

2. BIM + VR/AR 工程建设与管理体系与传统管理体系相比有哪些优势？

（参考答案：①施工方案实现了可视化展示；②及时反馈的工程问题通过模型模拟后，可实现有针对性地解决，为最终合理决策提供依据；③虚拟和真实环境的融合，使得施工中的具体问题可被具体对待，避免了不同外界条件采用相同施工方案的弊端）

3. BIM 技术与 3D 技术相结合有哪些好处？

（参考答案：将 BIM 技术与 3D 技术相结合，可以用 BIM 技术负责建设项目的设计阶段管理，在施工阶段与 3D 技术相结合，直接打印出所需建筑构件或成型建筑，再进行组装或“打磨修理”。在此阶段，BIM 技术为 3D 技术提供建筑模型，经过数据处理系统生成 3D 技术打印路径与步骤，3D 技术打印设备按照此路径进行相应的打印，最后进行项目的运维阶段管理。将 BIM 技术与 3D 打印技术相结合，不仅能很好地发挥出各自技术的优势，而且可保证建筑建造过程的低能耗、高效率，能够实现绿色环保并获得高收益）

4. 建立点云技术的 BIM 产品库构建流程主要有哪些？

（参考答案：点云数据采集、点云数据处理、创建 BIM 模型、构建产品库、产品模型调用）

本章参考文献

[1] 韩宇. 基于 BIM 技术的建设项目施工阶段动态资源管理研究 [D]. 兰州：兰州交通大学，2015.

[2] 张敏. 云计算环境下的并行数据挖掘策略研究 [D]. 南京：南京邮电大学，2011.

[3] 桂宁，葛丹妮，马智亮. 基于云技术的 BIM 架构研究与实践综述 [J]. 图学学报，2018，39（5）：817-828.

[4] 王涛. 基于云-BIM 的重大工程信息集成系统研究 [D]. 武汉：华中科技大学，2016.

[5] 张俊，刘洋，李伟勤. 基于云技术的 BIM 应用现状与发展趋势 [J]. 建筑经济，2015，36（7）：27-30.

[6] 冯婷莹. 云系统中资源监控系统的研究与实现 [D]. 重庆：重庆大学，2013.

[7] 李升一. 云环境下 BIM 产品库及其智能功能研究 [D]. 北京：北京建筑大学，2017.

[8] 朱锋. BIM + VR/AR 工程建设与管理体系的建构 [J]. 建筑设计管理，2018，35（6）：87-89.

[9] 杜长亮. BIM 和 AR 技术结合在施工现场的应用研究 [D]. 重庆：重庆大学，2014.

[10] 黄涛娟. AR 技术在建筑施工领域的开发与应用 [J]. 建筑施工，2018，40（10）：1831-1832.

[11] 宋文鸽. 基于 BIM 模型的 VR 可视化协同设计 [J]. 住宅科技，2018，38（10）：12-17.

[12] 肖跃飞，高玉红，孙双慧，等. 应用 BIM + AR + VR 促进物业管理实时可视智慧化的研究 [J]. 现代物业（中旬刊），2017（5）：56-60.

[13] 王廷魁，杨喆文. 案例对比分析 BIM 与 AR 在施工现场培训中的应用 [J]. 施工技术，2016，45（6）：44-48.

[14] 彭雷. 基于增强现实的地铁机电设备维护研究 [D]. 武汉：华中科技大学，2015.
[15] 郭景，王晖，郭志坚，等. BIM 与 3D 打印技术在建筑装饰工程中的应用 [J]. 施工技术，2018，47 (2)：120-122.
[16] 季安康，王海飙. 基于 BIM 的 3D 打印技术在建筑行业的应用研究 [J]. 科技管理研究，2016，36 (24)：184-188.
[17] 杜楚彬. "BIM 与 3D 打印" 在建筑管理方面的结合应用 [J]. 住宅与房地产，2018 (12)：135.
[18] 张军，朱贺，魏树臣，等. 3D 打印模型及 BIM 模型 Web 嵌入应用 [J]. 土木建筑工程信息技术，2017，9 (3)：58-62.
[19] 滕飞. 基于点云数据的结构 BIM 模型研究 [D]. 哈尔滨：哈尔滨工程大学，2016.
[20] 黄楠鑫，王佳. 基于点云技术的 BIM 产品模型库建立方法研究 [J]. 建设科技，2017 (3)：24-26.
[21] 徐照，康蕊，孙宁. 基于 IFC 标准的建筑构件点云信息处理方法 [J]. 东南大学学报（自然科学版），2018，48 (6)：1068-1075.